Alexandre Meinesz

Comment LA VIE a commencé

8, rue Férou 75278 Paris cedex 06
www.editions-belin.com
Belin : POUR LA SCIENCE

Aux éditions Belin-Pour la Science

- J.-F. SALLUZO, *La saga des vaccins*, 2011.
- A. ANDREOLI, *L'histoire controversée du test ADN*, 2010.
- G. CHAPOUTIER, *Kant et le chimpanzé*, 2010.
- C. BOUSQUET, *Darwin. L'homme qui osa*, 2009.
- J. BRUSLÉ et J.-P. QUIGNARD, *Les poissons font-ils l'amour ?*, 2009.
- J. COLLINA-GIRARD, *L'Atlantide retrouvée ? Enquête scientifique autour d'un mythe*, 2009.
- P. FEILLET, *OGM, le nouveau Graal ?*, 2009.
- G. LECOINTRE (dir.), *Guide critique de l'évolution*, 2009.
- J.-F. SALLUZO, *À la conquête des virus*, 2009.
- S. STEYER, *La Terre avant les dinosaures*, 2009.
- V. TARDIEU, *L'étrange silence des abeilles*, 2009.
- R. GANTÈS et J.-P. QUIGNARD, *Alliances animales*, 2008.
- V. TARDIEU et L. BARNÉOUD, *Santo. Les explorateurs de l'île planète*, 2007.
- C. BOUSQUET, *Cellule, étonne-moi !*, 2007.
- P. FORTERRE, *Microbes de l'enfer*, 2007.
- J. BRUSLÉ et J.-P. QUIGNARD, *Pas si bêtes les poissons*, 2006.
- C. GUITTON et C. COMBES, *Le naufrage de l'arche de Noé*, 2006.
- G. LECOINTRE et H. LE GUYADER, *Classification phylogénétique du vivant* (3e ed.), 2006.
- C. VIDAL et D. BENOIT-BROWAEYS, *Cerveau, sexe et pouvoir*, 2006.
- M. CLAMEN, *Jules Verne et les sciences. Cent ans après*, 2005.
- L. ORLANDO, *L'anti-Jurassic Park. Faire parler l'ADN ancien*, 2005.
- M. GROSS, *La vie excentrique. Voyage dans les mondes extrêmes*, 2003.
- E. BUFFETAUT, *Georges Cuvier. Le découvreur de mondes disparus*, 2002.
- H. THOMAS, *Le mystère de l'homme de Piltdown. Une extraordinaire imposture scientifique*, 2002.
- J.-L. HARTENBERGER, *Une brève histoire des mammifères*, 2001.
- H. LE GUYADER (sous la dir.), *L'évolution*, 1998.
- P.-H. GOUYON, J. ARNOULD, J.-P. HENRY, *Les avatars du gène. La théorie néodarwinienne de l'évolution*, 1997.

Retrouvez l'ensemble de nos titres sur le site des éditions Belin : www.editions-belin.com
Couverture : Fossiles au Gabon (2,1 milliards d'années).

 ISSN 1773-8016 ISBN 978-2-7011-**5911**-9

Sommaire

Remerciements

C'était en 1998, un minibus vint me prendre devant un hôtel de Seattle pour convoyer des intervenants à un séminaire d'écologie dans les hautes montagnes boisées de l'État de Washington aux États-Unis. Je ne connaissais aucun intervenant et j'étais assis entre deux chercheurs américains seniors qui discutaient sur un sujet étrange pour un Européen. Ils comparaient leur score du nombre de pays, États et contés traversés pendant leur carrière universitaire. Je restais muet et comptais mentalement mon faible score par rapport à ces grands voyageurs. J'étais encore plus surpris par leurs arguments relatifs à la côte, débattue avec passion, de certains pays ou contés difficiles d'accès ou mal situés sur la route de ces grands conférenciers. L'un de ces globe-trotteurs scientifiques était le professeur Daniel Simberloff. À l'issue de ma conférence, il est venu me voir et, dans un français remarquable, a commencé à s'intéresser à mes recherches. Une longue collaboration amicale s'est depuis développée. Il a d'abord traduit avec grand soin mon premier livre[1] traitant de mon combat pour faire reconnaître l'origine et la nocivité d'une espèce d'algue introduite en Méditerranée et envahissante (*Caulerpa taxifolia*). Il est également le traducteur de ce nouveau livre.

Nombreux sont celles et ceux qui ont contribué à la mise au point de cet essai sur l'aube de la vie et ont suivi sa longue élaboration. Tous ces amis savent que cet ouvrage n'a pu voir le jour sans l'engagement, l'enthousiasme et l'aide assidue de Daniel Simberloff qui a largement participé à l'évolution du manuscrit initial pour la version anglaise parue en août 2008 aux Presses universitaires de Chicago. C'est donc à lui que je tiens à exprimer ma plus grande gratitude.

Par ailleurs, un an avant l'édition de ce livre, j'ai été profondément attristé par le décès du professeur Imre Friedmann qui m'a inspiré pour la rédaction du chapitre 3 de ce livre. Il a fait partie du jury de ma thèse et c'était aussi un ami de Simberloff. Ce chapitre lui rend hommage et j'aurais tant aimé qu'il puisse avoir le livre en main.

Je souhaite enfin remercier ma fille, Marjorie Meinesz, à qui je dois la présentation fidèle et soignée de mes dessins qui illustrent ce livre. Enfin, je souhaite aussi témoigner ma reconnaissance particulière à mes deux éditrices. À Christie Henry (The University of Chicago Press), pour avoir su faire mûrir le manuscrit grâce à la perspicacité d'excellents spécialistes sélectionnés par elle (anonymes pour moi). Et aux éditions Belin pour avoir passé beaucoup de temps à peaufiner le texte et pour avoir si bien présenté l'ensemble.

1. Alexandre Meinesz, *Le roman noir de l'algue « tueuse »*, Belin, 1997. La version en langue anglaise est parue chez University of Chicago Press.

Avant-propos

Le tableau est petit et obscur, mais prestigieux. C'est l'une de la trentaine d'œuvres attribuées à Vermeer. Pour son époque (1668), le sujet est peu commun : un astronome contemplant un globe céleste. Cet astronome était très vraisemblablement Antoni van Leeuwenhoek. Tour à tour drapier, huissier, jaugeur de vin, géomètre, astronome et administrateur de biens, il vécut en Hollande, à Delft, au XVIIe siècle. Sa notoriété vint de la mise au point et de l'utilisation d'un petit microscope très performant, grâce auquel il fut le premier à déceler le vivant abstrait, celui qui ne se voit pas à l'œil nu. Pour la première fois, un homme parvenait à observer les micro-organismes qui grouillent dans l'eau, les spermatozoïdes de la semence, les globules rouges du sang. D'un seul coup, la vie prit une nouvelle dimension.

Depuis, bien des mystères sur le vivant et son origine ont été élucidés, révélant des dimensions encore plus abstraites. En ce début du XXIe siècle, l'accumulation des découvertes donne le tournis. Chaque spécialiste s'enfonce dans son puits de connaissances dont il ne voit jamais le fond. Ce faisant, il oublie, voire ignore, ce qu'il y a autour de son domaine de spécialisation. Les médias nous informent, dans le désordre et par à-coups, des multiples trouvailles provenant des diverses disciplines des sciences du vivant. Mais les liens entre ces connaissances et leur importance relative s'estompent et se troublent dans notre esprit.

J'ai tenté d'y voir clair et *L'Astronome* de Vermeer m'y a aidé. À Paris, si vous vous rendez au Louvre, allez admirer le doux visage d'Antoni van Leeuwenhoek observant la représentation du ciel sur une sphère (voir p. 189). D'une main, il se tient fermement à une table, aux réalités matérielles de ce monde. De l'autre main, il effleure le globe étoilé, objet illustrant une synthèse des données scientifiques sur notre Univers. Dans l'arrière-plan, une toile est pendue au mur. Des spécialistes ont identifié le thème de cette toile comme étant Moïse sauvé des eaux du Nil par la fille du pharaon.

Tout est en place : l'homme, bien accroché au concret de son existence, le fait religieux et spirituel alors si présent et la symbolique des étonnantes connaissances scientifiques qui progressaient rapidement. Que souhaitait réellement Van Leeuwenhoek, modèle et commanditaire de l'œuvre ? Que voulait suggérer le peintre Vermeer ?

Dans plusieurs de ses tableaux, Vermeer, le catholique converti, attestait de sa foi. Ainsi, il est fort probable que le globe représentant l'Univers soit un objet allégorique. L'astronome, son modèle, semble vouloir atteindre l'infini céleste avec hésitation. Il donne l'impression de songer au guide spirituel quelque part dans les cieux.

Van Leeuwenhoek, le protestant pragmatique, embrassait avec curiosité tous les chantiers du savoir de son siècle. Il venait d'obtenir un diplôme de géomètre et Vermeer l'a peint alors qu'il rêvait sans doute de l'infiniment grand devant les étoiles captives sur une sphère céleste. Il vivait proche de ceux qui traçaient les routes des vaisseaux de la compagnie des Indes vers des pays inconnus donnant accès aux épices exotiques. Vermeer fit de lui un second portrait où le savant est entouré d'outils de mesure et fait face aux continents et aux océans figurés sur des cartes : c'est *Le Géographe,* exposé aujourd'hui à Francfort (voir p. 355). Van Leeuwenhoek posa pour Vermeer alors qu'il n'avait pas encore mis au point son microscope.

Mais il pensait peut-être déjà explorer l'infiniment petit grâce à son habileté à utiliser des lentilles optiques. Un autre peintre hollandais, Jan Verkolje, l'immortalisera avec un microscope en main et un globe terrestre en arrière-plan (voir p. 190).

Devant ce monde de découvertes et de connaissances à explorer qui s'entrouvrait, Antoni van Leeuwenhoek s'est certainement posé les mêmes questions que les philosophes grecs : d'où vient l'Homme ? D'où vient la vie ? Qu'est-ce que la vie ? Où mène la vie ?

De nos jours, une autre question se pose avec acuité : vers où entraînons-nous la vie ?

Face à l'inconnu du lendemain, il me paraît essentiel de relier l'ensemble des formidables notions récentes sur l'histoire de la vie, débarrassées depuis peu des croyances et superstitions ayant censuré ou biaisé très longtemps son approche, pour tenter d'y voir clair sur nos origines. Cette recherche de la vérité sur notre très lointain passé est aussi utile pour démystifier bien des discours utilisant à mauvais escient les avancées scientifiques du moment.

Cet essai s'adresse à un large public ayant des notions élémentaires de biologie. Le sujet couvre l'origine des grandes étapes de l'élaboration du vivant. Il concerne les domaines de la biologie, de la paléontologie, de l'écologie, mais aussi de la philosophie et de la théologie.

Il s'agit d'une synthèse de multiples données scientifiques, pour la plupart très récentes (moins de 15 années). Je l'ai présentée en onze chapitres, illustrés par des expériences personnelles ou concernant ma vie professionnelle de chercheur, d'enseignant et de gestionnaire de l'environnement. Mon admiration pour un tableau de Vermeer représentant Antoni van Leeuwenhoek, le découvreur du vivant microscopique, est l'une de ces illustrations qui visent à offrir une lecture moins académique d'un sujet habituellement difficile à communiquer.

Dans cet ouvrage, je distingue trois origines, ou *genèses,* relevant d'une stratégie évolutive majeure caractérisée par la devise « l'union fait la force », et quatre types de hasards ayant présidé à la construction du vivant.

Après l'évocation de l'émergence de l'Homme et de sa conscience (chapitre 1), les trois genèses identifiées sont celles des premières bactéries (cette partie concernant « le commencement » a été développée dans cette troisième édition en trois parties : « Quand ? », dans le chapitre 2 ; « Où ? », dans le chapitre 3, et « Comment ? », dans le chapitre 4), des premières cellules animales et végétales (chapitre 6) et des organismes composés de plusieurs cellules (chapitre 9). Cette description d'une évolution du vivant par étapes innovantes une fois formulée, j'ai souhaité mettre en avant la prééminence des bactéries (chapitre 5) et des espèces animales et végétales unicellulaires (chapitre 8) dans l'histoire naturelle et dans la biodiversité actuelle. L'évolution qui a marqué ces lignées s'est effectuée sur des cellules isolées et explique leur position dominante dans la vie. Je montre enfin que le processus d'évolution peut être scindé en quatre types d'événements fortuits (hasards ou contingences) qui ont sculpté le vivant. Trois sont « créatifs » (les mutations génétiques, le brassage génétique de la reproduction sexuée et la sélection naturelle : chapitre 7), le quatrième est destructeur (l'ensemble des grands cataclysmes : chapitre 10). Dans l'avant-dernier chapitre (chapitre 11), je souligne les difficultés de percevoir le temps incommensurable de l'évolution au regard du temps cyclique des changements naturels qu'on peut constater en une génération. Enfin, dans l'épilogue, j'aborde les divers sens que l'on peut attribuer à la *grandeur du vivant*.

Dans cette synthèse globale sur l'évolution du vivant, je mets en lumière le rôle clef d'un principe structurant ayant donné naissance aux trois processus différents de genèses. Ce principe commun est l'*union*. En effet, ce fut d'abord l'association et l'union de molécules organiques, particulièrement l'ARN et l'ADN, ou de structures pré-bactériennes pérennes qui ont produit les premières bactéries. Ce fut ensuite l'addition et l'union de bactéries qui donna naissance aux lignées généalogiques différentes d'animaux et de végétaux unicellulaires. Enfin, ce fut l'union de cellules de la même espèce qui permit le développement d'organismes pluricellulaires visibles à l'œil nu et considérés comme autant d'associations viables de cellules. Le principe de l'union, qui est une *grandeur du vivant*, c'est une tendance évolutive majeure fondée sur la sociabilité et la solidarité. L'union a donné la force de la vie ; grâce à l'union, l'éventail du vivant a pu s'élargir. De même, c'est aussi l'union des hommes qui a donné les civilisations, et c'est la mise en commun des connaissances qui est à la base de la prééminence de l'espèce humaine sur Terre. Et seule notre cohésion et notre solidarité nous permettront de résoudre les problèmes globaux majeurs d'environnement auxquels nous sommes déjà confrontés et allons l'être davantage encore dans les prochaines décennies et dans les siècles à venir. Cet épilogue se termine par un plaidoyer en faveur d'une plus grande responsabilité dans la prise en charge de la vie sur Terre, nécessitant avant tout une meilleure éducation à l'environnement et à tout ce qui concerne le vivant.

En ma qualité de biologiste écologue, spécialiste des milieux marins et des premiers organismes qui ont colonisé la Terre (les algues), j'apporte dans ce livre un éclairage différent de celui des microbiologistes, biochimistes, généticiens ou paléontologues qui vulgarisent habituellement les principales thématiques développées ici. Certaines interprétations de l'évolution du vivant sont originales. Elles ont bénéficié d'une lecture approfondie et critique par d'éminents spécialistes lors de l'édition de la version américaine de l'ouvrage[1]. L'origine de la vie relève de la biologie théorique, ce sujet se prête ainsi à des hypothèses devant être vérifiées ou infirmées par la suite[2]. Je défends ainsi un point de vue qui ne sera pas nécessairement partagé par tous les spécialistes. Mais tant que plusieurs interprétations sont possibles et que la preuve irréfutable de tel ou tel phénomène n'a pas été apportée, les théories font avancer la science.

1. Ouvrage traduit par le professeur Daniel Simberloff, paru en août 2008 chez University of Chicago Press (États-Unis), sous le titre *How life began. Evolution's three geneses.*
2. Voir par exemple « Où est née la vie ? », dossier hors-série *Pour la Science*, juillet-septembre 2008.

Comme Van Leeuwenhoek, c'est avec jubilation que j'ai embrassé beaucoup de connaissances. Pour les partager avec les lecteurs de cet essai, je me suis efforcé d'utiliser un langage simple, permettant à un public non scientifique de comprendre la fabuleuse histoire du vivant. Les curieux pourront trouver dans les notes et références des compléments d'explications et les sources de ma synthèse.

Si la science a pour image fétiche celle de l'espiègle Einstein tirant la langue, je garde en mon cœur l'image du doux visage d'Antoni van Leeuwenhoek et le geste plein de prudence de cet homme. Dans sa tête, des savoirs extraordinaires se bousculaient et son esprit en était certainement troublé. Je vous invite à l'imiter : restez sensibles aux faits quotidiens de votre vie, mais que vous soyez croyants ou athées, découvrez les récentes et merveilleuses découvertes sur les genèses du vivant. Elles vous feront réfléchir et, je l'espère, rêver !

Chapitre 1

La grotte d'Henri

Sur notre origine

Mon ami Henri fut assureur, puis conseiller financier ; il a longtemps géré les patrimoines de ses contemporains. Il possède, par héritage, des terres incultes et arides dans l'Ardèche, son département d'origine. Un soir de janvier 1995, au cours d'une réunion d'un *Lions club* dont nous sommes tous deux membres, il fit part, avec émotion, de la découverte, sous un de ses terrains, d'une immense grotte aux parois couvertes de dizaines de peintures préhistoriques. Quelques jours plus tard, la presse faisait écho de la nouvelle. Trois spéléologues passionnés venaient de découvrir la grotte merveilleuse qui porte maintenant le patronyme d'un d'entre eux : la grotte Chauvet. Les images des fresques de la grotte ont été dévoilées peu à peu et Henri, très enthousiaste, répétait sans cesse : « Vous avez vu ? C'est sous mon terrain : c'est ma grotte ! ».

Henri eut le privilège de visiter « sa » grotte avec des spécialistes de l'art paléolithique. Il fut bouleversé. Il nous montra des photos et nous décrivit les fresques d'un réalisme surprenant et d'un style élaboré. Les artistes préhistoriques –

des hommes ou des femmes de Cro-Magnon – étaient talentueux et très doués et maîtrisaient l'art des peintures murales, entrelaçant lions, rhinocéros, ours, mammouths, chevaux et bisons[1]. Un premier fantasme a même été figuré derrière un éperon rocheux : deux jambes et un sexe de femme. Comme dans beaucoup d'autres grottes, les artistes ont « signé » leurs œuvres de nombreuses empreintes négatives ou positives de leurs mains. Les charbons de bois, vestiges des torches utilisées pour éclairer la grotte, et les pigments des peintures ont été datés : ils ont 32 000 ans. Ces peintures sont les plus anciennes connues de part le monde en ce début du XXIe siècle.

Henri s'est documenté sur les humains de cette époque reculée de notre histoire. Il voulait tout savoir sur le passé de son bien. Au club, il nous parlait des mœurs probables des premiers habitants de l'Ardèche. Il y avait dans ses récits l'expression d'une révélation. Grâce à cette découverte, Henri s'est aventuré avec passion sur les sentiers peu connus de l'histoire de notre origine. Témoin d'une découverte exceptionnelle, il était transformé, tout surpris d'en avoir tant appris sur l'art pariétal. Henri pouvait mieux en parler que quiconque, c'était sa grotte et, de ses yeux, il avait pu contempler les fresques préhistoriques. Il prenait du plaisir à raconter son expérience, à transmettre ses connaissances et exprimer ses sentiments.

Ses compétences dans les affaires commerciales l'ont par ailleurs tout naturellement conduit à réfléchir à l'exploitation de ce trésor touristique inattendu. Aussi lorsque l'État a décidé de lui prendre sa grotte, de le déshériter de l'habitat et des œuvres de ses lointains ancêtres, de lui ôter une partie de ses rêves, Henri a vu rouge. Exproprié par l'État contre une indemnité dérisoire, il a dû défendre ses intérêts devant la justice. Son terrain, et donc sa grotte, avait été évalué moins de 5 centimes d'euro le mètre carré[2]. Henri, le fier ardéchois, issu d'une lignée de hobereaux locaux, encore propriétaire d'un château surmonté d'un donjon impressionnant daté du XIe siècle, a alors concentré toute son énergie pour que son bien soit mieux considéré. Il avait l'impression d'avoir été pris pour un paysan naïf de la sauvage contrée d'Ardèche, à qui on alloue avec mépris trois sous en échange de son patrimoine. Ses paroles étaient sans aménité lorsqu'il évoquait sa bataille juridique contre ces « manants » (quelques hauts fonctionnaires parisiens), contre lesquels il pestait sans cesse.

Quant aux peintures rupestres, quel sens leur donner ? Les hypothèses sont nombreuses. Celle qui semble aujourd'hui faire consensus se réfère à des rites ancestraux perpétués par une caste d'hommes (ou de femmes ?) instruits et respectés : les chamans. Ils étaient à la fois savants, artistes, prêtres, sorciers et druides des premiers temps.

La question passionne, elle fait appel à l'imaginaire. Henri, promu au club « expert en rites paléolithiques », devait sans cesse expliquer ses hypothèses. C'était devenu une habitude : après « Bonjour Henri », venait toujours « Et ta grotte, des nouvelles ? ».

Les références spirituelles sur la naissance de la vie

Nous avons tous notre idée sur la façon dont la vie est apparue sur Terre et sur les étapes de son évolution. Elle est forgée par la science, et, pour certains, par la religion. C'est un sujet passionnant, enseigné dans les universités et souvent évoqué dans les médias. Loin d'être figée par des acquis immuables, la question scientifique est en perpétuelle transformation. Nos connaissances se sont considérablement étoffées ces dernières décennies et ne cessent de s'enrichir au gré de nouvelles découvertes, remettant parfois en cause le bel agencement construit pour reconstituer l'histoire de la vie.

Pour les chrétiens et les juifs, la référence sur l'origine de la vie est un texte qui figure dans le premier chapitre de la Bible et de la Torah intitulé *Genèse* (genèse vient du mot grec *genesis* qui signifie origine, naissance). Pour les musulmans, différentes sourates du Coran évoquent de façon similaire la création divine de l'Univers en quelques jours. Les descriptions religieuses, semblables pour les juifs, les chrétiens et les musulmans, des différentes étapes de la création de la vie peuvent se résumer ainsi : au commencement Dieu créa les cieux, la Terre et la lumière qu'il sépara du chaos des ténèbres. Au deuxième jour, il sépara les eaux des cieux (la pluie) des eaux du sol, rassemblées dans des océans. Au troisième jour, Dieu créa les végétaux, au quatrième, le Soleil, la Lune et les étoiles. Au cinquième, il créa les animaux marins et les oiseaux et au sixième les animaux terrestres, l'homme et la femme[3]. L'âge de cette création fulgurante de la vie sur Terre a été fixé entre 3671 ans av. J.-C. (selon le calendrier juif) et 4 004 ans av. J.-C., le 23 octobre à midi (selon des études bibliques et historiques minutieuses entreprises par un archevêque anglican du XVIIe siècle)[4].

Les mythes de la civilisation chinoise, intégrés dans les religions shintoïste, taoïste et confucianiste, témoignent d'un profond attachement des Asiatiques pour la nature qui est sacrée. Sa genèse aurait été à l'initiative d'un géant (P'an Ku), lui-même créé à partir du chaos par le Yin et le Yang (deux forces opposées qui se complètent). De nombreuses versions de son histoire coexistent. Elles concordent le plus souvent sur les différentes étapes de la création des éléments de la Terre et du vivant. Elles rapportent que P'an Ku se mit à l'œuvre toute sa vie pour offrir à la Terre un aspect plus accueillant. Dans un œuf, où il se développa en 18 000 années, il sépara d'abord le ciel de la Terre. Puis, il créa les montagnes et creusa le lit des rivières. Mais un jour, épuisé par le travail, le géant mourut et s'écroula. À partir de sa dépouille, cinq montagnes sacrées se formèrent. Son dernier souffle devint le vent et les nuages, son dernier cri le tonnerre. Sa chair devint le sol, son sang se transforma en rivières et ses os formèrent les rochers. La sueur du géant se changea en pluie, elle était tellement abondante qu'elle s'accumula sur Terre pour constituer les mers et les océans. Ses cheveux s'enracinèrent pour donner les plantes, ses entrailles se métamorphosèrent en serpents et animaux quadrupèdes. Enfin les parasites, qui infestaient son corps, donnèrent naissance à l'espèce humaine… Pour les Japonais shintoïstes, un Dieu a d'abord créé le premier homme (Izanagi) et la première femme (Izanami). C'est eux qui ont créé le monde virtuel en commençant par la mer et une île (la principale île du Japon). Puis ils créèrent les autres îles du Japon et différents dieux : un pour chaque élément de l'environnement (les montagnes, les rivières, le feu...) et, après diverses péripéties, les dieux du soleil, de la nuit et de la mer. Ainsi dans chaque élément naturel un dieu veille.

L'histoire scientifique de la naissance de la vie

Ces récits mystiques de la création de la vie ont un pendant scientifique, élaboré ces deux derniers siècles par la paléontologie et les découvertes des lois de l'évolution, de l'hérédité, de la génétique et de l'écologie. Résumons brièvement l'état des connaissances : la vie est apparue sur la Terre il y a 3,8 à 3,5 milliards d'années et les plus anciens fossiles trouvés sur Terre sont ceux de bactéries. Des organismes unicellulaires, à l'origine de la faune et de la flore, sont apparus vers 2,7 milliards d'années. Enfin des animaux et des végétaux composés de plusieurs cellules se sont développés en nombre depuis 570 millions d'années (à peine !). Il y a eu ainsi plusieurs stades de naissances ou origines, *plusieurs genèses.* La vie que nous connaissons aujourd'hui s'est constituée au cours de lentes évolutions brisées par une succession de cataclysmes (impacts de grosses météorites, crises de volcanisme, périodes de glaciations sévères), sélectionnant des survivants qui se sont chaque fois multipliés, dispersés et diversifiés. Les organismes dont l'anatomie est complexe, parmi lesquels nous sommes, dérivent tous de formes vivantes plus simples.

Nos ascendants proches

Au-delà des récits religieux et de la quête scientifique sur nos origines, plonger dans les plus profondes racines du vivant suscite beaucoup d'autres réflexions. Le souvenir de nos ascendants, aujourd'hui disparus, occasionne des émotions. Nous nous interrogeons sur leur passé proche, sur leurs modes de vie. Les multiples vestiges superbes des civilisations plus anciennes, dont les mœurs et les coutumes ont pu être reconstituées, provoquent l'émerveillement. Par curiosité, nous souhaitons en savoir davantage sur nos prédécesseurs de notre lignée. Les mormons, par idéologie, consacrent des efforts remarquables à retrouver le plus possible d'actes d'états civils de nos ancêtres à travers le monde. Leur fichier des multiples arbres généalogiques, qui portent sur des milliards d'individus, s'arrête au Moyen Âge.

Pour ce qui concerne l'Homme de Cro-Magnon, celui de Néandertal et les grands singes ancestraux, les traces sont plus rares, les ramifications sont moins évidentes. Des questions se posent : où se situe le berceau de l'humanité ? À quelle époque un singe ancestral s'est-il transformé en représentant de la lignée humaine ? Quelle est la différence entre un « singe humanoïde » et un « homme archaïque » ? Les expéditions se multiplient à la recherche de leurs restes. Les paléontologues sont maintenant nombreux à fouiller leurs lieux de vie et à exhumer leurs ossements. Plus ils en trouvent, et le champ de fouille est immense, plus ils semblent se perdre dans les nombreuses branches d'un buisson de lignées de grands singes ancestraux, Hommes-singes ou pré-Hommes qui ont cohabité ou se sont succédé sur la Terre.

C'est en 1989, dans un livre plein de dessins humoristiques que Stephen Jay Gould, biologiste, géologue et paléontologue à l'université Harvard (1941-2002), a remis en question les deux images d'Épinal résumant notre évolution : celle du chimpanzé se métamorphosant en Homme et celle de l'arbre généalogique de notre espèce ayant la forme d'un chêne où l'Homme est représenté par la branche ultime, la plus solide et la plus haute[5].

L'imaginaire dessin animé où l'on voit un chimpanzé se dresser, perdre ses poils et adopter des traits plus humains, ne reflète effectivement pas la réalité. Nous ne descendons pas du chimpanzé, mais le chimpanzé et l'Homme sont issus de deux lignées différentes dont la base – un genre de singe ancestral encore inconnu – est la même.

L'image d'un buisson dense, aux ramifications irrégulières dans toutes les dimensions, convient mieux qu'un chêne au port plan et artificiel pour schématiser les lignées foisonnantes d'espèces de singes ancestraux et d'hominidés qui ont cohabité ou se sont succédés. Notre véritable arbre généalogique porte de multiples rameaux morts ou brisés qui correspondent à des singes et pré-Hommes aujourd'hui disparus. Si on souhaite suggérer les effectifs de chaque espèce par l'épaisseur des branches, on obtient un buisson qui n'est pas conforme au développement végétal car il présente à la fois des rameaux robustes qui se réduisent brusquement à un niveau en brindille (correspondant aux rares survivants d'une lignée dominante à une époque) et des brindilles minuscules qui s'épaississent constituant des troncs vers le haut (correspondant aux lignées aujourd'hui dominantes comme la nôtre). C'est à l'extrémité de ces branches que figurent les derniers descendants, dont nous faisons partie avec tous les autres singes actuels y compris les chimpanzés.

L'origine du singe est plus difficile à concevoir. Pourtant, il a été établi que les premiers singes dérivent de petits mammifères. Les fossiles des squelettes des plus anciens mammifères placentaires connus semblent correspondre à un petit rongeur ayant vécu il y a 125 millions d'années[6]. Au-delà, les paléontologues et les biologistes ont décrypté les étapes de la vie qui permettent de remonter le temps des transformations menant de l'humble et archaïque cellule animale isolée jusqu'à l'Homme.

Il reste que parmi toutes les étapes des métamorphoses de la vie, celle de la transformation d'un singe ancestral en Homme est la plus évoquée. À la télévision, de grands spécialistes présentent régulièrement avec réalisme et passion nos plus vieux ancêtres. Parmi une vingtaine de lignées identifiées[7], les quatre suivantes sont les plus citées :

– les *Homo sapiens* – « les Hommes qui savent » – sont nos ancêtres directs ; leurs représentants anciens sont les Cro-Magnon (Cro-Magnon est un hameau du village des Eyzies-de-Tayac en Dordogne où les premiers restes de cet Homme moderne ont été exhumés) ;

– une autre tribu, celle de l'*Homo neanderthalensis* – l'Homme de Néandertal – dont les premiers restes furent mis au jour en Allemagne dans la vallée de Neander dans la Ruhr, près de Düsseldorf, a cohabité plusieurs dizaines de milliers d'années avec l'Homme de Cro-Magnon ;

– l'*Homo erectus* est l'Homme définitivement érigé, vertical (il vécut entre 1,9 et 0,3 million d'années). Il marchait droit sur ses deux jambes, ses mains ont pu acquérir d'autres fonctions. Grand chasseur, c'est le premier Homme voyageur : il serait sorti de l'Afrique, berceau présumé de l'humanité ;

– enfin l'*Homo habilis* – l'Homme habile – est le premier Homme qui commençait à tailler des pierres, c'était il y a 2,6 – 2,5 millions d'années. C'est le premier qui aurait quitté la forêt pour s'épanouir dans les plaines et marais.

Notre arbre généalogique commence à devenir plus confus si on cherche plus loin du côté des pré-Hommes, parmi lesquels on trouve des australopithèques (ce qui signifie « singes », *pithecus*, « des pays du sud », austral) bien représentés par la très médiatisée « Lucy » dont une grande partie du squelette fossile a pu être exhumée et a permis aux découvreurs[8] de la présenter en 1974 comme l'ancêtre de toute l'humanité. Depuis, bien d'autres ossements d'humanoïdes plus anciens ont été trouvés, repoussant chaque fois l'aube de notre émergence.

Pendant qu'Henri se passionnait pour les artistes de « sa » caverne, les découvertes sur la lignée humaine se succédaient en Afrique. Plus le nombre d'ossements fossiles d'hominidés déterrés augmentait, plus les records d'ancienneté tombaient et plus la source de notre origine s'avérait plus lointaine. Les plus anciens vestiges permettaient d'évaluer la « naissance » de nos semblables à une époque datée entre six et sept millions d'années[9]. Mais, en ce début du XXIe siècle, les preuves restent modestes. Les squelettes presque complets de nos lointains ancêtres se comptent sur les doigts. Ainsi, un simple fémur fossilisé, dur comme de la pierre, une dent ou un éclat de boîte crânienne d'hominidé datant de plus de 2 millions d'années font l'admiration et la notoriété des découvreurs. Il faut, à partir de ces quelques indices, extrapoler, interpréter, déduire des comportements ou des traits morphologiques[10]. Les interprétations sont délicates, sujettes à discussion, parfois remises en cause par une nouvelle découverte. La connaissance de nos origines avance ainsi progressivement. Et plus on recule l'origine de l'Homme, plus ses traces s'estompent, mais plus les ressemblances avec des singes s'affirment.

Rien ne prouve qu'il y a eu une naissance localisée dans l'espace et définie dans le temps du genre humain. Toutes les connaissances réunies sur les vestiges de notre plus lointain passé semblent démontrer au contraire que des espèces distinctes d'Hommes se sont développées à partir d'un ou de plusieurs singes humanoïdes par petites modifications successives. Et il n'y a pas eu de métamorphose brutale, mais une évolution marquée soit par des périodes d'accélération des divergences, soit par de longues périodes de conservation des caractères. Les données de l'écologie, de l'étude des comportements (éthologie) et de la génétique permettent d'expliquer les transformations constatées sur les fossiles.

Probablement tout s'est déclenché grâce à l'émergence d'un comportement de nomade : les pré-Hommes ont vagabondé par familles ou tribus. D'abord en Afrique, berceau de l'humanité, où ils sont sortis des forêts pour explorer savanes ou marais, avant de partir vers d'autres continents. L'espace, pour ces cueilleurs ou chasseurs, était illimité. Mais le milieu était hostile et l'Homme n'était pas dominant, il était une proie pour de nombreux carnassiers. Recherche de nouvelles ressources, fuite pour se soustraire aux prédateurs ou à la concurrence féroce de tribus ennemies : tout a conduit au déplacement et à l'isolement de petits groupes. Chaque famille ou tribu isolée s'est adaptée à son nouvel environnement – forêt, savane ou marécage – et certaines informations génétiques, exprimant un caractère avantageux pour la vie dans un milieu donné, ont été mieux transmises aux générations suivantes. En effet, c'est dans de petits groupes isolés pendant longtemps, que les modifications de l'information génétique utiles ou neutres sont moins « gommées » ou « nivelées » par le brassage génétique (croisement des informations parentales lors de la reproduction sexuée) qu'au sein d'une population nombreuse.

Selon les milieux de vie, il en est résulté différentes variétés ou espèces d'hominidés aux caractéristiques particulières. Divers types de pré-Hommes sont issus de ces « diasporas », ils ont vécu dans des régions distinctes et ont acquis des mœurs spécifiques. Nous provenons d'une de ces tribus.

Accepter notre origine animale : un immense bouleversement spirituel, philosophique et scientifique

Pour enrichir nos discussions au club autour d'Henri, j'ai beaucoup lu sur ces thèmes. Mais je suis biologiste, pas préhistorien spécialisé en paléo-anthropologie. J'ai donc une vision personnelle de cette histoire naturelle. L'évolution d'un singe ancestral en Homme me semble évidente et les preuves des transformations anatomiques, révélées par les vestiges paléontologiques, ne représentent pour moi que des détails descriptifs illustrant des étapes logiques. D'ailleurs, les preuves de l'ascendance commune avec les singes ancestraux ont été largement confirmées par des analyses comparées des informations génétiques entre les actuels primates et les humains[11]. En revanche, la chronologie de l'acquisition des connaissances sur ce sujet m'a beaucoup plus impressionné.

La découverte de la filiation entre un singe ancestral et l'Homme fut un événement et elle a suscité une extraordinaire contestation. En effet, il y a deux siècles, dans le monde occidental, il fallait convenir et enseigner que Dieu créa l'homme et la femme au 6e jour, environ 4000 ans av. J.-C., et que tous les animaux et végétaux sont des *créatures* (*des organismes créés*), un point c'est tout. Ce dogme était religieux et la religion était d'État, il n'était pas question de le mettre en cause.

Il faut se souvenir de Galilée qui, en 1632, eut l'impertinence de contester une interprétation religieuse de l'Univers dans lequel la Terre biblique était un centre fixe autour duquel le Soleil et les astres tournaient[12]. Menacé de torture par le tribunal de l'Inquisition, il fut jugé hérétique et dut abjurer en public et à genoux ses convictions scientifiques. En se relevant, il aurait ajouté devant ses juges ecclésiastiques : « *Eppur, si muove* », Et pourtant elle tourne (cette anecdote légendaire aurait en fait été inventée plus d'un siècle après la mort de Galilée par l'écrivain italien Giuseppe Baretti).

Les découvertes sur l'histoire de la vie ont suscité des réactions de rejet tout aussi violentes. Les premières évocations de la filiation évolutive du singe en Homme, de l'évolution des êtres simples en êtres plus complexes ou encore de l'âge de l'apparition de la vie sur Terre – bien plus ancienne que les 4 000 ans avant J.-C. suggérés dans la Bible – furent à leur époque jugées profondément antibibliques. Elles s'imposèrent pourtant rapidement comme des évidences. Dès 1600, des érudits étaient persuadés que la réalité contredisait la Bible. Certains en ont parlé sous forme de métaphores et de fictions, ils ont souvent connu les cachots ou l'excommunication. D'autres l'ont clairement affirmé, ce qui leur a valu la torture et le bûcher dressé par des religieux intégristes. La science a eu ses martyrs, les précurseurs et les défenseurs des théories de l'évolution sont les plus nombreux et ils mériteraient un peu plus de considération[13].

C'est en fait la Révolution française qui a permis la reconnaissance des trois évidences évoquées ci-dessus. Pour la première fois dans un grand pays d'Europe, la religion fut séparée de l'État. Ainsi, dès 1800, le Français Jean-Baptiste Pierre Antoine de Monet, chevalier de Lamarck (1744-1829), professeur au Muséum d'histoire naturelle de Paris et inventeur du mot *biologie*, eut le premier l'audace de diffuser au grand jour sa théorie de la transformation des espèces[14]. En prenant l'exemple de l'évolution de lignées de volatiles ou de coquillages trouvés fossilisés dans des couches de roches superposées, il expliqua clairement que sa théorie de la transformation lente des espèces pouvait aussi s'appliquer du singe ancestral à l'Homme. Il démontra aussi que la vie sur Terre ne datait pas des quelques millénaires fixés par la Bible. Lamarck estimait l'âge de la Terre à quelques millions d'années. Le mécanisme du processus d'évolution décrit par Lamarck fait référence à la transmission de caractères acquis pendant l'existence des géniteurs. Pour lui, les caractéristiques acquises devaient être héritées. Le mécanisme de la transformation des espèces n'était alors pas encore décrypté, sa démonstration était imparfaite, sa théorie restait encore à démontrer.

La liberté issue de la Révolution française fut de courte durée. Dès 1809, le clergé contrôla de nouveau le pouvoir et Lamarck fut plus discret sur ses certitudes. Dogmes et traditions eurent raison de lui. Lamarck mourut discrédité.

Près de soixante années après la publication de la théorie de Lamarck, un naturaliste anglais original, Alfred R. Wallace (1823-1913), imagina un mécanisme d'évolution plus élaboré que la transmission des caractères acquis. Il établit un nouveau concept qui explique le changement des espèces dans le temps. Wallace était un explorateur naturaliste, il autofinançait ses recherches en capturant des oiseaux rares dans des terres lointaines (les îles indonésiennes et les forêts de l'Amazonie) pour les vendre aux zoos de son pays[15]. Pourchassant des oiseaux dans les îles de la Sonde (Malaisie, Indonésie et Nouvelle-Guinée), il fut frappé par les différences entre les représentants de certains genres d'oiseaux et de mammifères, vivant isolés dans des îles voisines. L'exemple des casoars (oiseaux, proche des autruches, portant une grande crête sur une tête colorée en bleu) et celui des kangourous l'intriguèrent : ces animaux sont représentés par des espèces différentes uniquement en Nouvelle-Guinée, île essentiellement montagneuse, et en Australie, continent isolé peu montagneux où la savane domine. Seul un détroit de 100 km sépare ces deux régions insulaires. Il interpréta ces divergences par une sélection naturelle consécutive à l'immigration de groupes de casoars et de kangourous d'une île à l'autre. Wallace avait bien compris que c'est la nature qui favorise (et ainsi sélectionne) ceux qui ont hérité par hasard des caractères les plus adaptés au nouveau milieu. La transformation des espèces n'est donc pas, comme le pensait Lamarck, induite par la transmission à la descendance des caractères acquis au cours de la vie. En fait, les espèces ont tendance à s'écarter lentement et indéfiniment du type original par un processus de sélection naturelle.

La dissémination en rayon de petits groupes d'individus à partir d'une population aux caractéristiques morphologiques en apparence homogènes, mais au patrimoine génétique diversifié, représente l'étape initiale la plus commune menant à la transformation des espèces. Les nouvelles morphologies (ou autres caractéristiques comme les particularités physiologiques ou comportementales) apparaissent ainsi comme des ondes à partir d'un foyer (des radiations). Dans ces populations isolées, confrontées à de nouvelles contraintes du milieu et où les individus sont souvent en surnombre et en concurrence, une sélection naturelle des mieux adaptés s'opère. Cet enchaînement est encore considéré de nos jours comme le processus fondamental du mécanisme de l'évolution.

Wallace souhaitait publier sa démonstration. Dans cet objectif, il soumit en 1857 ses observations à Charles Darwin (1809-1882) (qu'il considérait comme son maître) sous forme d'un manuscrit expédié en Angleterre à partir de la jungle indonésienne. Or, à cette époque, cela faisait vingt ans que Darwin avait pressenti le même mécanisme. Ses idées avaient lentement mûri et il avait débuté la rédaction d'un livre volumineux sur le sujet. Il commençait à être connu pour ses réflexions sur la transformation dans le temps des espèces. Il les fondait notamment sur ses propres observations, portant sur des pinsons des îles Galápagos, effectuées lors d'un long voyage autour du monde entre 1831 et 1836. Bien entendu, il fut bouleversé d'apprendre que Wallace, cet inconnu, était prêt à lui ravir la priorité de sa grande découverte. Il s'en référa à ses pairs. Pour respecter les deux auteurs, des passages de leurs écrits furent portés en même temps à la connaissance de la communauté scientifique à Londres en 1858. Deux années après avoir reçu l'essai de Wallace, Darwin publia enfin sa vision de l'évolution par la sélection naturelle dans un livre exceptionnel où il décrypte nombre d'observations originales qui structurent la théorie de la transformation des espèces. Darwin avait l'avantage de vivre au cœur d'une des nations dominantes de l'époque. Il connaissait des éditeurs de livres ou de revues scientifiques. Il était entouré d'amis dévoués et efficaces et il était un bon communicateur. Son livre *De l'origine des espèces* fit sensation dès sa parution en novembre 1859[16]. La théorie de l'évolution par la sélection naturelle fut bien diffusée et commentée par de nombreux écrits qui furent épargnés par la censure religieuse. Ce contexte provoqua un débat houleux qui amplifia la notoriété de Darwin. Pourtant, dans ce premier ouvrage sur l'origine des espèces, il n'était question que des mécanismes de la transformation d'espèces de plantes, d'insectes et d'oiseaux par la sélection naturelle ou d'animaux domestiques par croisements orientés et sélection artificielle des éleveurs (pigeons, chiens et chevaux). Ce n'est que douze années plus tard (et 70 années après Lamarck) que Darwin appliqua enfin la théorie de l'évolution à l'Homme. Dans *De la descendance de l'Homme*, il expliqua ainsi comment l'Homme descend d'un singe ancestral[17]. C'était en 1871, ce fut certainement la principale révélation scientifique du XIXe siècle.

Charles Darwin trouva en Thomas Huxley, autre naturaliste britannique, un fervent défenseur de sa théorie qui faisait l'objet de multiples attaques... Un aparté célèbre opposa Huxley à l'évêque d'Oxford. Ce dernier, cynique, lui demanda : « Est-ce par votre grand-père ou votre grand-mère que vous descendez du singe ? ». D'autres s'exclamèrent : « Mon Dieu, pourvu que cela ne se sache pas ! » Le pape Pie IX (1846-1878) condamna les travaux de Darwin pour son incompatibilité avec une lecture littérale de la Genèse. Un malheureux dominicain, qui eut l'impertinence de se rallier au darwinisme, fut convoqué à Rome où il dut se récuser (comme Galilée) et tous ses écrits furent bannis[18]. Des évêques dénoncèrent Darwin et son œuvre. C'était si choquant! Des siècles d'enseignement religieux se trouvaient ainsi brisés. Les Églises catholiques et anglicanes, réagissant contre ce modernisme scientifique, n'hésitaient pas à confondre darwinisme et athéisme. C'était en 1895, il y a un peu plus d'un siècle; deux ou trois générations seulement nous séparent de cet état d'esprit! Mon père avait alors sept ans.

Au XXe siècle, les disciples de la création telle qu'elle est présentée dans la Genèse – appelés créationnistes – ont persisté dans leur manière de décrire l'origine de la vie. Ils ont réussi à imposer leur façon de voir les choses pendant 70 années dans des collèges et lycées de certains États conservateurs des États-Unis. La dernière loi imposant l'enseignement des théories créationnistes à parité avec celui de l'évolution dans les écoles publiques, loi soutenue par le président Ronald Reagan (1918-2004), n'a été abolie qu'en 1987 par la Cour suprême, au terme d'un débat vif et d'un vote très serré! Encore de nos jours, moins d'un siècle et demi après la parution des théories de Darwin, on trouve toujours des adeptes très actifs et influents de ce conservatisme religieux, très vivace notamment au sein de certaines églises protestantes intégristes basées aux États-Unis[19], mais aussi au sein de certains milieux intégristes musulmans. Le président Georges Bush n'a-t-il pas déclaré en 2005 que les thèses de l'« Intelligent Design », ou dessein intelligent, dernier avatar du créationnisme, devaient être « correctement enseignées » dans les écoles américaines[20] ?

Le débat restant: l'apparition de notre conscience

Ces épisodes qui jalonnent la lente reconnaissance des évidences scientifiques expliquent l'engouement pour ce sujet bien au-delà des débats scientifiques. Il est clair que l'histoire de nos racines, celle de la base frêle et hésitante de l'humanité, présente de très fortes implications philosophiques et religieuses. La distinction entre l'animal et l'Homme, doté d'une conscience développée, ne relève pas que de la biologie. De nombreux spécialistes (biologistes, généticiens, neurologues, paléontologues, anthropologues, philosophes, théologiens, psychanalystes, artistes, journalistes, romanciers ou cinéastes) peuvent s'exprimer sur la question et faire rêver lecteurs, auditeurs ou téléspectateurs pour le meilleur ou pour le pire. La moindre actualité sur ce sujet – un tibia fossile daté d'une période charnière – et le débat est relancé. Les données collectées par des milliers de détectives fouilleurs de notre passé lointain alimentent les médias en nouvelles qui entretiennent auprès du public les rêves-réalités de l'extraordinaire « transmutation » de l'animal en humain. Et chacun souhaite en savoir toujours plus, ce qui incite d'autres à chercher davantage pour alimenter les songes.

Ces dernières décennies, on s'est ainsi beaucoup interrogé sur le phénomène d'humanisation du singe ancestral en Homme[21]. Il a été établi que cette évolution s'est concrétisée par une augmentation du volume cérébral. Une transmission héréditaire de petites « barrettes » supplémentaires d'un type particulier de mémoire aurait suffi pour nous distinguer des autres singes ancestraux ou tribus de pré-Hommes. La nature aurait sélectionné cet avantage car l'Homme pouvait ainsi mieux apprendre et savoir et, de ce fait, mieux vivre, mieux se reproduire. Cette amélioration héréditaire aurait permis une évolution culturelle, car le surplus de mémoire aurait aussi servi à mieux transmettre les connaissances acquises qui se sont accumulées de génération en génération.

Deux évolutions parallèles simultanées et concordantes se sont ainsi produites. On peut imaginer le processus suivant[22] : un singe ancestral, marchant droit, ayant les mains libérées de la fonction de locomotion, légèrement mieux doté en mémoire, a constaté qu'en jetant une pierre, il pouvait surprendre une proie et la tuer. Il retient la leçon, en profite et enseigne à ses congénères la façon de procéder. Lui et sa tribu mangent à leur faim, ce qui leur permet d'avoir une descendance plus nombreuse que celle de leurs voisins ou lointains cousins. La tribu des « initiés » transmet ainsi mieux les gènes qui leur ont donné plus de mémoire. En plus de la transmission génétique de cet avantage, les « initiés » apprennent à leur descendance le nouveau savoir. Fils et filles transmettent à leur tour à la fois les avantages génétiques et les connaissances acquises. Et ainsi de suite.

La transmission des informations acquises a décuplé l'avantage génétique. Elle s'est faite par les gestes (les mains sont libres depuis 6 millions d'années chez les australopithèques), par la parole, par les peintures ou sculptures, par les écrits (l'écriture n'apparaît qu'il y a 5 300 ans), par l'imprimerie (elle apparaît d'abord en Chine au début du Xe siècle puis vers 1450 en Europe) et aujourd'hui par les ondes et Internet.

Plusieurs tribus d'Hommes différents ayant acquis petit à petit un cerveau plus développé permettant de comprendre l'intérêt d'apprendre et de transmettre les expériences sont apparues. La tribu d'Hommes la mieux dotée en mémoire et la plus apte à transmettre les connaissances est devenue celle des « sapiens » (qui savent). Ils vont vite dominer et se propager sur tous les continents. C'était des Cro-Magnon, la tribu de nos ancêtres.

Quand, où et en combien de temps les Cro-Magnon ont-ils acquis la mémoire particulière supplémentaire permettant d'améliorer le rudimentaire instinct animal d'apprentissage des jeunes ? Ce serait passionnant de pouvoir revenir en arrière et de décrire les étapes historiques de la transmission des savoirs acquis de générations en générations et celle de l'émergence de la conscience. Les biologistes en sont convaincus : connaissances et conscience se sont développées ensemble. L'Homme de Néandertal avait aussi très vraisemblablement acquis un degré important de conscience et on arrive à déceler chez les primates actuels et bien d'autres animaux des lueurs de conscience[23]. Mais on ne trouvera jamais une trace matérielle de la conscience et des pensées des premiers représentants du genre humain. Le processus d'émergence de la conscience dans le passé restera pour nous à jamais abstrait. Il en est de même pour ce qui concerne l'acquisition de l'âme, principe spirituel, substance immatérielle et impérissable en laquelle résiderait notre identité personnelle. Pour la grande majorité des religions, l'âme c'est l'esprit ou le souffle de Dieu, à la fois séparable du corps et éternelle.

La nature énigmatique de l'esprit et de la conscience a très tôt fasciné les premiers philosophes ou religieux. Ces notions abstraites et mythiques ont conduit certains précurseurs religieux monothéistes à établir un début, un commencement. Pour eux, c'est Dieu qui a créé les deux premières âmes avec Adam et Ève. Dans la Bible, il est dit qu'ils ont été créés à partir de poussière de terre, leur âme et leur corps sont à l'image de Dieu. Ils sont ainsi surnaturels et n'ont pas de parents ; certains artistes perspicaces les ont représentés sans nombril (ou, dans l'embarras, ont fait déborder la feuille de vigne cache-sexe sur la zone où doit se trouver le nombril, Fig. 1, p. I)[24].

Les connaissances actuelles auraient certainement incité les auteurs de la Genèse à réserver à Dieu la seule impulsion de la création de l'âme. En effet, autant nous pouvons maintenant :

– aligner des preuves paléontologiques et génétiques de la transformation d'un singe ancestral en Homme (depuis 1975, nous savons que l'Homme et le chimpanzé partagent 99 % de protéines et séquences d'acides nucléiques semblables[25]) ;

– évoquer les multiples hasards des mécanismes de l'évolution ayant conduit une simple cellule isolée à devenir un mammifère ;

– progresser dans l'étude des liaisons neurologiques et comprendre comment elles peuvent préserver des informations dans notre cerveau conduisant à l'acquisition des connaissances et de la conscience, autant nous restons toujours dans le domaine du philosophique ou du spirituel pour expliquer le processus d'acquisition de l'esprit ou de l'âme selon ses croyances.

À la lumière des connaissances scientifiques, le premier chapitre du Grand-livre pourrait ainsi être réécrit. La nouvelle Genèse établirait qu'Adam et Ève ont vécu il y a très longtemps (pourquoi pas il y a 4 004 ans av. J.-C. comme l'indique la Bible). Ils avaient un nombril car ils sont issus d'autres Hommes semblables. Mais ils se seraient distingués de leurs contemporains en recevant le souffle de Dieu. Depuis, cette acquisition a été transmise à tous leurs descendants. Dieu aurait ainsi donné l'âme aux Hommes, pas le corps. C'est le théologien et paléontologue français Pierre Teilhard de Chardin (1881-1955) qui a souligné la particularité de cette acquisition divine qu'il nomma *noogenèse*[26].

La pérennité de l'âme au-delà de la mort de l'individu, voire sa réincarnation dans d'autres vies (animales ou humaines), sont d'autres concepts philosophiques et religieux induits par la nature abstraite de l'esprit. Ces croyances ont conditionné et conditionnent encore l'éthique et la vie spirituelle de milliards d'Hommes. Elles laissent à certains soit l'espoir d'une vie éternelle meilleure après la mort, soit la perspective d'une réincarnation dans une autre forme de vie. Elles font craindre à certains des répercussions négatives sur la vie suivante à cause d'une « utilisation » mauvaise de la vie actuelle : pour eux, notre comportement est piloté par notre âme et celle-ci sera jugée !

Pour les athées ou agnostiques, connaissances acquises au cours d'une vie et conscience ne sont que des informations ou ressentis accumulés ou élaborés au cours de l'existence dans notre cerveau, simple disque dur équipé d'un logiciel de pilotage perfectionné. L'âme ne serait qu'un sous-produit de la conscience, un simple concept rassurant pour mieux passer dans l'au-delà, pour vivre en paix sans être sans cesse préoccupé par notre injuste fin inéluctable. Pour les non croyants, conscience et âme (ou esprit) sont malheureusement vouées à disparaître définitivement après l'extinction du courant physiologique qui nous anime. Cette façon de concevoir notre existence conduit les hédonistes et les épicuriens, adeptes de philosophes grecs (Aristippe et Epicure), à profiter au mieux de tous les jours de leur existence qu'ils considèrent sans lendemain. *Carpe diem*, « Cueille le jour sans te soucier du lendemain » écrivait le poète latin Horace !

Dans tous les cas, beaucoup aspirent à laisser des empreintes pérennes de leurs connaissances acquises ou de leur passage physique ici-bas. En effet, de notre vie, de nos connaissances et expériences personnelles, subsisteront celles que nous avons pu transmettre oralement ou par des œuvres tangibles qui résisteront plus ou moins longtemps à l'usure du temps.

Les premiers témoignages réels des connaissances acquises et transmises par les Hommes préhistoriques jusqu'à nous, sont représentés par :

– les premières pierres taillées (datant de 2,6 - 2,5 millions d'années), dont la fabrication s'est standardisée et améliorée sans cesse dans le temps par étapes identifiables[27] ;

– les premiers foyers marquant la maîtrise du feu (le premier foyer date de – 790 000 ans, mais ils semblent devenir communs, marque d'une maîtrise et d'une communication de la technique, que vers – 400 000 ans)[28] ;

– les premières manifestations sociales liées à la mort : les rites funéraires et offrandes déposées dans les sépultures (essentiellement à partir de 100 000 ans)[29] ;

– les premières peintures sur les parois des grottes (–32 000 ans).

Chacune de ces étapes, concrétisées par des vestiges trouvés dans des régions différentes du monde, marque l'ascension de la mémoire, de la communication et de la conscience des tribus concernées. Peut-on considérer que les tribus d'Hommes différents, appartenant à des lignées évolutives parallèles ou ancestrales ayant laissé les premiers témoignages conceptuels (fabrication des pierres taillées, maîtrise du feu et considération de la mort), étaient déjà conscientes de leur identité ?

Parmi ces tribus, il faut citer les Néandertaliens contemporains de nos ancêtres les Cro-Magnons. Ils maîtrisaient le feu et ont laissé des parures (os sculptés et percés), des sépultures et des outils de pierre[30]. Ces Néandertaliens ont disparu, il y a environ 24 000 ans pour une cause encore non élucidée (dominés et exterminés par les Cro-Magnons, ou fondus par hybridation (métissage) avec les Cro-Magnons ?).

Les premières peintures rupestres, datées de 32 000 à 10 000 ans, réalisées par les tribus de Cro-Magnon sont les plus anciens témoignages de l'acquisition par un primate d'une identité et de la perception de l'existence ; elles prouvent sa capacité de symbolisation. Les peintures préhistoriques de la grotte Chauvet sont si bien conçues, les effets de superposition d'animaux et la maîtrise de la perspective si techniques, que nous devons admettre l'existence d'un art qui s'est transmis (Fig. 2, p. II). En effet, bien que les auteurs des fresques de la grotte Chauvet étaient avant tout des artistes talentueux, leurs œuvres picturales n'étaient certainement pas les premières de l'humanité. Vraisemblablement la maîtrise de leur art s'est affinée au fil de générations successives, sur des supports exposés aux intempéries ou dans des cavernes à ce jour inconnues ou effondrées. Ces Hommes, accumulant et transmettant les premiers savoirs, avaient sans aucun doute possible acquis une véritable conscience !

Ainsi, à partir d'il y a 32 000 ans, un être vivant a pour la première fois laissé volontairement des images de son environnement (les dessins d'animaux hostiles ou utiles pour sa nourriture), de ses mains (ses empreintes sur les parois des grottes) et plus rarement de lui-même (fresques de scènes de chasse). Les plus anciennes gravures abstraites datent de – 100 000/– 70 000 ans (sur des blocs d'ocre) et de – 60 000 ans (sur des œufs d'autruche) et la première statuette très figurative d'une femme de – 35 000 ans[31]. Dans les nombreuses cavernes où ces Hommes ont exposé leurs œuvres, on retrouve les mêmes techniques picturales et des motifs et signatures semblables. Il y eut ainsi transmission de connaissances dans une vaste région géographique. Les Cro-Magnons, grâce à leur organisation sociale, leurs multiples inventions d'outils, leurs croyances et mœurs se sont imposés partout pendant plusieurs dizaines de milliers d'années. Ils détiennent ainsi le record de longévité des organisations humaines, alors certainement caractérisées par de petites tribus nomades amies ou ennemies.

Nous descendons, c'est sûr, des tribus de Cro-Magnons, Hommes préhistoriques dont la forme et le volume du crâne sont proches du nôtre et qui ont laissé tous les types de témoignages cités plus haut. L'*Homo sapiens* est devenu ainsi un penseur conscient que depuis environ 35 000 ans. Chaque individu de ces Cro-Magnons évolués *sait qu'il sait*, ils furent ainsi dénommés *Homo sapiens sapiens*.

Henri nous a fait profiter de ses réflexions sur les motivations de ces peintres préhistoriques. Il nous a éclairés sur les premiers signes tangibles d'un humanisme chez nos ancêtres humains. Il nous a fait rêver sur le lointain passé des tribus de Cro-Magnon et de leurs artistes-chamans évoluant dans une nature vierge, mais ô combien hostile, dans laquelle l'Homme s'efforçait de survivre et de se reproduire. À partir d'un objet ou d'une fresque, j'ai pu imaginer leurs mœurs sauvages, cruelles ou attachantes. À travers leurs œuvres, j'ai cherché à déceler le niveau de perception de leur conscience. Tout cela fait songer un peu à soi et à son voisin anonyme car ces premiers Hommes, qui ont laissé des traces de leur vision du monde, sont nos ancêtres communs.

J'ai visité bien des sites où des vestiges de l'Homme préhistorique étaient exposés. Le midi de la France où j'habite en est riche. Chaque fois, j'ai remarqué la fascination du public pour les lieux que les Cro-Magnons ont fréquentés. Dans les groupes de visiteurs, pilotés par des guides, silence, chuchotements, interrogations et admiration marquent la surprise et l'émotion. Les enfants écarquillent les yeux en voyant les reconstitutions artistiques des Hommes préhistoriques. Nous étions comme cela ? Les dates n'ont plus de sens. Il est difficile de matérialiser les différences entre les dizaines ou les centaines de milliers d'années. La parenthèse de temps entre eux et nous est si grande qu'on a du mal à y croire, à imaginer une telle ascendance.

Je me souviens d'une visite de la grotte de Pech-Merle dans le Lot où l'on peut admirer des peintures rupestres et des empreintes émouvantes de pieds d'enfants (Fig. 3, p. III). Ces petites empreintes, au fond d'une cuvette, d'une fraîcheur étonnante, avaient interpellé mon fils, alors âgé de 12 ans. Il s'était exclamé : « Tu vois les enfants de Cro-Magnon aimaient aussi patauger ! » Et une visiteuse de supputer que si des petits enfants avaient accompagné les peintres, ces derniers ne pouvaient être que féminins.

Je me souviens aussi des visites de vestiges préhistoriques au cœur même de ma ville, à Nice, comme la grotte du Lazaret qui recèle de nombreux reliefs d'agapes humaines de tribus datés de 160 000 ans et le site de Terra Amata où des traces d'un campement de 400 000 ans ont été découvertes. À Terra Amata, j'ai participé aux fouilles lorsque j'étais étudiant. Pour exhumer les fragiles vestiges, j'ai gratté la terre de nos origines avec un tournevis et une brosse à dents. C'est là, à Terra Amata, dans ma ville, qu'un des plus anciens foyers de l'humanité a été mis au jour[32].

Les plus vieux fossiles de restes d'Hommes ou de pré-Hommes, et leurs plus vieux vestiges, témoignent de la lente métamorphose de l'animal à l'Homme, qui pense, s'exprime et communique. L'origine de la sélection naturelle des Cro-Magnons est sans doute son comportement nomade qui a entraîné l'isolement de familles mieux dotées en mémoire, permettant à cette caractéristique de se fixer, de s'amplifier et de s'exprimer. Cette évolution serait donc liée à la faculté des pré-Hommes de se déplacer, de sortir de leur niche initiale, de conquérir d'autres milieux, d'autres espaces, de s'adapter à des conditions de vies différentes. C'est peut-être parmi les plus téméraires, les plus courageux, ceux qui ont bravé les peurs de l'inconnu, qu'a émergé la lignée dominante.

Au-delà de notre ascendance : l'origine du vivant

À mes yeux, la Genèse – dans sa version scientifique – et les descriptions bibliques spirituelles et symboliques mettant en scène Adam et Ève, qui ont tant marqué le monde occidental ces trente derniers siècles, représentent de formidables histoires naturelles ou religieuses transmises par des Hommes marqués par la révélation divine, tout en ayant acquis et accumulé des connaissances.

Pour les biologistes contemporains, les découvertes scientifiques sur notre proche origine relèvent d'une suite logique. Les mécanismes de l'évolution permettant de comprendre les liens de parenté entre l'Homme et un singe ancestral s'appliquent aussi entre ce singe et la plus petite cellule animale indépendante. Mais ces mécanismes n'expliquent pas encore d'autres questions de fond sur l'origine de la vie. Comment et où est apparue la vie ? Comment sont nées la faune et la flore à partir des bactéries, premières formes de vie apparues sur Terre ? Quels sont les mécanismes biologiques qui ont conduit le vivant, à travers le temps et les aléas, à notre espèce ? Ces étapes, parfois encore mystérieuses, de la naissance et de la structuration de la vie sur Terre, induisent d'autres interrogations ou hypothèses sur notre avenir, sur le devenir des vies qui nous entourent et sur l'existence d'autres formes de vies encore méconnues, y compris au-delà de notre planète…

Comprendre nos origines, prévoir et prédire notre avenir, expliquer la nature de la nature, préoccupaient déjà les philosophes grecs. C'est à partir de nouvelles connaissances scientifiques bien établies qu'il faut imaginer de nouvelles histoires concernant la vie. Ces visions contemporaines ne pouvaient être pensées au temps des récits mythiques et des révélations mystiques où tout manque d'explications incitait à faire appel au divin. Les théories et évidences contemporaines sont à la fois en concordance avec les faits actuels connus et débarrassées des croyances religieuses, philosophiques ou fabuleuses anciennes. Mais la démarche est restée la même depuis la nuit des temps : partir de connaissances solides acceptées par la grande majorité de la communauté des savants, puis bâtir des hypothèses, des spéculations, qui seront mises à l'épreuve de la science future. Les nouveaux concepts de l'histoire de la vie permettront de mieux comprendre le passé et de tenter de se projeter dans l'avenir. Ils peuvent toujours faire rêver et laisser une place au spirituel.

Chapitre 2

Au commencement...

Quand ?

Le mystère de l'origine de la vie sur Terre représente un thème particulièrement fécond en hypothèses scientifiques. Comme l'étude des racines de nos premiers ancêtres, ce sujet est aussi porteur d'une aura mystique et philosophique. Il s'agit de la genèse des premières cellules, de la première impulsion de vie perpétuée par reproduction, de l'essence de notre vie et de celle de l'ensemble des espèces composant la faune et la flore apparues sur Terre. Sans aucun doute, c'est le sujet le plus passionnant qui soit en biologie. Il recèle des surprises considérables qui peuvent modifier notre vision de la vie et orienter celle de notre avenir.

Dans cet essai, nous allons distinguer trois genèses, trois naissances distinctes du vivant qui nous entoure aujourd'hui :

– la genèse originelle des plus petites et plus simples formes de vies connues à ce jour (les bactéries, les virus) ;

– la genèse des cellules animales et végétales complexes et indépendantes (contenant des éléments compartimentés comme le noyau) ;

– la genèse des civilisations de cellules qui a conduit à l'émergence de cinq groupes indépendants d'organismes visibles à l'œil nu (tous devenus pluricellulaires, avec des cellules de type différent) : les animaux, les champignons, les végétaux verts et les algues rouges et brunes.

Ces trois types de vie cohabitent aujourd'hui sur Terre. Le vivant est de ce fait la résultante de trois essors distincts. Nous allons le découvrir, chacune de ces naissances n'est pas le résultat d'une lente transformation d'un état vers l'autre, mais celui d'unions-fusions-associations sélectionnées par la nature.

Pour ce qui concerne la première genèse – l'origine et le développement des premières formes les plus simples de vie sur Terre – trois questions fondamentales sont abordées par les scientifiques : Quand ? Où ? Comment ?

Quand la vie est-elle apparue sur Terre ? Les découvertes relatives à cette question sont les plus faciles à comprendre. Elles se fondent sur les traces les plus anciennes du vivant mises au jour.

Où s'est-elle épanouie en premier : sur Terre ou ailleurs ? Les avancées scientifiques concernant le lieu où la vie a commencé sortent enfin de l'atavique dogme religieux excluant toute réponse en dehors de notre planète. L'autre hypothèse – la vie est venue d'ailleurs – est ainsi aujourd'hui de plus en plus étudiée.

Comment la vie s'est-elle formée à partir du minéral ? Deux voies de recherche très sophistiquées tentent de se rejoindre : partir de molécules organiques simples vers les premières ébauches de vie ou analyser la composition des plus petites et plus simples formes vivantes connues pour en déduire leur formation.

Ces dernières décennies, nous avons constaté un regain considérable d'intérêt pour ces questions. Diverses disciplines se complètent pour faire progresser nos connaissances dans ces domaines ; citons notamment :

– la biochimie et la génétique pour l'étude des constituants du vivant (plus particulièrement les gènes, les protéines et les lipides),

– la microbiologie pour l'étude des plus petits organismes vivants,

– la paléontologie pour l'étude des traces géologiques les plus anciennes du vivant (avec l'aide des géochronologistes qui arrivent à dater de mieux en mieux les roches très anciennes qui les contiennent),

– l'astrobiologie pour la recherche des traces du vivant ailleurs que sur Terre ; elle passe par l'exploration de l'espace pour trouver ailleurs des conditions de vie équivalentes (actuelles ou passées) à celles dont nous bénéficions.

Quand la vie est-elle apparue sur Terre ?

Décrivons d'abord le cadre dynamique : notre système solaire s'est formé il y a environ 4 568 millions d'années. Des masses de gaz et de roches gravitant autour du soleil se sont réunies et soudées pour former les planètes (le terme consacré est « accrétion »). La dernière étude scientifique déterminant l'âge de notre planète fixe le commencement de l'accrétion vers 4,568 milliards d'années et la fin un peu plus de 100 millions d'années plus tard. Près de dix masses équivalentes à la Lune ou à Mars se sont ainsi soudées avec nombre d'autres corps plus petits. La Terre a eu à peu près sa masse actuelle à partir d'il y a 4,46 milliards d'années seulement[1]. Pendant la mise en place de ce décor, un événement titanesque est intervenu : un bloc de matériaux du même diamètre que Mars (la météorite Theia) a percuté la Terre en y laissant une partie de sa matière, mais en éjectant quantité de débris incandescents qui sont restés dans l'orbite de la Terre : ces débris ont fusionné pour former la Lune. L'eau serait arrivée dès 4,4 milliards d'années, apportée par des comètes ou des roches gorgées d'eau qui, en percutant la Terre naissante, y ont laissé le précieux liquide. Entre 4,4 et 4 milliards d'années passées, un équilibre semble être atteint. Mais les phénomènes volcaniques devaient y être récurrents et cataclysmiques. Pendant cette période, de multiples blocs de roches de toutes tailles errent encore autour des planètes. Ils s'y écrasent parfois, quand leur trajectoire est infléchie par l'attraction qu'exercent les planètes. Mais c'est surtout entre 4 et 3,9 milliards d'années passées qu'un bombardement titanesque de météorites s'est abattu sur les planètes solaires. Les répercussions sont chaque fois phénoménales. Nous savons qu'une météorite de 10 km de diamètre ayant percuté le golfe du Mexique, il y a 65 millions d'années, a plongé la Terre dans un hiver sans lumière, signant la fin de multiples lignées végétales et animales dont les dinosaures. Or, dans la période située entre 4 et 3,9 milliards d'années, il a été estimé que la Terre a été percutée par 22 000 méga météorites, dont 200 à 40 devaient avoir un diamètre égal ou supérieur à 1 000 km ![2]

La Lune, Mars et Mercure portent des traces visibles de ces épisodes violents : leur surface est criblée de milliers de cratères qui se chevauchent ou se superposent. Quant à la Terre, elle était alors constituée d'un épiderme chaud et fin, qui reposait sur une « soupe » de lave gluante. À cette époque, l'épiderme – la croûte terrestre – était peu épais. Les eaux des océans peu profonds devaient être chaudes et couvrir plus de surface qu'aujourd'hui. Enfin, les terres émergées sans massifs montagneux devaient être rares et ressembler à quelques petits îlots épars fixés sur autant de croûtes terrestres indépendantes (telles des écailles) laissant s'échapper des fleuves de lave aux jonctions. Ces écailles se reconstituaient sans cesse par l'enfouissement d'une partie remplacée par la résurgence d'une nouvelle partie. Ce phénomène dit de tectonique des plaques, toujours fonctionnel (le nombre de plaques s'est considérablement réduit), conjugué à l'érosion, gomme, efface, toutes les cicatrices des impacts anciens. Les tatouages des impacts de météorites ont ainsi disparu de l'épiderme terrestre !

Toutes ces données laissent penser qu'à la fin de cette époque reculée (jusqu'à 3,9 milliards d'années), lorsqu'enfin les cataclysmes embrasant de manière récurrente notre planète ont cessé, la Terre est devenue petit à petit hospitalière pour des organismes mêmes minuscules et fragiles. Tout semble indiquer que la vie serait alors apparue en mer.

Pour trouver des preuves en réponse à la question « quand ? », les paléontologues se heurtent à un problème technique lié à l'instabilité de l'épiderme terrestre sans cesse remodelé (en raison de la tectonique des plaques). Les continents se sont regroupés, soudés, disjoints, ressoudés. Les roches, au-dessus desquelles évoluaient les premières formes de vie dans les océans, ont été enfouies, fondues et compressées avant de ressurgir et de composer un nouvel épiderme. Il faut donc chercher sur notre planète des régions accessibles et ayant été peu affectées par ces bouleversements géologiques. Ces affleurements les plus anciens, datés entre 4 et 3 milliards d'années, sont très rares et peu étendus. Malgré ces difficultés, les progrès récents sur les connaissances des débuts de l'apparition de la vie sur Terre sont considérables. Les données sur ce sujet ont surtout été rendues possibles par l'émergence de techniques très performantes de géochronologie (l'étude de la datation des roches). Elles sont fondées sur l'analyse de couples d'atomes proches dont les variétés (des isotopes) se désintègrent lentement dans le temps dans des proportions qui donnent une signature temporelle très fiable. En revanche, à cause des multiples et importantes altérations subies au cours des temps par ces roches les plus anciennes, les traces physiques laissées par les premières bactéries (des fossiles) sont rarement convaincantes et leur nature biologique est souvent contestée. Aussi, pour fixer l'âge de l'apparition de la vie sur Terre, les paléontologues cherchent des traces indirectes, des indices chimiques laissés par des organismes vivants.

L'oxygène, gaz d'origine biologique

Pendant la période de l'apparition de la vie sur Terre, tous les spécialistes s'accordent à dire qu'il n'y avait pas d'oxygène dans l'atmosphère ni dans l'eau. Aucune réaction minérale ne pouvait dissocier l'eau (composée de deux atomes d'hydrogène et d'un atome d'oxygène) ou le gaz carbonique (composé d'un atome de carbone et de deux atomes d'oxygène) de telle façon à donner de l'oxygène libre dissous dans l'eau. L'absence d'oxygène dans l'eau et dans l'atmosphère impliquait qu'il ne pouvait pas exister de couche d'ozone (trois atomes d'oxygène réunis) : de ce fait, toutes les terres émergées étaient stérilisées en permanence par les rayons ultraviolets (aujourd'hui en grande partie filtrés par la couche d'ozone). La vie ne pouvait alors qu'apparaître dans l'eau.

Parmi les premières bactéries apparues dans l'eau, certaines étaient végétales. Elles étaient équipées de chlorophylle, un pigment vert qui permet une réaction chimique extraordinaire : la photosynthèse. Grâce à la lumière (composée de particules élémentaires : les photons), la bactérie arrive à synthétiser des matières organiques en utilisant l'eau, le gaz carbonique et des sels minéraux, tout comme les végétaux verts que nous connaissons aujourd'hui. Le déchet de cette réaction biologique est un gaz : l'oxygène. La bactérie arrive ainsi à se nourrir sans avoir besoin d'ingérer comme nous de la matière organique provenant d'autres organismes : elles sont, en ce qui concerne la nourriture, autonomes. Les scientifiques utilisent le terme d'autotrophe (du grec trophé = nourriture) pour décrire ce mode alimentaire. À l'époque de l'apparition de la vie sur Terre, l'eau des mers et océans ne contenait pas d'oxygène, mais était riche en fer dissous : elle était donc ferrugineuse. Le développement de bactéries végétales a eu pour conséquence une réaction en chaîne : leur déchet, l'oxygène, a réagi immédiatement sur le fer dissous, formant de l'oxyde de fer (de la rouille) qui a coulé et s'est déposé sur les fonds marins.

Il en a résulté des accumulations de plus en plus importantes de fer sur le fond des mers et des océans. Les montagnes de minerai ferreux exploitées aujourd'hui ne sont que les vestiges de réactions datant de ce passé lointain. Les géochronologues se sont donc intéressés à la datation des dépôts les plus anciens. Tous s'accordent à constater que c'est entre 2,45 et 2,2 milliards d'années que presque tout le fer dissous dans les eaux du globe s'est précipité et a formé les dépôts exploités aujourd'hui. Sous l'effet de l'oxygénation de l'eau et de la précipitation de la grande majorité du fer dissous, la composition de l'eau s'est considérablement modifiée. Pour arriver à ce résultat, il fallait que les océans, mers et lacs soient, à l'échelle planétaire, des soupes denses de bactéries végétales (les bactéries photosynthétiques fixées sur les petits fonds des oasis linéaires exigus du littoral des terres émergées n'ont pas dû être en nombre suffisant pour parvenir à ce résultat). Ces bactéries ne sont pas arrivées à coloniser tous les espaces aqueux du jour au lendemain ! Des analyses plus fines des dépôts de fer le démontrent : c'est crescendo que le fer s'est déposé.

À quand remontent les premières traces d'oxydation du fer ? Comme pour toutes les premières traces du vivant, elles sont rares, localisées et donc parfois contestables.

Certains auteurs défendent l'hypothèse d'une présence très précoce de l'oxygène : pour eux, c'est vers 3,9-3,8 milliards d'années que ce gaz a commencé à oxyder le fer dissous dans l'eau. Convaincus d'une production d'oxygène biologique très ancienne, ils pensent que, pendant plus d'un milliard d'années (entre 3,8 et 2,4 milliards d'années), la majorité des minéraux oxydés par le fonctionnement des premières bactéries végétales aurait été réduite par les eaux chaudes et acides rejetées par une activité volcanique intense sur de très larges surfaces. Les traces de fer oxydé laissées entre 3,8 et 2,4 milliards d'années seraient donc de ce fait, rares et exceptionnelles.

D'autres auteurs stipulent qu'il est possible que les rares traces les plus anciennes d'oxydation proviennent de réactions minérales liées au volcanisme très actif de cette période et ne seraient donc pas liées à l'activité bactérienne.

Plusieurs dizaines de publications parues dans des revues prestigieuses apportent sans cesse des éléments au débat[3]. Mais deux données récentes (2004 et 2009) tendent à confirmer une origine très ancienne de l'apparition des premières traces d'oxygène (respectivement il y a 3,7 et 3,46 milliards d'années), impliquant la présence en nombre de bactéries végétales aux mêmes périodes[4].

Bref, la date de l'apparition de l'oxygène sur Terre initiée par des réactions biologiques reste une piste sérieuse pour fixer l'arrivée des bactéries équipées de chlorophylle. Elle doit encore être unanimement admise. D'autres datations avec d'autres preuves devraient permettre d'étayer les résultats fournis par les roches oxydées.

Le carbone : élément fondamental du vivant

L'atome de carbone entre dans la composition de tout être vivant. Il est assimilé par les autotrophes (les êtres vivants chlorophylliens) qui ingèrent le gaz carbonique dissous dans l'eau. Or le carbone de ce gaz présente trois variétés (des isotopes) : un carbone lourd, radioactif et instable (C_{14}), un carbone moins lourd non radioactif et stable (C_{13}) et un carbone léger non radioactif et stable (C_{12}).

Le carbone radioactif est très utilisé pour la datation des restes organiques « récents ». Cette variété de carbone (en infime proportion par rapport aux autres isotopes du carbone) perd sa radioactivité dans le temps (sa demi-vie est de 5 734 ans). En mesurant la proportion déclinante dans le temps, on arrive à déduire l'époque où il a été fixé par du vivant. Mais au-delà d'un vestige organique âgé de 50 000 ans, on n'arrive plus à déceler le C_{14}. Il est donc inefficace pour dater l'arrivée du vivant très ancien sur Terre.

En revanche, une particularité de la réaction photosynthétique biologique est de sélectionner les molécules de gaz carbonique : la vie préfère celles composées avec la variété légère, le C_{12}. La proportion minérale de 89 atomes de C_{12} pour 1 atome de C_{13} passe à 91 atomes de C_{12} pour 1 atome de C_{13} dans le carbone composant le vivant. Ainsi, l'analyse des proportions d'isotopes dans du carbone très ancien permet de différencier son origine minérale ou biologique. Le charbon et le pétrole ont cette signature, mais proviennent de végétaux terrestres apparus à partir d'il y a 470 millions d'années. En 1998, une équipe de chercheurs fit sensation en publiant ses résultats d'analyse de carbone trouvé au Groenland. Sensation, puisque les chercheurs ont décelé la signature biologique dans du carbone inséré dans des roches datées de 3,85 milliards d'années[5]. Cette observation, témoignant à ce jour de la plus ancienne trace du vivant, est unique. Elle a été contestée en 2002[6]. La contestation ne porte pas sur une erreur d'analyse, ni de datation ou de contamination, mais il a été démontré qu'un processus chimique minéral peut aboutir au même résultat qu'une signature biologique. Les deux interprétations font donc jeu égal. Depuis, de nombreux chercheurs se succèdent pour explorer le gisement de roches très anciennes du Groenland et tenter de déceler d'autres éléments en faveur ou en défaveur d'une origine biologique du carbone. Les auteurs de la première découverte ont ainsi multiplié les données pour valider la signature biologique du carbone datant de plus de 3,85 milliards d'années. D'autres auteurs ont découvert en 2004 et 2010 des éléments différents mettant en évidence au même endroit l'existence de sédiments marins datés de 3,7 milliards d'années et dont la nature ne peut s'expliquer que par la présence de bactéries. Ces données concordantes se confortent, elles incitent à admettre que des organismes vivants sont probablement apparus à cette période sur Terre[7].

Les stromatolithes : des « tapis de pierre » formés par des bactéries

Les stromatolithes sont une accumulation, en couches minces superposées, de particules de sédiments (vase ou sable) piégés et figés par des bactéries, constituant une pellicule sur le sol marin (Fig. 4, p. IV). En coupe, ces roches ressemblent à une tranche de choux rouge ou de mille-feuilles. Cet aspect est dû à un développement discontinu du tapis bactérien qui ressemble à de la feutrine. D'abord, les bactéries végétales (photosynthétiques) couvrent le fond bien exposé à la lumière. Peu à peu, tous les interstices de ce tapis bactérien sont colmatés par des particules minérales en suspension dans l'eau (sable, vase). Cela provoque par réaction une nouvelle phase de croissance des bactéries (le film bactérien se reconstitue pour toujours être bien exposé à la lumière), laissant en dessous une couche de sédiments « cimentée » solide. On appelle ces reliques de vies des « jardins sous-marins pétrifiés » ou des stromatolithes (ce qui signifie « tapis de pierre »)[8]. Soyons clairs : un stromatolithe n'est pas un fossile, terme réservé à des restes (coquille, os, dent, graine, pollen, feuille…) ou à un simple moulage d'un animal ou d'un végétal conservé dans une roche sédimentaire. Ainsi l'expertise de telles roches minérales formées par un processus biologique mais sans reste du vivant n'est pas toujours aisée. Les plus anciennes présentent des protubérances coniques et sont datées de 3,47 à 3,45 milliards d'années ; on les trouve en Australie dans la même région où du fer oxydé a été identifié (daté de 3,46 milliards d'années[4]) et où des microfossiles pétrifiés dans des roches siliceuses ont été décrits (Fig. 4A p. IV)[9].

Près d'une cinquantaine de gisements de ce type, datés entre 3,5 et 2,5 milliards d'années, a été inventoriée sur divers continents et les découvertes récentes sont nombreuses[10]. Cependant, la cause biologique de formation de certaines de ces roches sédimentaires très anciennes a été contestée par quelques auteurs[11]. Les plus sceptiques considèrent un stromatolithe comme étant formé par des bactéries à condition de pouvoir déceler en son sein d'autres traces indiscutables laissées par des bactéries (tout en s'assurant bien qu'elles ne proviennent pas de contaminations bactériennes plus récentes). Cette exigence restreint pour certains la validation des premiers stromatolithes d'origine biologique à 2,9 milliards d'années. Mais un récif de stromatolithes exceptionnel et bien préservé, daté de 3,43 milliards d'années, a été découvert récemment en Australie : il s'étend sur 10 km de longueur. Ses nombreuses structures variées n'ont pu être formées que par un tapis de bactéries formé dans des petits fonds sur 10 km de littoral (Fig. 4B p. IV)[12]. Cette découverte est solide (elle intègre pour la première fois des caractéristiques écologiques du passé expliquant les différentes formes de tapis bactériens disposés en parallèle du rivage ancien). Elle tend à valider l'apparition de ces structures biogènes vers 3,5 milliards d'années.

De telles formations étranges et massives sont encore élaborées de nos jours par des bactéries vivant notamment par petits fonds dans des baies en Australie (Fig. 5A p. V) ou dans des eaux plus profondes (comme aux Bahamas[13]) (Fig. 5B). Elles ont l'aspect de rochers sombres ressemblant à des champignons géants posés sur des plages de sable corallien ou des fonds sableux. Ces stromatolithes contemporains illustrent les manuels scolaires (et la couverture des deux éditions précédentes de cet ouvrage) pour donner une image réaliste des plus anciens témoignages de la vie sur Terre. Les stromatolithes actuels sont élaborés par plusieurs espèces de bactéries « végétales » essentiellement filamenteuses (composées de plusieurs cellules alignées)[14]. L'examen des stromatolithes les plus anciens ne permet pas de déduire la nature du film bactérien ayant piégé les sédiments. A-t-il été formé par des bactéries végétales élaborées (des cyanobactéries) possédant une chlorophylle semblable à celle présente dans tous les végétaux aujourd'hui ou bien par d'autres types de bactéries végétales, vivant encore de nos jours dans des milieux sans oxygène, possédant une chlorophylle plus archaïque ? Des données convaincantes recueillies sur des stromatolithes de l'Ontario (Canada) (incluant des mesures d'isotopes de carbone), permettent de fixer avec certitude la présence de bactéries photosynthétiques vivant dans un milieu oxygéné vers 2,9 milliards d'années[15].

Les microfossiles

Les plus anciens vestiges fossilisés de vie identifiables au microscope électronique ayant été décrits sont datés entre 3,5 milliards et 3,2 milliards d'années et ont été trouvés dans deux régions (en Australie et en Afrique du Sud). C'est dans ces gisements que les stromatolithes et les roches oxydées datées de la même époque ont également été découverts. Le bilan chronologique de ces recherches est le suivant.

Les premières découvertes (datées de 1977) concernent des fossiles globuleux (de la taille des bactéries actuelles) trouvées en Afrique du Sud et datées de plus de 3 milliards d'années[16]. L'origine bactérienne de ces formes est avérée par la présence de nombreuses formes de division (globules pincés au milieu qui forment deux globules plus petits) (Fig. 6A, p. VI). En 1985, des filaments attribués à des vestiges de bactéries ont été décrits au sein de roches siliceuses, de la même région d'Afrique du Sud ; ils ont été datés de 3,5 milliards d'années[17] (Fig. 6B). Ces anciennes découvertes ont été contestées[18]. En 1993, un expert célèbre fit sensation en décrivant des bactéries pluricellulaires pétrifiées dans de la silice provenant d'Australie et datées de 3,465 milliards d'années (Fig. 6 F)[19]. Mais en 2002 ces formes très suggestives ont été interprétées par d'autres auteurs comme étant des infiltrations hydrothermales de fluides riches en molécules organiques minéralisées par la suite[20]. Les deux camps d'experts campant sur leurs positions, d'autres preuves sont nécessaires pour étayer leurs interprétations[21].

Entre-temps, en 2000, des bactéries filamenteuses, datées d'il y a 3,235 milliards d'années, ont été découvertes en Australie (Fig. 6 E)[22]. D'après les descriptions des auteurs, ces bactéries vivaient près de sources hydrothermales sulfureuses et n'avaient pas besoin de lumière. Incapables de photosynthèse, elles se nourrissaient par chimiosynthèse. La présence de telles bactéries sulfo-réductrices a aussi été décelée de façon indirecte dans des roches datées de la même époque. En effet, les micro-organismes sélectionnent, lors de leur chimiosynthèse, certains isotopes du soufre plutôt que d'autres. Or des dépôts sulfureux âgés de 3,47 milliards d'années portant cette signature biologique ont été trouvés dans la même région d'Australie[23].

En 2005 et 2006, toujours dans la même région d'Australie, des fossiles de bactéries en forme de vibrions, de bâtonnets, de coques alignées en chaîne et de filaments ont été décrits (dans des roches âgées de 3,4 à 3,3 milliards d'années)[24].

En 2004 et 2007, des traces laissées par des micro-organismes tubulaires perforants de 0,2 mm de longueur ont été trouvées en Afrique du Sud (datés de 3,5 milliards d'années) et en Australie (datés de 3,35 milliards d'années) ; ces traces proviendraient de bactéries filamenteuses segmentées et ramifiées qui perforaient des laves volcaniques vitrifiées (Fig. 6 D p. VI)[25].

La diversité du fonctionnement des bactéries à l'aube du vivant s'est enrichie par la découverte en 2006 d'indices de présence de bactéries produisant du méthane, identifiés dans des roches australiennes datées de 3,46 milliards d'années[26].

Plusieurs dizaines d'autres publications parues depuis 2000 illustrent une grande richesse de la biodiversité bactérienne présente entre 3,5 et 2,9 milliards d'années[27]. Les chercheurs s'intéressent notamment à des dépôts moins spectaculaires que les stromatolithes mais aussi laissés par des bactéries. Ces films bactériens, appelés également « mattes », renferment différentes traces de bactéries dont certaines devaient être photosynthétiques.

Mais c'est en 2010 que la plus étonnante découverte de microfossiles parmi les plus anciens a été publiée : des chercheurs ont trouvé dans une ancienne mine d'or en Afrique du Sud (à 600 mètres sous terre) un gisement de sédiments déposés dans un environnement de petits fonds, daté d'il y a près de 3,2 milliards d'années[28]. Ils en ont extrait des microfossiles géants pour cette époque et pour des bactéries : des vésicules dont les plus grosses mesurent de 0,3 à 0,03 mm de diamètre (alors que la plupart des bactéries sphériques actuelles sont dix à cent fois moins larges) (Fig. 6 C p. VI). La paroi visible de ces vésicules est de nature organique si bien qu'elles ressemblent à des eucaryotes (des cellules avec noyaux telles que celle représentée figure 22 D p. XI). Jusqu'alors, les chercheurs s'accordaient pour évaluer l'apparition des eucaryotes vers 2,7-2,5 milliards d'années passées seulement. Prudents, les auteurs de cette découverte évoquent une origine bactérienne pour ces vestiges. Quoi qu'il en soit, si cette dernière découverte récente n'est pas contestée, elle repousse bien avant 3,2 milliards d'années l'avènement des différentes variétés de micro-organismes sur Terre.

Devant l'enjeu de ces recherches, les méthodes d'identification des bactéries et des traces laissées par le vivant le plus ancien sont devenues de plus en plus sophistiquées. En dehors de l'examen de formes suggérant des bactéries, des techniques associant des microscopes électroniques à balayage et des microanalyses chimiques portant sur les isotopes du carbone, du soufre et d'autres éléments fixés ou utilisés par le vivant sont notamment utilisés. La surenchère de preuves nourrit la compétition scientifique pour l'identification la plus fiable du vestige vivant le plus ancien.

Les nombreuses publications sur le sujet laissent perplexe. Même si certaines publications ont été contestées et font toujours l'objet de débats passionnés, force est de constater que le flux de nouvelles données sur la présence de vie entre 3,85 et 3 milliards d'années s'amplifie. De nombreuses équipes de paléontologues travaillent de nos jours dans les zones où les roches les plus anciennes ont été identifiées. Ces recherches sont en plein essor et de nouvelles données sont attendues en grand nombre. Les paléontologues les plus réputés, parfois opposés sur la nature de certaines traces, s'accordent pour estimer que la vie existait sur Terre à cette époque.

Ainsi l'ensemble des données exposées ci-dessus amène aux deux constats suivants :

– les traces de vie, décrites et datées entre 3,85 milliards d'années et 3,7 milliards d'années (rares et trouvées uniquement dans une région très restreinte, celle du Groenland), sont probables ;

– les nombreuses traces de vie et les microfossiles, décrits et datés entre 3,5 et 3,2 milliards d'années (nombreux dans deux régions d'Australie et d'Afrique du Sud), valident la présence de micro-organismes dans l'eau à cette époque. Ils témoignent d'une étonnante biodiversité de formes et de fonctionnements.

Ces conclusions temporelles doivent être considérées en tenant compte de deux faits. D'une part, les gisements actuels de roches datés de 3,85 à 3,2 milliards d'années sont extrêmement rares et leur surface globale est très exiguë. D'autre part, les formations les plus riches en indices de vie, datant de 3,5 à 3,2 milliards d'années, proviennent d'anciennes zones littorales ou de sources d'eaux chaudes sulfureuses. Ces environnements ne représentaient à l'époque qu'une surface minuscule d'oasis de vie linéaire ou ponctuelle par rapport à l'immensité des océans et des Terres émergées alors stériles. On peut donc supposer que les très rares gisements de traces de vie datés de cette époque, découverts à ce jour par hasard, ne représentent certainement pas les premières zones colonisées par la vie sur Terre (la probabilité de trouver la première localité où la vie s'est installée est quasi nulle !). La première colonisation de la planète en un ou plusieurs points, au départ extrêmement limités à quelques régions, a dû être beaucoup plus ancienne. De ce fait, on ne peut pas prétendre estimer de façon précise l'âge de la colonisation initiale car les données temporelles recueillies sont forcément sous estimées : la vie est apparue certainement bien avant la date des premières traces validées.

La réponse à la question « Quand ? » serait donc la suivante : la vie est sans doute apparue sur Terre bien « avant » 3,5 milliards d'années. Et pourquoi pas avant 3,85 milliards d'années comme le suggèrent les premières traces, objets d'âpres discussions.

Chapitre 3

Au commencement...

Où ?

Les multiples données concernant la question « Quand ? » (*cf.* chapitre 2) amènent à s'interroger sur le lieu de naissance de la vie : « Où ? ».

Puisque l'on admet aujourd'hui que tous les organismes vivants connus à ce jour ont tant de caractéristiques communes qu'ils sont issus d'un même processus d'élaboration, fruit d'une succession de hasards et de contingences sélectionnées par la nature, il faut chercher un seul lieu de « naissance ». Il n'y a que deux hypothèses : sur Terre ou ailleurs !

L'hypothèse d'une naissance sur Terre

Pour conforter l'hypothèse d'une naissance sur Terre, toute une série de preuves est nécessaire afin de démontrer que la vie s'est lentement établie sur Terre selon une évolution temporelle cohérente dans la complexité et dans la diversité.

Dans ce sens, on cherche à caractériser les fonctionnements types des premières colonies de formes vivantes les moins complexes (des bactéries) nées sur Terre dans un environnement sans oxygène, correspondant à l'époque où les premières traces de vie ont été trouvées (3,85-3,5 milliards d'années).

Pour certains auteurs, les premières formes de vie devaient être autonomes pour la nourriture (on dit autotrophes), puisant dans l'eau des substances minérales pour fabriquer énergie et constituants organiques. Beaucoup de bactéries de ce type prolifèrent encore aujourd'hui sur Terre (les archées). Parmi elles, certaines synthétisent la matière organique par des processus chimiques (par chimiosynthèse), utilisant l'énergie et les substances provenant des sources sulfureuses chaudes profondes. Mais à ce jour, rien ne prouve que la vie est née dans cet environnement si particulier, il y a 3,85 à 3,5 milliards d'années. Les bactéries de ce type restent néanmoins des candidates au label des premières apparues sur Terre. Ainsi sont-elles souvent médiatisées par des scientifiques souhaitant promouvoir ou valoriser leurs recherches nécessitant l'envoi de robots ou de sous-marins au fin fond des océans où se trouvent encore des cheminées crachant des panaches d'eaux chaudes sulfurées.

Cependant, si on se réfère aux premières traces – encore contestées – du vivant, il semblerait que ce serait d'autres types de bactéries autotrophes (utilisant la lumière) qui seraient apparues en premier sur Terre. L'apparition de rares traces d'oxygène dès 3,8-3,5 milliards d'années et les pourcentages de variétés de carbone (isotopes) insérées dans des roches de la même époque plaident pour l'apparition initiale de formes se développant par un processus photosynthétique grâce à la chlorophylle (*cf.* chapitre 2).

D'autres chercheurs enfin, avancent pour hypothèse que les molécules organiques du vivant (les acides aminés) sont arrivées en quantité sur Terre avec l'eau des comètes et les météorites. D'après eux, c'est dans cette soupe organique venant de l'espace que seraient nées les premières bactéries dépendantes pour se nourrir de molécules organiques (hétérotrophes comme les champignons) ; elles se seraient développées en prélevant par simple contact ces substances énergétiques arrivées de l'espace.

Nous l'avons vu dans le chapitre précédent, les premières traces du vivant ne permettent pas de dresser un portrait-robot du premier organisme vivant apparu sur Terre et de l'environnement précis de son apparition. Affirmer qu'un type de bactérie (réduisant le soufre ou photosynthétique) ou qu'un environnement spécifique (près des sources chaudes profondes ou près de la surface et de la lumière) soit à l'origine de la vie n'est qu'une conjecture : un préjugé, au mieux une thèse infondée. Au contraire, l'ensemble des indices actuellement disponibles pour répondre à la question « Quand ? » laisse perplexe car il témoigne que les premiers organismes ancestraux âgés entre 3,5 et 3,2 milliards d'années étaient déjà très diversifiés !

De ce fait, dans la littérature scientifique on ne trouve pas d'assertion précise étayant l'hypothèse d'une naissance sur Terre. Il n'y a pas de journaux scientifiques spécialisés dans la recherche de preuves spécifiques à cette hypothèse. Il n'y a pas non plus de compétition entre laboratoires ayant pour objectif d'étayer cette hypothèse. Il est ainsi paradoxal de constater que de multiples publications ou livres savants évoquent la théorie d'une naissance de la vie sur Terre comme si elle était admise universellement, comme si elle n'était pas discutable. Elle est très souvent résumée ainsi : « *Les éléments environnementaux se sont mis en place progressivement sur Terre, qui plus tard, permettront le démarrage de la chimie du vivant puis son émergence.* » De même, de nombreuses approches scientifiques sur l'élaboration de la vie à partir du minéral s'appuient sur des simulations de l'environnement terrestre existant il y a 3,9-3,5 milliards d'années et sur des composants précurseurs supposés être présents sur la Terre primitive (ce qui exclut tout autre type d'environnement pouvant exister ailleurs). Enfin, des débats passionnés s'efforcent d'identifier parmi les trois types cellulaires connus actuels (les eubactéries, les archées et les cellules à noyau) celui qui est le plus primitif, éliminant ainsi toute hypothèse de formes différentes intermédiaires ou parallèles pouvant exister ailleurs.

Il faut le reconnaître avec humilité : la première hypothèse, celle de la naissance de la vie *sur Terre*, est une idée qui semble logique et évidente. Un ressenti inné ou atavique confortant le schéma de l'origine de la vie et faisant partie du socle de nombre de religions. Mais c'est aussi un dogme scientifique, un préjugé souvent enseigné.

Admettre cette grande incertitude conduit à mieux analyser l'hypothèse alternative : les graines de vie apparues sur Terre seraient venues d'ailleurs. *Ailleurs* ! C'est une tout autre vision de la chose. Elle implique l'existence d'incubateurs de vie *ailleurs* et d'autres environnements et ressorts à l'origine du premier procédé d'assemblage des molécules conduisant à la bactérie. Mais c'est aussi une solution de facilité : le problème de l'origine (du lieu et de l'époque de la genèse de la vie) n'est pas résolu, il est déplacé. Et si cette hypothèse est un jour validée par la découverte en dehors de notre planète de traces d'une vie similaire à celle qui s'est déployée sur Terre, il ne sera pas résolu de sitôt ! Pour remonter à la source, il faudrait considérer l'infini des milliards de galaxies !

Quant à la réponse à « Comment ? », que ce soit sur Terre ou ailleurs, le montage de Lego qui préside à la construction de la vie en passant par de multiples étapes structurantes doit absolument être dissocié du lieu et du temps. C'est un processus chimique universel dont il s'agit. Nous évoquerons dans le chapitre suivant les connaissances sur l'échafaudage initial du vivant.

Si on ne sait pas comment s'y prendre pour prouver que la vie est née sur Terre, de multiples efforts sont déployés de nos jours pour tenter de prouver que la vie est venue d'ailleurs. En fait, il s'agit ni plus ni moins du plus grand programme scientifique actuel de biologie qui nécessite les plus importants financements publics au niveau planétaire. Diverses nations programment de multiples missions dans l'espace et envisagent d'envoyer des hommes sur Mars, tout cela dans un seul objectif : trouver des traces fossiles ou vivantes *ailleurs* ! En effet, de tels efforts ne sont pas déployés pour chercher sur d'autres planètes de l'or ou des diamants, ni pour y construire des habitations. En fait, les nations et équipes scientifiques concurrentes veulent être les premières à découvrir le vivant ailleurs : c'est le but principal ! Dans ce contexte, il est facile de comprendre qu'une large communauté de scientifiques adhère à cet espoir et a su convaincre les gouvernances de se lancer dans de telles dépenses de recherche et d'exploration.

L'hypothèse de la vie venue d'ailleurs

Si l'idée peut séduire, elle n'est pas encore fondée, ce n'est qu'une autre hypothèse, une autre spéculation, devenue elle aussi une théorie.

Sur ce thème il faut citer les pionniers de cette idée. C'est ainsi qu'il faut se souvenir d'une anecdote. Un philosophe grec, Anaxagore de Clazomènes (500/497 - 428 av. J.-C.), fut marqué par l'impact d'une météorite tombée à Aigos Potamos vers 469 av. J.-C. (actuellement au niveau du village turc d'Eceabat sur la rive Nord du détroit des Dardanelles). Il développa ainsi son idée, alors très iconoclaste, d'une vie végétale et animale venant d'un ensemencement de l'air (par l'espace). Bien entendu, il fut pris pour un fou et subit un traitement conséquent. Avec des arguments et un raisonnement plus élaborés, cette idée se développa à la fin du XIXe siècle. Deux auteurs ont émis l'hypothèse d'un transport de bactéries par les météorites : l'Allemand Hermann L.F. von Helmholtz (1821-1894), puis l'Irlandais, prix Nobel de chimie, William Thomson (1824-1907) (anobli avec le nom de Lord Kelvin).

C'est un autre prix Nobel (de physique), le Suédois Svante Arrhenius (1859-1927), qui créa, en 1908, le néologisme de *panspermie* (qui signifie « graines » disséminées partout) pour nommer la théorie selon laquelle les germes de vie existeraient dans l'espace et auraient ensemencé la Terre.

Pendant la majeure partie du XXe siècle, les savoirs traditionnels étaient hostiles à cette hypothèse, tout comme le furent les savants à l'époque de Nicolas Copernic qui, dès 1513, affirma que la Terre tournait autour du Soleil (hypothèse reprise au début du XVIIe siècle par Galilée, sans plus de réussite dans sa communication puisque l'héliocentrisme fut l'objet d'interdits religieux jusqu'en 1741). Elle est autant dérangeante que celle affirmée en 1800 par Lamarck de l'Homme proche du singe (reprise en 1871 par Darwin qui réussit à convaincre un cercle de disciples scientifiques de la filiation entre l'Homme et le singe).

Il fallut attendre la seconde moitié du XXe siècle pour que la théorie de la panspermie soit développée et défendue par de nombreux scientifiques dont d'autres prix Nobel. Le plus imaginatif d'entre eux est Francis Crick (1916-2004), le co-découvreur de la structure de l'ADN. Crick a écrit un livre où il expose très sérieusement son hypothèse qu'il appelle la « panspermie dirigée »[1]. Selon lui, un vaisseau spatial venu d'*ailleurs*, bourré intentionnellement de bactéries, s'est écrasé sur Terre, libérant ainsi une grande diversité de ces micro-organismes dont certains ont survécu et ont proliféré. Ce livre est symptomatique. Crick, découvreur et grand spécialiste de l'ADN, est parti d'une négation. Selon lui, il est impossible que la formation de l'ADN, puis de bactéries, ait pu s'effectuer sur Terre à partir de l'inerte en (relativement) peu de temps (entre -3,9 et 3,5 milliards d'années). Il est ainsi arrivé à la conclusion que l'ADN et les bactéries seraient venus d'ailleurs. Négligeant le pouvoir « contaminant » des météorites, il imagina l'inoculation de la Terre par une puissance extraterrestre, allant jusqu'à décrire les caractéristiques du vaisseau spatial porteur de la vie. De beaux sujets de science-fiction peuvent s'inspirer de cette hypothèse ! Avec la même logique que les stratèges de la conquête de l'espace, qui ont envisagé l'envoi de bactéries sur Mars pour y créer une atmosphère respirable, Crick a même imaginé qu'une civilisation extraterrestre a ensemencé la Terre pour la rendre hospitalière. La prolifération et l'évolution de la vie bactérienne auraient ainsi créé une atmosphère oxygénée (grâce à la photosynthèse) et un environnement agréable. Cette civilisation débarquera-t-elle un jour pour recueillir ou profiter des fruits de leurs semailles ?

Aujourd'hui, nombre de chercheurs tentent de prouver que la vie vient d'ailleurs, que la vie existe ailleurs. Les publications sur ce thème sont chaque année plus nombreuses et des revues scientifiques sont spécifiques à ce thème. Les biologistes et astrophysiciens qui cherchent la vie ailleurs sont qualifiés d'*exobiologistes* ou d'*astrobiologistes* (qualificatif actuellement préféré).

Pour étayer cette hypothèse, il faut pouvoir répondre à la série de questions suivantes.

Les bactéries peuvent-elles survivre dans l'espace ?

L'hypothèse de la vie venant d'ailleurs impose un mode de transport (des météorites ? des comètes ?), une résistance au vide et aux radiations cosmiques, et une longue survie dans de mauvaises conditions de transport. Est-ce possible ?

Nous savons depuis longtemps que certaines bactéries, chlorophylliennes ou non, ont la capacité d'« hiberner » (de s'enkyster) en s'entourant d'une carapace épaisse et étanche susceptible de résister aux mauvaises conditions du milieu. Des bactéries congelées, « hibernant » dans le sol gelé en permanence (permafrost) du Groenland et de Sibérie depuis des centaines de milliers d'années, se sont développées et reproduites dans des incubateurs tempérés.

De même, nous savons que des bactéries peuvent « dormir » des dizaines de millions d'années. En 1995, des bactéries abdominales d'une abeille fossilisée dans l'ambre depuis 25 à 40 millions d'années ont pu être « ressuscitées »[2]. En 2000, des chercheurs ont prélevé des cristaux de sel à 600 mètres sous terre. Ces cristaux, formés il y a 250 millions d'années, contiennent de petites inclusions liquides dans lesquelles des bactéries ont été piégées. Celles-ci ont survécu et ont commencé à se développer et se diviser dès la sortie de leur sarcophage de sel[3]. Plus récemment (en 2010) des chercheurs ont trouvé des bactéries habituées à vivre dans des milieux chauds en hibernation dans l'Antartique[4]. La période d'hibernation a été évaluée à 100 millions d'années. Certains de ces constats surprenants de bactéries « ressuscitées » ont été contestés[5], mais les auteurs mis en cause défendent fermement leurs positions[6].

Un autre exemple illustre l'extrême résistance de certains micro-organismes. Il s'agit d'une bactérie (*Deinococcus radiodurans*) découverte en 1956. Elle se développe dans le vide, survit à la déshydratation, est capable de prospérer au voisinage de sources radioactives intenses et arrive même à reconstituer son génome après avoir été brisée en centaine de fragments[7]. Nous sommes loin des conditions de vie très restrictives exigées par la vie se développant sur le cocon « Terre » et décrites à tort par certains comme incontournables pour l'établissement de la vie. L'Américain Craig Venter, le directeur du laboratoire privé qui a présenté une des premières études sur le séquençage complet du génome humain, a participé au décryptage du génome de la bactérie et la considère comme un exemple potentiel de « touriste interstellaire »[8].

La bactérie aurait-elle conservé des propriétés génétiques à la suite d'une « expérience » ancienne à laquelle elle aurait survécu ? Les gènes correspondant au comportement atavique de résistance aux conditions de l'espace seraient-ils restés intacts sans servir depuis leur arrivée sur Terre ?

Une autre bactérie découverte en 2010 laisse aussi perplexe nombre de biologistes. Celle-ci (une archée vivant dans les milieux hypersalés) arrive à s'adapter dans un milieu sans phosphore (indispensable au développement cellulaire) en assimilant une molécule proche mais extrêmement toxique : l'arsenic. La surprise vient surtout du fait que la bactérie substitue le phosphore constituant son ADN par l'arsenic.

Les spécialistes de la NASA qui ont découvert cette propriété en concluent que si la vie peut se former en l'absence de phosphore, cela augmente la probabilité de trouver la vie ailleurs[9]. Cette découverte est si invraisemblable quelle a tout de suite soulevé un grand scepticisme de la part d'autres spécialistes. Elle nécessite ainsi d'être confirmée.

De nombreuses expériences renforcent l'idée d'un atavisme resté intact chez nombre d'organismes. C'est ainsi que des spores de bactéries ont survécu six ans dans le vide de l'espace (à l'extérieur du vaisseau spatial Apollo 16) mais à l'abri des rayons ultraviolets[10]. Un autre lot de bactéries photosynthétiques a été expédié dans la station spatiale internationale qui gravite autour de notre planète. Les bactéries ont séjourné à l'extérieur de la station (10 jours pour une expérience et 553 jours pour l'autre), elles ont ainsi été soumises au vide et aux radiations cosmiques. De retour sur Terre, la majorité d'entre elles était toujours vivante[11].

Lichens (associations d'un champignon et le plus souvent d'une bactérie photosynthétique), bactéries du permafrost et même tardigrades (bestiole – métazoaire – pluricellulaire de quelques millimètres de long, hyperrésistante), ont aussi séjourné dans le vide de l'espace et sont revenus vivants[12].

Cet ensemble de données permet de répondre positivement à la question posée : des bactéries peuvent survivre longtemps dans l'espace !

Les bactéries peuvent-elles survivre aux conditions d'atterrissage d'une météorite ?

Des bactéries, contenues dans une météorite, peuvent-elles survivre à l'élévation de chaleur lors de l'entrée dans l'atmosphère et aux effets de la percussion sur le sol terrestre ?

Actuellement le moindre caillou venant de l'espace, attiré par la gravité terrestre, arrive dans les hautes couches de l'atmosphère où règnent des températures très élevées (supérieures à 1 500 °C). Dans cet environnement, les cailloux se consument, ils forment les étoiles filantes. Ceux qui atterrissent, présentent les traces de ce passage dans le « four atmosphérique » de notre planète. En revanche, il y a 4 milliards d'années, l'atmosphère de la Terre n'avait pas du tout la même composition. Les spécialistes estiment que les objets atterrissant sur Terre ne subissaient pas d'échauffement comme aujourd'hui. Des chercheurs[13] ont même démontré que les matières carbonatées contenues dans une météorite (la météorite ALH84001) n'avaient pas été exposées à des températures supérieures à 40° C. Il n'y avait donc pas eu de stérilisation par la chaleur lors de l'atterrissage.

Une autre équipe a effectué des tests de balistique avec des cailloux projetés à des vitesses de 300 à 600 mètres par seconde pour conclure que les météorites pouvaient très bien atterrir sans exploser en percutant la Terre[14]. Enfin des bactéries et lichens enfouis dans un bloc de roche, ont survécu après avoir été exposés à 100 °C et à des pressions de 5 à 50 gigapascals lors d'explosions expérimentales[15].

Là encore nous pouvons répondre par oui ! Oui, des bactéries venues de l'espace ont pu atterrir sans encombre sur notre planète.

Ainsi, nous pouvons maintenant admettre que des bactéries très résistantes, équipées d'une paroi aussi étanche qu'un costume de cosmonaute, ou lyophilisées dans le vide spatial, protégées des rayons cosmiques dans les interstices profonds d'une roche extraterrestre, ont très bien pu errer des centaines de millions d'années sans danger dans le vide sidéral, tomber sur Terre sans se consumer et atterrir vivantes sur notre planète. Celles qui sont tombées dans de bonnes conditions, dans des océans ou marais – riches en matières carbonatées (proches des matières organiques) et minérales – ont très bien pu se développer et s'adapter à leur nouveau milieu.

L'hypothèse d'une arrivée de bactéries dans des météorites est-elle cohérente avec les plus anciennes traces de vie sur Terre ?

Si on tient compte d'une part que la vie n'a pu se développer sur Terre qu'après le bombardement titanesque et cataclysmique de météorites achevé il y a 3,9 milliards d'années et d'autre part que la datation des premiers vestiges avérés du vivant sur Terre a été établie à 3,5 milliards d'années, avec la certitude que les premiers organismes ayant laissé ces traces sont apparus bien plus tôt (la probabilité d'avoir pu trouver les premières traces laissées par ces organismes est quasi nulle), la marge temporelle entre la période où l'environnement est devenu propice à la vie et son épanouissement réel se réduit à moins de 300 millions d'années.

Or les organismes ayant laissé les premières traces étaient très diversifiés (*cf.* chapitre 2). Il s'agissait de bactéries, flottant entre deux eaux en libérant de l'oxygène ou formant des tapis denses et structurés sur le littoral, comme les films bactériens sur la vase – des « mattes » – ou les stromatolithes. D'autres s'insinuaient dans des orifices de lave refroidie. Certaines bactéries étaient photosynthétiques, d'autres produisaient du méthane, et d'autres enfin se développaient près de sources sulfureuses hydrothermales par chimiosynthèse.

Toutes ces bactéries ont un ancêtre commun ou du moins un moule commun de constituants idoines (c'est la thèse admise par la grande majorité des biologistes). Il a fallu beaucoup de temps pour passer d'un modèle à l'autre par évolution. En effet, les différences génétiques entre les différentes bactéries – les bactéries chimiosynthétiques (comme des archées se développant grâce à du soufre ou celles utilisant le dioxyde de carbone pour produire du méthane), les bactéries contenant de la chlorophylle (innovation majeure et complexe) et les bactéries qui se nourrissent de matières organiques – sont très importantes. Selon les auteurs, ces divergences se traduisent par des centaines de millions d'années d'évolution. Si on ajoute à ce temps de différenciation des bactéries, le temps qu'il a fallu pour l'avènement du premier organisme bactérien à partir de rien (vraisemblablement en passant par des formes prébactériennes encore inconnues ayant leur propre cycle d'évolution avant de constituer la première bactérie), on doit éliminer l'hypothèse d'une naissance de la vie sur Terre et admettre l'arrivée de plusieurs types de bactéries par des météorites tombées en quantité sur Terre vers 3,9 milliards d'années.

Ce simple raisonnement mérite d'être étayé par de nouvelles recherches. Mais dans ce registre, toutes les descriptions de bactéries ou d'indices de vie datés de plus de 3,2 milliards d'années ne représentent pas seulement des avancées ponctuelles permettant de mieux connaître les premières formes de vie sur Terre et la date de leur apparition : elles concernent aussi le débat sur l'origine de la vie sur Terre. Plus on décrira de vestiges bactériens à la fois anciens (datés d'avant 3,2 milliards d'années) et diversifiés (et les découvertes récentes se multiplient dans ce sens), plus il sera difficile de concevoir que ces formes de vies initiales soient reliées à un ancêtre commun *né sur Terre*. Seule l'hypothèse d'une arrivée (juste après le bombardement intensif de météorites) de bactéries déjà très diversifiées permet d'expliquer un foisonnement de vie constaté à l'aube des conditions favorables pour la vie sur Terre.

La période d'apparition de la vie sur Terre étaye aussi l'hypothèse d'une arrivée extraterrestre de bactéries. En effet, les données permettant de répondre à la question « Quand ? » soulèvent une autre question : pour quelles raisons la vie serait-elle apparue dès les conditions de vie sur Terre devenues propices ? Après tout, elle aurait pu apparaître chaque jour qui nous sépare du moment où les conditions sont devenues favorables. Car, malgré de multiples cataclysmes qui se sont abattus sur Terre depuis sa formation, les traces du vivant témoignent d'une continuité de la vie sur notre planète depuis son apparition il y a 3,9 milliards d'années. Ainsi, les immenses surfaces et volumes d'eau où le processus de photosynthèse peut s'effectuer, les environnements où prospèrent encore des bactéries dans des milieux sans oxygène et les sources hydrothermales sulfureuses existent depuis cette période et sont encore là aujourd'hui.

La fin du bombardement de météorites (tombées par millions sur la Terre entre 4 et 3,9 milliards d'années) marque la fin d'un apport externe massif. Or si la vie est venue d'ailleurs, elle ne pouvait parvenir sur Terre que dans des météorites. Elle ne devait pas habiter la majorité des météorites. Il fallait une pluie de roches de diverses provenances, consistances et tailles pour augmenter la probabilité que des organismes vivants contenus dans ces vecteurs tombent dans les océans ! Autant de météorites plongeant dans les océans sans se consumer, autant de vecteurs et de probabilités d'introduction du vivant sur Terre. Ces faits apportent une corrélation à la période d'arrivée de la vie : elle est apparue sur Terre par la conjecture d'un environnement favorable et d'un ensemencement massif par les météorites.

Si on considère l'hypothèse inverse (une naissance de la vie sur Terre), il y aurait eu autant de raisons (de probabilités) pour que la vie soit apparue une ou plusieurs fois dans toutes les années qui nous séparent de l'apparition établie (vers 3,9 milliards d'années) ! La probabilité qu'elle soit née sur Terre une seule fois, juste au début, est donc infime. Et nous ne pouvons avancer aucune justification permettant d'expliquer une naissance sur Terre à cette date.

A-t-on trouvé des traces chimiques laissées par la vie dans des météorites ?

Il existe plusieurs catégories de météorites. La plupart d'entre elles sont des masses métalliques, mais certaines (rares) contiennent du carbone (ce sont des chondrites). C'est dans ces dernières que les traces du vivant ont été recherchées.

L'examen des météorites contenant du carbone connaît un essor considérable depuis une vingtaine d'années. Ces météorites exceptionnelles et très recherchées portent le nom du lieu d'atterrissage, les plus connues sont les suivantes : Murchinson (Australie), ALH84001 (Antarctique), Tatahouine (Tunisie), Murray (Kentucky, États-Unis) et Orgueil (Tarn-et-Garonne, France). Celle nommée « Paris » est en cours d'analyse, son lieu d'atterrissage est inconnu : elle a été trouvée en 2010 dans une boîte de chaussures contenant un lot de masques africains vendus aux enchères à l'hôtel Drouot, à Paris. L'étude de ces météorites présente un écueil important : il convient de distinguer les traces de vie contenues initialement en son sein de celles provenant du lieu d'atterrissage (dues à des contaminations récentes de bactéries terrestres). Les météorites prélevées dans des conditions aseptiques juste après leur atterrissage sont bien entendu l'idéal pour mener des études.

Les premières surprises des chercheurs ayant étudié ces cailloux venant de l'espace ont été de constater qu'ils sont bourrés de molécules organiques. Des molécules identifiées il y a encore quelques décennies comme ne pouvant être formées que par des organismes. Depuis, on est parvenu au même résultat avec des processus chimiques simples et reproductibles (*cf.* chapitre 4). Il y a donc neutralisation de l'indice : ces molécules organiques sont soit formées toutes seules à partir du minéral, soit à partir du vivant.

Cependant, la complexité et la variété des molécules organiques trouvées dans un seul caillou surprennent. La météorite Murchinson (éclatée en multiples morceaux lors de son impact sur Terre, totalisant près de 100 kg), dont des fragments ont été prélevés immédiatement après son atterrissage en 1969 en Australie (non loin de Melbourne), est la plus riche en molécules organiques. Formée il y a près de 4,65 milliards d'années (ni le Soleil, ni Mars, ni la Terre n'étaient formés à cette époque), elle contient 70 acides aminés identifiés (molécules constituant les protéines) et près de

Figure 1. Depuis plus d'un siècle, la représentation picturale des premiers Hommes a totalement changé. Dans tous les cas, ils doivent avoir un nombril, cicatrice du cordon ombilical les reliant à d'autres ancêtres. **À gauche :** Adam and Ève (Lucas Cranach le vieux, 1533, Staatliche Museen, Gemäldegalerie, Berlin). **À droite :** reconstitution d'un couple de pré-Hommes ayant laissé des traces de pas à Laetoli (Tanzanie), il y a 3,5 millions d'années (sculpture de John Holmes, Muséum d'histoire naturelle de New York).

Figure 2. Les premières expressions de la conscience : les fresques de la grotte Chauvet (- 32 000 ans). Des artistes talentueux et certainement expérimentés ont reproduit avec réalisme et perspectives des hordes d'animaux observés à l'extérieur des cavernes obscures. La plupart d'entre nous serions bien incapables de dessiner d'un seul trait assuré un groupe de vaches (sans photo comme modèle) avec un charbon de bois dans une grotte à la lueur d'une torche !

Figure 3. Une empreinte d'adolescent dans la grotte préhistorique de Pech-Merle (Lot), dont les fresques préhistoriques sont datées d'il y a 25 000, 20 000 et 13 000 ans (l'entrée de la grotte s'est effondrée il y a 10 000 ans).

Figure 4. Stromatolithes anciens. A. Coupe dans l'un des plus anciens stromatolithes datés de 3,47 à 3,45 milliards d'années (Marble Bar, région de Pilbara, Australie). Elle montre bien les couches successives de sédiments fixées dans ce passé lointain par des bactéries filamenteuses. Deux cônes constitués de couches pétrifiées de vase sont également visibles[9, chap2]. **B.** Un des sept types de formation distingués dans un récif de stromatolithes mesurant 10 km de longueur daté d'il y a 3,43 milliards d'années (cratère de Pilbara, Australie). Ces cônes complexes reposent sur une surface plane et leur forme de lance est orientée dans le même axe, probablement dans le sens des courants[12, chap2].

Figure 5. Stromatolithes actuels. A. Stromatolithes se développant dans la zone couverte et découverte par les marées (Hamelin Pool, Shark Bay, Australie). C'est dans la partie supérieure de ces formations que des bactéries végétales (cyanobactéries filamenteuses) se développent, formant un feutrage qui fixe les sédiments. À marée basse, les bactéries se trouvent dans l'atmosphère. Il y a plus de 3 milliards d'années, les organismes ayant constitué les stromatolithes étaient ainsi exposés aux dangers des rayons ultraviolets et aux gaz toxiques de l'atmosphère. **B.** Stromatolithes actuels dont les bactéries se développent en position sous-marine permanente (île de Lee Stocking, Bahamas). La découverte de stromatolithes semblables, s'étant constitués dans des conditions de milieu potentiellement supportables il y a 3,5 milliards d'années, fit la une du journal *Nature*[13, chap2].

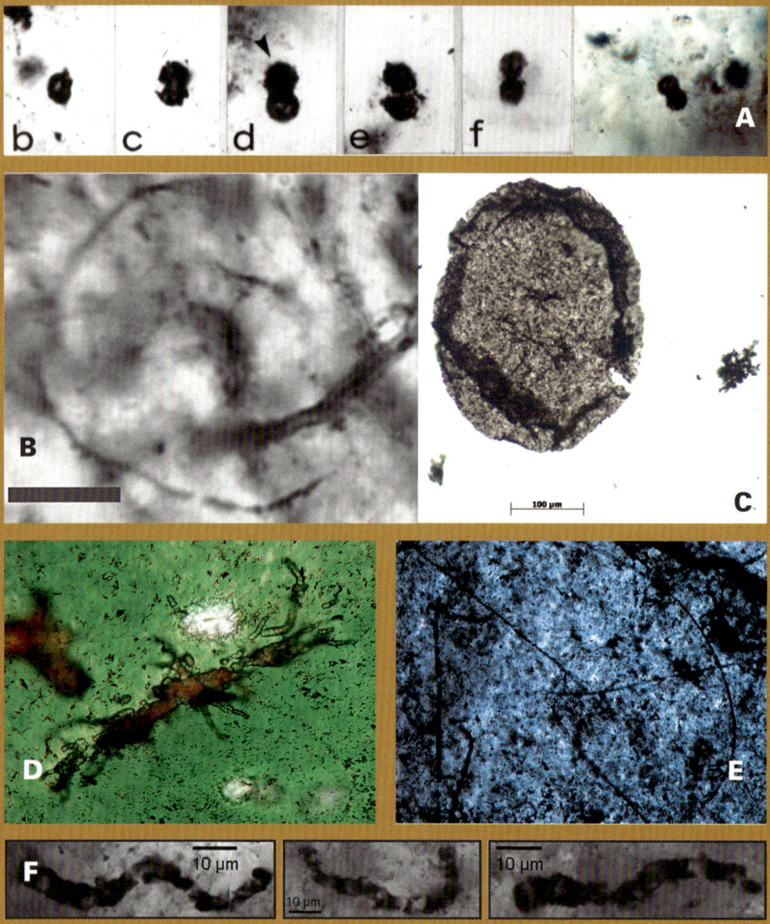

Figure 6. Images des plus anciens microfossiles datant de plus de 3 milliards d'années publiées dans des revues scientifiques majeures ces trente dernières années. **A.** Formes unicellulaires avec divisions, datées de plus de 3 milliards d'années (Baberton, région du Transvaal, Afrique du Sud)[16, chap2]. **B.** Formes filamenteuses datées de 3,5 milliards d'années (Baberton, région du Transvaal, Afrique du Sud)[17, chap2]. **C.** Vésicules organiques découvertes en 2010 dans des sédiments, datés de 3,2 milliards d'années (Moodies hills, Swaziland, Afrique du Sud)[28, chap2]. **D.** Formes tubulaires figées dans de la lave vitrifiée, datées de 3,5 milliards d'années (Baberton, région du Transvaal, Afrique du Sud)[25, chap2]. **E.** Formes filamenteuses trouvées dans des anciens dépôts volcaniques profonds d'eau sulfureuses, datées de 3,235 milliards d'années (cratère de Pilbara, Australie)[22, chap2]. **F.** Formes filamenteuses ressemblant à des bactéries végétales (cyanobactéries), datées de 3,465 milliards d'années (Marble Bar, région de Pilbara, Australie)[19, chap2]. L'origine biologique de ces formations associées à du carbone d'origine biologique, est contestée par quelques auteurs[20, chap2].

Figure 7. A. La météorite martienne ALH 84001. **B.** Cette structure vermiforme observée au cœur de la météorite ALH84001, ressemblant à une bactérie, reste inexpliquée. Les affirmations selon lesquelles il s'agirait de traces de vie primitive martienne, annoncées en 1996 dans le journal scientifique *Science*[24, chap3], ont été par la suite contestées.

Figure 8. Météorite ALH84001 et magnétites. A. Un des globules carbonatés de 0,2 mm de diamètre trouvés à l'intérieur de ALH 84001. Ce sont ces globules qui recèlent tous les indices de vie passée : formes de bactéries minuscules, molécules organiques, magnétites. **B.** Chaînes de cristaux (magnétites) trouvés dans ALH 84001 (entre les deux flèches). **C.** Cristaux de magnétites trouvés dans ALH 84001. Dans cette météorite, 25 % des magnétites sont de grande pureté, de forme et de taille identiques, ce qui est une signature biologique[32, chap3] et 10 % sont disposées en chaîne[44, chap3], ce qui représente la signature biologique la plus solide.

14 000 composés moléculaires spécifiques associant les atomes du vivant (carbone, oxygène, hydrogène, azote et soufre) et se distinguant en plusieurs millions de structures différentes en trois dimensions[16]. La diversité extraterrestre en molécules organiques est ainsi bien plus élevée que celle existant sur Terre. Seule une chimie organique complexe, impliquant des environnements spécifiques ou une vie foisonnante, a pu produire ailleurs, avant la formation de notre planète, une telle diversité de molécules réunies dans un très petit volume.

Une autre donnée très technique a été révélée, l'existence pour chaque molécule de base de la vie (les acides aminés) de deux configurations jumelles en trois dimensions possibles : deux constructions identiques mais qui sont orientées différemment, à gauche ou à droite. L'une est l'image de l'autre dans un miroir. Or, l'ensemble des molécules organiques composant le vivant sur Terre est orienté majoritairement (près de 100 %) dans un sens : la gauche. Il a d'abord été observé que les acides aminés trouvés dans les météorites étaient asymétriques avec un peu plus de formes orientées vers la gauche[17]. Il a ensuite été démontré expérimentalement que cette asymétrie est d'origine cosmique : ce sont les radiations cosmiques et les ultraviolets qui privilégient une orientation à gauche[18].

La découverte de sucres et de deux bases composant l'ADN ou l'ARN à l'intérieur de la météorite Murchinson, illustre encore mieux l'extrême richesse en molécules de la vie se trouvant concentrée dans un caillou venant d'un environnement où ces composés devaient être réunis en grande densité[19].

Les recherches du contenu des météorites carbonatées se poursuivent et des missions scientifiques pour trouver des météorites dans des lieux où ces cailloux sont facilement visibles (déserts ou surfaces gelées comme le continent Antarctique) se multiplient.

Ainsi un premier point fondamental commence à émerger faisant l'objet d'un large consensus : les molécules composant le vivant terrestre ont été structurées initialement dans l'espace.

Le fait d'avoir trouvé autant de composants organiques réunis, compactés et condensés dans une seule météorite (Murchinson), datée d'avant la formation de la Terre, penche pour un processus biologique qui a lui seul peut expliquer la synthèse de toutes ces molécules à la fois (excluant une origine minérale impliquant un grand nombre de réactions chimiques distinctes concentrées au même endroit). Cela permet d'imaginer l'apparition en parallèle de la vie sur Terre et sur Mars sous la forme d'un ensemble de bactéries déjà largement évoluées, venues d'*ailleurs,* nées et diversifiées *ailleurs.* Une vie venant d'un autre système solaire, d'une autre étoile apparue bien plus tôt que le Soleil ! Le big-bang, à l'origine de notre Univers, est survenu il y a 13,7 milliards d'années. Notre Univers est maintenant composé de milliards de galaxies, elles-mêmes composées de milliards d'étoiles autour desquelles gravitent des planètes (les premières observations d'exo-planètes datent de 1995 et se multiplient depuis). Cela représente beaucoup de temps et un nombre infini de circonstances, pour nous inconnues, qui auraient pu permettre la naissance, quelque part, de la soupe de matières à l'origine du vivant.

A-t-on trouvé des traces de vie dans les météorites ?

Pour répondre à cette question il faut mentionner les recherches conduites sur la météorite la plus médiatisée : ALH84001.

La science est une discipline que certains qualifient d'aride, elle est néanmoins aussi teintée d'aventures et d'expériences personnelles. Il se trouve qu'un des chercheurs ayant étudié le contenant d'ALH84001 a croisé mon chemin. C'est donc cette histoire d'hommes et d'expérience personnelle que je vais utiliser pour illustrer les connaissances acquises sur cette météorite.

En 1980, Imre Friedmann (1921-2007) était professeur de biologie à l'Université d'État de Floride à Tallahassee ; je l'avais invité à Nice pour participer au jury de ma thèse.

Il était alors spécialiste des Caulerpales, étranges algues vertes auxquelles je venais de consacrer dix années d'études. Il s'est ensuite spécialisé dans les micro-algues, puis dans les bactéries des milieux froids. Il devint le spécialiste des micro-organismes des glaces de l'Antarctique.

Pendant ce temps, aux États-Unis, l'agence chargée d'explorer l'espace, la NASA, commençait à s'intéresser à Mars, planète sœur de la Terre, avec deux questions récurrentes : y a-t-il de la vie ? Y a-t-elle existé ?

Mars est aujourd'hui une planète froide, inhospitalière, son atmosphère est ténue et composée essentiellement de gaz carbonique. Mais elle a sans doute bénéficié dans un passé lointain d'un climat doux et humide. L'eau y a été abondante et est encore présente sous forme de glace. Or, l'eau a été le berceau de la vie sur notre planète. Il est donc logique de rechercher des preuves d'un développement parallèle ou similaire de la vie sur la planète Mars. Cette planète présente l'avantage d'avoir, bien mieux que la Terre, conservé à sa surface toutes les traces de son passé lointain. Mars pourrait ainsi raconter l'émergence de la vie et nous aider à comprendre nos propres origines.

Alors que la NASA réussissait à poser des robots sur Mars pour collecter des données sur les caractéristiques physiques et chimiques du sol et de l'atmosphère de la planète rouge, une météorite trouvée en 1984 sur la banquise Antarctique suscitait de plus en plus d'intérêt. C'est un caillou modeste, pesant à peine 1,9 kg, mais d'apparence très différente des autres pierres extraterrestres (Fig. 7 A, p. VII). Il fut débité en fragments confiés à divers spécialistes. Friedmann, un des rares experts des bactéries de l'Antarctique, fut sollicité par la NASA pour rechercher d'éventuelles contaminations de la météorite par des bactéries d'origine locale – donc terriennes.

J'ai souvent été impressionné par des rencontres fortuites qui ont enrichi mon esprit. C'est un enchaînement peu banal de coïncidences qui m'a conduit à revoir Friedmann[20]. De passage à Nice en février 2001, il vint me rencontrer, vingt ans après avoir participé au jury de ma thèse, pour évoquer ce qui précède et ce qui suit… alors que j'écrivais ce livre…

Je l'avais invité à dîner à mon domicile. La discussion s'orienta tout naturellement sur ses études. Il me raconta l'histoire de la météorite et de sa formidable découverte. Je la restitue à la manière d'une enquête policière portant un nom de code : ALH84001 : *l'affaire ALH84001 !*

Friedmann commence par m'informer que le caillou ALH84001 a été trouvé dans une région qu'il connaît bien : les Monts (*hills* en anglais) Allan (Allan Hills, d'où ALH) situés en bordure du continent Antarctique. C'est la première météorite (d'où 001) découverte dans cette zone durant la mission de recherche menée à partir du dernier mois de 1984 (d'où 84). Il m'indique que c'est la douzième météorite qui proviendrait de Mars, trouvée sur Terre au passage du nouveau millénaire; les recherches progressent vite : en 2011 c'est 98 météorites d'origine martienne qui ont ainsi été identifiées (il existe une base de données sur les météorites : le « meteoritical database » consultable par Internet).

J'arrête Friedmann en lui faisant remarquer que cela commence mal : dans « proviendrait » se trouve déjà une incertitude !

En fait, l'incertitude est très faible, m'explique-t-il. Les composants de la météorite ont été analysés par des chimistes et des physiciens. Ils ont pu analyser des gaz, car dans les météorites on trouve souvent des fragments de roches vitrifiées contenant des micro-bulles de gaz. Plusieurs techniques sont utilisées pour la datation des roches et du gaz. D'une part, on évalue le pourcentage de certains atomes radioactifs instables qui se transforment petit à petit en atomes plus stables[21]. D'autre part, pour chaque élément chimique de base (atome), on évalue le pourcentage de ses variétés (isotopes stables)[22]. Les pourcentages des isotopes stables ou instables sont autant de « signatures ». Les caractéristiques des météorites ont ainsi été comparées à celles des principaux éléments du sol martien et de son atmosphère, recueillies par les sondes Viking posées sur

Mars en 1976. Or les compositions d'atomes et de leurs isotopes d'ALH84001 et celles relevées sur Mars sont identiques.

Les arguments sont pertinents ! Me voilà convaincu de l'origine martienne du caillou. Cela n'a d'ailleurs pas encore été contesté par des géochimistes.

La signature chimique permet aussi de dater la naissance de la roche constituant la météorite (les géophysiciens y parviennent en mesurant les taux de désintégration naturelle des isotopes). Surprise ! Les scientifiques datent ALH84001 de 4,5 milliards d'années, alors que les planètes qui tournent autour de notre Soleil se sont formées qu'à partir de 4,56 milliards d'années. Comment ne pas être impressionné autant par les résultats des géochimistes que par l'originalité de la météorite : c'est un des deux plus vieux cailloux du système solaire trouvé par l'Homme[23].

Friedmann me raconte ensuite que cette roche volcanique s'est fissurée sur Mars à une époque datée de 4 milliards d'années, probablement à la suite d'un impact – un choc – d'une météorite (les météorites s'écrasaient en nombre sur la planète Mars entre 4 et 3,9 milliards d'années). De l'eau semble avoir coulé dans ces fissures et y aurait déposé des matières carbonatées dans des pores. Ces dépôts vaseux se sont solidifiés, leur contenu s'est fossilisé. Des globules de carbonates (Fig. 8 A, p. VIII) de 0,001 à 0,250 mm de diamètre se sont ainsi formés au cœur de la météorite, leur analyse isotopique les date de près de 3,9 milliards d'années et indique qu'ils n'ont pu se former sur Terre. La météorite ALH84001 serait donc un témoin précieux et unique à ce jour de la période où Mars était une planète chaude et humide. C'est toujours l'analyse chimique des composants de la météorite qui permet de l'affirmer.

Je commence à m'habituer aux exploits des analyses géochimiques !

Friedmann m'explique ensuite qu'il y a 16 millions d'années un astéroïde a dû tomber sur Mars, éjectant vers l'espace de multiples fragments de roches martiennes dont ALH84001.

– Là vous y allez fort ! Comment pouvez-vous dire cela ?

– Simple ! D'abord c'est la seule cause plausible pour expliquer l'éjection du caillou martien dans l'espace. Ensuite, le temps passé à errer dans le vide sidéral laisse des traces mesurables. En effet, la roche a été exposée aux rayons cosmiques qui modifient les atomes des parties externes d'une certaine façon. L'ampleur de ces modifications permet d'estimer le temps d'exposition aux irradiations et donc de séjour dans l'espace.

De nouveau, je reste rêveur devant les exploits techniques des géochimistes.

Friedmann continue et me révèle que la météorite est tombée sur Terre, il y a juste 13 000 ans, sur la glace des Monts Allan. L'explication est simple. Il suffit d'analyser les isotopes des bulles de gaz enfermées dans la glace située autour de la météorite et on trouve, à quelques siècles près, l'année de son atterrissage.

C'est dans les sédiments carbonatés de la météorite ALH84001 que les astrobiologistes ont cherché des traces de vie extraterrestre. Plusieurs éléments surprenants furent ainsi découverts[24].

D'abord des hydrocarbures complexes ont été trouvés. Il s'agit de molécules très différentes de celles qui peuvent se former seules à partir de matières minérales et sur Terre aucune n'est similaire à celles analysées sur ALH84001.

Mais c'est surtout un constat visuel qui a le plus surpris : au microscope électronique, l'examen de la partie carbonatée de cette météorite a permis de photographier des milliers de corpuscules allongés en forme de vers d'environ 0,0002 millimètre de longueur (200 nanomètres). Ils sont fragmentés en globules de 0,00002 millimètre de diamètre (Fig. 7 B p. VII). Bizarre ! Ces formes ressemblent à des colonies de nos bactéries actuelles ! Les chercheurs qui ont examiné ALH84001 ont aussi noté la présence d'un très grand nombre de globules isolés de très petite taille. Ces globules alignés et ces particules isolées ont un volume de l'ordre de

100 à 200 fois plus petit que les bactéries actuelles. Elles ont été assimilées aux nanobactéries rencontrées actuellement sur certaines roches ou sur certains organismes terrestres. Mais, nous y reviendrons, les nanobactéries terrestres restent énigmatiques car on ne sait pas encore ce qu'elles représentent. Simples cristaux ? Fragments bactériens ? Mini-bactéries ?

C'est pourtant sur ces éléments que la NASA, en 1996, s'est fondée pour suggérer que ALH84001 contiendrait des traces de vie microbienne extraterrestre et donc considérer que la vie avait existé sur Mars[25]. Le titre de l'article fit sensation : « Recherche de vie passée sur Mars : activité biologique relique possible dans la météorite martienne ALH84001 ».

En pleine période d'examen budgétaire de la NASA (qui prévoyait d'augmenter les missions d'exploration vers Mars), la nouvelle, qui fit la une des journaux du monde entier, a semblé trop opportuniste et tout de suite suspecte. Depuis, de nombreux chercheurs ont remis en cause ces résultats, alimentant une vive polémique. Depuis son atterrissage sur les glaces de l'Antarctique, le caillou est resté congelé, ce qui ne favorise pas le développement de micro-organismes ; la contamination par des bactéries de l'Antarctique fut néanmoins évoquée[26]. Il a été ainsi démontré que les globules allongés *pouvaient aussi être* des vestiges de bactéries terriennes infiltrées dans la météorite et fossilisées récemment[27]. Les globules microscopiques ne *seraient* pas des nanobactéries, mais plutôt de simples cristaux d'origine minérale[28]. Des scientifiques ont même réussi à prouver que les matières organiques carbonatées trouvées dans ALH84001 *ont pu* se former par des processus chimiques sans intervention d'êtres vivants[29]. Ce tir croisé d'études très pointues et techniques, contestant les diverses preuves avancées en 1996 d'une vie passée sur Mars, jeta un doute sur l'hypothèse annoncée par la NASA. Ce fut un « flop », une immense déception pour les auteurs enthousiastes de l'article et pour les éditeurs de la prestigieuse revue *Science* qui s'étaient empressés de publier l'article. Revers gênant aussi pour la NASA et pour

Bill Clinton, alors président des États-Unis, qui avaient eu le privilège d'annoncer la nouvelle au monde.

Mais les experts de la NASA ont continué leurs recherches sur la météorite ALH84001. Une autre trace de vie surprenante a ainsi été étudiée. Des chercheurs avaient été étonnés de trouver dans les globules carbonatés un grand nombre de petits cristaux de fer oxydés connus pour être des magnétites : de minuscules aimants[30]. Ces magnétites existent en grand nombre dans certaines bactéries actuelles (Fig. 9 ci-contre) ; il y en a aussi beaucoup dans certaines cellules d'oiseaux et même parmi nos cellules[31]. Ces magnétites sont entièrement formées par la vie à partir du fer dissout dans l'eau : ce sont des minéralisations biologiques. Elles sont ainsi considérées comme un élément cellulaire complexe (un organelle appelé magnétosome) dont le fonctionnement reste encore à comprendre (elles jouent un rôle dans la faculté d'orientation des êtres vivants). Le processus de cette bio-minéralisation – génétiquement programmée – conduit à former des cristaux tous identiques pour une bactérie donnée. Il est très différent selon les bactéries (il y a donc des formes de cristaux propres à chaque cellule vivante qui en synthétise). Or, en étudiant la forme des cristaux de fer contenus dans ALH84001, des experts de la NASA ont mis en évidence l'étonnante pureté des cristaux et leur forme régulière (Fig. 8 C, p. VIII). Ces caractéristiques propres au vivant (beaucoup plus difficile à expliquer par un processus minéral) ont conduit les chercheurs à relancer le débat sur les traces de vies contenues dans la météorite en titrant ainsi la conclusion de leurs travaux publiés en 2001 par l'Académie américaine des sciences[32] : « Présomption de signature biologique ».

Une observation jetait néanmoins un doute. À l'intérieur de bactéries communes sur Terre, les magnétites sont toujours disposées en file indienne et chaque élément est séparé du précédent par une fine membrane (alors que les magnétites formées par des processus minéraux sont « collées » les unes aux autres par les faces aimantées concordantes). La matrice

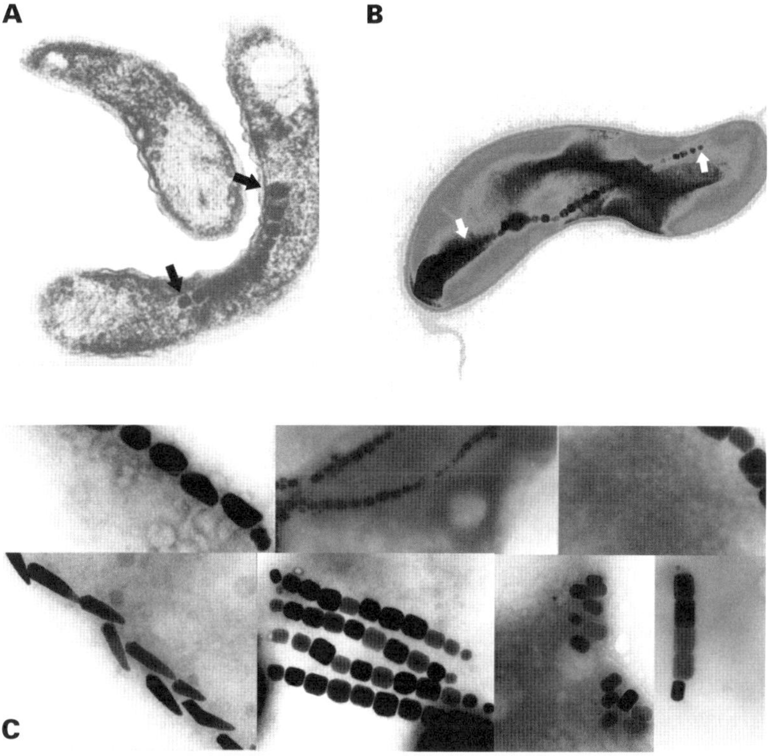

Figure 9. Bactéries actuelles et magnétite. A. Bactéries actuelles contenant une chaîne de magnétites (entre les deux flèches). Cette photo a été publiée dans un livre de Stephen J. Gould pour illustrer un chapitre concernant les propriétés exceptionnelles des bactéries. Il ignorait alors la présence de chaînes de magnétites dans la météorite ALH84001[37, chap3]. **B.** Chaîne de magnétites dans une bactérie actuelle (entre les deux flèches). De nombreuses recherches ont été entreprises pour expliquer la formation biologique des magnétites et expliquer leur disposition en collier et leur séparation (les espaces entre les cristaux sont réguliers). C. Chaînes de magnétites (appelées magnétosomes) dans des bactéries actuelles montrant la diversité des formes et des tailles des cristaux selon les espèces[31, chap3].

biologique qui concentre le fer pour former les cristaux (et qui entoure chaque cristal) et les champs magnétiques tout à fait exceptionnels que l'on a découvert entre les cristaux disposés en chaîne, montrent que la disposition en collier des magnétites et l'espacement régulier entre les cristaux sont des constantes biologiques remarquables, impossibles à élaborer par des processus minéraux[33]. Ainsi, lorsqu'on obtient une bonne préparation de bactéries terrestres pour l'observation au microscope électronique des magnétites, on peut constater que les files de cristaux ressemblent à un collier de perles ouvert, épousant des courbes douces (Fig. 9, p. 73). Dans leurs préparations de fragments d'ALH84001, les experts de la NASA avaient constaté qu'elles étaient éparpillées ou groupées en amas[34], configurations qui ne suggéraient aucune formation par un organisme. Sur ce point, les premiers découvreurs de magnétites dans ALH84001 s'étaient prononcés : si on arrivait à observer dans la météorite des chaînes de magnétites, ce serait une preuve encore plus forte de l'existence de la vie sur Mars.

C'est là que Friedmann est personnellement intervenu. Il fut chargé d'examiner le très médiatique caillou martien ALH84001. Friedmann suspectait un défaut dans le mode de préparation des coupes fines de la météorite. Il pensait que le procédé utilisé par ses collègues avait pu conduire à trop dissoudre la roche. Les micro-aimants ainsi libérés de leur gangue se seraient immédiatement dispersés ou regroupés. Il utilisa d'autres méthodes de préparation et confirma ce qu'il suspectait. En fait, chaque amas de magnétites correspondait à une belle chaîne de cristaux. Ceux-ci étaient bien disposés, en file indienne et séparés les uns des autres, comme dans certaines cellules terrestres (Fig. 8 B, p. VIII). Or aucun phénomène minéral ne peut constituer de tels colliers de magnétites. Friedmann et son équipe ont constaté que les globules carbonatés d'ALH84001 en contenaient beaucoup. Ni le hasard, ni une quelconque contamination par des bactéries terrestres ne pouvaient expliquer leur présence au cœur de la roche martienne : les dépôts de magnétites devaient se trouver dans la roche tombée sur Terre et isolée depuis 13 000 ans dans les glaces de l'Antarctique.

Pour le démontrer, il fallait des photos de bonne qualité. Or les minuscules cristaux aimantés brouillent les signaux des microscopes électroniques habituels. Avec ses meilleures préparations, Friedmann ne pouvait obtenir que des images floues de mauvaise résolution. Il eut alors l'idée de s'associer à des spécialistes de microscopie électronique. En Allemagne, certains de ces appareils sont réalisés par un célèbre fabricant de matériels optiques (jumelles, appareils photographiques ou microscopes) : la firme Carl Zeiss Inc. Il obtint la collaboration du meilleur ingénieur chargé de la mise au point des microscopes électroniques. Pendant deux jours, Friedmann put disposer d'un modèle expérimental très sophistiqué. Sur les dizaines de séries de clichés obtenus, une série était d'excellente qualité, révélant de magnifiques colliers de magnétites. Enfin, il pouvait présenter sa découverte et montrer ce qui était très vraisemblablement des « squelettes » de bactéries figées dans la roche martienne ALH84001.

Malheureusement sa découverte tombait mal car les astrobiologistes, contestés dans leur première analyse d'ALH84001, étaient de plus en plus considérés comme des chercheurs peu fréquentables, assimilés à des « ufologues ». Ce terme, venant de l'anglais *Unidentified Flying Object* (objet volant non identifié, OVNI) et du grec *logos* = étude, désigne tous ceux qui pensent avoir vu ou espèrent voir des soucoupes volantes et des extraterrestres débarquer sur la Terre.

Friedmann et ses collaborateurs présentèrent une note préliminaire et un poster à un congrès. Ils rencontrèrent plus d'incrédulité que d'attention[35]. Une rédaction plus élaborée de leur découverte fut envoyée aux prestigieuses revues scientifiques *Nature* et *Science*. ALH84001 était devenue trop sulfureuse. Les éditeurs, échaudés par les déconvenues précédentes, refusèrent l'article sans même le faire expertiser !

Face à ces refus injustifiés, Friedmann fut très chagriné et révolté. À ce point du récit, je me suis souvenu de Galilée confronté aux dignitaires ecclésiastiques détenteurs des pouvoirs de la science : pas de controverses, il ne fallait pas mettre en doute l'ordre des choses.

Friedmann eut alors l'idée de soumettre l'article à la prestigieuse Académie scientifique de son pays. Auparavant, il prit soin d'envoyer son manuscrit à quelques experts et scientifiques qui prirent la plume pour descendre en flamme les précédents articles d'astrobiologie relatifs à ALH84001 dénonçant les preuves avancées en 1996 d'une vie passée sur Mars. En leur soumettant son article, il leur demanda un avis critique et le droit de les citer en remerciements. Tous trouvèrent sa démonstration sans faille. L'article fut publié en janvier 2001 dans les annales de l'Académie américaine des sciences. Une revue prestigieuse, mais bien moins médiatique que *Science* et *Nature*[36]. Dans le titre de sa publication, il proposait une conclusion qui allait plus loin que celle de ses collègues de la NASA : « *Évidence d'origine biologique* » !

Friedmann et ses collaborateurs ont alors pu savourer leur découverte, enfin bien diffusée et confortée par d'autres recherches. Des colliers de magnétites, probablement des « squelettes » fossilisés de bactéries, existent dans des roches martiennes !

Bien entendu d'autres preuves sont nécessaires pour que soit accepté définitivement le scénario qui suggère que la vie existait sur Mars, avec ses déductions collatérales (la vie sur Terre est venue d'ailleurs).

Un mois après la publication de cet article, Friedmann me racontait les difficultés, suspicions et jalousies suscitées par sa découverte. Pourtant, j'avais en face de moi un homme de 80 ans, retraité depuis longtemps. Il avait été engagé dans cette aventure en sa qualité de professeur honoraire et en raison de sa grande connaissance des bactéries de l'Antarctique. Frêle, plutôt timide, sincère, sans laboratoire à soutenir, sans carrière à défendre et sans intérêts privés ou publics à solliciter, il était autant surpris et passionné parce qu'il venait de découvrir que choqué par l'animosité provoquée par sa découverte.

Il est vrai que de minuscules aimants alignés sur une coupe mince d'une météorite martienne contenant du carbone vieux de près de 3,9 milliards d'années ont de quoi déranger. Ces traces de vies sont plus anciennes que celles identifiées à ce jour sur notre Terre. De plus, toutes les bactéries actuelles qui contiennent des chaînes de magnétites vivent dans une atmosphère au moins légèrement oxygénée, certaines étant même abondantes dans des sédiments vaseux bien aérés[37]. Pour que les bactéries à colliers de magnétites puissent vivre sur Mars, il fallait donc de l'oxygène. Sur Terre, l'oxygène libre a été produit par les organismes qui contiennent de la chlorophylle : plantes et bactéries. Il y aurait donc eu des bactéries contenant de la chlorophylle sur Mars, il y a près de 3,9 milliards d'années.

Après le départ de Friedmann, m'intéressant de plus en plus aux colliers de magnétites, je me rendis compte qu'une autre météorite trouvée en France, près de Montauban, sur la commune d'Orgueil (Tarn-et-Garonne), avait aussi soulevé beaucoup de questions. Des fragments de cette pierre, découverte en 1864, sont actuellement exposés notamment au Muséum d'Histoire Naturelle de Paris et au Muséum d'Histoire Naturelle de Montauban. En 1967, des chaînes de cristaux opaques avaient été photographiées dans des corpuscules allongés situés au cœur de cette météorite[38]. Vingt ans plus tard, une équipe fit le rapprochement[39] avec les chaînes de magnétites bactériennes[40]. Même déductions que pour ALH84001 ! Mais contrairement à cette dernière, les chaînes de magnétites étaient peu nombreuses. De plus, la météorite étant tombée sur la terre ferme, le risque de contamination bactérienne y était bien plus élevé que dans les glaces de l'Antarctique. Friedmann m'a confié avoir lui-même examiné un fragment de cette météorite pour conclure à l'absence de traces de vie exogène[41].

D'autres arguments confortent, en revanche, la thèse de Friedmann : des globules similaires aux énigmatiques « nanobactéries » composées de carbonates découvertes dans ALH84001 et des formes cylindriques de la taille de bactéries ont été trouvés au cœur de quatre autres météorites martiennes[42]. Même si certaines interprétations sont contestées (notamment après la mise en évidence de la contamination, par des micro-organismes terrestres, d'une autre météorite martienne tombée en Tunisie)[43], les colliers de magnétites d'ALH84001 – très probables « squelettes » fossilisés de bactéries martiennes –, restent un élément factuel s'ajoutant à d'autres indices « neutralisés » décrits dans la météorite. Après tout, si une équipe apporte des éléments qui témoignent de la présence de traces fossiles de bactéries sur une météorite et si une autre équipe prouve que ces traces peuvent être d'origine minérale ou terrestre, rien ne permet de trancher : il y a doute ; les deux démonstrations se neutralisent. En revanche, si d'autres éléments prouvent que le caillou présente effectivement d'autres traces de vie, il convient de réexaminer les arguments neutralisés. Ainsi, pour ALH84001, la météorite possède plusieurs caractéristiques ayant autant de chances d'avoir été élaborées par minéralisation que de façon biogène (notamment les hydrocarbures trouvés dans les globules carbonatés) et une caractéristique qui est biogène (les files de magnétites). Il est difficile d'admettre que plusieurs processus totalement indépendants de minéralisation peuvent induire des résultats similaires à ceux habituellement composés par du vivant dans des globules carbonatés minuscules contenus dans un si petit caillou, alors que l'hypothèse alternative – leur origine biologique – peut conduire à expliquer l'ensemble des processus en question.

Depuis la découverte de Friedmann, les chaînes de magnétites restent la meilleure preuve de vie dans la météorite martienne. On a même pu montrer que les magnétites contenues dans ALH84001 sont pour 10 % d'entre elles associées en chaînes[44]. À ce jour, il n'a pas été démontré que ces traces de vie sont des erreurs d'interprétations ou issues de contaminations récentes sur Terre[45].

Comme bien d'autres, Friedmann a pu constater toute la difficulté qu'il y a à exprimer le premier des évidences nouvelles dérangeantes. Il en est ainsi dans bien des circonstances pour tous les Hommes et dans bien des domaines, y compris chez les scientifiques.

Imre Friedmann disparut en 2007 sans avoir connu une quelconque reconnaissance à la hauteur de sa découverte. Mais nous ne sommes plus au temps de Galilée ou de Darwin, la recherche progresse à grands pas à une époque où toute découverte peut être diffusée très rapidement dans un monde *a priori* sans censure. Alors que les découvertes de météorites carbonatées et leur analyse suscitent un regain d'intérêt frappant, l'ampleur croissante des moyens mis en œuvre sur le thème de l'astrobiologie et l'augmentation spectaculaire des communications et compétitions scientifiques sur le sujet sont des signes forts d'une meilleure prise en considération de l'hypothèse d'une origine extraterrestre de la vie. Je suis persuadé que des indices probants surgiront des diverses voies de recherches en cours. Restera à convertir l'opinion publique sur l'hypothèse alternative qui semblait être au XXe siècle une hérésie : la vie vient d'*ailleurs*! Cela prendra du temps avant qu'elle ne figure sans réserve dans les manuels de nos écoliers !

D'où proviendraient les météorites susceptibles de contenir des bactéries ?

Pour répondre à cette question, la démarche la plus efficace est de chercher d'abord la présence de traces de vie dans le système solaire. C'est ainsi que la recherche de la vie sur la plus proche planète – Mars – est devenue l'objectif le plus attractif des nations développant des programmes d'exploration de l'espace. Des efforts considérables ont été, sont et vont être déployés pour chercher des vestiges de vie ou des bactéries sur Mars. La sonde japonaise *Nozomi*, lancée en juillet 1998 vers Mars, a été perdue. Trois autres sondes, lancées en 2003 vers Mars, ont permis d'améliorer nos connaissances : *Mars Express* (sonde européenne avec son robot Beagle resté malheureusement silencieux après son atterrissage le jour de Noël 2003), *Mars Odyssey* et *Global Explorer* (deux sondes américaines avec à bord deux robots – *Opportunity* et *Spirit* – qui se sont bien posés sur Mars en janvier 2004). La dernière mission est celle du laboratoire *Phoenix* qui s'est posé sur Mars en 2008 à proximité de la calotte polaire Nord. Dans la décennie en cours, des sondes américaines *(Mars Science Laboratory*, baptisé *Curiosity)* et européennes (*Exomars*) sont programmées avec un seul objectif : trouver sur Mars des marqueurs biologiques permettant d'identifier des mécanismes vivants. De même, une mission est programmée pour 2016, avec pour objectif de récolter un fragment d'astéroïde et de le ramener en 2023 (*mission OSIRIS-REX asteroïd sample return*). Les Américains affichent aussi un programme encore plus ambitieux : envoyer d'autres sondes sur Mars pour ramener enfin des échantillons de roches et même y envoyer une sonde habitée !

Pour espérer trouver des traces de vie sur Mars, il fallait d'abord prouver que l'eau y a existé et y existe encore sous forme de glace. Cela est désormais établi par diverses preuves indirectes (interprétations de traces d'érosion hydraulique, simulation de climats martiens anciens) ou directes (analyses spectrales et photographies stéréoscopiques de haute résolution produites par *Mars Express* et les sondes américaines ; analyses de roches par les robots de la NASA et enfin vapeur d'eau détectée directement par le laboratoire *Phoenix* posé sur une calotte polaire martienne en 2008)[46]. Reste à chercher les traces de vie fossile (en surface de la planète) ou, de manière plus improbable, animée (dans les ténèbres profondes des roches où de l'eau sous forme liquide pourrait se trouver).

Mais d'autres planètes ont été aussi étudiées. Ainsi les Lunes de Jupiter (Europe), et de Saturne (Encelade) contiennent aussi de l'eau : autant de terrains futurs d'exploration pour y rechercher des traces de vie. Ces recherches des conditions favorables de vie *ailleurs* vont jusqu'à l'étude de planètes d'autres étoiles de notre galaxie. La première exoplanète a été observée en 1995, fin 2010 c'est 519 exoplanètes qui ont été identifiées et de l'eau a même été récemment décelée sur l'une d'entre elles.

L'hypothèse de la vie venant d'ailleurs doit maintenant être privilégiée

Le bilan de ces cinquante dernières années de recherches sur l'origine de la vie est simple. Aucune preuve ne permet de valider les hypothèses de l'apparition de la vie sur Terre à partir du minéral et aucune avancée significative des connaissances scientifiques ne plaide en leur faveur. Même si nos alchimistes reconstituent un jour en laboratoire une partie du puzzle composant l'usine bactérienne, il sera difficile, sinon impossible, de prouver que cela s'est passé ainsi spécifiquement sur Terre. En revanche, on assiste à l'émergence d'un faisceau d'arguments nouveaux en faveur d'une hypothèse alternative : l'origine extraterrestre. Les scénarios d'une génération vivante spontanée, née de molécules carbonées à partir du minéral ont dû se réaliser ailleurs que sur Terre. Il faut alors imaginer de nouvelles théories sur d'autres mécanismes à l'origine de la vie dans des milieux et conditions encore méconnus.

Friedmann achevait son récit. Un instant, j'ai pensé que j'avais peut-être devant moi un Galilée ou un Darwin du XXIe siècle. Mais ce n'était qu'un homme simple, encore peu connu, peu médiatisé, qui appréciait le couvert et l'ambiance familiale française. Ce n'était qu'un chercheur parmi une douzaine formant deux ou trois équipes de pointe et ayant eu la chance de découvrir des éléments nouveaux suggérant l'existence de vies ailleurs. Il avait rapporté devant la communauté scientifique internationale ce qu'il avait vu et déduit. Il avait exprimé sa pensée. Il ne comprenait pas le scepticisme haineux de ses collègues qui lui reprochaient d'avoir osé publier des conclusions jugées hâtives. Alors nous avons changé de sujet, évoqué nos passés, nos racines, les siennes hongroises, les miennes hollandaises ; son adaptation américaine, mon intégration française ; les thèmes variés de nos recherches. Mais dans son regard si sensible, au travers de ses frêles lunettes, je percevais une certaine détresse. Une incompréhension d'avoir été l'objet de suspicions sur son honnêteté intellectuelle. Lui si distingué et calme, s'exprimant avec une voix douce et effacée, ne supportait pas que certains scientifiques yankees, au parler cru et direct, aient tenté de le déstabiliser en l'affublant de sombres motivations qu'il est toujours facile d'inventer.

Friedmann me remontra les photos de son article. Il voulait insister sur un point pas assez mis en valeur dans sa publication. Il voulait me convaincre. Il répétait sa démonstration. Il plaidait sa juste vue des choses. Je voyais dans ses yeux une lueur de satisfaction lorsque je lui posais des questions embarrassantes auxquelles il pouvait répondre sur le champ. À bout d'arguments, je devais convenir que ses observations m'avaient convaincu et que ses conclusions connexes m'avaient profondément bouleversé. Il avait très vraisemblablement raison !

Friedmann, professeur retraité, avait plus besoin de calme que de combats d'idées et de controverses. Que sa découverte soit par la suite confirmée ou infirmée, peu importe ! En l'état actuel des connaissances, il a raison, ses observations et déductions sont bonnes et ont été publiées dans une revue prestigieuse, elles ont été passées au crible des plus critiques des arbitres scientifiques et à ce jour n'ont pas été infirmées.

Je termine ce chapitre pour conclure sur une révolution intellectuelle naissante. Les avancées scientifiques récentes étayent, nous l'avons vu, l'hypothèse d'une origine de la vie extraterrestre et de sa genèse *ailleurs*. Ce thème de recherche en plein essor doit nous ouvrir les yeux et nous faire prendre conscience de l'énormité d'une conclusion étayée par de premières approches factuelles : *les semences de vie ont pu arriver sur Terre grâce à des espèces introduites qui se sont naturalisées puis qui ont proliféré.* Cette hypothèse est à présent, répétons-le, mieux fondée que celle, jusqu'alors la plus évidente, de l'origine minérale terrestre spontanée, *ex nihilo*.

L'origine de la vie viendrait d'*ailleurs*. Scientifiques, philosophes, théologiens, romanciers : tous à vos plumes ! La divine baguette magique ayant donné la vie sur Terre avait la forme d'une météorite ! La fiction, celle des légendaires Martiens, rejoint la réalité si on remplace les petits Hommes verts par de minuscules bactéries vertes !

Si les recherches futures donnaient raison à Friedmann et aux autres pionniers de l'astrobiologie, il sera alors passionnant de suivre l'évolution du consensus sur l'hypothèse extraterrestre de l'arrivée de la vie sur Terre. En revanche, si des preuves infirmaient l'existence de traces de vie sur Mars, toute cette histoire ne sera qu'un épisode passionnant de la recherche des racines de la vie. Gageons que ce ne sera pas le dernier.

Chapitre 4

Au commencement...

Comment ?

Pour répondre à la question du comment la vie a commencé, deux voies de recherches convergentes très différentes sont menées par nombre de laboratoires.

L'une a pour objectif de connaître et comprendre le fonctionnement des plus petites et plus simples formes vivantes observables actuellement. En « disséquant » ces formes les plus simples, les chercheurs tentent de déduire leur plan de montage pour ensuite l'imiter.

L'autre vise, à partir de molécules simples, à construire des éléments fonctionnels d'une cellule intégrant des processus chimiques capables de mémoriser et de reproduire de façon fiable toutes les étapes du « montage ». C'est le projet de synthèse de la vie, de création artificielle du vivant.

Avant de décrire l'état d'avancement de ces deux voies de recherche, il convient de définir ce qui est vivant.

La définition de la vie

Pour les biologistes, deux caractéristiques fondamentales définissent la vie :

– premièrement, tous les êtres vivants sont constitués de cellules (organisation), dont le métabolisme permet leur croissance et leur reproduction. Chaque cellule est ainsi douée d'auto-construction. Elle est dite autopoïétique[1]. C'est-à-dire capable de régénérer ses propres constituants, en échangeant matière et énergie avec son environnement. Le métabolisme, défini comme un ensemble de modifications chimiques propres au vivant, est donc une des caractéristiques du vivant. On distingue l'anabolisme (synthèse de molécules organiques complexes) et le catabolisme (réduction ou catalyse de ces molécules en plus petites) ;

– secondement, toute vie a la capacité de se reproduire, de se dupliquer. Ainsi toute cellule vient d'une cellule. Les formules latines *« Omne vivum ex ovo »* (chaque vie vient d'un œuf) ou *« Omni vitum ex vitum »* (chaque vie vient d'une vie) sont utilisées depuis que Louis Pasteur a démontré au XIXe siècle que la génération spontanée n'existe pas. Le prix Nobel Jacques Monod a beaucoup disserté sur ce thème dans son livre Le hasard et la nécessité. Il a ainsi souligné qu'un organisme vivant a un seul « projet » invariable et universel : celui de se reproduire. Un autre prix Nobel, François Jacob, va dans ce sens : pour lui, le seul « rêve » d'une cellule, c'est de se reproduire. En fait, la reproduction est imparfaite. Des défauts de reproduction insignifiants apparaissent à chaque fois : ce sont les mutations. À la longue, cela entraîne des transformations et la nature va, au sein d'une espèce, sélectionner à chaque génération les individus porteurs d'une variation momentanément avantagée par les conditions du milieu : c'est la sélection naturelle qui est, avec le processus de mutation, le moteur de l'évolution du vivant.

On ajoute aussi à ces deux principales caractéristiques biologiques l'homéostasie (régulation constante de l'environnement interne de la cellule comme la température, l'acidité et la salinité) et la réponse aux stimuli (réponses à des variations extérieures).

Les chimistes complètent ces caractéristiques biologiques par le fait qu'un organisme vivant, quel qu'il soit, est constitué essentiellement par l'association de quatre atomes : le carbone, l'hydrogène, l'oxygène et l'azote (avec, en moindre quantité, le soufre et le phosphore).

Les plus petites formes vivantes connues

Avec cette définition de la vie telle que nous la connaissons sur Terre, quelles sont les plus petites formes vivantes identifiées ?

Parmi les formes minuscules, il faut citer les nanobactéries, les virus et les bactéries ; celles-ci sont représentées par deux types : les archées et les vraies bactéries (eubactéries).

Les *nanobactéries* ne sont pas, comme leur nom le suggère, des bactéries. Découvertes en 1998, ce sont en fait des corpuscules qui ressemblent à des bactéries par leur forme. Elles se rencontrent en quantité importante sur des roches et sur des organismes vivants (il y en a même dans notre sang). Ce sont des formes sphériques, ou filamenteuses, que l'on ne peut observer qu'au microscope électronique. Leur nom fait référence aux bactéries, mais seulement par analogie, car leur forme extérieure *évoque* des bactéries. Elles sont cent fois moins volumineuses que les bactéries ordinaires. Leur taille avoisine quelques dizaines de nanomètres (un nanomètre = 0,000 001 millimètre), d'où leur préfixe. Simples cristaux, fragments de bactéries minéralisés, produits organiques inertes ou premiers germes du vivant ? On ne sait pas très bien ce qu'elles contiennent et on ignore les processus de leur formation ou de leur éventuelle multiplication. Les caractéristiques biologiques évoquées à leur sujet[2] ont été contestées dès 2000[3]. En 2008, deux publications décrivent ces « objets » comme étant des protéines fœtales ou des cristallisations calcaires associées à des protéines[4]. Les nanobactéries ne sont donc pas des êtres vivants, nous sommes ainsi bien loin de la piste d'un élément prébactérien.

Les *virus* ont le plus souvent des tailles plus petites que les plus petites bactéries : peuvent-ils être considérés comme des entités vivantes ?

Ce sont des systèmes chimiques très élaborés enfermés dans une capsule. Cette « boîte » rigide appelée capside a le plus souvent la forme d'un polyèdre. À l'intérieur d'une capside sont cloisonnées les molécules les plus caractéristiques du vivant : l'ADN ou l'ARN. De nombreux virus sont entourés d'une enveloppe élaborée dans la cellule hôte. Les formes des différents types de virus sont très variées, comme les bâtonnets du virus de la mosaïque du tabac, le filament du virus d'Ebola ou les formes étonnantes trouvées dans des milieux extrêmes (en cylindre terminé par des crocs ou en bouteille de champagne avec un culot piqueté de clous)[5].

Les virus sont des parasites de bactéries ou de cellules animales et végétales : ils puisent substances et énergie à l'intérieur de cellules vivantes. Bien que les virus puissent se trouver libres (durant la phase de contamination que l'on peut assimiler à une spore), les virus sont incapables de se développer et de se multiplier – de vivre – sans un hôte vivant. Mais alors que tous les parasites non viraux se reproduisent par leurs propres moyens, les virus se greffent sur le système de duplication de l'hôte pour se reproduire (aucun autre parasite n'a cette particularité). Ce sont donc des ultraparasites.

N'arrivant pas à auto-reproduire leur système chimique, ils ne répondent donc pas à la définition du vivant. Ayant besoin d'une autre vie pour vivre, cette seule caractéristique ne permet pas de considérer les virus comme des candidats représentant les plus petits et plus simples précurseurs de la vie.

Cela dit, tous les parasites connus (bactéries, animaux, végétaux) ont des ancêtres qui étaient libres. Le parasitage d'un hôte est une adaptation opportuniste. Au cours de cette adaptation le parasite – quel qu'il soit – perd petit à petit les caractéristiques et fonctions indispensables à la vie libre (indépendante). *In fine*, il ne ressemble pas du tout à ses ancêtres ou à ses proches « parents » de lignées n'ayant pas « choisi » cette voie d'adaptation. Ainsi nous pouvons prendre pour hypothèse que les virus ont considérablement simplifié leur statut original au point de devenir des ultraparasites.

Des recherches récentes tendent à considérer les virus comme des descendants atrophiés de bactéries indépendantes, voire même de formes de vies différentes plus simples que les bactéries. Une équipe de chercheurs de Marseille a d'abord découvert (en 2003) des virus nettement plus gros que les plus petites bactéries et dotés d'un génome plus important que celui de la plupart des bactéries. Ces « *Mimivirus* » parasitent des cellules animales possédant un noyau (des amibes)[6]. Elle a ensuite découvert qu'un autre virus géant (le « *Mamavirus* ») pouvait être parasité lui-même par un autre virus appelé « *Spoutnik* » (en 2011, deux nouveaux virus parasites de virus appelés désormais « virophages » ont été découverts)[7] ! Dans ces cas, les hôtes sont des virus, ils en « souffrent » et peuvent être anéantis à cause de l'intrusion du virophage.

Certains chercheurs ont émis l'hypothèse d'une évolution graduelle entre des virus indépendants (des prébactéries) vers des bactéries. Dans ce sens, un chercheur de la NASA a publié un arbre de filiation menant aux divers types de bactéries où la base est constituée par des virus différents[8]. D'autres chercheurs ont émis l'hypothèse que les premières bactéries sont issues d'unions de formes virales indépendantes[9].

Mais les virologues marseillais ont apporté une autre donnée intéressante concernant l'origine des virus : ils ont constaté (en 2009) qu'un autre virus géant (qu'ils ont nommé « *Marseillevirus* ») a pour génome un patchwork de gènes provenant d'autres virus, de bactéries et même de cellules animales[10]. Ce génome s'est donc formé en copiant et unissant des informations prélevées dans son voisinage immédiat.

Ainsi, au gré des rencontres d'hôtes (par parasitage ou symbiose), les virus peuvent soit incrémenter leur génome et devenir plus complexes, soit se débarrasser des éléments devenus inutiles et devenir plus simples. Ils auraient donc un pouvoir inné à copier, à s'associer, à s'unir et profiter de tout ce qu'offre leur hôte.

Cet ensemble de découvertes récentes change le statut des virus : ce ne sont plus de simples automates chimiques greffés sur le vivant, ils font partie du monde vivant dont la définition doit tenir compte de ces formes opportunistes ! Un débat scientifique s'est engagé sur le rôle des virus dans l'avènement des premières formes vivantes[11].

Reste à expliquer pour quelles raisons on ne connaît pas de virus indépendants (non parasites) : des genres de prébactéries libres intermédiaires entre les virus, asservis à un hôte, et les bactéries.

Quant aux *bactéries,* ce sont des usines microscopiques qui répondent à toutes les caractéristiques du vivant. Chaque bactérie est une cellule dont la taille (longueur) varie de 1 (0,2 µm) à 3 000 (600 µm). Les cellules isolées ont des formes extrêmement diverses : de la sphère au filament (nous les décrirons plus en détail dans le chapitre suivant). D'autres bactéries forment des amas structurés (des colonies) ou mieux des civilisations de cellules : des organismes pluricellulaires dont les cellules peuvent avoir des rôles différents (c'est la différenciation cellulaire). Ces dernières bactéries, le plus souvent photosynthétiques (de couleur verte, bleue ou pourpre), se voient très bien à l'œil nu. Elles peuvent même se récolter et être mises en herbier !

La taille de la limite inférieure possible des micro-organismes bactériens est un sujet qui a réuni un panel de spécialistes internationaux en 1998 sous l'auspice de l'Académie américaine des sciences[12]. Au terme du débat, une évaluation du diamètre inférieur limite des organismes vivants indépendants a été proposée : entre 0,0002 et 0,0003 millimètre (200 et 300 nanomètres ou 0,2 et 0,3 micron). Or, la longueur des plus petites bactéries connues aujourd'hui (découvertes après cette estimation théorique) est inférieure à 0,2 micron[13].

Durant le colloque de 1998, d'autres scientifiques ont cherché à estimer le nombre théorique minimum de gènes nécessaires à un organisme capable de se dupliquer. Pour coder des protéines vitales, il serait de l'ordre de 200[14]. En 2009, des chercheurs ont décrit une bactérie qui a dépassé ce seuil critique : elle ne possède que 169 gènes (avec seulement 144 000 paires de nucléotides, autant de lettres codes)[15]. Mais ces minuscules bactéries sont des symbiontes : des associés incontournables de cellules végétales. Ainsi, comme les virus les plus simples, au lieu d'incrémenter leur génome avec ceux de l'associé, ils ont réduit leur génome en se débarrassant des fonctions inutiles (nous verrons qu'il en est de même pour des bactéries incorporées depuis des milliards d'années dans les cellules animales et végétales). Cela dit, comment le vivant se serait-il constitué à partir de rien pour aboutir à un capital génétique élevé contenu dans un organisme indépendant de 0,2 micron de diamètre ?

Là s'arrêtent les connaissances : depuis que la vie bactérienne est apparue sur Terre, aucune forme indépendante intermédiaire ancestrale – fossile ou vivante – n'a été trouvée. Les bactéries sont donc les organismes *indépendants* les plus simples que nous connaissons.

Pour « disséquer » l'usine bactérienne, certains chercheurs s'ingénient à interchanger des composants. Ainsi des manipulations remarquables ont été effectuées en 2010 par la célèbre équipe américaine de Craig Venter sur des bactéries très simples (contenant peu de gènes). Des gènes recomposés artificiellement à partir de modèles fonctionnels connus du vivant ont été « greffés » avec succès dans le génome bactérien « hôte » où ils s'expriment, se dupliquent et ont pris le contrôle (la fonction prévue s'effectue normalement)[16].

Mais la voie descendante pour parvenir à l'origine minérale du vivant s'arrête à ces constats et expériences.

Les théories concernant le portrait-robot de l'ancêtre commun universel

Depuis l'apparition de la vie sur Terre, certaines voies de l'évolution ont permis l'émergence de formes de vie complexes et structurées (la faune et la flore). Ce processus n'a jamais éliminé (par compétition) les formes simples comme les bactéries, aujourd'hui nombreuses sur Terre et bien adaptées aux divers milieux existants. Tout montre que plus le mécanisme de vie est simple et discret, plus il a une chance de s'adapter à des environnements variés et de perdurer. Or, l'hypothèse de base de tous les savants qui tentent de reconstituer le vivant, stipule que les bactéries sont issues de formes moléculaires organiques simples, intermédiaires entre le minéral et la bactérie. Dans ce contexte, d'une part de nouvelles bactéries devraient encore être découvertes de nos jours dans les environnements variés présents sur Terre et, d'autre part, il devrait exister aujourd'hui un foisonnement d'organismes prébactériens, ou de structures chimiques intermédiaires entre le minéral et la bactérie, capables de se reproduire. Mais aucun processus de transition entre le minéral et la bactérie n'a été trouvé dans la nature.

La recherche d'un début (la première forme qui répond aux caractéristiques du vivant) est donc un débat théorique. Il a suscité l'idée d'un ancêtre unique de toutes les bactéries. En 1996, certains auteurs ont nommé cet ancêtre « *LUCA* » (acronyme de *Last Universal Common Ancestor*, le dernier ancêtre commun universel virtuel)[17]. Cette hypothèse sur l'origine de la vie stipule qu'il y a eu un seul et exceptionnel événement – certains auteurs parlent de « miracle » – donnant naissance à un seul organisme complexe qui, par la suite, s'est reproduit et s'est diversifié sous la pression de l'évolution, éliminant au passage (par compétition) les ersatz de vies parallèles nés du même incubateur. Un auteur réputé dans ce domaine, Carl Woese, a souligné le fait que la notion d'ancêtre universel ne doit pas être considérée comme un organisme particulier, ni comme une seule lignée d'organismes. En fait, il est plus vraisemblable que la soupe de matières organiques complexes d'où ont émergé des formes organisées capables de se dupliquer a pu produire *un grand nombre de types* de prébactéries, puis de bactéries parmi lesquelles certaines sont à l'origine de la vie sur Terre. Ainsi, à la place de l'image idyllique d'une seule forme de vie, mère de toute la vie actuelle, c'est par-dessus tout le procédé de sa formation que l'on doit mettre en relief[18]. Selon ce raisonnement, un autre terme rallie désormais les théoriciens : celui de « *Cenancêtre* » (suggéré en 1987[19]), qui décrit un ensemble ancestral (pré-bactéries) commun à tous les organismes actuels (équipé d'un code génétique très réduit). Dans ce sens, d'autres auteurs[20] avaient nommé dès 1977, « *progenotes* » ces formes pré-bactériennes les plus primitives.

Il est ainsi fort probable qu'un essaimage de vies bactériennes s'est propagé à partir d'associations et d'unions diverses de molécules organiques (ou de formes pré-bactériennes comme les ancêtres des virus). Ce processus de genèse des bactéries peut être comparé à une usine automobile : toutes les pièces nécessaires au fonctionnement doivent être en place et le moteur du système (l'ARN et l'ADN) doit pouvoir se copier soi-même et dupliquer les composants et le plan d'assemblage des ébauches intermédiaires associées. Limiter la production d'une telle chaîne de production à un seul produit (*LUCA*) ne tient pas compte de l'immense potentiel du processus en place. Il a dû conduire à l'apparition des premières bactéries qui inévitablement étaient différentes, tout en ayant une architecture structurelle ressemblante (mais seuls deux modèles très distincts de bactéries ont traversé 3,5 à 3,8 milliards d'années d'évolution sur Terre et ont survécu à des centaines de cataclysmes planétaires : les eubactéries et les archées).

Il n'y a que deux possibilités pour expliquer l'absence de preuves de transition entre le minéral et les bactéries, formes de vie ancestrales et déjà complexes :

– soit les formes de vies intermédiaires ont totalement disparu sur Terre sans laisser de traces pour des raisons inconnues.

Nous pouvons imaginer par exemple qu'un cataclysme (impact d'une météorite géante ou événement volcanique titanesque) ait frappé la zone géographique restreinte où elles se sont développées. Dès lors, seules certaines bactéries issues de la seule impulsion initiale auraient survécu (avec pourquoi pas des virus parasites de ces bactéries). Elles auraient été mieux disséminées sur la Terre ou bien, elles étaient mieux équipées pour résister aux cataclysmes ultérieurs ou autres changements rapides des conditions de vie. Dans cette hypothèse, les conditions environnementales, propices à l'incubateur initial de bactéries, n'auraient été réunies qu'une seule fois.

– soit les formes transitoires entre le minéral et les bactéries n'ont jamais existé sur Terre. Des bactéries, bien équipées pour résister aux conditions des voyages cosmiques, sont parvenues seules sur notre planète, la sélection naturelle ayant éliminé les formes intermédiaires moins résistantes. Dans ce cas, parmi les prébactéries, seuls les virus parasitant les bactéries les mieux adaptées à notre environnement, ont pu aussi arriver sur Terre. L'incubateur situé ailleurs, n'a pu fonctionner qu'une seule fois ou est encore en fonction… ailleurs !

Créer la vie en laboratoire : la synthèse du vivant

Pour expliquer l'apparition de la vie et comprendre les mécanismes de cette genèse, plusieurs équipes de chercheurs ont, depuis 1924[21], tenté de reproduire la vie en partant de molécules simples (comme le gaz carbonique, l'eau, l'ammoniaque…) formées fondamentalement de quatre atomes : carbone, oxygène, hydrogène et azote (phosphore et soufre en moins grand nombre). Tous les êtres vivants sont constitués par des assemblages d'atomes constituant de petites molécules organiques qualifiées de pré-biotiques. Pour les synthétiser, les chercheurs ont testé les dosages idoines des constituants du vivant et simulé l'ambiance ancestrale supposée. Chaleur, arcs électriques, atmosphère dépourvue d'oxygène et chargée de gaz irrespirables, composés carbonatés, minéraux en solution dans l'eau et pression ont été utilisés dans les fioles de ces apprentis créateurs.

Jadis, des alchimistes tentaient en vain de trouver le procédé de transmutation du plomb en or dans des alcôves moyenâgeuses obscures ; aujourd'hui, des biochimistes, auréolés de diplômes et confiants en leur science réduisant le fonctionnement du vivant à des interactions de molécules, s'acharnent à trouver le secret de la transmutation du minéral en vie. Pour découvrir le premier palier de vie, ils disposent de laboratoires ultramodernes équipés de robots analyseurs très performants. Leurs petits pas pour résoudre l'énigme de la vie en commençant par le bas – le minéral, l'inorganique – se limitent à des avancées technologiques importantes mais qui restent encore très loin de l'objectif final.

La synthèse des molécules organiques les plus simples

Parmi ces molécules, il faut citer les acides aminés (composant les protéines), les sucres, les lipides et les nucléotides (composant l'ADN).

La synthèse de ces briques du vivant est née d'une idée théorique : une soupe dite « primordiale » aurait engendré, par associations de molécules, la vie. Pour être plus pragmatique on a donc voulu reconstituer les plus petits éléments dits « organiques » qui composent le vivant : les acides aminés. Ces acides aminés s'associent dans trois dimensions pour former des chaînes ramifiées complexes : les protéines. C'est en 1953 qu'un jeune doctorant (il avait alors 23 ans), Stanley L. Miller (1930-2007), eut l'idée de fabriquer une machine à créer la vie[22]. Pour cette expérience historique, il simula les éclairs primitifs par un dispositif provoquant des arcs électriques dans un vase rempli d'un mélange gazeux comprenant méthane, ammoniac et hydrogène. Ce vase communiquait avec un autre vase contenant de l'eau portée à ébullition. L'eau s'évaporait et se condensait dans le vase contenant les gaz. Au bout de quelques semaines, Miller observa un film brunâtre sur les parois de ses fioles : c'était des acides aminés ! La surprise fut grande car on pensait qu'ils ne pouvaient être élaborés que par des organismes vivants. Ce premier pas fut suivi par la synthèse de nombre d'autres petites molécules assemblées habituellement par l'usine cellulaire. Pour les obtenir, il faut bien connaître la constitution et l'architecture moléculaire du modèle organique, puis, varier les ingrédients (gaz, substances minérales) et les conditions environnementales (pression, chaleur, froid, arcs électriques). Grâce aux prouesses de nombre de chimistes, tous les acides aminés ont été ainsi synthétisés, de même que des sucres, des lipides et des éléments de l'ADN (des nucléotides).

Il a donc été prouvé que les produits les plus communs du vivant peuvent aussi naître de réactions chimiques sans lien avec la vie.

En ce qui concerne les principales briques du vivant (les acides aminés), il semblerait bien que leur formation se soit, à l'origine, réalisée ailleurs. En effet, leur architecture en trois dimensions présente à près de 100 % une orientation (celle de gauche) explicable que par une synthèse soumise aux rayonnements cosmiques et ultraviolets présents dans l'espace[23]. Sur Terre, la synthèse minérale de ces acides aminés donne autant de structures orientées à droite qu'à gauche.

À ce stade de la synthèse du vivant, trois pistes de recherches ont été ouvertes :

– créer artificiellement des petits cycles de réactions chimiques mettant en jeu des acides aminés pour composer des assemblages pouvant se décomposer et se reconstituer à l'infini tout en se complexifiant au fur et à mesure ;

– introduire un système chimique d'assemblage codé : l'ADN ou l'ARN ;

– créer l'enveloppe commune à toutes les cellules : une membrane perméable contenant ADN, ARN et cycles chimiques assurant le fonctionnement de l'ensemble.

Construire des petits cycles autoreproductibles

La construction de petits cycles est en plein essor : *c'est la voie du métabolisme primordial*[24]. Cet axe de recherches pour créer du vivant se fonde sur la mise en place de petits cycles additionnés – mis en réseau – qui seraient susceptibles de composer des réactions de plus en plus complexes pour s'adapter à l'environnement. Les chercheurs qui travaillent dans cette voie pensent que les réseaux de réactions qui arrivent par hasard et sélection à s'auto-entretenir et à se reproduire peuvent constituer la première information transmissible. De multiples progrès scientifiques concernent ce domaine de recherche.

La voie de la synthèse d'une molécule codante autoreproductible

Si les matières premières du vivant sont en bonne voie de pouvoir être toutes formées artificiellement, l'introduction d'un système chimique, représentant à la fois un code correspondant au plan de montage cellulaire et une mémoire autoreproductible, reste aujourd'hui la principale difficulté à franchir. Depuis 1953, nous savons que sans ADN (Acide Désoxyribo-Nucléique), molécule constituée d'une chaîne de nucléotides – petites molécules déjà très complexes –, il n'y a pas de vie telle que nous la concevons. Cette molécule extrêmement sophistiquée (ayant la forme de deux serpentins entrelacés en hélice) est le support de l'information génétique et l'un des constituants principaux des chromosomes. Elle permet la duplication du vivant. Ainsi, l'ADN représenterait l'embryon de la vie, le moteur du vivant. C'est ainsi que certaines équipes de chercheurs ont pour objectif commun de reconstituer de façon synthétique un tel système d'information de codage et de duplication : c'est la voie du *replicateur primordial*.

Actuellement, malgré les progrès de la science et des techniques, malgré la parfaite connaissance de la structure et de la composition de la molécule d'ADN, les biochimistes n'ont pas encore réussi à recréer le moindre gène actif et autoreproductible en partant d'une soupe d'ingrédients moléculaires pré-biotiques sans aide d'une amorce d'ADN provenant d'un être vivant. Les manipulations chimiques permettant de construire artificiellement un gène utilisent toujours une machinerie biologique qui est copiée ou mise à contribution[25].

Dans les années 1960, d'autres chercheurs ont supposé que la structure complexe de l'ADN se serait élaborée à partir d'une amorce plus simple : l'ARN (Acide Ribo-Nucléique), également constitué de nucléotides. Cet ARN serait capable de synthétiser des protéines et de s'auto-reproduire. Il aurait pu se former par hasard à partir d'une soupe de nucléotides et par génération moléculaire spontanée. Il aurait la particularité de se dupliquer et d'évoluer sous l'effet de la sélection naturelle[26]. La maîtrise d'une telle synthèse, à partir de molécules organiques aussi complexes que les nucléotides, est encore loin d'être réalisée. Dans cet objectif, certains chercheurs tentent aujourd'hui d'assembler l'ARN, en utilisant comme moule des formes cristallines minérales (des argiles par exemple), à des réactions mettant en présence des précurseurs inorganiques (n'ayant pas été élaborés par du vivant)[27]. En effet, des scientifiques ont constaté que l'amorce d'un tel processus – la constitution de longues chaînes de molécules semblables aux molécules organiques – peut être induite ou favorisé au contact d'argiles[28]. Cette dernière hypothèse rejoint celle, beaucoup plus mythique, de Dieu qui modela l'Homme à son image avec un peu de poussière de terre[29].

La synthèse de la membrane cellulaire

Pour construire le puzzle du « prototype vivant initial », l'imagination d'autres chercheurs s'est orientée vers l'enveloppe de l'organisme primitif. Ils ont cherché à démontrer que la membrane des cellules les plus archaïques se serait formée à la manière d'une émulsion. Pour cela, ils postulent l'existence, dans les premières lagunes littorales, d'un bouillon d'ingrédients de base à partir duquel se serait constituée la matière organique, celle dont tous les êtres vivants sont faits et produite par eux. Ce bouillon – formé de molécules contenant du carbone – se serait concentré par évaporation, puis transformé en « soupe chaude »[30]. Agitée par les vents, courants ou émanations gazeuses du sol, cette soupe féconde aurait conduit à la formation de gouttelettes organiques ressemblant à l'huile dans une vinaigrette. Une fine pellicule aurait isolé le contenu de chaque gouttelette. La pellicule se serait transformée pour former une membrane plus solide censée protéger ou initialiser un processus chimique inconnu qui aurait donné l'ARN puis l'ADN[31]. Tout cela est encore très théorique et les pseudomembranes obtenues – des coacervats, micelles ou vésicules – par voie synthétique (c'est une chimie concernant des lipides) sont instables et ne se dupliquent pas. Elles n'initient pas un processus métabolique à l'intérieur. Des voies très techniques de recherche visent donc à introduire dans ces micelles des substances susceptibles de former des réactions chimiques organiques reproductibles. De nombreux auteurs associent ainsi initiation de l'ARN et création de vésicules artificielles[32].

Le prix Nobel de biologie Christian De Duve a longuement disserté sur toutes ces tentatives expérimentales et sur les connaissances actuelles (très techniques) de la chimie organique pouvant initier la vie cellulaire[33].

Jusqu'à présent, les progrès de la synthèse du vivant sont certes importants, mais ils ne laissent pas du tout envisager le montage final : un organisme vivant indépendant, une vie artificielle.

De toutes ces tentatives et progrès, un scénario global s'observe : les chercheurs procèdent par additions, associations ou mise en réseau de molécules simples. On est loin d'un processus évolutif « en douceur » par transformations lentes d'une structure moléculaire unique ! Dans la nature, un tel montage d'éléments divers, dupliqué au fur et à mesure qu'il devient complexe et viable, a pu conduire à la formation d'éléments plus simples que les bactéries (peut être proches de virus indépendants). L'association, la symbiose ou la fusion de ces frêles micro-organismes originaux aurait ensuite conduit aux bactéries dont seulement deux modèles (de structure chimique très différente) ont traversé les âges sur Terre : les archées et les eubactéries. C'est dire l'importance des successions d'unions-associations-fusions soumises à chaque étape à la sélection naturelle, nous y reviendrons.

Il manque ainsi aux synthétiseurs de la vie le plan de montage : les phases intermédiaires incontournables qui, en se succédant dans un ordre donné, permettent seuls l'élaboration de formes de plus en plus cohérentes chaque fois sélectionnées par la nature.

Les données acquises en réponse aux questions « Où ? » et « Quand ? » peuvent-elles être utiles dans les stratégies de synthèse du vivant ?

Il convient avant tout de dissocier les avancées scientifiques de la synthèse du vivant, du lieu et du temps. Il est évident que même si on parvenait à élaborer un gène autoreproductible à partir de molécules inorganiques à l'intérieur d'une membrane perméable, avec tous les ingrédients assurant le fonctionnement et la duplication de l'ensemble, les alchimistes de la vie ne pourraient jamais prouver que cela s'est passé ainsi sur Terre à une époque donnée. Les mécanismes à découvrir de la synthèse du vivant concernent l'élaboration *universelle* du vivant.

Cependant, la dynamique du mécanisme d'assemblage est différente selon l'adoption de l'hypothèse d'une localisation sur Terre de tout le processus de synthèse ou selon l'hypothèse alternative : cela s'est passé ailleurs.

Dans le premier cas, il est utile de chercher à connaître au mieux l'environnement originel (régnant il y a 3,9- 3,5 milliards d'années sur Terre) pour le reproduire (c'est ce qui a été tenté par Miller notamment pour synthétiser les acides aminés). Il faudra aussi trouver la solution prouvant que la synthèse de la vie, suivie de son évolution, peut permettre l'émergence d'une grande diversité bactérienne sur Terre avant 3,5 milliards d'années. On pourra alors continuer à alimenter le débat sans fin qui agite les biologistes théoriciens : parmi les trois types de cellules très différentes connues à ce jour (archées, eubactéries et cellules à noyau – les eucaryotes), laquelle est apparue en premier et laquelle dérive de l'autre ? Enfin, il faudra expliquer pour quelles raisons la vie est apparue à un moment donné et pas à n'importe quel instant qui nous sépare du moment où la vie est apparue sur Terre et s'y est maintenue sans autre apparition spontanée.

Dans le second cas, il convient d'ouvrir la recherche vers des scénarios beaucoup plus imaginatifs, avec des environnements et des concentrations de matières différentes que celles qui existaient théoriquement sur Terre vers 3,9 milliards d'années. C'est une autre chimie organique qui reste à découvrir.

La contrainte temporelle est dans ce cas effacée : on peut donner au processus initial beaucoup plus de temps que la période comprise entre l'âge butoir où les conditions de vie sont devenues favorables sur notre planète (à partir de 3,9 milliards d'années) et le début du foisonnement des traces différentes de bactéries (avant 3,5 milliards d'années). De même, dans ce cas, le débat concernant le portrait-robot du premier organisme vivant apparu sur Terre ne se pose plus. D'une part, plusieurs bactéries ont pu arriver en même temps sur notre planète. D'autre part, il faut alors considérer que bien d'autres types cellulaires peuvent exister ailleurs. Toute spéculation sur les degrés de filiation entre les trois seuls modèles cellulaires connus aujourd'hui sur Terre n'a alors plus d'intérêt.

Comme pour les réponses aux deux questions « Quand ? » et « Où ? », la réponse à « Comment ? » reste donc aussi en suspend. La première genèse du vivant, celle du début, de la naissance, du commencement, garde ainsi tout son mystère, mais la recherche progresse très vite sur ces trois grands domaines convergents.

Chapitre 5

Dis-moi, c'est quoi une bactérie ?

Sur les premières vies sur Terre

À l'école biblique, ma fille Coralie, qui avait alors 12 ans, venait d'écouter le pasteur évoquer la Genèse, les premières pages de l'ancien testament. L'histoire est extraordinaire car elle concerne tous les éléments du puzzle de la vie que Dieu met en place. Dans beaucoup de religions (christianisme, judaïsme et islamisme), ceux qui ont écrit la Genèse, à une époque où les connaissances étaient rudimentaires, avaient certainement reçu une illumination divine. Tout en valorisant cette description mystique de l'origine de la vie, j'ai évoqué les hypothèses scientifiques de l'apparition de la vie sur la Terre… je lui ai parlé des bactéries.

– Quelle que soit l'origine de la vie sur Terre, les premiers organismes connus ayant colonisé notre planète sont des bactéries !

Coralie est malicieuse. Elle tente une diversion pour échapper à mes longues tirades ennuyeuses :

– Papa, c'est quoi une bactérie ?

– Houps !

Question simple, réponse si difficile à simplifier ! Je lui retourne la question.

– Pour toi c'est quoi ?

– Euh ! Un truc minuscule, un microbe. Des microbes, mauvais qui nous donnent des maladies. Des microbes qu'il ne faut pas avoir sur soi : c'est pour cela que je me lave les mains avant de manger.

– Pas mal !

Je compris alors combien la question était abstraite.

Comme elle avait réussi à détourner mon attention, je l'ai laissée tranquille avec l'image de la Genèse qui avait dû lui être si bien présentée par le pasteur.

– Je t'expliquerai un autre jour !

Par la suite, j'ai réalisé un petit sondage auprès des amis de mes enfants adolescents. À la question « c'est quoi une bactérie ? », les réponses variaient du « je m'en fous des bactéries » à des évocations de maladies courantes provoquées par des bactéries.

Je compris que le monde des bactéries était un univers irréel. J'en déduisis que pour la majorité des non-biologistes, cela évoque au mieux des germes invisibles et malsains (les bactéries « amies » sont parfaitement ignorées). Pourtant, depuis qu'Antoni van Leeuwenhoek les avait observées au XVIIe siècle et depuis que le biologiste français Louis Pasteur (1822-1895) les avait reconnues comme étant des germes ne se développant pas de façon spontanée à partir de rien, tant de recherches avaient permis de préciser leurs caractères. Pasteur les nomma « microbes », du grec *bios* pour « vie » et *mikros* pour « courte ».

Mais comment intéresser autrui à leur sujet ? Un jour d'été, nous sommes allés nous baigner en famille à partir d'une plage publique surveillée. L'idée me vint de montrer à Coralie la notice de contrôle hygiénique de l'eau de mer placardée à l'entrée de la plage. Elle avait déjà l'habitude de consulter le panneau d'affichage pour connaître la température de la mer et savoir si des méduses, qu'elle a en horreur, avaient été observées. Analysée trois jours auparavant, l'eau de baignade était alors qualifiée de « bonne qualité », qualificatif suivi d'un indice européen standardisé qui devait signifier la même chose. Je lui ai montré cette évaluation assez mystérieuse. Comment estimer la *qualité* de l'eau de baignade ?

Je lui ai expliqué que l'on mesure la pollution due essentiellement aux eaux des égouts qui, plus ou moins bien épurées, sont déversées au large avec leur charge de bactéries susceptibles de provoquer des maladies de la peau, des oreilles ou des yeux. Pour évaluer cette pollution, il suffit tout simplement de compter le nombre de quelques espèces de bactéries sélectionnées comme représentatives de celles que nous rejetons dans les eaux usées et qui sont dangereuses pour notre santé. Leur nombre par litre d'eau de mer a un rapport avec le risque de contracter une maladie.

– Des techniciens sont venus ici, ont prélevé de l'eau de mer et ont dénombré ces bactéries : des *Escherichia coli*, et des staphylocoques dorés, des coliformes ou des streptocoques fécaux… Il y a trois jours, il y en avait peu dans la mer ; pas assez pour être dangereuses. Cela rassure les baigneurs, comme toi lorsque tu apprends qu'il n'y a pas de méduses.

Je m'attendais à sa réaction.

– Mais comment peut-on les voir et les compter et pourquoi ne sont-ils pas venus ce matin pour les prélever ?

J'ai alors évoqué un stage que j'ai effectué dans un laboratoire d'hygiène lorsque j'étais étudiant. Pendant trois mois, j'avais prélevé et analysé des milliers de litres d'eau de mer. Je lui ai expliqué qu'on ne peut pas voir les bactéries à l'œil nu : trop petites ! La plupart mesurent un millième de millimètre. Un millimètre de ta règle coupé en 1 000 parts égales ! Mille bactéries accolées, placées en file indienne mesurent un millimètre !

Avec un microscope optique, tel que celui que tu utilises au collège en sciences naturelles, au plus fort grossissement, on ne voit que des minuscules points qui s'agitent. C'est insuffisant pour les reconnaître et les compter. En revanche, on y parvient avec un microscope électronique utilisé notamment dans les universités, mais l'observation des bactéries nécessite au préalable une préparation onéreuse et laborieuse et ne permet pas de les dénombrer.

– Alors comment as-tu fait ?

– C'est très simple : j'ai prélevé un dixième de litre d'eau de mer au hasard devant la plage entre deux eaux.

Au laboratoire, j'ai filtré l'eau de mer en faisant traverser l'eau, contenant les bactéries invisibles, sur une rondelle de papier-filtre qui a le diamètre d'une tasse de thé. L'eau traverse le filtre, les bactéries restent sur le papier. Les mauvaises (celles que nous recherchons) et les autres… ?

– Rends-toi compte : il y en a en moyenne plus d'un million de bactéries « naturelles » (ne provenant pas des pollutions) dans une seule goutte d'eau !

Puis, j'ai placé le papier-filtre dans une boîte contenant une sorte de confiture qui plaît à l'espèce bactérienne que l'on veut compter. Après avoir mis un couvercle, j'ai déposé la boîte au chaud, à la température qui convient aux bactéries. Tout cela doit être fait avec grand soin. Le papier-filtre, la « confiture » et la boîte doivent avoir été désinfectés et les manipulations se font sous une hotte stérile pour éviter les contaminations par d'autres bactéries. Ensuite, il faut attendre un ou deux jours, selon les espèces. Pendant ce temps, les bactéries invisibles, qui étaient sur le papier, se multiplient. Tellement bien, qu'à partir de chaque bactérie on obtient un amas, une colonie qui se voit à l'œil nu. Seules les colonies de bactéries nocives pour notre santé ont poussé (celles sélectionnées par les conditions de culture). Il faut alors simplement compter le nombre de colonies et le résultat est obtenu.

– Comment ça ? Tu vas trop vite !

– C'est pourtant simple ! Chaque colonie est apparue à partir d'une bactérie qui était dans l'eau. Donc en comptant les colonies, on a le nombre de bactéries présentes dans la quantité d'eau de mer prélevée et filtrée deux jours avant. Les résultats sont ensuite interprétés et validés par deux ou trois personnes avant d'être affichés. Au total, trois jours de travail sont souvent nécessaires. Tout cela explique le délai de communication des résultats au public.

– J'ai bien compris la façon de les compter, mais c'est long et alors… alors peut-être qu'aujourd'hui la mer est de très mauvaise qualité et personne ne le sait !

– Exactement ! Mais on ne sait pas faire autrement. Rassure-toi, lorsque l'eau d'une plage est souvent mauvaise, on interdit la baignade et on cherche à améliorer l'épuration de l'eau aux alentours.

Tu as compris Coralie, bien que minuscules, microscopiques, des bactéries amies et ennemies pullulent dans cette eau de mer. Mais elles ne se trouvent pas qu'en mer, elles règnent sur notre planète.

Depuis, j'évoque souvent cette expérience personnelle pour expliquer comment voir des bactéries à l'aide de techniques simples, et les rendre plus concrètes et présentes.

Des bactéries adaptées à divers modes de vie

Sur la plage, nous étions assis côte à côte, regardant la mer et les baigneurs. On se réchauffait un peu avant d'aller à l'eau. Je me suis lancé dans la description du monde invisible des bactéries. Je ne me souviens plus si elle m'écoutait et ne me rappelle plus très bien ce que je lui ai dit.

J'ai dû commencer par le début :

Entre la première bactérie minuscule ayant laissé une trace sur la Terre et aujourd'hui, plus de 3,5 milliards d'années se sont écoulées[1]. Pendant près du tiers du temps d'existence de la vie sur notre planète, les bactéries ont régné seules. Ce n'étaient que des microbes de formes et de fonctions différentes. Combien d'espèces ? On ne le sait pas, on ne le saura jamais.

Tout au début, il n'y avait pas de matière organique à partir de laquelle auraient pu se nourrir des bactéries semblables aux bactéries les plus connues aujourd'hui : c'est-à-dire toutes celles qui se nourrissent, comme les champignons, en dissolvant des matières élaborées par des organismes (les molécules organiques : lipides, sucres ou protéines).

Ainsi, les premiers organismes qui purent se développer sur Terre en abondance étaient représentés notamment par des bactéries capables de vivre dans l'environnement des humeurs chaudes provenant du cœur de notre planète ou dans d'autres milieux extrêmes (comme des sources hydrothermales). Ces bactéries assimilaient des matières minérales (dont le dioxyde de carbone) par des réactions chimiques sans aide de la lumière dans des liquides et des gaz sans oxygène. Je leur donne un nom simple qui convient bien à leur mode de vie fondée sur des réactions chimiques pour l'énergie et l'assimilation du carbone inorganique : les *chimio-bactéries*[2]. On trouve encore de nos jours de tels organismes.

Un grand nombre de ces bactéries vivent en quantité dans des conditions étonnantes. Certaines se trouvent dans des eaux très chaudes, au-dessus de 80° C[3], voire survivent à plus de 100 °C (à condition d'être sous une pression telle que l'eau ne peut pas bouillir)[4]. Leurs milieux de prédilection : autour des geysers d'eau chaude et au plus profond des failles océaniques, à proximité des dorsales, là où des panaches de boues brûlantes et soufrées sont exhalés par la Terre.

D'autres bactéries se plaisent dans l'eau à une température voisine du point de congélation et certaines se développent sous la glace dans les déserts gelés de l'Antarctique où la moyenne de la température avoisine – 68 °C[5].

D'autres peuvent mariner dans des solutions acides, d'une acidité voisine de celle de l'acide sulfurique[6].

D'autres encore prolifèrent dans des eaux hypersalées, saumures sur le point de cristalliser[7].

D'autres enfin assimilent du gaz carbonique en utilisant l'hydrogène comme énergie : elles produisent comme excrément le méthane, notre gaz de ville[8].

Toutes ces bactéries ont une réputation d'organismes des milieux extrêmes[9] ; elles pourraient figurer en tête dans de nombreux chapitres du livre des records, le *Guinness book*.

Ces deux dernières décennies, les découvertes de chimio-bactéries enfouies profondément sous nos pieds, se sont multipliées. Celles trouvées jusqu'à 10 km sous terre au cœur des roches chaudes et humides utilisent comme énergie l'hydrogène provenant d'une réaction chimique d'altération des roches au contact de l'eau chaude sous pression[10]. Ces bactéries, invisibles, vivant dans les milieux peu fréquentés des ténèbres solides, sont tellement nombreuses qu'elles forment un ensemble appelé *SLiME*[11]. C'est l'acronyme de *Sub-surface Lithoautotrophic Microbial Ecosystem* (traduction simplifiée : Écosystème de microbes mangeurs de pierres sous la surface). Il est né de l'humour britannique car *SLiME* signifie en anglais « vase » avec une connotation de dépôts glaireux et répugnants.

Le géophysicien américain Thomas Gold a proposé une évaluation du volume de cette vie microscopique dans le sous-sol. Pour la hauteur de l'habitat, une épaisseur de sol de 5 km a été retenue (bien que des bactéries puissent vivre jusqu'à 10 km sous terre). Sa surface a été assimilée à celle de toute la Terre, y compris la totalité du sous-sol des mers et océans (couvrant plus des deux tiers de la planète). En multipliant épaisseur et surface, on obtient le volume du milieu favorable aux bactéries de la *SLiME*. Gold a également estimé l'espace occupé par les pores (des micro-cavitées) pouvant contenir des bactéries, à 3 % de ce volume total. Enfin, il a évalué que 1 % de ces pores est effectivement occupé par des bactéries. La conclusion de ces calculs surprend. Le volume des chimio-bactéries formerait une couche de 1,5 m d'épaisseur couvrant toutes les terres émergées de notre planète[12] ! Une couche visqueuse de vie, supérieure à celle du volume de toute la faune (Hommes compris) et la flore (troncs des arbres compris) réunies en bouillie et réparties sur ces mêmes terres émergées !

D'un seul coup, par un simple calcul, la vie prend une autre figure. Ce n'est plus une forêt tropicale dense qui illustre le mieux l'exubérance volumineuse de la vie, mais une couche de bactéries invisibles mangeuses de pierres qui vivent sous nos pieds. Elles sont d'une grande importance car elles convertissent des gaz et des sels minéraux inutilisables pour la majorité des êtres vivants en composés utilisables.

Plus on découvre ces chimio-bactéries, plus je pense à l'hypothèse d'une vie extraterrestre. Ces organismes qui se développent dans des conditions de vie rudimentaires ont pu, ou pourraient encore, très bien former des peuplements tapis au sein de certaines planètes. Il leur faut pour vivre de l'eau et des roches. Dans notre système solaire, c'est le cas de la Terre, mais aussi très probablement de Mars, sans doute de Venus (qui a dû posséder, au début de son histoire, de très grandes réserves d'eau) ou encore Encelade, satellite de Saturne toujours entièrement couvert de glace à – 201 °C et les trois satellites de Jupiter (Europe, Callisto et Ganymède) où l'eau s'est vraisemblablement gelée, évaporée ou infiltrée dans le sol[13]. C'est dans l'espoir de trouver un jour des traces de chimio-bactéries vivantes ou mortes que les sondes lancées en 2003 par les États-Unis, l'Europe et le Japon vers Mars ont eu, nous l'avons dit, pour objectif prioritaire de collecter des données sur la présence d'eau et de vie.

Très tôt, entre 3,5 et 2,5 milliards d'années[14], sont apparues d'autres familles de bactéries, aux mœurs différentes, qui ont cohabité sur Terre dans l'eau avec les chimio-bactéries. Leur principale caractéristique est la possession de pigments servant à capter et transformer l'énergie lumineuse. Le pigment le plus extraordinaire par sa complexité et son rôle est la chlorophylle. Il a été « inventé » par ces bactéries. C'est exactement le même que l'on trouve aujourd'hui dans la salade et tous les végétaux verts. Cette molécule permet de transformer l'énergie du Soleil pour assimiler la matière minérale (l'énergie lumineuse parvient sur Terre sous forme de particules – les photons – d'où le terme de photosynthèse pour désigner ce processus de synthèse de la matière organique – lipides, sucres ou protéines – à partir de matière minérale grâce à la lumière). La réaction de photosynthèse dégage de l'oxygène qui se dissout dans l'eau. Ces « bactéries végétales » ont ainsi commencé à oxygéner l'eau dans laquelle elles vivaient. Ce sont elles qui ont laissé sur Terre les plus anciennes formations fossiles, les stromatolithes (voir chap. 2).

À cette époque, il faut considérer l'oxygène comme un déchet du fonctionnement des bactéries végétales munies de chlorophylle. C'est ainsi qu'eut lieu le premier *global change*, ou bouleversement planétaire. En plusieurs centaines de millions d'années, insensiblement d'abord, puis de plus en plus vite, le milieu liquide de la vie (l'hydrosphère) a changé. De millénaires en millénaires, la partie superficielle des mers et océans, où vivaient les bactéries végétales, s'est chargée en oxygène. Mais l'oxygène est un gaz corrosif et s'est révélé une vraie source de pollution pour l'environnement des bactéries végétales, tuant les bactéries sensibles à ce gaz.

Ainsi, ce que nous redoutons aujourd'hui avec nos propres activités s'est sans doute déjà produit. Un groupe d'organismes dominants (celui des bactéries végétales) aurait empoisonné leur environnement par ses déchets. La différence avec la situation actuelle, où l'Homme modifie l'atmosphère par ses rejets de gaz qui amplifient l'effet de serre, c'est que le changement global préhistorique fut très lent. En effet, depuis leur apparition à l'aube de la vie sur Terre, les bactéries végétales ont mis plusieurs centaines de millions d'années avant d'incommoder les autres bactéries par l'accumulation de leurs déchets gazeux. À l'opposé, les modifications en cours de notre atmosphère se déroulent à une vitesse fulgurante à l'échelle géologique, quelques décennies seulement.

Parmi les bactéries sensibles à l'action corrosive de l'oxygène, certaines ont pu progressivement tolérer la présence du gaz, puis l'utiliser et rester dans la partie superficielle des océans ; d'autres n'ont sans doute pas supporté le changement, elles sont restées enfoncées dans la vase à l'abri du gaz oxydant. Les groupes qui ont opté pour l'une ou l'autre stratégie sont encore représentés aujourd'hui. Ce sont les descendants des rescapés ou des adaptés à ce premier changement global.

La faune et la flore qui peuplent aujourd'hui la Terre ne peuvent vivre sans oxygène, elles n'auraient jamais pu apparaître sans l'œuvre de ces premières « bactéries végétales », toujours présentes sur notre planète[15].

Un troisième type de bactéries, acclimatées ou non aux eaux oxygénées par les précédentes, est apparu par la suite sur Terre. Elles se sont spécialisées dans la digestion de la matière organique que l'ensemble des bactéries commençait à élaborer en masse. Elles trouvent énergie et nourriture en assimilant déchets et cadavres des autres bactéries (même sous la forme de molécules dissoutes dans l'eau). Nous les appellerons les « bactéries champignons » car, comme les champignons, elles absorbent la matière organique par simple contact[16]. Bien plus tard dans l'histoire du développement de la vie sur Terre, à partir d'il y a 570 millions d'années lorsque de nombreux végétaux et animaux de taille visible ont commencé à se multiplier dans les océans puis sur la terre, ces bactéries ont évolué pour vivre avec ces nouveaux organismes, pour le meilleur et pour le pire. Les unes ont continué à décomposer la matière organique inerte (excréments, cadavres d'animaux, feuilles, bois morts, etc.). D'autres sont devenues des parasites : elles vivent au détriment d'animaux ou de végétaux. Parmi elles, beaucoup sont bien connues, car elles causent des maladies infectieuses (comme l'anthrax, la lèpre, la tuberculose, le choléra, la peste, la diphtérie, la coqueluche, le tétanos, la syphilis, la légionellose, les gastro-entérites, les septicémies, les abcès, certaines pneumonies, angines, méningites et bien d'autres…). Il existe aussi des bactéries parasites des plantes ou de nos cellules dont certaines ressemblent à de minuscules filaments de champignons[17].

Enfin, d'autres « bactéries champignons » sont « amies ». Celles qui, par exemple, permettent de transformer le lait en fromage ou en yaourt et celles qui pullulent dans notre appareil digestif et nous aident à digérer (elles forment notre « flore intestinale », terme qui rassure), ou encore celles qui sont associées à des plantes et fixent pour elles l'azote de l'air qu'elles transforment en engrais naturel (c'est le cas des bactéries associées à la luzerne).

Beaucoup de bactéries sont des cellules isolées, aux formes très diverses : globules sphériques ou ovoïdes, bâtonnets ou cylindres, équipés ou non d'un fouet. Chez certaines espèces, les bâtonnets sont alignés sur une file. D'autres bactéries ont un comportement de groupe, elles vivent en colonies denses dans une gelée formant des amas indifférenciés. D'autres, enfin, sont accolées pour constituer de vrais filaments, ramifiés ou non, formant des colonies visibles à l'œil nu (Fig. 10, p. 115). Leurs couleurs (décelable chez les espèces filamenteuses de grande taille ou quand les cellules microscopiques forment des colonies de centaines de millions d'individus) sont blanches, noires, dorées, bleues, vertes ou rouges. Leur taille varie de 0,66 mm[18] à 0,0002 mm[19].

Aujourd'hui, le nombre de bactéries bien identifiées, baptisées par un nom de genre et d'espèce, est inférieur à trois mille[20].

Ce relativement faible nombre est expliqué par les modalités d'identification et de reconnaissance très formelles. En effet, une espèce de bactérie ne peut être nommée que si elle est cultivée par plusieurs laboratoires. La souche, bien isolée et nommée, est ainsi mise à disposition de la communauté scientifique pour des expertises, études ou expériences. C'est la seule méthode permettant de comparer une nouvelle bactérie avec celles déjà identifiées, cultivées et nommées. Mais dans leur grande majorité, nous ne savons pas cultiver en laboratoire les bactéries, qui restent ainsi anonymes. Plusieurs méthodes d'analyse génétique de la flore bactérienne vivant dans divers milieux (terre, humus, vase sous-marine, organismes vivants) ont conduit à estimer que l'immense diversité des bactéries reste à découvrir[21]. À ce jour près de 9000 espèces ont été distinguées (en se basant sur leur séquence d'ARN 16S), ce nombre est largement sous estimé et ne cesse de s'accroître[21]. Des millions d'espèces ou de souches de bactéries différentes, doivent exister aujourd'hui sur notre planète[22]. Chacune de ces espèces représente un système chimique et biologique original fonctionnant au sein de minuscules cellules, piloté par une information génétique spécifique. Pour tenter de les distinguer, même de façon imparfaite, les chercheurs commencent à les inventorier sans pouvoir les maintenir en culture. Ils leur donnent des numéros de code correspondant à une description de séquence d'un ou de plusieurs de leurs gènes. Les caractéristiques de ces séquences sont déposées dans des banques internationales de données accessibles à tous.

Des bactéries visibles à l'œil nu

Microscopiques, invisibles pour la plupart, ces microbes multiples et si divers nous échappent. Un monde abstrait, pourtant tellement important pour la vie sur Terre, qui ne suscite guère d'attention ! Coralie avait décroché, elle n'écoutait plus mes explications. Elle fixait la mer, les voiliers au large, les mouvements et les formes animées des baigneurs.

J'ai pensé alors à une petite diversion. Lui prenant la main, je lui ai proposé d'aller cueillir des bactéries.

– Tu vas les voir et les toucher ! Viens, allons vers ces rochers !

Incrédule mais curieuse, elle m'a suivi.

Sur les rochers disposés pour constituer un épi de protection de la plage, on voit facilement au niveau du clapotis des vagues, une frise colorée d'« algues » de diverses formes. Surtout des brunes et des vertes[23].

Avec un ongle, j'ai prélevé devant ses yeux de petits amas hémisphériques de couleur vert-bleu.

– On dirait des demi-petits pois, remarqua-t-elle !

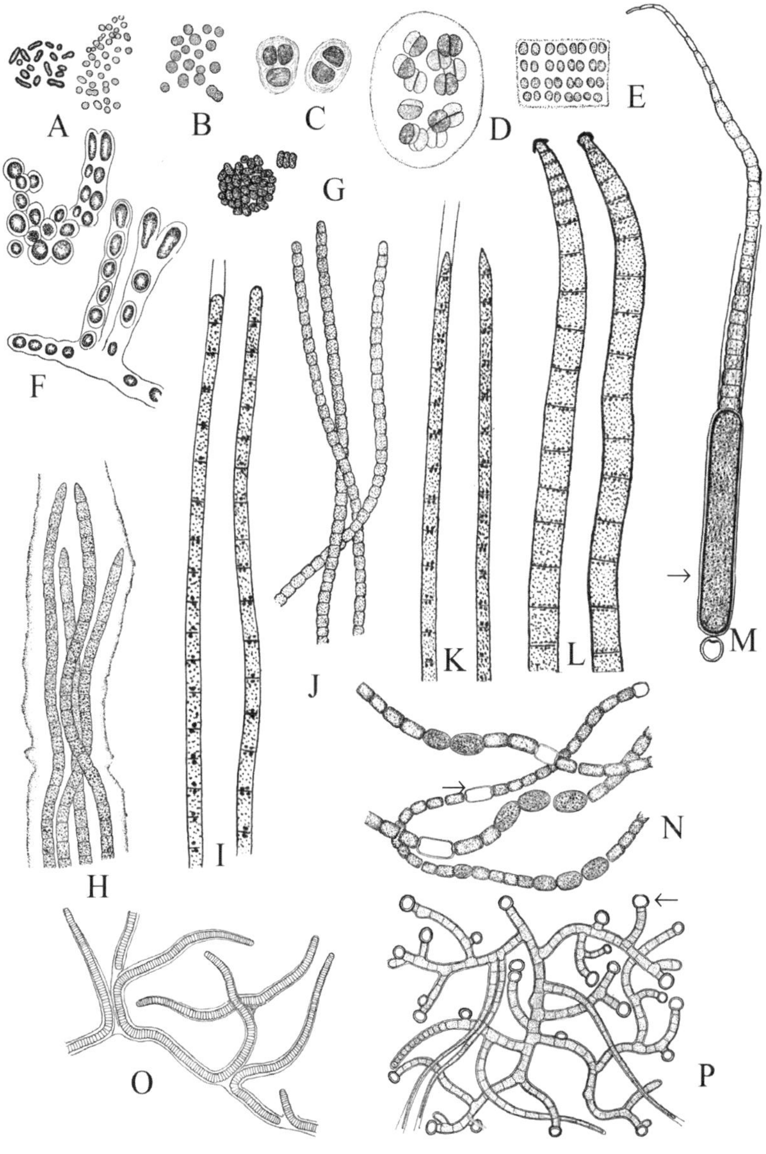

Figure 10. Diversité des formes bactériennes. Quelques exemples de différents types de bactéries « végétales » (des cyanobactéries[15]) : formes unicellulaires (**A**, **B**), coloniales (**C** à **F**), pluricellulaires (**G** à **P**), pluricellulaires avec des cellules différentes (**M, N** et **P**) ; les flèches indiquent les cellules différenciées (des cellules ayant un rôle différent des autres) : les akinètes (cellules denses très résistantes aux parois épaisses ayant stocké beaucoup de substances de réserves et servant à la dissémination) ou hétérocystes (cellules transparentes de grande taille spécialisées dans la fixation de l'azote).

– Ce ne sont pas des algues, mais des colonies de bactéries filamenteuses qui contiennent de la chlorophylle. Elles fonctionnent comme des plantes : ce sont des « bactéries végétales » !

Plus loin, j'ai trouvé des filaments de couleur lie de vin[24]. Ces « algues » chevelues sont en réalité elles aussi des « bactéries végétales », elles ont davantage de pigments rouges que les précédentes.

Dans la paume de sa main, Coralie regardait avec étonnement ces bactéries concrètes, matérielles et inoffensives.

Il s'agit de représentants d'un groupe de bactéries végétales, appelées cyanobactéries, capables de tirer leur énergie du Soleil par photosynthèse, celles-là même dont les ancêtres sont à l'origine de l'oxygène sur Terre. Pendant longtemps, elles ont été assimilées à des algues, plantes de structure souvent rudimentaire, mais dont les cellules sont bien plus élaborées que celles des bactéries (elles ont notamment un noyau contenant des chromosomes, contrairement à toutes les bactéries qui sont dépourvues de noyau).

Les gènes de ces bactéries végétales contiennent néanmoins les informations nécessaires pour ordonner la constitution de filaments composés de plusieurs cellules accolées avec parfois des types de cellules différentes (c'est la différenciation cellulaire) (Fig. 10 N et P, p. 115).

– Si nous étions aux Pays-Bas, au bord de lagunes de la mer du Nord, j'aurais pu te montrer des bactéries végétales qui rampent ! Elles vivent sur la vase et sont constituées de filaments torsadés, en forme de tire-bouchon[25]. À marée haute, elles sont sous l'eau et couvrent la vase qui prend alors une teinte verdâtre. À marée basse, elles se trouvent hors de l'eau et exposées aux intempéries. Pour se protéger, par contraction, elles « rampent » à l'intérieur de la vase et disparaissent ainsi provisoirement. La vase est alors beige ou grise.

– Tu vois, les bactéries peuvent être partout sous des formes et dans des lieux où on ne s'attend pas à les trouver !

Elle s'empressa d'aller montrer les bactéries colorées

un peu visqueuses à sa grande sœur qui fut plus dégoûtée qu'intéressée.

– Papa m'a déjà fait le coup ! Jette ces trucs gluants et viens, on va se baigner !

Marjorie entraîna Coralie pour la soustraire à mes tirades de vieux prof dans ses nuages.

Je souriais car je savais que de toutes mes explications, il leur resterait quelque chose.

La lente colonisation de la Terre par les bactéries et leur évolution

Devant la mer, j'ai repris le fil de mes pensées et imaginé le scénario de la colonisation des bactéries sur notre planète.

Les premières bactéries apparues sur Terre ont dû se former dans un endroit particulièrement favorable. Si elles sont venues d'ailleurs, dans une météorite, elles ont dû atterrir dans un site très localisé. Pour ensuite conquérir tous les espaces alors favorables, il a fallu beaucoup de temps. Et pourquoi pas deux météorites, ou plusieurs, toutes porteuses de vies tombées en divers endroits !

Quel que soit le bon scénario, les premières bactéries apparues sur Terre se sont multipliées puis dispersées, atteignant il y a 3,5 milliards d'années diverses régions de la planète, comme l'attestent leurs vestiges fossilisés déjà très dispersés à cette époque[26].

Dans l'eau, ces minuscules cellules peuvent flotter et être transportées par les courants. Elles peuvent aussi s'insinuer dans les interstices les plus intimes de la croûte terrestre humide et chaude. Dans l'air, elles peuvent être portées très loin par les vents. Bien plus tard, la faune qu'elles ont parasitée ou à laquelle elles se sont associées, s'est aussi révélée un bon moyen de transport.

Les bactéries ont ainsi colonisé des volumes et espaces bien plus étendus que ceux occupés aujourd'hui par la faune et la flore.

Elles se sont diversifiées pour s'adapter aux multiples conditions de vie rencontrées dans leurs voyages. Leur taille minuscule a favorisé leur dissémination et par conséquent leur extraordinaire diversité. C'est cette mobilité qui a permis l'isolement de souches particulières, puis la sélection naturelle des plus résistants et des plus prolifiques dans des environnements divers. Leur capacité d'adaptation à des conditions de vie très variées a été rendue possible par un potentiel extraordinaire de modification de leurs cellules acquis par évolution. Aujourd'hui les bactéries changent toujours. Les principes de l'évolution s'appliquent aussi aux bactéries.

L'évolution est une notion dynamique. Il faut du temps pour qu'une modification s'établisse et se perpétue. Ces organismes ont traversé des millions de millénaires en évoluant dans un monde resté microscopique.

Pour évoluer, il faut se reproduire. Or le plus souvent, les bactéries se reproduisent très simplement : elles se coupent en deux. La matière vivante, y compris les gènes, est équitablement dupliquée et partagée. Il n'y a pas de reproduction sexuée, pas de fusion d'une bactérie mâle avec une bactérie femelle, donc pas de croisements, pas d'hybridation… c'est un désavantage évolutif. Mais le handicap de leur mode de reproduction très simple est compensé par la vitesse de leur doublement. En une heure, plusieurs divisions donnent plusieurs générations de bactéries. Or, à chaque division, de minuscules erreurs peuvent apparaître. Ces erreurs de recopiage sont appelées mutations et touchent l'information génétique ; souvent létales, elles peuvent se révéler bénéfiques si elles confèrent une nouvelle capacité à son porteur et sont sélectionnées. Ainsi, plus le nombre de divisions est grand, plus le nombre d'erreurs est élevé, plus la probabilité d'une innovation fortuite est importante. Le stress lié aux changements de milieux peut aussi favoriser l'apparition de ce type d'erreurs génétiques. Sachant que certaines bactéries se divisent en moins d'une demi-heure et que ce phénomène est survenu sur Terre il y a plus de 3,5 milliards d'années, le nombre de changements génétiques potentiellement innovants ainsi induits est gigantesque. Ce système d'innovation évolutive, fondé sur une simple duplication et des erreurs de recopiage (mutations), ensuite sélectionnées ou non, est amplifié par une « bourse d'échanges » de gènes : les bactéries peuvent en effet se transmettre des gènes sans véritable sexualité, le plus souvent par l'intermédiaire de virus[27].

Tous ces transferts, échanges ou modifications de gènes finissent par s'exprimer par de petits changements de forme ou de comportement. Les modifications sont alors confrontées à l'environnement dans lequel vit la bactérie. Seuls les changements neutres, viables et avantageux sont perpétués.

Un exemple classique illustre la grande potentialité de transformation des bactéries. Vous avez une angine causée par des bactéries ? Le médecin vous prescrit un médicament destiné à les tuer (un antibiotique). Vous vous sentez mieux au bout de deux jours et arrêtez de prendre le médicament, contrairement à la prescription médicale. C'est une erreur car, parmi les milliards de bactéries ayant proliféré dans votre gorge, certaines ont un caractère plus résistant, lié à une différence infime dans leur matériel génétique. N'étant plus inquiétées par l'antibiotique, ces bactéries plus résistantes vont proliférer et l'antibiotique perdra toute efficacité. C'est ainsi que l'usage excessif et répété des antibiotiques favorise l'émergence de nouvelles souches de bactéries pathogènes, contre lesquelles il faut inventer d'autres médicaments. Ces derniers, trop souvent mal utilisés, induiront à leur tour l'apparition de nouvelles souches résistantes[28].

Quoi qu'il en soit, l'immense diversité actuelle des espèces de bactéries et de leurs modes de vies résulte ainsi de la combinaison de deux caractéristiques : la faible taille, de ces micro-organismes, qui a favorisé leur dissémination dans des milieux très variés, et leur division rapide, à l'origine de nombreuses modifications génétiques. Les bactéries sont des voyageuses opportunistes, possédant un mécanisme d'évolution performant qui leur permet de changer, d'innover sans cesse et ainsi de s'adapter très vite à de nouvelles conditions de vie.

L'étonnante diversité des modes de vie des bactéries suscite des interrogations. Une « chimio-bactérie » a-t-elle pu se transformer par évolution en « bactérie végétale » ou en « bactérie champignon » ? Un autre ordre s'est-il imposé ? Ou bien la Terre a-t-elle été inoculée de plusieurs souches déjà différentes ?

Plusieurs centaines de chercheurs consacrent aujourd'hui leur vie professionnelle à tenter de percer ces mystères et à forger des hypothèses. Comme les représentants de ces bactéries existent encore, leur génome peut être étudié. On trouve ainsi des points communs à ces trois groupes (c'est déjà évident car toutes les bactéries ont les mêmes composants internes). Ce sont tous des micro-organismes sans noyau, ou procaryotes. Leur degré de filiations a aussi été étudié. En 1977, des études ont abouti à un constat surprenant : certaines se distinguent de toutes les autres bactéries. Vivant le plus souvent dans les milieux extrêmes, elles ont été nommées *archéobactéries (ou archées)*, les autres, toutes les autres, sont des *eubactéries*[29]. Dans le présent ouvrage, je désigne ces deux grands règnes sous le terme « bactéries ». Ils forment deux arbres de vie (ou arbres phylogénétiques) distincts, représentant deux types d'usines biologiques construites avec un même plan mais avec des moteurs et des matériaux différents[30]. Les généticiens pensent que ces deux règnes du vivant étaient reliés sur un même socle : archéobactéries et eubactéries ont dû avoir des ancêtres communs. Les prouesses des généticiens ont des limites : le débat reste ouvert lorsqu'il s'agit de décrire quand, dans quelles circonstances et où le socle de base de ces deux lignées distinctes s'est formé. Et n'oublions pas que ce sont des événements qui se sont déroulés il y a des milliards d'années fort probablement ailleurs que sur notre planète !

Parmi les bactéries qui existent actuellement sur la Terre, si certaines n'ont vraisemblablement pas ou peu changé depuis 3,5 milliards d'années, comme celles qui vivent dans les milieux stables des ténèbres rocheuses humides et chaudes, d'autres ont sans cesse évolué. C'est surtout le cas de celles qui vivent aujourd'hui avec ou aux dépens des millions d'espèces macroscopiques, formées de plusieurs cellules, composant la faune et la flore apparues tardivement sur notre planète (essentiellement depuis 570 millions d'années). Il en est ainsi pour la majorité des bactéries pathogènes que nous craignons, spécifiques à notre espèce et qui ne peuvent vivre qu'au détriment d'humains. Ces espèces sont nées avec ou après l'apparition des pré-Hommes, elles ont donc moins de quelques millions d'années d'existence… Avant, nous étions des singes et elles d'autres bactéries…

La connaissance des bactéries nous fait comprendre que l'évolution de la vie n'a jamais été prédestinée à former du complexe[31]. L'évolution ne conduit pas systématiquement à devenir pluricellulaire, grand et intelligent. Dans le monde microscopique, les bactéries, après 3,5 milliards d'années d'évolution pourtant très rapide, sont restées minuscules, très diversifiées dans leur mode de fonctionnement et se sont répandues en tous lieux. L'adaptation à des milieux extraordinairement divers s'est faite en « interne » : par des modifications de leur usine biochimique cellulaire, à l'intérieur de leurs cellules isolées et microscopiques.

Végétaux et animaux sont le résultat d'autres voies de l'évolution, d'autres genèses. Ils ont germé plus tard dans l'histoire du vivant (voir chapitre suivant) et se sont épanouis en parallèle (voir Fig. 37, p. XIV) du monde infini des bactéries.

Les bactéries : championnes du vivant toutes catégories

En considérant tout ce qui précède, il faut admettre que le sens donné communément au mot *évolué* est faussé par l'étalon Homme pris pour référence. En effet, nous, humains, nous nous considérons traditionnellement comme l'espèce la plus évoluée des organismes vivants. Cette échelle de valeurs, qui place l'Homme au sommet de l'arbre du vivant, est aujourd'hui encore la conception de l'évolution la plus répandue. Répétons-le, l'évolution de la vie n'a jamais été prédestinée à former du complexe et *a fortiori* l'Homme.

Pour hiérarchiser ce qui nous semble évolué, nous nous référons à la taille des organismes (mais en considérant ce seul critère, dinosaures, baleines et éléphants seraient plus « évolués » que nous).

Nous considérons aussi la structure de l'organisme en postulant que la nôtre est la plus complexe, la plus évoluée (celle des autres mammifères est pourtant similaire).

Nous nous référons surtout à notre intelligence par rapport à celle des autres formes de vie. Tout juste concédons-nous que certains mammifères (chimpanzés, chiens, chevaux ou dauphins), certains oiseaux comme les perroquets et même certains invertébrés, tels que les poulpes, ont des comportements que nous qualifions d'intelligents. Il nous semble qu'ils ont atteint un certain degré d'évolution, bien entendu inférieur au nôtre.

Mais considérons d'autres critères hiérarchiques d'évolution, et nous obtiendrons un classement différent. Si nous retenons par exemple le temps écoulé depuis la première apparition d'une lignée d'organismes et le nombre de générations et de modifications qui les ont conduits à s'adapter à des milieux très divers, les bactéries sont sans aucun doute la lignée d'organismes la plus évoluée vivante sur Terre.

Le mot évolué, utilisé pour illustrer notre apparente supériorité sur le vivant, avec notre conscience d'être, correspond aussi à une image idéologique et philosophique de domination bien ancrée au fond de nous. L'Homme dominant est une idée reçue, issue des religions judéo-chrétiennes et musulmane, qui nous positionne au-dessus de toutes les autres formes de vies. Il nous semble que nous avons atteint l'objectif que Dieu nous a assignés dans la Genèse : dominer le monde, dominer la vie, la faune et la flore. Notre organisation sociale, notre nombre et la puissance de notre technologie nous donnent le sentiment de toute puissance sur Terre. Pourtant, sans aucun doute, les bactéries sont les réels organismes dominants sur notre planète :

– par leur aire de répartition et les volumes colonisés,

– par leur masse globale,
– par leur nombre (le nombre d'espèces de bactéries a été estimé entre 1 et 100 millions[32]),
– par la population de chaque espèce. Le nombre total de bactéries sur Terre a été estimé à 6 x 10^{30} (soit le chiffre astronomique de 6 milliards de milliards de milliards de milliards de milliards de milliards d'individus[33]). Ainsi, prenez un gramme de sol dans la paume de votre main, vous récolterez près de 10 milliards de bactéries !

Mieux configurées pour survivre à tous les cataclysmes, capables de vivre au ralenti dans l'attente de conditions meilleures (comme celles qui auraient été « ressuscitées » après 250 millions d'années de repos au sein d'une goutte d'eau enfermée dans un cristal de sel[34]), polyvalentes dans leurs modes de nutrition (leurs ressources nutritives sont infinies), les bactéries ont tous les atouts pour durer sur Terre et perdurer au-delà de notre propre survie.

Si elles pouvaient avoir conscience de leur statut ici-bas, elles n'auraient aucune peur existentielle. Leur population est en équilibre avec les milieux qu'elles colonisent depuis des centaines ou milliers de millions d'années et leurs générations descendantes ne seront jamais confrontées aux limitations imposées par un développement autodestructeur. Grâce à leur extrême diversité et à leur rapidité d'évolution, il y aura toujours des bactéries qui trouveront de quoi vivre sur Terre pendant plusieurs milliards d'années, jusqu'à l'extinction ou l'explosion de notre Soleil.

La dominance des bactéries doit, à l'évidence, remettre en question notre sentiment d'invincibilité. Car si un déluge de bombes atomiques irradie la Terre entière, si une météorite géante percute notre planète, ou si un phénomène stellaire change quelque peu la position de la Terre sur son orbite solaire, notre civilisation, notre intelligence, notre conscience et nos connaissances acquises tout au long de notre histoire seront peu de chose. Nous disparaîtrons à jamais. En revanche, les bactéries résisteront : les survivantes pourront continuer à se multiplier, se diversifier, se disséminer, et, pourquoi pas, évoluer vers d'autres faunes et flores.

Et n'oublions pas que notre vie dépend aussi des bactéries qui vivent dans notre corps. De même, notre vie est aussi à la merci d'une bactérie pathogène nouvelle, plus opportuniste que les autres, laquelle trouvera en l'Homme un paradis pour proliférer et l'anéantir.

Finalement le règne, souvent abstrait à nos yeux, du monde invisible des bactéries est un magnifique sujet de méditation sur l'absence de direction préconçue de l'évolution vers le complexe ou le progrès (rester minuscule est la voie prépondérante de l'évolution, elle a permis à tout un monde de se développer et d'occuper tous les milieux terrestres), et sur notre humble et incertain statut sur Terre, alors que les bactéries sont assurées de nous survivre dans le temps.

Ainsi il ne faut pas chercher à distinguer des organismes supérieurs ou inférieurs dans le vivant. Il n'y a pas de progrès chez les uns et de régression chez les autres. Pas de développés et de sous développés ! Chaque espèce a une histoire évolutive propre, et a une place parmi les autres vies et dans le milieu où elle évolue.

Je me revois sur la plage, regardant l'azur de la mer et faisant rouler un galet d'une main à l'autre. J'ai pensé à certains philosophes grecs qui venaient de déduire que leurs dieux mythiques n'existaient pas et que l'Homme était bien seul sur la Terre, confronté à son destin. S'ils étaient à côté de moi aujourd'hui, leurs pensées iraient vers ce monde invisible de vies qui dominent en silence notre planète. L'Homme est toujours aussi seul face à son destin, mais il doit comprendre aujourd'hui qu'il ne représente pas la vie dominante sur la planète. Il n'est qu'un élément fragile de la vie et son destin est à la merci d'une « chiquenaude » ou d'une bactérie parasite plus nuisible que les autres. Son destin dépend des autres vies qui l'entourent et, depuis peu, de son impact sur elles.

Je me souviens être sorti de mes pensées et d'avoir repris conscience de mon environnement physique visuel. Une belle femme aux seins nus s'est levée pour aller se baigner. Coralie et Marjorie sortaient de l'eau en riant et s'aspergeaient de gerbes d'eau. Je me souviens leur avoir dit :

– J'espère que vous n'avez pas eu peur des bactéries !

Puis :

– Avez-vous vu des méduses ?

Elles n'en avaient pas vu !

J'ai répondu avec un grand sourire :

– Bon, alors je vais me baigner !

J'ai tout juste eu le temps de prendre mon masque et mon tuba, de me jeter à l'eau et de prendre quelques longueurs d'avance…

Après avoir évoqué la formidable évolution et puissance du monde bactérien qui nous entoure et qui vit au plus profond de nous, il faut aborder une autre étape fondamentale du développement de la vie sur Terre. C'est l'étonnante transition entre la bactérie et le végétal ou l'animal. C'est une autre genèse.

Chapitre 6

La limace vampire de l'algue tueuse

Genèse des animaux et végétaux unicellulaires : la révolution de l'évolution

L'amphithéâtre est bondé de jeunes étudiants en première année de biologie, fiers d'être à l'Université, avec des rêves professionnels de haut niveau plein la tête. Le bavardage de ces 150 garçons et filles crée un bruit de fond. En bas, devant l'immense tableau noir, je fais semblant de compulser mes notes en attendant que les retardataires prennent place.

Lorsque le calme et l'attention s'installent, avec une voix qui porte, je demande :

– Définissez un végétal par rapport à un animal.

J'attends en silence, regardant quelques étudiants pris au hasard, les fixe dans les yeux. Cela les intimide immédiatement.

Il n'est pas habituel de débuter un cours par une question ! Beaucoup me prennent déjà pour un original. Flairant le piège, personne ne répond. Alors, je me moque de leur immense lacune. D'un air sévère et courroucé, je m'exclame :

– Comment ? Vous êtes en première année de biologie et vous n'êtes pas capables de distinguer un animal d'un végétal ?

Le moins impressionné se lance :

– Mais voyons Monsieur, nous savons tous que les végétaux sont verts, contiennent de la chlorophylle, vivent grâce à la photosynthèse, pas les animaux !

– Vous avez raison. Mais alors les champignons, vous les situez avec les animaux[1] ?

Rires dans les rangées.

– Je veux une définition plus correcte !

De nouveau s'installe un long silence. Se prenant au jeu, quelques étudiants lèvent leurs mains. Je donne la parole à une étudiante qui me paraît déterminée et assurée de sa réponse.

– Les végétaux sont immobiles, pas les animaux !

– Pas mal !

Quelques sifflements faussement admiratifs. L'étudiante rougit. Certains prennent leur stylo. Je ne leur laisse pas le temps de noter.

– Si je vous suis bien, Mademoiselle, vous classez les immobiles éponges et coraux parmi les végétaux. Et les milliers d'espèces des diverses lignées d'algues microscopiques formées d'une seule cellule, nageant grâce à des flagelles, sont-elles des animaux ?

Dans l'amphi, les étudiants ne rient plus du tout, le silence se remarque. Ils commencent à se poser des questions sur leur niveau de connaissances.

Échaudés ! Plus personne ne veut prendre la parole. Alors je lance une piste.

– Que diriez-vous de la définition suivante : « Les végétaux ont des cellules avec une paroi rigide composée de cellulose, pas les animaux. »

Murmures, hochements de tête pour acquiescer, les étudiants prennent leur stylo et notent. Je laisse faire, puis j'interviens.

– Malheureusement cela ne convient pas ! Il y a trop d'exceptions. Beaucoup de champignons n'ont pas de paroi de cellulose ; elle est remplacée par de la chitine, substance qui constitue la carapace des crustacés et des insectes. À l'inverse, certains animaux élaborent des protections de cellulose[2].

L'énervement est sensible. Certains gomment, d'autres raturent la mauvaise définition. Je dois abréger le suspense et donner la réponse.

– En fait, il est impossible de distinguer un animal d'un végétal par une définition simple. Il faut se référer à leur émergence et savoir que tous les organismes équipés d'une cellule avec un noyau (tous les animaux et les végétaux) sont en réalité composés de plusieurs lignées très différentes qui se définissent indépendamment.

Il reste que ces lignées peuvent être grossièrement classées parmi les animaux ou les végétaux selon la prise en considération d'un ou de plusieurs caractères simples, avec les exceptions que nous venons d'évoquer. Flore et faune, végétal et animal, termes indéfinissables, resteront toujours des distinctions élémentaires et simples pour le grand public. Continuons donc à utiliser ces termes en connaissant leurs particularités et leur histoire ! Je commence alors mon cours sur les origines de la « faune » et de la « flore ».

La symbiose ou l'association intime entre deux organismes

Il faut expliquer comment plantes et animaux sont nés à partir des bactéries, micro-organismes très simples. Le mystère de leur genèse est maintenant en grande partie élucidé. C'est une histoire naturelle extraordinaire. Pour mieux faire comprendre le mécanisme original en jeu, je commence par une digression. Je raconte une expérience personnelle.

Face à l'invasion inéluctable de l'algue verte tropicale *Caulerpa taxifolia* introduite en Méditerranée dans les années quatre-vingt et surnommée l'algue « tueuse », j'ai eu à l'époque beaucoup de mal à me faire entendre. Occultées par une violente controverse sur l'origine de l'introduction de l'algue, mes mises en garde n'ont pas été prises en compte et aucune stratégie de contrôle de l'invasion n'a été mise en œuvre quand c'était encore possible[3].

Lorsque les moyens physiques ou chimiques ne peuvent plus être employés pour réduire ou contrôler l'invasion d'une espèce dans un milieu, il faut chercher, dans la région d'où provient l'espèce envahissante, un prédateur spécifique. Un destructeur qui attaque le plus exclusivement possible l'envahisseur. C'est la condition fondamentale de la réussite : pas question d'introduire un agent de lutte qui pourrait inquiéter d'autres espèces locales.

Cette lutte biologique est fréquemment utilisée en agriculture (par exemple les coccinelles sont utilisées contre les pucerons). Elle a permis de juguler quelques envahisseurs gênants pour l'environnement, tel le cactus à raquettes qui, après avoir envahi en 1926 plus de 24 millions d'hectares en Australie, a pu être contrôlé par un petit papillon dont les chenilles ne dévorent que ce cactus[4]. Mais la lutte biologique n'est pas sans danger : ce même papillon dévoreur de cactus, introduit dans les Caraïbes pour lutter contre le cactus envahissant, est arrivé en Floride, puis s'est propagé vers les États de Caroline et d'Alabama où il s'est attaqué aux cactus locaux[5]. Les biologistes craignent maintenant sa propagation vers le sud des États-Unis et le Mexique, régions où les cactus sont emblématiques !

Pour l'algue envahissante de la Méditerranée, les seuls animaux connus pour la manger sont des limaces marines tropicales (Fig. 11). Il fallait prouver que leur introduction en Méditerranée était sans risque et que les limaces ne pouvaient pas changer de nourriture, pas dévorer d'autres algues[6]. C'est ainsi que notre laboratoire s'est intéressé à cette petite limace. Un vrai vampire, cette *Elysia* ! Première surprise, elle enveloppe avec sa bouche des parties de l'algue pour y planter une râpe acérée, ayant la forme d'une rangée de dents. Par l'orifice ainsi percé, la limace aspire le suc des caulerpes (leur cytoplasme) grâce à un pharynx très musclé. La forte viscosité du suc et la réaction de l'algue (elle bouche la plaie par une barrière de matières coagulées), force la limace à renouveler fréquemment l'opération. Elle glisse alors de quelques millimètres pour effectuer un nouveau « forage » et ainsi de suite.

En quelques heures, une fronde de *Caulerpa taxifolia* se trouve trouée plusieurs dizaines de fois et son cytoplasme aspiré. La fronde, sucée et ponctuée d'auréoles blanchâtres, perd sa rigidité et meurt sans avoir pu développer de repousses.

Les limaces « vampires » de l'« algue tueuse » ne peuvent se nourrir d'autres algues. Soit leur paroi est trop épaisse, soit le diamètre des axes ne convient pas à leur bouche. Mais avant tout, l'anatomie des autres algues n'est pas compatible avec le système d'ingestion par aspiration des limaces. En effet, toutes les plantes à fleurs sous-marines et plus de 95 % des algues que l'on rencontre sur le littoral sont pluricellulaires. Leur architecture est conçue comme la nôtre : un assemblage génétiquement programmé de cellules minuscules et de formes variées. Le suc de ces cellules microscopiques ne peut être aspiré par les limaces. Les caulerpes, au contraire, sont constituées d'une

Figure 11. La limace vampire de l'algue « tueuse ». Elle suce le contenu de l'algue verte et met de côté ses chloroplastes (minuscules « boîtes » contenant la chlorophylle, communes à tous les végétaux photosynthétiques). Elle les séquestre dans des diverticules intestinaux répartis à fleur de peau. Après son repas, la limace devient verte : elle expose alors sa peau au soleil et active ainsi les chloroplastes, véritables batteries solaires. La limace passe alors d'un régime animal végétarien à un mode de nutrition spécifique aux plantes chlorophylliennes.

seule cellule géante. À l'intérieur de cette algue en forme de tuyau cellulaire, tout le liquide vivant (le cytoplasme) circule d'un bout à l'autre. C'est pour cette raison que ces limaces ne mangent pas les caulerpes à la manière des végétariens. Elles ne font pas comme nous lorsque nous mangeons une salade ! Les limaces ne croquent pas l'algue, mais la perforent puis la sucent comme un moustique qui pique puis aspire le sang. C'est une adaptation très poussée qui a dû se mettre en place sur des centaines de milliers d'années sinon des millions. Changer de mode d'ingestion par évolution demande un temps considérable.

Cette spécialisation remarquable de la limace, capable d'exploiter un type unique de nourriture, nous donnait déjà une bonne raison pour rassurer ceux qui pensaient qu'elle pourrait s'attaquer à d'autres algues. Mais ce n'était pas la seule particularité d'*Elysia.*

Dans leur quête de caulerpes, les limaces marines doivent traverser des terrains hostiles sur lesquels des dizaines de prédateurs – poissons, crustacés, etc. – sont susceptibles de les dévorer. Lorsque les limaces se déplacent pour chercher des caulerpes, elles sont « à découvert ». Elles se voient de loin et deviennent des proies faciles. En réalité, elles ne sont jamais mangées car, en suçant le cytoplasme des caulerpes, elles avalent les toxines des algues. Non seulement elles sont insensibles aux effets de ces toxines, mais en plus elles les stockent. Les limaces suceuses de caulerpes deviennent un poison pour les animaux marins carnivores ! Ces derniers le savent et s'en détournent. Nous avons fait des expériences en aquarium avec quelques poissons de Méditerranée, affamés quelques jours pour la circonstance. En présence de la limace, leur premier réflexe est de se jeter sur leur proie. Le second, tout aussi rapide est de recracher la limace. Par la suite, ils ne la touchent plus jamais ; elle a dû laisser un très mauvais souvenir à leurs « papilles gustatives » ! La limace parvient même à se prémunir des morsures : dès qu'elle est inquiétée, elle s'entoure d'un nuage blanchâtre de toxines qu'elle exsude violemment.

Intouchable, car répulsive, la limace passe son chemin sans jamais être attaquée par un prédateur !

Nous tenions un autre argument en faveur de l'éventuelle introduction de cette espèce en Méditerranée : la limace suceuse de caulerpes est totalement dépendante d'une nourriture spécifique. Sans les toxines très particulières des caulerpes, elle ne peut survivre.

Ce n'est pas tout ! La plus extraordinaire des particularités de notre limace est sa « métamorphose » en « plante » ! Une capacité liée au fait que, dans les mers tropicales, la rencontre avec une caulerpe, sa nourriture exclusive, est un événement aléatoire. Après avoir consommé une touffe de caulerpes, elle doit parcourir de longues distances pendant plusieurs jours, sans rien manger, en quête d'une autre touffe de caulerpes. Notre petite limace résiste à ces longues périodes de disette grâce à un système étonnant. En avalant le suc des caulerpes, elle ingère les plastes de l'algue. Les plastes sont de petites « boîtes » (organites) contenant la chlorophylle, un pigment que l'on trouve dans les cellules de tous les végétaux verts. Ce sont de petites usines qui utilisent l'énergie solaire, l'eau et le gaz carbonique pour constituer des réserves de sucres nécessaires à la vie des plantes, tout en dégageant un sous-produit de la réaction (c'est la photosynthèse) : l'oxygène. Habituellement, tous les animaux se nourrissant de végétaux verts digèrent les plastes. C'est notre cas lorsque nous mangeons de la salade. Mais au lieu de les digérer, *Elysia* les stocke dans des cellules de ses diverticules intestinaux, situés à fleur de peau. C'est ainsi qu'après avoir dévoré les caulerpes à sa portée, notre limace devenue verte se retrouve munie de plastes qui vont lui servir de « batteries solaires » pour résister au jeûne. D'un régime végétarien classique (à base de caulerpes), elle passe au régime des plantes (à base de matière minérale transformée par photosynthèse) en étalant au mieux sa peau pour capter les rayons du Soleil, telle une feuille de plante ! Bien éclairée (la lumière du jour suffit), elle est capable de survivre et de ramper sur le sol marin plus d'un mois sans manger. Mais en l'absence de lumière et de caulerpes, elle meurt en quelques jours.

C'est comme si après avoir mangé deux salades nous devenions tout verts, et capables de subsister sans manger un mois durant, à condition de nous exposer tous les jours au soleil !

Cette extraordinaire association du vivant – entre un animal et des éléments des cellules végétales (les plastes) – n'est en fait pas exceptionnelle. Elle se rencontre chez quelques cellules animales isolées (des ciliés) et, d'une façon plus rudimentaire, chez d'autres organismes où une espèce entière vit à l'intérieur ou a côté d'une autre en harmonie[7]. Par exemple les lichens, qui vivent fixés sur les arbres ou sur les roches, sont constitués de deux organismes associés : un champignon et une algue verte ou une « bactérie végétale » (cyanobactérie). De même, un grand nombre d'animaux marins se sont associés à des espèces unicellulaires contenant de la chlorophylle. Ainsi les coraux des mers tropicales sont des colonies d'animaux ne pouvant vivre sans de minuscules cellules végétales (diverses lignées d'algues) intimement associées à leur chair molle. Si la température de l'eau augmente trop, comme c'est le cas ces dernières années dans de nombreuses mers tropicales sous l'effet du réchauffement climatique, le partenaire algue meurt ou quitte son associé. Le départ de la cellule végétale, qui assure la photosynthèse et fournit le corail en sucres, signe la mort de l'animal : le corail devient tout blanc puis se désintègre.

Les partenaires (algue-champignon, algue-corail, mais aussi bactérie végétale-champignon) sont associés à la vie à la mort : cette forme d'association s'appelle une *symbiose* (du grec *sunbiôsi* venant de *sun,* « ensemble » et *bioum,* « vivre »). Nos limaces ont « inventé » une symbiose plus sophistiquée. Au lieu de cohabiter avec des algues minuscules, elles ont sélectionné et gardé la seule partie utile des algues ingérées : le plaste ! C'est une symbiose particulière, car l'un des partenaires (le plaste) n'est pas un individu mais un élément d'une cellule végétale. C'est enfin une symbiose remarquable car les partenaires ne se contentent pas de cohabiter : l'un (le plaste) est à l'intérieur des cellules de l'hôte, l'hébergé (le plaste) est utilisé par l'hôte (la cellule de la limace). C'est une *endosymbiose*[8]. La symbiose est une vie en commun de deux organismes qui finissent par devenir interdépendants : l'un ne peut plus vivre sans l'autre et vice versa. L'endosymbiose est une forme plus poussée de la symbiose : un des deux partenaires vit *à l'intérieur* de l'autre (c'est ce qu'évoque le préfixe *endo,* du grec *endon,* « en dedans »).

C'est une étape déterminante de l'évolution et de la diversification de la vie sur Terre, un processus évolutif très différent de l'évolution graduelle d'une espèce si bien décrite par Darwin. Elle ne résulte pas d'une succession d'infimes mutations ou de subtils croisements qui permettent, par exemple, à une lignée de bactéries de mieux manger, mieux se reproduire, proliférer, dominer, devenir animal ou végétal. Cette étape est un autre départ dans l'évolution de la vie. C'est une révolution, un schisme, une nouvelle genèse.

Pour souligner la conclusion de cette histoire, je quitte le tableau et monte dans les rangées. J'examine quelques notes, que les étudiants préfèrent toujours cacher, et je répète :

– Une révolution ! Un schisme ! Notez bien !

Puis, je commence l'exposé de l'extraordinaire histoire de la révolution animale et végétale.

Cellules de bactéries et cellules animales et végétales

La première notion, sur laquelle j'insiste, porte sur les différences considérables qui existent entre une cellule de bactérie et une cellule animale ou végétale. C'est un chapitre classique du programme d'enseignement. En résumé, voici ce qu'il faut en savoir.

L'ensemble des bactéries se caractérise par des cellules très simples. À l'intérieur de ces cellules, il n'y a pas d'organites : le contenu des bactéries est pâteux. Dans la majorité des bactéries, il n'y a qu'un seul brin d'ADN circulaire (porteur de l'information génétique sous la forme de petites unités appelées gènes), libre au centre de la cellule. C'est ainsi que toutes les bactéries (eubactéries et archées) sont qualifiées de « procaryotes », ce qui signifie « organismes précédant ceux qui ont un noyau ».

Caryon ou noyau, fait référence à une « boîte » que l'on trouve à l'intérieur des cellules plus élaborées (celles des animaux et des végétaux) et qui contient l'information génétique concentrée dans les chromosomes (ce préfixe est utilisé dans de multiples déclinaisons comme la *caryologie* – étude des noyaux) ou l'examen prénatal *caryologique* – consistant à déceler des anomalies chromosomiques).

Les représentants de la flore et la faune sont constitués de cellules beaucoup plus complexes. Ils forment le groupe des « eucaryotes », ceux dont les cellules contiennent un vrai noyau (le préfixe *eu* signifie bien, vrai, normal ou beau en grec, il est utilisé ici dans le sens de « véritable »). Algues, plantes à fleurs, champignons, levures, méduses, oursins, poissons, oiseaux et nous tous, sommes composés de cellules eucaryotes ayant donc chacune un noyau. Dans ce noyau, sorte de boîte ajourée, se trouvent les chromosomes. Chaque chromosome est constitué d'ADN, support de l'information génétique.

Les termes utilisés par les anciens biologistes pour décrire cette différence fondamentale assimilent la cellule à un fruit : celle des bactéries (procaryotes) n'a pas de noyau, celle de la faune ou de la flore (eucaryotes) en possède un. Cette métaphore a bien été choisie. Depuis, on a pu distinguer au sein des bactéries, nous l'avons dit, deux groupes élevés au rang de règnes (les archées et les eubactéries : voir le chapitre précédent). Dans ce qui suit, je préfère conserver l'ancien terme bactérie (regroupant archées et eubactéries) pour désigner un ensemble organisationnel, celui des *procaryotes* (terme élevé par certain en « empire » avec celui des *eucaryotes*).

Si le noyau d'un eucaryote contient la majeure partie de l'ADN d'une cellule, jouant ainsi le rôle de microprocesseur, de mémoire, de carte-mère et de système d'exploitation, d'autres cartes sont insérées dans l'ordinateur de l'unité de vie que représente une cellule végétale ou animale. En effet, la cellule d'un eucaryote contient d'autres « boîtes » que le noyau : ce sont des *organites*, présents dans le cytoplasme et qui ont des fonctions précises, comme celle de batterie solaire pour les boîtes contenant la chlorophylle (appelés plastes) ou celle de respirateur pour d'autres boîtes (appelées mitochondries)… autant de cartes indépendantes ajoutées, « branchées » sur la carte-mère (pas plus qu'elles ne possèdent de noyau, les bactéries sont dépourvues de tels organites).

Mitochondries ! Voilà un mot que seuls les biologistes connaissent. C'est grâce à ces organites que toutes les espèces de la faune et de la flore peuvent respirer en milieu oxygéné[9]. C'est le poumon de nos cellules. Je propose aux firmes de cosmétiques de rendre plus commun ce terme scientifique qui mérite d'être mieux connu : une laque aux *mitochondries* suggérerait qu'elle aère bien les cheveux, de même une crème aux extraits de *mitochondries* ferait mieux respirer la peau !

Une fois les deux systèmes vivants bien esquissés – procaryotes et eucaryotes –, je fais mine de réfléchir. Les étudiants terminent de noter et lèvent les yeux.

Un cours, c'est une pièce de théâtre. Il faut partir d'un texte et bien l'exprimer. Il faut convaincre l'auditoire, stimuler la mémoire. Pour cela, il faut percevoir les spectateurs, se mettre à leur niveau, prévenir les doutes et incompréhensions, susciter leur curiosité, les surprendre, couper le rythme, les rendre attentifs. Plus l'enseignant est imprévisible, plus l'attention est vive.

Lorsque le silence total est établi, je reprends de façon solennelle :

– La question qui se pose est : comment expliquer le passage d'un système à l'autre ? Comment les bactéries sont-elles devenues cellules animales ou végétales ? En d'autres termes, comment les procaryotes sont-ils devenus eucaryotes ? L'équivalent de la transmutation d'une calculette de poche en ordinateur multifonctions !

Des chercheurs ont bien imaginé une transition lente et progressive entre le statut d'une bactérie et celui d'une cellule animale ou végétale. Seuls quelques arguments peu convaincants, essentiellement génétiques, fondent cette hypothèse de mutations successives, progressives et graduelles entre l'ancêtre probable de toute vie cellulaire (la bactérie) et un représentant des eucaryotes[10]. Mais c'est une fausse piste !

La surprise se devine chez quelques étudiants, habitués aux cours bien charpentés en une suite logique et compartimentée en chapitres numérotés. Mon exposé à tiroirs indépendants semble en dérouter quelques-uns. Certains devaient penser : « Après le coup de la différence entre végétaux et animaux, son long discours sur sa limace et l'emphase de la révolution, qu'est ce qu'il va nous sortir à présent ? »

Il faut donc cesser les interrogations. Je justifie tout ce qui précède :

– En fait, l'endosymbiose est la clef pour comprendre la révolution survenue dans l'histoire de la vie. Oui, l'endosymbiose, ce même processus adopté par les limaces vampires de l'algue « tueuse » !

Les unions de bactéries

La « métamorphose » de la bactérie en cellule animale ou végétale par endosymbiose a été imaginée à partir de très maigres indices dès le début du XXe siècle[11]. C'est devenu la *théorie de l'endosymbiose*[12]. Celle-ci fut confortée et vulgarisée à partir des années 1970 par Lynn Margulis, chercheuse américaine, devenue célèbre grâce à ses nombreux ouvrages sur le sujet et aux preuves qu'elle a su réunir à l'aide d'images réalisées par microscopie électronique et de données génétiques[13].

Je vais résumer les étapes de cette phase de l'émergence de voies nouvelles de la vie sur la Terre. D'abord, rappelons que les premiers acteurs initiaux de la « révolution – métamorphose » étaient des bactéries, premiers organismes ayant colonisé la

Terre. En fonction des connaissances actuelles sur les mœurs et les modes de nutrition de ces organismes simples et sur les caractéristiques environnementales régnant il y a plus de 2,85 milliards d'années[14], les deux scénarios suivants ont été proposés.

La formation des organites de la respiration cellulaire chez toutes les cellules animales et végétales

Le premier scénario, imaginé par les fondateurs de la théorie de l'endosymbiose, a pour scène la fange d'une lagune peu profonde (Fig. 12 et 13, pp. 140-141). Là où la promiscuité entre bactéries était forte. Si forte qu'en mourant, les restes de leur matière organique (lipides, sucres ou protéines dégradés) s'accumulaient sur le fond sans oxygène. Certaines bactéries opportunistes se seraient alors spécialisées dans l'exploitation des matières organiques inertes provenant des déchets des bactéries ou de la décomposition de leurs cadavres. Elles ont dissous puis assimilé ces substances communes à l'ensemble des êtres vivants. Les bactéries qui « mangent » de la matière organique le font par simple contact, exactement comme les champignons. Ces « bactéries-champignons », comme nous les avons appelées (voir chap. 5), se collent à la matière organique et leurs sucs digestifs circulent dans les deux sens à travers leurs parois.

Pour améliorer le rendement, il suffit d'augmenter la surface de contact entre la bactérie et la matière organique. Une transformation importante a dû alors se produire. Une espèce de « bactérie-champignon » aurait perdu sa carapace, sa paroi, caractéristique commune à la grande majorité de ses congénères – pour devenir souple telle une pâte à modeler[15]. Cette première étape a permis à la bactérie de s'étaler et ainsi de mieux absorber par simple contact la matière organique. Un avantage qui a pu favoriser l'acquisition (après sélection naturelle) par la bactérie-champignon de la capacité à se

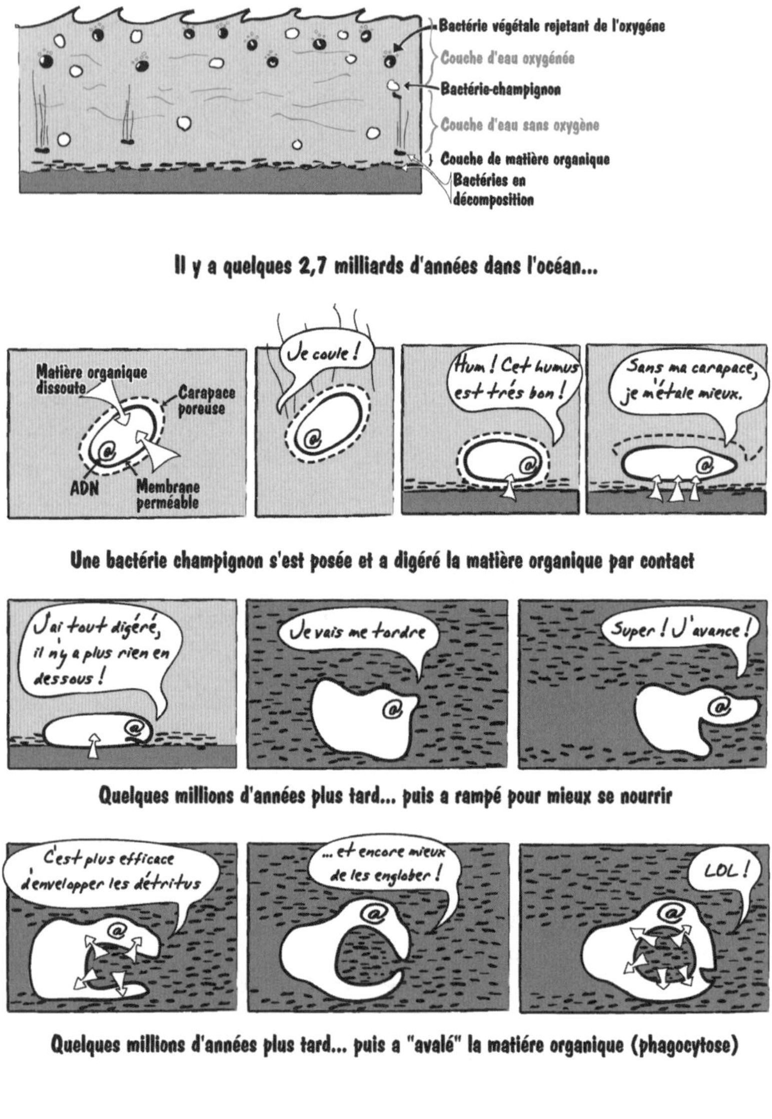

Figure 12. L'endosymbiose à l'origine des premières cellules «animales»: un scénario possible.

Figure 13. L'endosymbiose à l'origine des premières cellules animales (suite).

déformer pour augmenter la surface de contact avec la matière organique. Un système de microfibres musculaires[16] a dû se constituer pour coordonner les mouvements permettant à la cellule de ramper (une fois le tout digéré, la bactérie peut aller chercher sa nourriture un peu plus loin).

Ce comportement cellulaire n'est pas fantaisiste. De nos jours, certains champignons présentent ce mode de nutrition[17]. Ils sont mous et se déplacent par reptation sur les bois morts. La matière organique est digérée par contact et se produit un transfert de molécules organiques à travers la membrane souple du champignon.

Par la suite, à force de vivre et de se nourrir dans les « cimetières bactériens », des représentants des bactéries-champignons à paroi souple, aptes à se déplacer par reptation, ont pu tester un mode plus efficace de nutrition, consistant à englober les cadavres bactériens[18]. La bactérie-champignon se serait transformée en charognard, spécialisée dans la capture de « proie » inerte (la matière organique). À l'intérieur de la bactérie, des sécrétions chimiques permettent d'assimiler et de digérer cette matière emprisonnée. Ce système est très efficace, car la surface de contact avec la matière englobée est bien plus grande que dans le cas d'un simple recouvrement.

D'abord charognards, les bactéries-champignons, seraient ensuite devenues carnivores. Elles encerclent, englobent, digèrent des proies vivantes qui sont d'autres petites bactéries.

Cette étape fondamentale d'évolution comportementale correspond à un mode de fonctionnement actuellement encore commun chez certaines cellules animales, telles les amibes ou nos globules blancs.

La dernière étape est l'endosymbiose. Elle est apparue lorsque certaines bactéries vivantes ingérées, au lieu d'être digérées, ont été épargnées par les sucs digestifs. Trois explications peuvent être évoquées :

– la bactérie carnivore a tiré profit de sa proie « domestiquée », traitée comme une sorte d'esclave dépendant ;

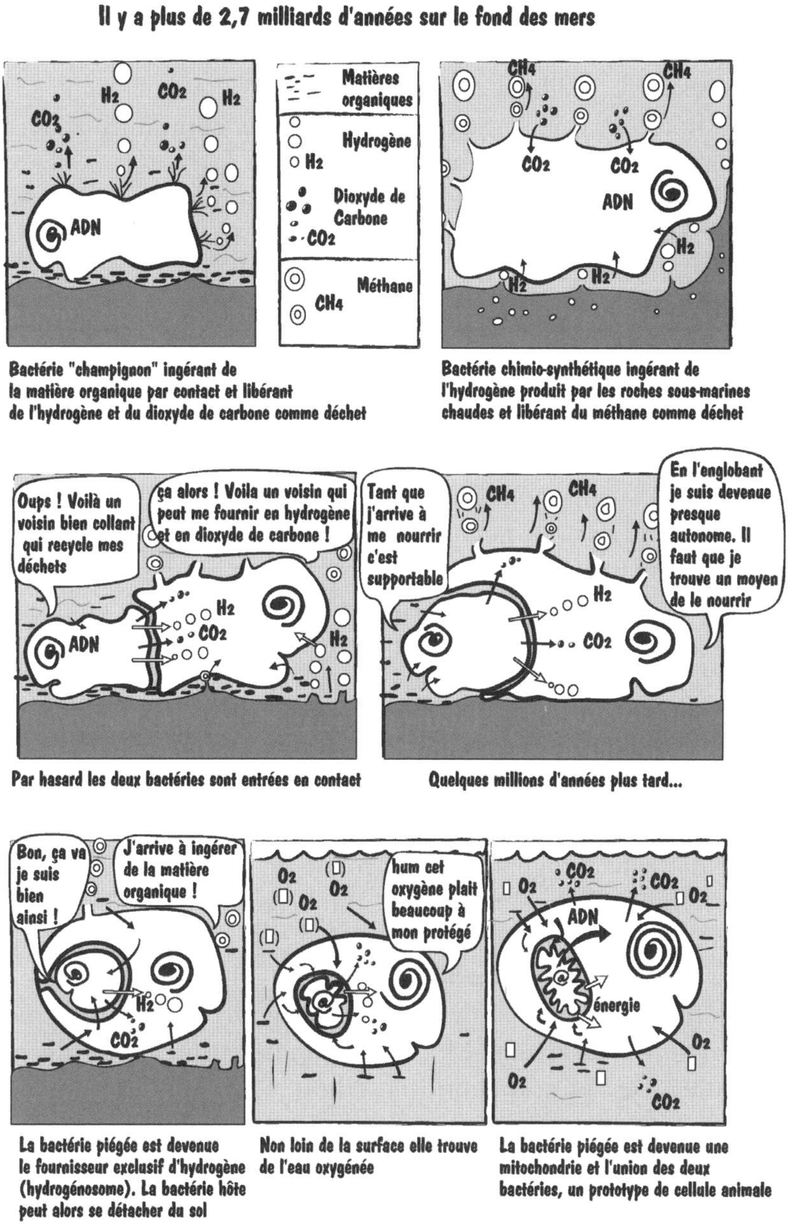

Figure 14. Formation des premières cellules animales : l'hypothèse du recycleur de déchets[20], autre scénario possible.

– certaines proies, mieux constituées pour résister contre les sucs digestifs de la bactérie carnivore, ont trouvé un avantage à parasiter le prédateur ;

– hôte et proie ont trouvé des intérêts communs à vivre ensemble (c'est la véritable symbiose).

Bien entendu, les bactéries ne ressentent rien et ne calculent pas l'intérêt d'une association. C'est toujours une cascade de mutations aléatoires ou hasardeuses, sélectionnées par les contraintes environnementales, qui sculpte la vie et dessine les comportements.

Dans notre histoire, le résultat est simple et identique quelle que soit l'hypothèse : certaines proies vivantes se sont définitivement acclimatées à l'intérieur de la bactérie carnivore. Enfermées sans pouvoir s'échapper, elles se dupliquent à l'intérieur. Les deux cellules (la cellule hôte et la cellule proie) se divisent systématiquement et indéfiniment ensemble, de telle sorte que la descendance des cellules hôtes contient toujours des cellules proies « apprivoisées ».

C'est ainsi que la grosse bactérie (l'hôte), d'un type original, vivant habituellement dans un milieu sans oxygène, a pu s'associer à une petite bactérie douée de fonctions lui permettant de se déplacer en milieu oxygéné[19]. Comme si la bactérie-champignon hôte, n'évoluant que dans des eaux putrides sans oxygène, s'était greffée un poumon pour vivre à proximité de la surface, près de la lumière où l'oxygène commençait à peine à s'accumuler par endroits grâce au fonctionnement des bactéries végétales. Une fois englobée et définitivement « domestiquée », la petite bactérie ingérée a perdu sa carapace. Elle est devenue un organite de la cellule : c'est la mitochondrie. L'hôte s'est ainsi transformé en un prototype de cellule animale pouvant enfin brouter les pâturages de bactéries végétales évoluant en surface, dans des eaux encore très peu oxygénées.

Le second scénario a été imaginé en 1998 (Fig. 14, p. 143)[20]. Il stipule d'abord que l'émergence des premières cellules animales aurait eu lieu dans l'eau, au voisinage de panaches de boues chaudes et soufrées venues des profondeurs de la Terre ou bien à la périphérie des interstices humides et chauds de la croûte terrestre. Là où pullulaient (et prolifèrent encore) des bactéries utilisant des gaz provenant de la décomposition des roches par l'eau chaude sous pression.

Dans cette hypothèse, c'est une association pour la mise en commun des ressources énergétiques et des déchets qui serait à l'origine de l'endosymbiose. Les deux partenaires seraient :

– d'une part une « chimio-bactérie » (une archéobactérie) « mangeuse de pierres », se nourrissant d'hydrogène et produisant des déchets organiques ;

– d'autre part une « bactérie-champignon » (une eubactérie). Plus petite, elle joue le rôle d'associé minoritaire en assimilant la matière organique de la précédente bactérie (ses déchets) à travers sa paroi. Ubiquiste, elle peut vivre soit dans une eau sans oxygène, et alors rejeter entre autre de l'hydrogène utile à son partenaire, soit en milieu oxygéné et capter alors l'oxygène pour fabriquer des sous-produits énergétiques. Ces deux types de bactéries existent encore de nos jours.

Les deux partenaires bactériens auraient d'abord vécu collés l'un à l'autre, chacun se nourrissant des déchets du voisin (hydrogène pour l'un, matière organique pour l'autre). L'association pour le recyclage des déchets conduit la bactérie « hydrogènivore » à entourer le plus étroitement possible le fournisseur d'hydrogène. Pour en profiter au mieux, il l'a englobé.

L'associé minoritaire, la bactérie-champignon, assure une fourniture directe d'hydrogène à son hôte en prélevant dans ce dernier son carburant (la matière organique)[21]. C'est une endosymbiose pour une exploitation plus rationnelle des ressources nutritives communes.

L'hôte est de plus en plus asservi par ce fournisseur fidèle d'hydrogène et se détourne des lieux de repas habituels (les roches décomposées par l'eau chaude et la pression qui dégagent de l'hydrogène). Pour assurer un bon fonctionnement de son associé vivant dans son corps (sa cellule), l'hôte change de milieu et de nourriture, comme dans le scénario précédent.

Il consomme de la matière organique dont les bactéries-champignons acclimatées ont grand besoin. L'hôte est devenu mou, capable d'assimiler de la matière organique par contact, puis il peut englober des proies inertes et vivantes. Il s'est transformé en une cellule animale mangeuse de proies[22].

Dès lors, l'hôte s'aventure vers la surface, dans les eaux commençant par être très légèrement oxygénées. La bactérie polyvalente acclimatée dans l'hôte, fournissant jusqu'alors de l'hydrogène, change de régime et de déchet. Elle utilise l'oxygène et rejette des substances énergétiques pour l'hôte. C'est ainsi que la bactérie captive permet à l'hôte de respirer, d'assimiler de l'oxygène : elle est devenue une mitochondrie. Les deux partenaires bactériens réunis ont constitué une cellule animale.

Oui ! Quel que soit le scénario de l'endosymbiose, il faut bien comprendre que nos propres cellules sont des ex-bactéries carnivores. À l'intérieur des cellules, on trouve encore les vestiges de leurs repas ou association : des ex-bactéries « domestiquées » qui s'y dupliquent toujours et qui forment des organites appelés désormais mitochondries. Ces bactéries/mitochondries existent dans toutes les cellules animales et végétales vivant en milieu oxygéné. Sans elles, nos cellules ne peuvent pas vivre, donc nous ne pourrions vivre. Ce sont les poumons de nos cellules[23].

La réalité de l'endosymbiose repose sur de multiples preuves :

– les mitochondries ont la même taille que des bactéries aux fonctions similaires ;

– elles ont gardé une certaine « indépendance » car elles se divisent comme des bactéries à l'intérieur de leurs cellules hôtes animales ou végétales ;

– quand on lui ôte ses mitochondries, une cellule meurt car elle est incapable de reconstituer ces éléments indépendants devenus indispensables ;

– dans toutes les mitochondries des cellules végétales ou animales, on trouve encore un peu d'ADN de type bactérien.

Mais il y en a beaucoup moins que dans les bactéries similaires restées indépendantes. Cette différence serait due à un transfert de gènes de la bactérie mitochondrie vers le patrimoine génétique du noyau de la cellule hôte (ce qui l'aurait enrichi).

La formation des organites de la photosynthèse chez tous les végétaux chlorophylliens

Tout ce processus a dû commencer il y a près de 2,85 milliards d'années (voir chapitre 8) et c'est ensuite poursuivi par étapes. À cette époque reculée de l'histoire de la vie, des bactéries et des prototypes de cellules animales au comportement carnivore commençaient à vivre ensemble, à l'interface des eaux légèrement oxygénées et sans oxygène. Dès lors, la seconde phase dans la diversification de la vie a pu intervenir. Elle passe par la cooptation par endosymbiose de « bactéries végétales », celles qui contiennent de la chlorophylle. Le scénario pourrait être le suivant.

Les prototypes animaux, grâce aux mitochondries, ont commencé à évoluer dans les eaux oxygénées de lagunes peu profondes où pullulaient les bactéries végétales (Fig. 15, p. 149). Peu mobiles, celles-ci étaient des proies faciles pour ces chasseurs voraces. C'est en les ingérant et en les conservant entières (seule la paroi bactérienne rigide était digérée) que la cellule animale végétarienne aurait pu se transformer en cellule végétale.

En cooptant une bactérie végétale, plus la peine de chasser ! Pour se nourrir, il suffisait de se mettre au soleil et de faire fonctionner sa « batterie solaire » constituée par l'ex-bactérie végétale « domestiquée ».

C'est ainsi que les bactéries végétales domestiquées sont devenues les plastes (boîtes contenant la chlorophylle) et les cellules hôtes ont changé de statut. Les prototypes d'animaux végétariens se sont transformés en prototypes de cellules végétales. Tous les végétaux sont donc à l'origine des animaux végétariens !

Quel que soit le scénario d'origine, le résultat est là : toutes les lignées d'algues et les plantes vertes (issues des algues vertes) contiennent au sein de leurs cellules des ex-bactéries, appelées plastes, qui leur donnent leur couleur verte.

Comme les mitochondries, les plastes sont des organites intracellulaires qui contiennent de l'ADN de type bactérien. Ils se dupliquent à l'identique, de telle sorte que la descendance des cellules hôtes en hérite toujours. Ces plastes ont la taille des bactéries végétales actuelles, et, si on les supprime expérimentalement, la cellule n'arrive pas à les synthétiser. De multiples preuves plus subtiles ont été accumulées pour confirmer la réalité de ce processus d'endosymbiose.

L'origine bactérienne des plastes est encore plus évidente chez quelques rares espèces dont le plaste est toujours entouré par une paroi bactérienne solide[24]. Chez ces espèces, le mécanisme de l'endosymbiose semble inachevé.

– Souvenez-vous de la manière dont nos limaces tropicales sont capables, en cas de jeûne, de détourner à leur profit les « boîtes » de chlorophylle (les plastes verts) fournies par l'algue sucée. En prélevant puis en utilisant ces plastes contenus dans le jus des caulerpes, elles ne font que copier les cellules animales carnivores d'antan ! Les plastes, en réalité d'ex-bactéries végétales, si longtemps « domestiqués » par les algues *Caulerpa,* changent en quelque sorte de maître.

Reprenons le fil de notre histoire. Au menu des premières cellules animales, il n'y avait que des bactéries. Certaines étaient « carnivores » (elles n'engloutissaient que des bactéries sans chlorophylle), d'autres végétariennes (elles n'ingéraient que des bactéries chlorophylliennes végétales). Par la suite, elles ont élargi leur régime alimentaire avec des cellules plus élaborées. Ainsi, un prototype de cellule animale, déjà équipé d'une mitochondrie et d'un patrimoine génétique conséquent, aurait commencé à ingérer de pacifiques prototypes de cellules végétales munies de mitochondries et de plastes. Pour la première fois un eucaryote a mangé un autre eucaryote ! Certaines proies volumineuses ont été « domestiquées » (tout est relatif : dans ce contexte, les cellules

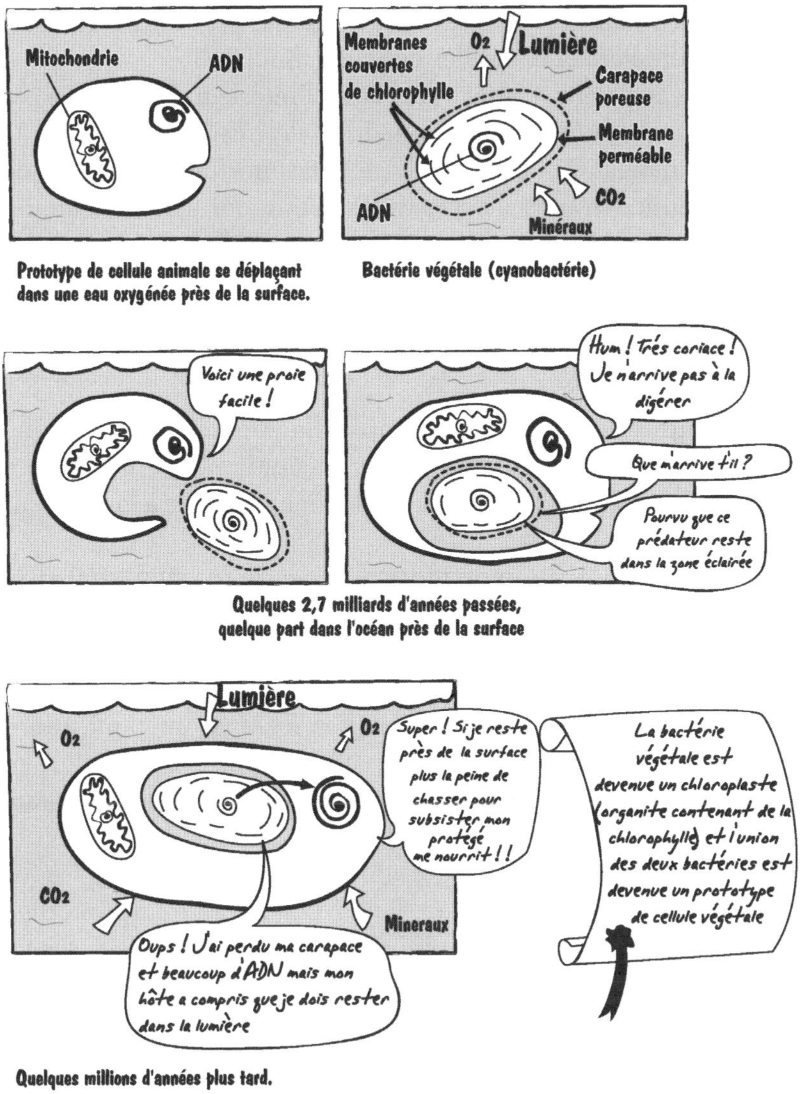

Figure 15. Origine des premières cellules végétales par endosymbiose : un scénario possible.

animales « cannibales » devaient atteindre plusieurs centièmes de millimètres et les proies cent fois moins).

Un eucaryote végétal a survécu à l'intérieur d'un eucaryote animal et cette union a perduré définitivement dans la descendance. Ces êtres chimériques sont donc le résultat de deux endosymbioses successives. Certaines lignées d'algues actuelles découlent de ces doubles endosymbioses (ou endosymbioses secondaires). Parmi celles-ci on trouve des cellules équipées de deux noyaux, le plus gros est issu du « cannibale », le plus petit, devenu inopérant et « dominé », provient de la proie[25].

L'auditoire est maintenant absorbé et quelque peu fasciné par cette histoire naturelle. Tous les étudiants s'appliquent à prendre des notes et copient mes schémas tracés à la craie sur le tableau.

Comme beaucoup de mes collègues, je me suis familiarisé avec les moyens modernes d'enseignement : transparents projetés par un rétroprojecteur, titres et illustrations projetés par l'intermédiaire d'un vidéo-projecteur piloté par un ordinateur portable ; polycopiés distribués avec schémas ou explications les plus complexes ; totalité du cours disponible sur Internet. L'avantage de ces supports pédagogiques est pour l'enseignant. Il peut préparer et présenter avec plus de facilité le cours et les illustrations. Il est pédagogiquement désavantageux pour l'étudiant. En effet, si tout est dans le polycopié, ou sur Internet, l'étudiant ne se sent plus obligé de prendre des notes, rêve à autre chose dans l'amphithéâtre ou ne vient plus aux cours. En cours, les étudiants ont beaucoup de peine à noter à la fois les explications orales et tout ce qui est projeté en même temps. Je préfère ainsi la craie. Pendant que je dessine, les étudiants doivent aussi dessiner. Mes dessins sont, faute de temps, schématiques, donc faciles à refaire. Si l'étudiant ne parvient pas à bien les redessiner pendant le cours, il sera incité à les améliorer chez lui, il les apprendra mieux. Assister à un cours non stéréotypé, impose une bonne attention et de l'organisation, il faut à la fois écouter, comprendre, écrire et dessiner. Puis éventuellement reprendre ses notes, redessiner. Grâce à cette diversité et cette répétition, les leçons sont mieux assimilées.

Tout cela nécessite quelques encouragements. Aussi, je monte dans l'amphithéâtre. Je regarde quelques notes, donne des conseils. Je félicite les étudiants qui ont des feuilles aux notes bien organisées, aux schémas bien repris.

« Ne faites pas des schémas de la taille d'un timbre-poste ! » est une remarque fréquente.

Après cette pause, je reprends le cours.

– Il reste des énigmes dans toute cette histoire. Comment s'est constitué le noyau ? Comment le patrimoine génétique a-t-il été multiplié par plus de cent entre la bactérie et les prototypes de cellules animales et végétales ?

La formation du noyau, présent dans toutes les cellules végétales et animales

Aujourd'hui, la nature composite, chimérique, des cellules eucaryotes est admise par la communauté des biologistes. Il est démontré que certains composants cellulaires (les mitochondries chez tous les eucaryotes, les plastes chez les végétaux verts) sont hérités de procaryotes, de bactéries. Un double héritage à l'origine d'innovations majeures dans l'histoire de la vie : la respiration cellulaire et la photosynthèse !

Que dire maintenant de l'origine d'un élément essentiel de la cellule eucaryote, le noyau ? Les hypothèses sur sa formation sont nombreuses. Il faut imaginer ce qui a pu se passer à partir de faibles indices.

Depuis quelques années, le patrimoine génétique de cellules animales ou végétales très simples (les eucaryotes) a été décrypté. Surpris, les généticiens ont constaté qu'il est constitué d'un grand nombre de gènes provenant de bactéries très diverses. Ainsi chez une levure de champignon deux tiers des gènes proviennent d'eubactéries et un tiers d'archées[26].

Il a donc fallu admettre l'existence de transferts de gènes bactériens vers les prototypes de cellules eucaryotes. Comment l'expliquer ? Deux hypothèses sont souvent évoquées :

– certains gènes de bactéries ingérées ont pu être « adoptés » par le prédateur. Les endosymbioses des mitochondries et des plastes en témoignent. Le processus a pu se produire à plusieurs reprises, par petites touches, et avec d'autres bactéries non apprivoisées mais englouties,

– on sait que des virus de bactéries[27] peuvent prélever un petit gène dans une bactérie, le transporter et le greffer dans une autre bactérie ou une cellule eucaryote prototype. Les virus pourraient dériver de bactéries parasites ou d'eucaryotes ayant dégénéré. Les virus ne peuvent vivre et s'auto-reproduire seuls. Leur vie et leur descendance sont totalement dépendantes d'autres bactéries ou des cellules animales ou végétales qu'ils parasitent.

De greffon en greffon, le patrimoine génétique des cellules eucaryotes se serait ainsi étoffé, formant un patchwork hétérogène et tissant un gros chromosome pouvant se décomposer en unités distinctes.

Mais chez les végétaux et les animaux, les chromosomes sont dans une boîte ajourée, formée d'une double membrane : le noyau. Pour certains théoriciens, sa formation résulterait de l'invagination de la membrane de la cellule, donnant un diverticule enveloppant le ou les chromosomes. D'autres chercheurs expliquent à la fois la formation du noyau des eucaryotes et le mélange de gènes de diverses bactéries par l'hypothèse que le noyau serait aussi le fruit d'une endosymbiose : le vestige d'une bactérie ingérée (Fig. 16, p. 155). Le patrimoine génétique contenu dans le noyau (une ex- bactérie, probablement une archée) a pu être enrichi par celui de son hôte, par celui des mitochondries et d'autres proies, ou par des virus.

Ces deux hypothèses conduisent au même résultat : la formation d'un prototype de cellule eucaryote avec un noyau contenant un ou plusieurs chromosomes différents avec un génome mixte (d'eubactérie et d'archée).

Un peu à droite, vers le 5e rang, un groupe d'étudiants discute. L'un d'eux lève le bras. Je lui donne la parole.

– Et la reproduction sexuée ? À quel moment est-elle apparue ?

C'est une bonne question ! À ce sujet, il est étrange de constater la prudence et la discrétion dans la littérature scientifique. Peu de preuves existent, comme souvent il faut une bonne dose d'imagination pour reconstituer le passé.

L'origine de la reproduction sexuée

La division des cellules de tous les végétaux et de tous les animaux se déroule selon deux modes.

Commençons par le plus simple. Lors de la division en deux d'une cellule, tout le matériel cellulaire se duplique tel quel (une cellule contenant deux chromosomes donne deux cellules contenant deux chromosomes)[28]. Ce mécanisme a lieu dans toutes nos cellules. C'est lui qui permet notre croissance ou le renouvellement à l'identique de nos cellules tout au long de la vie. C'est aussi le processus commun à toutes les bactéries où l'information génétique est dupliquée à l'identique lorsqu'une bactérie se divise en deux. Cette forme de reproduction est « végétative », non sexuée.

Un autre type de division cellulaire plus complexe conduit à une division par deux du nombre de chromosomes. Ce dernier mode, avec réduction du patrimoine génétique, est le prélude à la reproduction sexuée qui se manifeste chez toutes les plantes et chez tous les animaux. Cette division *réductionnelle* se déroule dans les organes de reproduction (chez nous, dans les testicules et les ovaires). Une cellule contenant deux paquets similaires de chromosomes donne des cellules contenant un seul paquet. Par exemple nos propres cellules contiennent 46 chromosomes constitués de 22 paires de chromosomes jumeaux, plus une paire de chromosomes sexuels. Leur division, selon ce mode, donne des cellules contenant 23 chromosomes différents : ces cellules particulières sont nos spermatozoïdes et nos ovules. C'est le « divorce », la division par deux du patrimoine génétique, la réduction équitable du nombre de chromosomes (ce processus se nomme la méiose)[29].

Or nous savons que nos cellules de reproduction (spermatozoïdes et ovules) ne peuvent survivre que si elles se rencontrent. Elles mettent alors en commun leur lot réduit de chromosomes pour reconstituer dans une seule cellule un double jeu de chromosomes identiques. C'est le « mariage »[30], l'union fusionnelle, la fécondation, étape ultime de la reproduction sexuée.

Pour expliquer la naissance de ce double processus (divorce et mariage des chromosomes), il faut imaginer, spéculer, disent les scientifiques lorsque les preuves manquent. Tout a dû commencer par un doublement du nombre de chromosomes. Lors du passage d'un simple jeu de chromosomes à leur doublement, il a pu se produire une erreur de synchronisation de recopiage.

Les cellules de tous les organismes ont pour faculté de se diviser en deux ; dans ce mécanisme, toute l'information génétique doit être bien transmise. Un processus – nommé mitose – permet de dupliquer (multiplier par deux) le nombre de chromosomes juste avant la division de l'ensemble de la cellule. L'information génétique est ainsi transmise, sans modifications et de façon partagée, aux deux cellules filles.

Imaginons une mauvaise synchronisation de la division d'une cellule avec la division de ses chromosomes. Si les chromosomes se dédoublent sans que la cellule se divise, le tour est joué ! On passe du simple au double jeu de chromosomes dans le noyau[31].

Une autre hypothèse a été proposée. Elle se fonde sur le comportement cannibale des précurseurs des cellules animales et végétales[32]. Imaginons la rencontre de deux cellules animales identiques indépendantes, prototypes voraces d'une même lignée, chacun doté d'un noyau contenant un seul jeu de chromosomes (Fig. 17, p. 157). Mais au lieu de s'entre-dévorer, les deux cellules fusionnent.

Ce comportement (un cannibalisme avorté) conduit à une sorte de symbiose, une union fusionnelle heureuse. Par la suite, dans la cellule unique issue du « mariage », les deux noyaux similaires se rapprochent et fusionnent[33]. C'est ainsi que les deux lots identiques de chromosomes en présence se mélangent sans s'éliminer ou se réduire : c'est le doublement du nombre de chromosomes.

Une cellule équipée d'un double jeu de chromosomes est plus vigoureuse, plus efficace qu'une cellule avec un seul lot de chromosomes, car le fonctionnement d'un gène déficient sur un chromosome peut être compensé par l'information portée par son chromosome jumeau. Ainsi doublement dotée, la cellule va vivre sa vie et prendre l'avantage sur ses semblables équipées d'un seul jeu de chromosomes.

Elle garde cependant la potentialité de réduire le nombre de ses chromosomes. Face à une modification du milieu ou

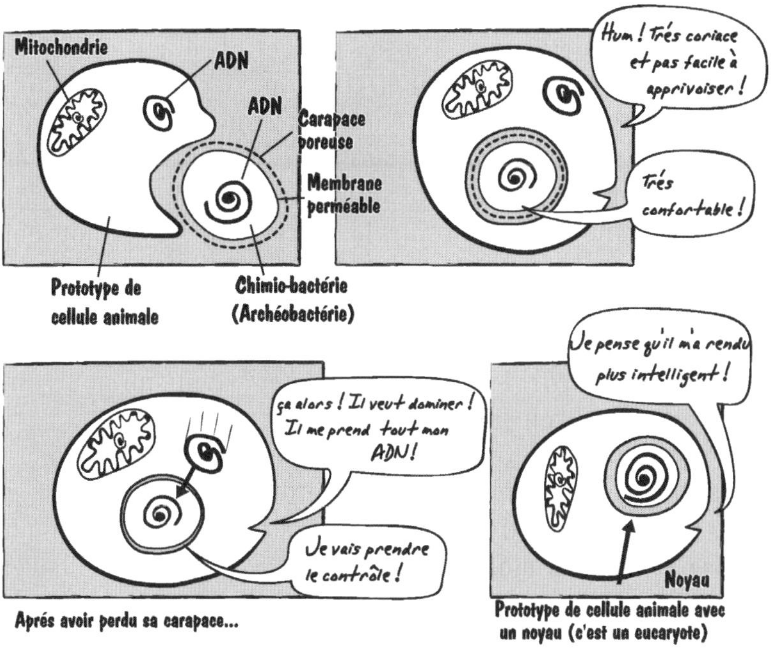

Figure 16. Origine du noyau par endosymbiose : un scénario possible.

un stress, elle réagit en divisant tout par deux (cellule, noyau et chromosomes), ce qui conduit à la formation de cellules identiques portant un seul jeu de chromosomes (c'est le processus appelé méiose ou réduction chromatique). Dès lors, il convient d'appeler ces dernières cellules *sexuées,* car elles n'ont qu'un seul salut et destin : trouver une cellule identique et compatible pour se « marier ». Recommencer en fait le scénario du cannibalisme avorté de ses ancêtres directs.

La reproduction sexuelle serait ainsi née. Le « comportement sexuel » est apparu chez les premières cellules animales et végétales indépendantes. Ce n'était au début qu'une sorte de comportement cannibale. Il a été profitable et s'est répandu par la sélection naturelle. La sexualité est donc l'héritage d'une solution pour vivre différemment (avec plus de vigueur, moins de faiblesses génétiques car tous les gènes sont en double) dans un état simple (unicellulaire).

Pour ma part, j'aime bien cette hypothèse qui prend en compte le phénomène universel de la division des cellules animales et végétales. Toutes les cellules sexuelles ont un comportement identique, elles ont des parois molles, s'accolent et se fusionnent. Chez l'Homme, le volumineux ovule absorbe le petit spermatozoïde. Une fois englobé, le noyau du spermatozoïde se colle et fusionne avec celui de l'ovule, mettant en commun le patrimoine génétique des deux cellules sexuées dans un noyau unique, pour former celui d'un nouvel individu (Fig. 18 bas, p. 159). Ce processus de mariage entre deux cellules sexuées est bien une sorte de *symbiose fusionnelle* : le spermatozoïde et l'ovule ne pourront survivre que s'ils fusionnent.

Pour illustrer cette hypothèse, il faut faire référence à un comportement remarquable, très proche de ce qui a dû se passer à l'époque des premières fusions symbiotiques. Il s'observe chez certains groupes de champignons, en particulier chez ceux que nous consommons[34].

Les champignons communs (avec un chapeau et un pied) n'ont pas de cellules sexuées élaborées dans des organes

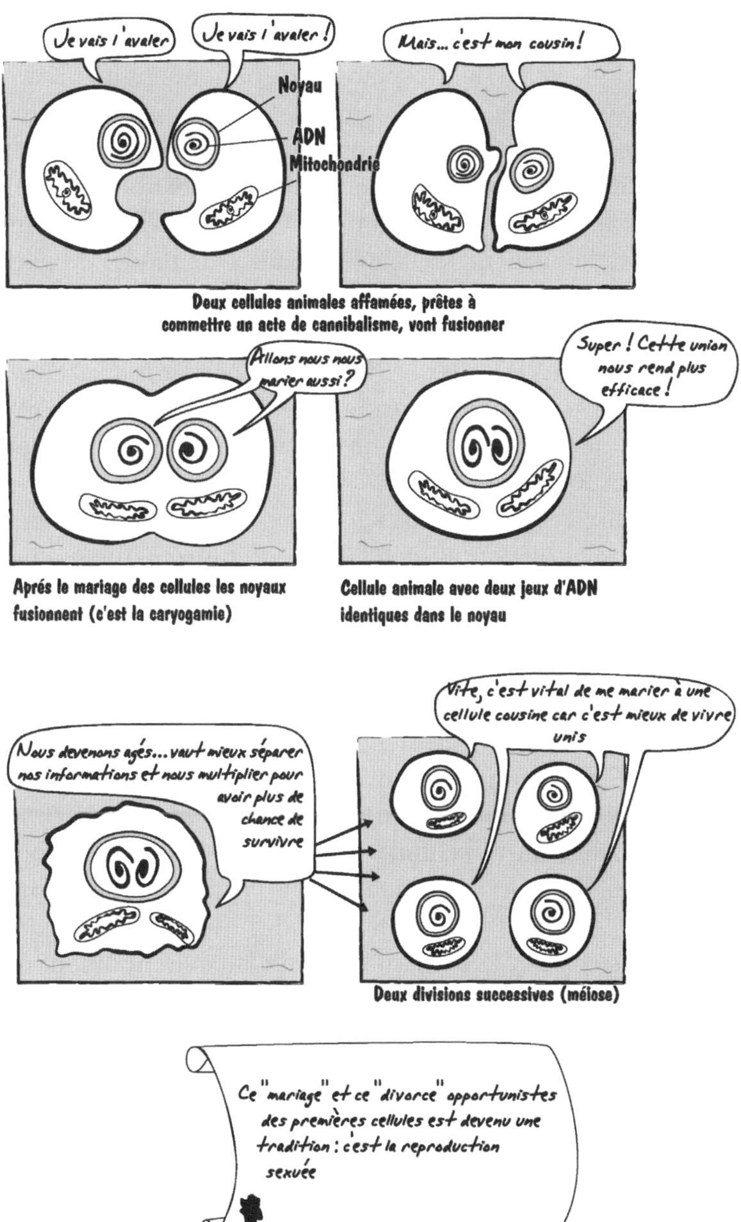

Figure 17. Apparition de la reproduction sexuée. Tout aurait commencé par le « mariage » de cellules proches, en fait un cannibalisme avorté transformé en une union fusionnelle.

spécifiques, mais les cellules de certains de leurs filaments rampant sous terre (le mycélium) ne contiennent qu'un noyau avec un seul jeu de chromosomes.

Les cellules de ces mycéliums ont la capacité extraordinaire de fusionner avec des cellules similaires compatibles[35]. Comme si toutes les cellules des filaments porteurs d'un noyau au génome réduit étaient des cellules sexuées identiques. Mais dans ce cas, le mariage des deux cellules n'est pas parfait car, si les deux cellules accolées se fusionnent bien pour en former une seule, les noyaux des deux cellules fusionnées *restent indépendants côte à côte*[36]. La symbiose fusionnelle, la mise en commun des contenus des deux cellules, ne *conduit pas à l'union des noyaux* (Fig. 19, p. 161).

Les deux cellules se sont « accouplées » pour en donner une seule, mais les deux noyaux à l'intérieur font « chambre à part ».

Ces cellules contenant deux noyaux développent des propriétés de structuration plus complexe que les filaments n'ayant qu'un seul noyau. Seuls les filaments rampants sous terre ayant deux noyaux peuvent se structurer pour donner un champignon volumineux bien visible. Le champignon, tel qu'on l'imagine (avec un pied et un chapeau), n'est qu'une structure compacte composée de mycéliums (filaments) à cellules contenant deux noyaux, dont certaines sont destinées à produire des spores. Celles-ci se forment sous le chapeau, sur les lamelles (ou dans les pores pour la famille des bolets). À cet endroit précis, les cellules contenant deux noyaux se modifient et les deux noyaux fusionnent juste avant la formation des spores. Les chromosomes ont alors peu de temps pour se mélanger. Le noyau portant deux jeux de chromosomes, à peine constitué, se divise avec la cellule (par méiose) pour former les spores équipées *d'un seul noyau* portant de nouveau qu'*un seul jeu de chromosomes.* Ces spores germent sur le sol pour donner les mycéliums, files de cellules ne portant qu'*un seul noyau*… C'est le cycle de vie du champignon commun.

Chez quelques lignées d'algues, les cellules sexuées mâles et femelles nagent comme nos spermatozoïdes, elles semblent

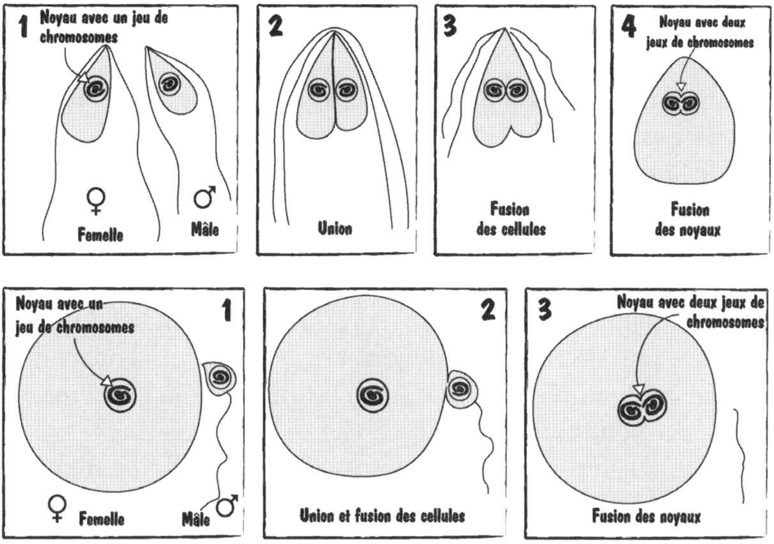

Figure 18. Exemples de reproductions sexuées (ou gamies ou mariages) d'organismes pluricellulaires actuels. On distingue deux phases qui se succèdent rapidement : l'union et la fusion des membranes (plasmogamie) et celle des noyaux (caryogamie). En haut, l'exemple de certaines algues vertes où les cellules sexuelles (gamètes) sont encore à peu près identiques. En bas, l'exemple de tous les animaux (métazoaires) où le gamète femelle (ovule) est volumineux et immobile et le gamète mâle (spermatozoïde) est petit et très mobile.

identiques, seules de subtiles différences permettent de les distinguer : ce sont les premiers caractères sexuels (Fig. 18 haut) (chez la majorité des algues, les cellules sexuées sont très différentes : petites et flagellées pour les mâles, plus volumineuses et souvent sans flagelles pour les femelles). Dans tous les cas, pour que deux cellules sexuées se soudent, il faut qu'elles proviennent de la même espèce, qu'elles contiennent les mêmes chromosomes.

Le cas d'atavisme le plus extraordinaire que j'ai pu observer concerne les algues vertes chères à mes limaces : les caulerpes. Ces algues vertes ressemblant à des plantes, mais n'ont pas de cellules, pas de parois internes. Ce n'est, nous l'avons dit, qu'une gigantesque cellule tubulaire en forme de plante renfermant un suc (le cytoplasme). Dans ce suc, on trouve mélangés les noyaux, les plastes, les mitochondries et tous les autres composants des cellules végétales.

Lorsque le moment de la reproduction sexuée arrive, branle-bas de combat ! C'est la cérémonie du mariage.

Les noyaux contenant un seul jeu de chromosomes rassemblent tous les constituants de la cellule originelle : plaste, mitochondrie…, s'entourent d'une membrane et forment une cellule sexuée. Tout le contenu de l'algue verte se transforme ainsi en milliers de cellules de reproduction. Au signal (le lever du jour), tout s'échappe au dehors, en pleine eau. L'algue, vidée de son contenu n'existe plus, ce n'est plus que la paroi inerte blanchâtre du tuyau vide qui va vite se désagréger.

Pour survivre dans l'eau, les minuscules cellules sexuées n'ont qu'un « espoir » : en trouver une autre similaire et compatible pour s'associer, se fusionner, se marier. L'union conduira à la formation d'une nouvelle caulerpe.

C'est le seul groupe d'organismes de grande taille où tous les noyaux de l'individu participent à la cérémonie traditionnelle du mariage. Lorsque l'individu arrive au terme de sa vie ou lorsque les conditions de vie deviennent difficiles, il se saborde tout en se perpétuant. Tout en lui se transforme en ovules ou spermatozoïdes ! Toute sa substance vivante s'est fragmentée, mais continue d'exister, seule sa « peau » est abandonnée !

Chez l'ensemble des êtres vivants se reproduisant par voie sexuée, le processus de division du nombre de chromosomes, suivi de leur union fusionnelle, s'accompagne d'un double mécanisme. Il permet d'une part des échanges de chromosomes (lors du « mariage », de la gamie) et d'autre part des mélanges (lors du « divorce », de la méiose). Lors de ce dernier processus des portions similaires entières peuvent passer d'un chromosome à son homologue par enjambement ou croisement (ce mécanisme de recombinaison a été appelé *crossing-over*)[37]. Tout cela entraîne un *brassage* génétique. Animaux et végétaux ont ainsi acquis un mécanisme stabilisant les mutations, gommant les plus aberrantes, tout en permettant la fixation de caractères distincts d'un individu à l'autre. Ce système, favorable à l'innovation, va

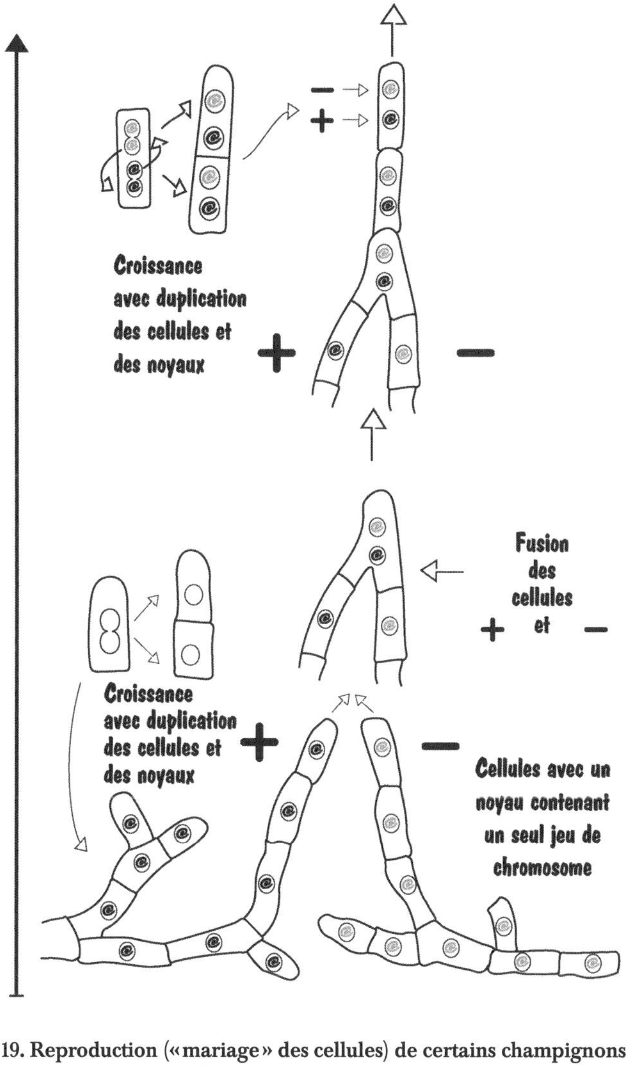

Figure 19. Reproduction (« mariage » des cellules) de certains champignons actuels (eumycètes, basidiomycètes) en deux étapes séparées. Les filaments provenant des spores n'ont pas de caractéristiques sexuelles, mais sont capables de s'unir s'ils sont compatibles (+ avec -). Ils fusionnent (ce « mariage » des cellules s'appelle la somatogamie ou périttogamie). Des filaments composés de cellules avec deux noyaux se forment (dicaryons). Ces filaments sont seuls capables de former le champignon visible (le carpophore). La fusion des noyaux (c'est la seconde étape du mariage appelé caryogamie) suivie immédiatement par un « divorce » des cellules (méiose ou réduction chromatique) a lieu juste avant la formation des spores quand le champignon meurt. Ces spores se forment sous le chapeau du champignon au niveau des lamelles.

être institué et utilisé ! Le grand mélange du matériel support de l'information génétique est avantageux pour pouvoir évoluer dans un environnement changeant et hostile. Les dures contraintes naturelles ont conduit à sélectionner ceux qui présentent ce potentiel fantastique de variations : la reproduction sexuée s'est ainsi imposée dans le cycle de renouvellement des espèces animales et végétales.

Ce n'est que chez les organismes animaux et végétaux unicellulaires vivant dans des milieux stables que le recours à la reproduction sexuée est peu pratiqué[38]. Ils se divisent le plus souvent à la manière des bactéries (par simple duplication des cellules et du matériel génétique).

La fin du cours approche, je le ressens sans regarder ma montre. L'attention baisse. Il faut ressaisir le public. Je marque un temps de pose. Jusqu'à ce que les étudiants, surpris, me regardent tous.

– Ce n'est pas fini !

Je les encourage :

– Allez ! Encore 5 minutes et toute l'histoire des endosymbioses sera exposée !

En fait, une autre endosymbiose est sans doute à l'origine d'une autre innovation importante dans l'histoire de la vie !

La formation des flagelles

Pour chasser, la bactérie, prototype de cellule animale, devait se déplacer. Elle devait d'abord ramper. Elle pouvait aussi flotter entre deux eaux, mais pas se diriger. C'est vraisemblablement une endosymbiose qui a permis l'acquisition d'une caractéristique propre à la plupart des lignées animales et végétales : les flagelles ou cils permettant la propulsion des cellules[39].

Certaines bactéries actuelles sont mobiles ; elles ont la forme d'une bandelette dotée de propriétés contractiles permettant la propulsion[40]. Une bactérie similaire a pu être ingérée par un prototype de cellule animale et une partie, restée à l'extérieur, aurait été utilisée par son hôte pour se déplacer. Cette explication manque encore de preuves suffisantes pour être totalement acceptée, mais il est remarquable de constater que tous les cils et tous les flagelles des lignées distinctes de cellules animales et végétales ont la même structure interne très complexe et le même mécanisme de fonctionnement.

Certaines lignées (arbres généalogiques du vivant) sont totalement dépourvues de cils ou flagelles : il s'agit des algues rouges et des champignons septomycètes (ceux que nous consommons en font partie)[41]. Chez ces organismes, les bactéries mobiles n'ont jamais dû faire partie du menu des bactéries carnivores qui leur ont donné naissance.

Dans le cas de la lignée des végétaux verts, on constate qu'il y a des spermatozoïdes avec un flagelle chez les algues vertes, les mousses et les fougères (ils doivent nager dans l'eau pour rejoindre l'ovule, ce qui explique l'absence de mousses et de fougères dans les lieux secs). Chez les plantes à fleurs, apparues bien plus tard que les algues vertes, mousses ou fougères, c'est le grain de pollen (composé de plusieurs cellules) qui va produire la cellule mâle de reproduction. Celui-ci est emporté par le vent ou est transporté par des insectes jusqu'à la fleur. Le grain de pollen arrive ainsi sur l'organe femelle de la fleur (le pistil). La cellule mâle se forme dans le grain de pollen, elle va rejoindre l'ovule grâce à la germination d'un tube qui va forer le pistil pour toucher l'ovule (c'est le tube pollinique). Plus besoin de flagelles, ils ont été supprimés au cours de cette évolution.

L'union et la fusion de bactéries à l'origine de la deuxième genèse du vivant

Résumons la situation : *les ancêtres des cellules animales et végétales étaient des bactéries.* Ces bactéries se sont associées, unies pour vivre ensemble par le processus d'endosymbiose. L'ordre des diverses endosymbioses réussies et pérennes reste à définir.

Le noyau et les mitochondries sont des organites communs à l'ensemble des lignées des eucaryotes : les endosymbioses qui ont permis leur formation sont ainsi vraisemblablement intervenues en premier, constituant des prototypes de cellules animales se nourrissant de proies en milieu oxygéné grâce aux mitochondries.

De même, comme la grande majorité des eucaryotes peuvent se reproduire de façon sexuée, ou ont au moins dans leur cycle de vie un double jeu de chromosomes dans leur noyau, l'union fusionnelle de bactéries parentes a dû intervenir aussi très tôt pour la majeure partie des prototypes de cellules animales.

Certains de ces prototypes se sont nourris de « bactéries végétales » (comme les cyanobactéries) qui ont fini par être incluses dans leurs cellules. Ces unions ont donné des lignées de végétaux comme celle qui comprend l'ensemble des plantes vertes.

À des époques très variables, d'autres cellules « animales » très voraces ont ingéré puis apprivoisé des cellules végétales à leur tour en partie « domestiquées » dans leurs cellules (il s'agit d'endosymbioses secondaires). Ils ont donné d'autres lignées de végétaux apparues parfois bien plus tard (certaines lignées, issues d'endosymbioses secondaires, ne seraient apparues que vers – 300 000 ans). Parmi toutes ces lignées, certaines ont probablement coopté des bactéries mobiles et rubanées, devenues des propulseurs (cils ou flagelles).

Ce résumé souligne bien que l'émergence de la faune et de la flore est issue d'unions, impliquant un grand mélange de bactéries diverses.

Une fois de plus, je pose la craie. J'insiste sur cette conclusion. Si nous sommes là, c'est grâce à ces endosymbioses successives. Les cellules animales, les cellules végétales, nos cellules, toutes nos cellules sont des ex-bactéries qui contiennent encore en elles d'autres bactéries « domestiquées » !

Chuchotements dans l'amphithéâtre. Étonnement des étudiants ayant compris la transposition de la théorie de l'endosymbiose à nos cellules. Amusement pour d'autres qui traitent leur voisin d'amas grouillant de bactéries.

La diversification de la faune et de la flore est donc issue d'assemblages originaux formés au hasard par une lignée de cellules ayant inventé l'art d'unir leur vie avec une autre vie. La bactérie carnivore et cannibale, apparue il y a plus de 2,85 milliards d'années (voir chapitre 8), n'existe plus de nos jours dans nos marécages et océans. Elle aurait pourtant de quoi manger car sa nourriture de base (toutes les bactéries et toutes les diverses lignées d'algues microscopiques) ne s'est jamais tarie. Le groupe d'artistes créateurs a disparu à jamais, ne laissant qu'une petite partie de leurs œuvres, perpétuées par de lointains descendants constituant l'ensemble actuel de la faune et de la flore.

Dans tout ce processus, de petites mutations et la sélection naturelle sont intervenues. Les bactéries, dont le patrimoine génétique aurait conféré la propriété d'avaler des proies, auraient été avantagées dans leur milieu, par rapport à celles qui absorbaient la matière organique par simple contact. Parmi les « bactéries carnivores », celles ayant su préserver et utiliser les proies sans les digérer auraient bénéficié d'un avantage conséquent par rapport à celles qui digéraient tout ce qu'elles englobaient.

De multiples combinaisons de bactéries associées ont dû apparaître et se confronter à la concurrence et à la diversité des milieux. Une myriade d'êtres microscopiques hybrides ou chimères, prototypes de cellules animales et végétales dont on ne connaîtra jamais ni la forme ni le fonctionnement, devaient constituer, avec les bactéries, la biodiversité de ces temps lointains[42]. Les associations peu adaptées aux conditions changeantes du milieu ou trop concurrencées n'ont pas survécu. Les associations viables ont eu une vie éphémère, elles se sont transformées au cours de l'évolution pour donner d'autres animaux ou végétaux unicellulaires. Ainsi les associations endosymbiotiques à l'origine des lignées animales et végétales actuelles sont sans doute une part infime des unions apparues dans un très lointain passé et dont le développement a été interrompu dans un monde changeant et hostile.

Aujourd'hui, on ne distingue plus que quelques dizaines de lignées animales et végétales indépendantes issues de cette époque reculée de l'histoire de la vie. Elles sont nées d'autant de combinaisons différentes et successives et ont survécu aux cataclysmes[43], aux compétitions et aux contingences de l'évolution. Les « briques » sont les mêmes, mais chacune se caractérise par un « moteur de vie » différent. Leurs cellules respectives contiennent des éléments cooptés de provenance diverse (gènes, organites). Elles résultent de menus différents, testés par les bactéries carnivores originelles.

C'est ainsi qu'il faut admettre, par exemple, qu'une micro-algue verte est plus proche d'un palmier ou d'une fougère que d'une minuscule algue brune. Le moteur de vie fonctionne de façon identique pour l'algue verte, la fougère et le palmier, ce sont des représentants d'une seule lignée d'évolution. Car tous possèdent des plastes similaires ayant la même origine endosymbiotique. Les cellules des végétaux verts contenant ces plastes particuliers, sont fondamentalement différentes de celles des algues brunes (ce type d'algue est souvent utilisé comme support pour présenter les plateaux de fruits de mer dans les restaurants[44]). Ces deux lignées (végétaux verts et algues brunes) sont issues de combinaisons différentes : les cellules animales prototypes et leurs proies ingérées sont à l'origine différentes.

Certaines combinaisons d'endosymbiose ont donné des lignées mi-végétales (leurs représentants dotés de chlorophylle se nourrissent uniquement par la photosynthèse), mi-animales (leurs représentants se nourrissant uniquement en ingérant de la matière organique)[45].

C'est pour toutes ces raisons qu'il n'est pas possible de donner une définition précise de la faune et de la flore, mots créés par l'Homme il y a des milliers d'années pour distinguer l'animal du végétal. Cette distinction rustique ne convient pas à la diversité des systèmes vivants au sein des eucaryotes, constitués de cellules à noyaux, visibles à l'œil nu ou au microscope optique.

Le cours se terminait. Par trois fois, j'ai effacé mes dessins et mots techniques qui couvraient les deux tableaux mobiles superposés. Mes mains étaient couvertes d'un fond de teint multicolore, traces des craies de couleurs. Ma veste était saupoudrée de paillettes mates, poussières de craie. C'était le moment de conclure.

– Voilà ! Vous avez maintenant compris pourquoi la pratique de la symbiose marque un schisme dans l'évolution de la vie sur la Terre. Aujourd'hui, la flore, la faune et les Hommes gardent au sein de leurs cellules les descendants indéfiniment reproduits des agapes bactériennes. Dans nos cellules, ex-bactéries carnivores, grouillent encore des bactéries « domestiquées », cooptées il y a quelques milliards d'années : ce sont des mitochondries, véritables « poumons » de nos cellules. Les plantes vertes, qui produisent l'oxygène sans lequel les animaux dont l'Homme ne pourrait vivre, fonctionnent elles aussi grâce à des bactéries « domestiquées » : les plastes, capables de tirer du Soleil l'énergie nécessaire à la vie (par photosynthèse). Un des comportements majeurs des organismes animaux et végétaux, la sexualité, est à l'origine un comportement cannibale changé en union, il date des premières endosymbioses.

– Vous comprenez maintenant pourquoi je me suis amusé à vous taquiner avec mes questions sur les différences entre faune et flore, voilà pourquoi je vous ai parlé de la limace vampire de l'algue tueuse qui a « réinventé » l'endosymbiose[46], voilà enfin la justification du mot révolution !

Oui ! C'est une révolution, car l'apparition et le développement de la faune et de la flore sur Terre ne sont pas que le fruit d'une lente évolution à partir d'une ou de plusieurs bactéries qui représenteraient le ou les troncs communs, comme il est logique de l'imaginer. Ce ne sont pas uniquement de petites mutations génétiques sélectionnées par la nature qui ont provoqué la transformation d'une bactérie en cellule animale ou végétale. Flore et faune ne sont pas nées de lentes modifications individuelles, mais d'unions, d'*additions* successives. Additions nées d'évolutions parallèles harmonieuses : des co-évolutions[47] !

Ces unions «amicales» ou «forcées» ont donné des ensembles avantageux. Une bactérie A s'associant à une bactérie B donne un nouvel individu C. Celui-ci ingérant et domestiquant une autre bactérie D donne un nouvel individu E.

A + B = C et C + D = E !

Ces unions ont additionné les potentialités des associés, elles ont aussi fait leur force.

La reproduction sexuée, processus d'endosymbiose fusionnelle, est un nouveau mécanisme, un nouveau moteur pour évoluer. L'union fusionnelle de cellules permet le brassage génétique par mélange et panachage des chromosomes additionnés d'origine mâle et femelle. Le doublement et le mixage de l'information provenant de deux individus unis (comme l'ovule et le spermatozoïde) confèrent aux cellules animales et végétales à la fois stabilité et créativité.

Tout cela est révolutionnaire, car cela a conduit à l'émergence de la flore et de la faune.

Les étudiants se sont levés. En mon fort intérieur, j'étais content d'avoir pu transmettre une si belle histoire naturelle. Une histoire récente que je n'avais pas apprise lorsque j'étais sur les mêmes bancs de l'université de Nice-Sophia Antipolis.

Tout ce qui concerne l'origine des bactéries sur Terre et les processus d'endosymbiose conduisant aux cellules animales et végétales sont des connaissances clefs de voûte pour comprendre l'essence de la vie. Ce sont les deux événements majeurs qui ont conduit à la présence et à la diversification de la vie sur la Terre. Ce sont deux genèses distinctes. Le reste s'explique par une longue suite de transformations et de catastrophes dont les mécanismes, maintenant mieux connus, sont exposés dans les chapitres qui suivent.

Chapitre 7

Vermeer et Van Leeuwenhoek

Les hasards, aléas et contingences de l'évolution

Johannes Vermeer, peintre aujourd'hui illustre mais peu connu de son temps, naquit en 1632 à Delft. C'était alors une bourgade florissante des Provinces unies des Pays-Bas, citée attachée à la maison d'Orange-Nassau, bastion militaire de la résistance face à l'invasion espagnole. Une ville connue pour son négoce de l'art, ses ateliers de faïence et de tapisserie. C'est dans cet environnement que Vermeer a créé un nouveau style de peinture hollandaise. Ses descriptions de la bourgeoisie locale sont d'un réalisme surprenant et expriment une sensibilité raffinée. Parmi la trentaine de tableaux qui lui sont attribués aujourd'hui[1], on compte de nombreuses représentations de richesses ou d'expressions artistiques. L'art de la musique est illustré par divers instruments mis en scène avec des jeunes femmes[2]. Sur une dizaine de tableaux, on peut admirer des tapis aux riches fleurages posés sur des tables ou tendus aux murs. L'art de l'écriture, alors réservé à l'élite, est dépeint sur diverses compositions avec pour modèles des femmes écrivant ou lisant des lettres. Les intérieurs des maisons, peints par

Vermeer, sont décorés de tableaux et une de ses toiles a pour sujet un peintre devant son chevalet.

Mais Vermeer était aussi sensible à l'art des sciences : sur six de ses toiles, de grandes cartes sont suspendues aux murs[3]. Elles expriment une somme de connaissances alors très élaborées. De même, deux scientifiques sont les sujets de deux tableaux : un astronome devant des livres, effleurant d'une main un globe céleste (Fig. 20, p. IX)[4] et un géographe devant une carte marine, tenant un compas à pointes sèches, avec, en second plan, sur une armoire, des livres et un globe terrestre (voir Fig. 39, p. XV)[5]. Les historiens de l'art s'accordent à dire que l'astronome et le géographe représentent un seul et même modèle. Il ressemble beaucoup au portrait authentifié d'Antoni (ou Anthony) van Leeuwenhoek peint par Jan Verkolje (Fig. 21, p. X), où le savant figure aussi, un compas à la main, à côté d'un globe terrestre.

Né à Delft la même année que Vermeer, Van Leeuwenhoek fut l'exécuteur testamentaire du peintre[6]. Le savant était connu pour sa passion pour la géométrie, l'astronomie et l'optique. Mais il devint célèbre grâce à l'utilisation d'un microscope performant qu'il fabriqua. Avec cet outil, il fut le premier à découvrir les microbes et leur étonnante diversité[7].

Sans aucune formation scientifique, il fut ainsi le premier à constater et rapporter que la couleur de notre sang vient des globules rouges, que la semence est composée de milliards de *« vermicules »* qui nagent grâce à un fouet (ce sont les spermatozoïdes), que l'eau croupissante contient des myriades *« d'animalcules »* mouvants munis de cils (ce sont notamment des infusoires) et que des *« globules »* grouillent dans le tartre qui se forme sur nos dents (ce sont des bactéries). Tous ces organismes microscopiques furent nommés par la suite *monades*[8].

En 1665, un savant anglais, Robert Hooke (1635-1703), à l'aide d'un autre modèle de microscope, a observé une coupe fine de liège. Il constata que cette matière végétale inerte est constituée d'une mosaïque de loges quadrangulaires qu'il nomma *cellules*. Van Leeuwenhoek confirma cette observation douze années plus tard. Par la suite, d'autres chercheurs établirent que tout ce qui vit est composé de cellules[9].

D'un seul coup, une échelle cachée du vivant était apparue à Van Leeuwenhoek. Pour la première fois, la vie dévoilait son intimité au travers d'un outil très rare à cette époque. Il faut imaginer la surprise du savant et son émerveillement devant ce nouveau monde qui s'ouvrait sous ses yeux. Van Leeuwenhoek vivait dans un milieu appréciant les expressions artistiques et a été particulièrement sensible aux formes, couleurs et à la diversité de la vie microscopique. Mais quelle abstraction ! Et comment interpréter et comprendre ces observations surprenantes ?

De nos jours, plus de trois siècles après les observations de Van Leeuwenhoek, on découvre encore d'étonnantes structures cellulaires grâce à la puissance de microscopes à l'optique sophistiquée ou de microscopes électroniques et à l'aide de techniques raffinées d'éclairage, de fixation, de révélation ou de coloration des préparations.

Les splendeurs de la nature, les structures et couleurs du vivant, les comportements animaux et végétaux, les odeurs et bruits de la vie, les multiples formes et expressions des visages et des corps de femmes et d'hommes ont de tout temps inspiré écrivains, philosophes, musiciens et peintres. Pendant des siècles, on s'est émerveillé de la beauté de la nature et, pour longtemps, quelles que soient les croyances, tous les organismes vivants étaient interprétés comme étant des créations divines. Cette admiration pour les richesses de la vie a pris un cours particulier dans les provinces hollandaises. Peu après la naissance de Vermeer, une fleur, la tulipe, a rendu fou nombre de Bataves, peuple de paysans et de commerçants pourtant peu dépensiers. Sa découverte émerveilla, sa possession se monnaya fort cher ; pour un bulbe on vendait sa maison, on se ruinait.

Tandis que Vermeer magnifiait l'art et créait des œuvres uniques et figées, que l'on admire toujours plusieurs siècles plus tard (une merveilleuse vue de Delft a inspiré Proust dans *La*

Recherche du temps perdu), à la même époque Van Leeuwenhoek découvrait seul des cellules mouvantes multicolores, multitudes de vies éphémères et changeantes.

Van Leeuwenhoek, bien que scientifique amateur, fut le premier à observer les micro-organismes unicellulaires à l'origine de la vie. Ces cellules peuvent vivre indépendantes ou s'agglomérer pour constituer des organismes de grande taille. Les cellules sont les briques des constructions vivantes, le matériel élémentaire de l'architecture de tous les animaux et végétaux visibles (voir chapitre 8). L'association de cellules et leur spécialisation dans des fonctions particulières ont donné naissance à une multitude d'organismes de taille visible. C'est par des informations génétiques internes changeantes, moulées dans les carcans de multiples contraintes physiques et chimiques et soumises aux conditions de vie extérieures, que les plans du vivant se sont façonnés. Le résultat est une diversité extraordinaire de formes, fonctions et couleurs.

La transformation des espèces dans le temps : l'évolution

Dans le premier chapitre, nous avons résumé la surprenante affiliation entre les singes et l'Homme. Notre ascendance animale et notre appartenance au monde animal sont aujourd'hui logiques et évidentes. Elles suscitent néanmoins encore débats et, ça et là, incrédulité.

L'évocation de la transformation de prototypes de cellules animales et végétales en singes, baleines, insectes, plantes à fleur ou fougères surprend moins car elle est trop abstraite. « Cela a dû se passer ainsi, mais je suis incapable de l'expliquer ! » est une phrase qui revient souvent, lorsque j'interroge des amis en dehors du cénacle des biologistes.

Il s'agit pourtant du même processus conduisant à l'émergence de la lignée humaine à partir d'un ancêtre commun aux singes actuels et aux Hommes. Des transformations multiples ont conduit au fil des millénaires à l'épanouissement de la vie. Mais si le temps des changements d'un singe ancestral à l'Homme est estimé à quelques millions d'années, le temps écoulé entre le prototype de cellule animale et le singe est estimé à près de 2,85 milliards d'années (voir chapitre 8). Il s'agit d'une autre échelle de temps et d'une autre échelle de transformations.

Tout commence dès l'apparition des cellules animales et végétales. Changements, transformations et adaptations sont des termes intemporels souvent utilisés pour décrire ce qui s'est passé ensuite. *Évolution* introduit une notion de temps, ce mot traduit mieux les mécanismes qui ont mis si longtemps à modifier et diversifier la vie[10].

Les non-professionnels de la biologie ne peuvent pas imaginer la somme d'écritures, de recherches, de controverses et de passions que le sujet de l'évolution a suscité depuis les écrits de Lamarck et de Darwin[11]. Et l'engouement pour ce thème est loin d'être tari. Encore de nos jours, des revues scientifiques sont entièrement consacrées à l'évolution. Les historiens de la nature, paléontologues, zoologues, botanistes, embryologistes et, ces dernières décennies, généticiens et biochimistes, continuent à approfondir les modalités de la transformation des espèces. Ils appartiennent à des disciplines scientifiques qui s'ignorent souvent. Dans des champs sémantiques distincts, ils ajoutent des pierres à l'édifice des connaissances. Ces enquêteurs du passé de la vie ont bâti de nouveaux concepts[12], intégrant de multiples avancées significatives pour la compréhension fine du processus de l'évolution.

Hasards, aléas et contingences

Trois mots reviennent souvent qui expriment différemment ce qui est fortuit : le hasard, l'aléa et la contingence[13]. Ces termes se confondent parfois dans le langage courant. Pour ceux qui décrivent les phénomènes de l'évolution, ils correspondent à trois sens différents.

Le terme *hasard* doit être réservé aux événements imprévisibles et inattendus par rapport à un but[14]. Le cultivateur qui retourne la terre et trouve une pièce d'or bénéficie d'un heureux hasard (une chance), celui d'être tombé sur une pièce d'or dans son champ, qu'il ne cherchait pas et dont il ignorait la présence ; ce n'était pas son but de la chercher. Ce hasard est prédictible : même si le cultivateur ne savait pas qu'il y avait une pièce d'or dans son champ, tôt ou tard il l'aurait trouvée. Un calcul de probabilité de trouvaille peut être effectué en considérant la surface de la parcelle cultivée, la fréquence de retournement de la terre et la taille de la pièce[15].

L'aléa[16] est un événement imprévisible, mais attendu dans le temps. Il concerne un événement connu, mais nul ne peut prédire quand il aura lieu. Ainsi, une maison construite trop près du lit d'une rivière peut subir les aléas d'une crue centennale ou millénaire sans que l'on sache quand celle-ci surviendra (personne ne peut dire quand on va subir cet aléa, arrivant une fois tous les cent ou mille ans). Dans ce sens, les « jeux de hasard » sont plutôt des jeux d'aléas. *Hasards* et *aléas* ont en commun le fait d'être des événements qui répondent à des règles mathématiques simples de probabilité. Ainsi, dans le temps, un événement hasardeux ou aléatoire finit par arriver selon une probabilité calculable. La seule différence entre ces deux notions est que l'événement hasardeux est inattendu, alors que l'événement aléatoire est identifié, connu et attendu.

Il faut comprendre le mot *contingence*[17], utilisé surtout au pluriel, dans le sens d'une suite imprévisible, indéterminée, de plusieurs événements hasardeux ou aléatoires liés par des cascades de cause à effet. Il s'agit d'événements qui échappent à tout calcul de probabilité, un hasard sans aucune prédiction possible. On n'a aucune idée des événements qui vont s'enchaîner, on ne sait pas quand chaque événement inconnu doit se manifester, ni où. C'est un *hasard absolu*. La définition du terme, peu intuitif, de contingence, peut être illustrée par un exemple simple sous la forme d'une historiette de fiction[18].

Un matin, Guillaume rate son bus habituel et prend le suivant. Le même jour, Julie rate son avion qui devait la ramener chez elle. Son prochain avion part tard le soir. Elle décide alors de prendre un taxi pour visiter la ville. Mais son taxi tombe en panne pour une raison peu commune : un court-circuit généralisé. Julie prend alors un bus et rencontre Guillaume… Dans le langage commun, on dit que la rencontre, suivie du mariage entre Guillaume et Julie, est le fruit d'un extraordinaire hasard. Ils vont si bien ensemble que ce hasard est même douteux, il est orienté par des forces supérieures, vont jusqu'à affirmer ceux qui croient aux événements guidés par un destin mystique. Pour les scientifiques, ce n'est pas du tout un simple hasard, c'est une suite illogique, indéterminée, de pures coïncidences totalement imprévisibles. Aucune loi mathématique ne pouvait prédire la succession d'événements indépendants et l'heureux dénouement (sans compter la multitude d'événements connexes qui ne sont pas venus perturber la succession décrite).

Dans la nature, l'harmonie est le résultat d'événements contingents. Si l'équilibre est bouleversé ou détruit, il est improbable que cette harmonie soit reconstituée à l'identique. S'il était possible de revenir en arrière, de recommencer par le début, on obtiendrait une succession différente d'événements et donc un autre résultat final. Il en est ainsi pour notre vie, pour celle des espèces, pour l'histoire du vivant.

Hasards, aléas et contingences sont des mots – pas toujours bien compris et utilisés – qui figurent dans toutes les principales conclusions d'un siècle de découvertes extraordinaires sur l'évolution de la vie.

Les mutations : rouage de base du mécanisme de l'évolution

Pour décrire les processus fortuits qui conduisent aux modifications du vivant, il faut d'abord évoquer le « moteur interne » de l'évolution, à savoir tout ce qui peut provoquer des changements de l'information génétique portée par l'ADN.

En 1953, James Watson et Francis Crick découvrent la structure de l'ADN, une découverte qui leur valut le prix Nobel[19]. Par la suite, bien d'autres biologistes, honorés ou non par un prix Nobel, ont approfondi les secrets de l'information génétique, les modes de sa lecture et de sa duplication au cours de la reproduction, les mécanismes d'utilisation d'une information codée conduisant à l'élaboration de protéines exécutant les fonctions de la vie ou servant de matière à l'architecture de la cellule.

Ainsi, c'est essentiellement grâce à la découverte de l'ADN, molécule support de l'information génétique, que la mécanique intime du vivant a pu être décrite, analysée et comprise à la fin du XXe siècle. Comme Van Leeuwenhoek en son temps, Watson et Crick ont ouvert une autre dimension dans la compréhension de la vie. Une nouvelle échelle de l'abstrait dans la connaissance du vivant, car les biologistes « voient » essentiellement les molécules de la vie par l'intermédiaire de réactions chimiques. Et on est loin d'avoir fini l'analyse de ce niveau d'intimité de la vie.

Biologistes cellulaires (leur champ d'observation est la cellule) et biologistes moléculaires (leur champ d'étude concerne les molécules) ont réduit la compréhension du vivant à l'extrêmement petit. L'approche analytique de cette « biologie réductionniste »[20], tendant à expliquer le vivant en le divisant en parties – démarche préconisée par René Descartes (1596-1650) dans son *Discours sur la méthode*[21] –, a permis d'accumuler des progrès considérables sur les connaissances du fonctionnement du vivant. Elle ne peut toutefois pouvoir prétendre tout expliquer.

L'information contenue dans chaque brin d'ADN finit toujours par se dupliquer et se transmettre de cellule en cellule. La conservation de l'information, de génération en génération, est une des propriétés essentielles du vivant. Le vivant est fondamentalement capitaliste.

Mais chaque recopiage peut induire des erreurs, ce sont des mutations[22]. Elles interviennent tant au niveau de l'ADN des bactéries que celui des animaux et des végétaux. Les mutations « avantageuses », « neutres » (« silencieuses ») ou pathogènes sont conservées et transmises aux descendants. Si l'ADN peut être comparé au disque dur contenant la mémoire et au logiciel d'exploitation d'un ordinateur régissant le développement, le fonctionnement et la reproduction de chaque cellule, les mutations, viables ou neutres, peuvent être assimilées à des enrichissements d'information, des augmentations de mémoire ou des améliorations de la programmation (où des détériorations qui sont à l'origine de certaines maladies génétiques) ; ce sont elles qui font changer le vivant.

Ces mutations ne sont pas toujours suivies directement d'effet. Considérons la molécule d'ADN comme une succession de mots (les gènes) et de lettres (au nombre de quatre seulement, les nucléotides). La plupart du temps, une lettre en plus ou en moins dans un mot ne change pas son sens et encore moins le sens de la phrase. Mais des erreurs répétées, s'additionnant au hasard, finissent par former des mots nouveaux. Au niveau de l'information génétique, ces « néologismes » expriment parfois une caractéristique nouvelle pour celui qui les porte.

Dans un premier temps, les biologistes ont pensé que ces mutations relevaient uniquement d'*événements contingents* correspondant à des modifications brusques de l'information génétique totalement inattendues, apparaissant n'importe où, sans prévision dans le temps[23]. Dans un deuxième temps, d'autres auteurs ont pu établir que des mutations peuvent être induites par des modifications préliminaires internes à la cellule (température, pression) ou par des événements venant de l'extérieur (comme des radiations ionisantes). Ainsi les mutations chimiques de l'ADN et les effets correspondants relèvent bien d'une succession d'*événements contingents*.

La mémoire cellulaire engrangerait ainsi, sans rythme, des informations ou programmations nouvelles de façon brusque et inattendue. Ces mutations peuvent se traduire par des changements de faible ampleur (les micromutations[24]) ou au contraire par des changements « révolutionnaires » (les macromutations[25]) pour son porteur. Ainsi certaines mutations sont viables, d'autres « neutres » et la plupart sont létales (les mutants délétères sont éliminés : c'est une sélection négative). C'est ainsi que l'apparition, le maintien et la diffusion dans la nature de nouvelles structures fonctionnelles, pouvant conduire à la naissance d'une nouvelle espèce, peut se produire par le double jeu de mutation-sélection négative.

L'ensemble fait penser à une machine produisant des changements épisodiques qui surviennent de façon imprévisible et inattendue, au gré de multiples événements extérieurs eux-mêmes imprévus. Les nouveautés apparaissent par à-coups, modifiant n'importe quel aspect, fonction ou comportement de l'organisme. Aucune règle de probabilité d'apparition des mutations ne peut être établie. Dans ce cas, la production de la machine (l'apparition des changements évolutifs) est contingente.

Dans les années 1960, un chercheur japonais, Motoo Kimura (1924-1994), a pu établir qu'il existait aussi une modification constante de l'information génétique dans le temps, de génération en génération[26]. Dans ce cas, soit le mécanisme de duplication de l'ADN est programmé pour faire des copies avec erreurs, soit il n'est pas assez précis pour ordonner un recopiage parfait. La cellule se comporte comme un scribe, un peu nonchalant, qui recopie des parchemins (l'ADN), *toujours* avec des fautes mineures (les mutations), pardonnables. Régulièrement, certaines de ces modifications chimiques (les mutations), dont les effets sont le plus souvent neutres et invisibles, sont « adoptées » (transmises, héritées). Les mutations moléculaires se produisant sans cesse, leur accumulation provoque des changements chez l'organisme. L'apparition des modifications moléculaires et les transformations de caractères induits sont ainsi régulières, elles semblent *aléatoires dans le sens où elles sont probables, attendues.* Kimura a ainsi découvert un « tic-tac » évolutif baptisé *horloge génétique.* Leur cause reste fondamentalement indépendante des contraintes de l'environnement extérieur. Mais ces mutations régulières, attendues et probables, sont sans « but prédestiné », elles relèvent ainsi du hasard, et les transformations consécutives restent toujours soumises à la sélection négative (les mutants délétères sont éliminés). Les changements induits se répandent de façon homogène s'ils sont neutres à la sélection naturelle. Par contre, la survie et la fécondité liées à une nouvelle particularité induite (forme, comportement, fonctionnement) amplifient ou annihilent cette nouveauté au sein d'une population : c'est la sélection naturelle.

Dans ce cas, la machine vivante tourne avec régularité, produisant avec constance des nouveautés qui sont testées, soumises aux régulations environnementales. Ces transformations restent imprévisibles et inattendues dans le sens qu'on ne sait jamais où elles vont apparaître. Seul leur rythme d'apparition est prédictible. Ainsi nous pouvons constater que la production de cette machine – matérialisée par l'apparition régulière de changements évolutifs avec ou sans avantage/désavantage sélectif – semble *aléatoire.* Mais les organismes n'ont aucune volonté, aucun but déterminé, ils ne peuvent ainsi rien prévoir. Dans ce sens, pour les organismes, ces mutations rythmiques apparaissent bien *par hasard.* Si l'immense majorité des changements induits sont neutres (introduisant une multitude de petites différences morphologiques ou fonctionnelles), il y a des hasards heureux pour les mutations apportant une amélioration et des hasards malheureux pour les mutations désavantageuses pouvant causer la mort.

Aujourd'hui, il faut convenir que les changements évolutifs, provoqués par les mutations, apparaissent de façon brusque ou régulière par des mécanismes chimiques *contingents ou hasardeux.* Ils concernent des traits morphologiques, des caractéristiques fonctionnelles ou des comportements inattendus, indéterminés et imprévisibles. Mélangés dans un sens commun, les hasards et contingences de l'apparition des changements par mutations se traduisent par le terme vague de hasard. Ce hasard global est ainsi nécessaire à l'évolution.

C'est ainsi que régulièrement ou cahin-caha l'information génétique de chaque être vivant change de génération en génération par mutations.

Le brassage sexuel de l'information génétique : second rouage du mécanisme de l'évolution

Aux mutations hasardeuses ou contingentes s'ajoute le mélange génétique sexuel. Lors de la reproduction, du « mariage » entre les chromosomes contenus dans le spermatozoïde et ceux de l'ovule, l'information mâle se mêle et se mélange à celle de la femelle. Par le jeu des mutations, les informations contenues dans les chromosomes sont, dans le détail, différentes. *Le brassage génétique entre ces chromosomes légèrement différents peut tout autant gommer, homogénéiser ou affirmer des traits nouveaux.*

La compréhension de cette seconde façon de modifier l'information génétique que chaque individu porte et exprime a commencé avec les découvertes du moine Gregor Mendel publiées en 1866[27]. Contemporain de Darwin, il est resté méconnu de son vivant. En observant des cultures de pois aux formes et couleurs différentes, il put établir des règles de transmission de caractères de génération en génération. Tout bachelier scientifique a appris les « lois de Mendel » avec des exemples divers de transmission de caractères (par exemple yeux bleus-yeux bruns) dont certains se révèlent dominants et d'autres dominés (récessifs).

Un demi-siècle plus tard, des chercheurs ont pu expliquer les lois de l'hérédité mises en évidence par Mendel, avec la découverte des chromosomes et de leurs savants croisements[28]. Ceux-ci surviennent au cours du processus conduisant à diviser par deux le nombre de chromosomes des cellules, chromosomes qui proviennent pour moitié du mâle et pour moitié de la femelle. Ce mécanisme est appelé méiose ou réduction chromatique (c'est la réduction du nombre de chromosomes dans les cellules : voir le chapitre 4). Nous l'avons décrit comme étant un « divorce », une reconstitution des cellules « simples » ne possédant qu'un jeu de chromosomes, destinées à former les cellules sexuées (ovules et spermatozoïdes chez les animaux). Ce mécanisme est en fait beaucoup plus complexe qu'une simple répartition en deux lots similaires des chromosomes. En effet, au cours de la méiose, il se produit :

– un échange de portions entre deux chromosomes d'une même paire (ou chromosomes homologues). Les chromosomes homologues (pour chaque paire de chromosomes, l'un vient du mâle, l'autre de la femelle) s'apparient, se croisent et échangent de petites portions (c'est le *crossing-over*). Il en résulte un véritable brassage de l'information génétique (portée par les gènes) au niveau de chaque chromosome (*brassage intrachromosomique*) ;

– une répartition aléatoire des chromosomes homologues : après l'appariement et le croisement des chromosomes homologues, ceux-ci se séparent et se répartissent aléatoirement dans les cellules filles (ovules ou spermatozoïdes). Ce mélange des chromosomes (*brassage interchromosomique*) fait que les ovules produits par la mère ou les spermatozoïdes produits par le père sont tous différents. Chez l'Homme, qui possède 23 paires de chromosomes, ce seul brassage permet 2^{23} combinaisons possibles, soit 8 millions de cellules sexuées différentes, ne portant donc pas la même information génétique[29].

Les recombinaisons ou réassortiments de chromosomes ou de leurs fragments qui surviennent lors de la formation des cellules sexuées (lors de la méiose) peuvent conduire, comme pour les mutations, à la mort de l'individu, être neutres d'un point de vue évolutif ou représenter un avantage ou un désavantage pour l'individu qui en bénéficie.

Le « mariage » (la fécondation) des cellules sexuées (ovule et spermatozoïde) amplifie considérablement le brassage de l'information génétique qui survient lors du « divorce » (la méiose) qui aboutit à la formation des cellules sexuées. La combinaison des mutations, du « divorce » et du « mariage » lors de la reproduction sexuée aboutit ainsi à créer une quasi-infinité d'individus génétiquement uniques.

Pour que cela fonctionne, la rencontre d'un individu mâle et d'un individu femelle est une nécessité. Ces rencontres répondent à des hasards ou contingences (comme dans l'exemple précité qui décrit la chaîne de hasards ayant abouti à la rencontre contingente de Guillaume et Julie). Mais en connaissance de tout ce processus, nous pouvons en tenir compte pour nous et pour les espèces que nous élevons ou cultivons. Nous pouvons en effet orienter les rencontres (et donc le brassage de l'information) dans un but : vers ce que nous désirons (vers des caractéristiques que nous souhaitons garder, éliminer ou renforcer) ; les transformations obtenues deviennent alors espérées, attendues. Elles sont aléatoires !

Mutations et brassages de l'information génétique se complètent et sont co-responsables des changements constatés au cours de l'évolution. Ces deux mécanismes distincts « proposent » des modifications soumises à la sélection naturelle.

Pour décrire les caractéristiques de ce mode de transmission de l'information avec son lot d'erreurs, de mélanges et d'échanges, les scientifiques utilisent les termes des imprimeurs : réplication, transcription, recombinaison, transposition, translocation, traduction, fission, fusion, altération, substitution, délétion, répétition, remaniement, inversion… Ces mots s'appliquent à des parties du « livre » représentant la totalité de l'information du vivant : à des chapitres, pages, paragraphes, lignes, mots, lettres. Autant de termes qui s'appliquent au noyau contenant l'ensemble des chromosomes, eux-mêmes divisibles en fragments porteurs d'informations : gènes, introns, exons, codons, transposons, séquences, nucléotides… Les biologistes distinguent même des codes très informatifs (des têtes de chapitres) et des codes sans information (des espaces, des blancs).

L'information génétique régit les fonctions et formes du vivant, elle conserve le passé tout en introduisant et capitalisant des modifications d'une édition à la suivante.

Sélection naturelle : le « pilote » de l'évolution

Que reste-t-il de la théorie de la sélection naturelle proposée par le naturaliste Darwin, qui ignorait tout des mutations, des lois de Mendel, des chromosomes, des gènes et de l'ADN ? Pour lui, l'évolution se résumait à trois constats simples, totalement indépendants des considérations abstraites des biologistes cellulaires ou réductionnistes :

1. Les organismes changent et ces changements se transmettent en partie (n'oublions pas que Lamarck avait jeté les bases du « transformisme » des espèces, cinquante années avant Darwin) ;
2. Les organismes produisent plus de descendants qu'il ne peut en survivre[30]. Il y a donc un tri, une élimination constante de certains descendants au bénéfice de ceux qui sont les mieux adaptés[31] ;
3. Le descendant qui change dans un sens favorisé par l'environnement, survivra et se reproduira mieux. Le changement se répandra dans les générations suivantes. C'est le changement par la sélection naturelle.

Le rôle des exigences rigoureuses et implacables de l'environnement fixant les principales orientations de l'évolution est l'apport essentiel de Darwin. Le rôle de ces contraintes extérieures a-t-il été marginalisé par les découvertes postérieures concernant les mécanismes de la transmission de l'information génétique internes aux cellules (les mutations et le brassage de chromosomes) ? Pas du tout ! Il s'agit d'un autre registre.

Darwin a expliqué les raisons des changements nécessaires des espèces dans le temps. Il a bien identifié les contraintes orientant ces transformations : c'est l'environnement naturel qui est essentiellement le grand sculpteur du vivant. Ce sont les conditions du milieu qui imposent petit à petit les structures, formes et fonctions aux vies qui nous entourent. Dans ce sens, Darwin pouvait établir sa théorie des changements nécessaires par sélection naturelle sans connaître la nature du « carburant » de l'évolution (les modifications fortuites de l'information génétique par mutations et brassage sexuel).

Ainsi, aux divers modes de modifications de l'information génétique fournissant une matière malléable se superpose un choix pertinent des formes et fonctions du vivant, et c'est la nature qui va sélectionner, c'est-à-dire les conditions environnementales naturelles. Il s'agit des conditions physiques, chimiques et biologiques dans lesquelles se développe chaque organisme. La vie évolue dans un carcan de forces extérieures déterminant, d'une part, les formes les plus logiques dans un milieu donné[32] et, d'autre part, les fonctions les plus adaptées à l'environnement où elle se trouve (celles qui favorisent au mieux la nutrition et la reproduction). Contraintes physiques, chimiques et sélection naturelle pilotent les machines produisant les changements (l'information génétique accumulée et changeante). Elles dressent des barrières en dehors desquelles les errances répétitives des transformations induites par les mutations et le brassage sexuel ne peuvent pas s'aventurer. Elles orientent les chemins de la vie, mais de façon aveugle, sans projet, sans plan à atteindre. Le biologiste anglais Richard Dawkins a bâti un livre entier sur ce point précis où il compare la sélection naturelle à un *horloger aveugle*[33].

Filtre, tamis, moule, carcan, corset sont les termes utilisés par les biologistes pour faire comprendre le rôle des contraintes extérieures et de la sélection naturelle[34].

La sélection naturelle : une nouvelle contingence

En considérant l'importance du milieu extérieur dans l'évolution, philosophes et théologiens peuvent encore déceler un déterminisme, une destinée programmée, une finalité, fruits d'une sélection divine. Pour eux, des forces mystiques orienteraient le modelage du vivant par sélection afin de conduire à l'harmonie de la nature jusqu'à la supériorité apparente de notre destinée. Dans ce cas, c'est le pilotage qui supplante la machinerie chimique. Une force divine piloterait le projet *matérialiste* (la duplication infinie de l'information génétique, mécanique, automatique, aveugle et égoïste). Les forces extérieures modelant le vivant et la sélection naturelle seraient *déterministes*. Selon des causes *prédéterminées vers un effet*, elles permettraient les adaptations nécessaires des organismes aux conditions locales. Ainsi d'après certains théologiens et philosophes il y aurait une *finalité* dans le destin du vivant !

Mais l'examen des modes d'action des forces extérieures sur l'élaboration du vivant et sur la sélection naturelle montre qu'il n'y a aucun déterminisme. Ce sont des carcans *mécaniques* (physiques et chimiques) qui conduisent à l'auto-organisation de formes logiques (les mêmes contraintes président à la formation minérale des cristaux), et la sélection naturelle est *matérialiste* car elle agit par une succession d'événements fortuits liés les uns aux autres. Des contingences ! En effet, l'évolution du vivant, mue par la sélection naturelle, est liée au hasard absolu ressemblant à un jeu de Loto sans retrait systématique des lots gagnants. Il n'y a pas de probabilités établies pour que des changements originaux et prometteurs, des formes idéales, issues des erreurs de transcription et du brassage génétique, soient retirés ou valorisés par la nature. Il faut que ces changements aient lieu au bon endroit et au bon moment. Les variations génétiques des becs des pinsons observés par Darwin dans l'archipel des Galápagos auraient pu survenir tout aussi bien dans leur pays continental d'origine, mais sans être sélectionnées car ne présentant aucun avantage. En revanche, dans les contextes très divers des îlots des Galápagos, où les pinsons sont arrivés par des hasards absolus, les transformations successives conduisant à l'apparition de différentes formes de becs adaptés aux nourritures locales ont été sélectionnées de façon pertinente. En d'autres termes, pour que des changements favorables apparaissent et soient adoptés et transmis, la transformation interne de l'information génétique, qui résulte de hasards et de contingences, doit être soumise au « verdict » de l'environnement. La sélection naturelle est ainsi à la fois fortuite (tout dépend de l'environnement dans lequel les modifications d'ordre génétique sont confrontées) et pertinente, précise et déterminée si on se réfère au tri opéré dans un environnement donné : ce sont toujours les plus performants, les plus adaptés que la nature sélectionne. Le grand horloger de la sélection naturelle « choisit » toujours *dans un contexte donné* les meilleurs rouages, mais ne sait pas (ou ne voit pas) qu'il est en train de construire une montre[35].

Les jeux contingents et hasardeux de la transformation génétique, internes à toutes les cellules végétales et animales, sont ainsi soumis à un autre jeu, celui des contingences environnementales du milieu extérieur où l'organisme évolue. Les contingences de ses déplacements, des changements du milieu et celles des changements qui affectent les espèces qui vivent dans son entourage, poussent vers l'évolution, par des enchaînements de transformations.

Prenons une image pour bien comprendre le propos. À l'échelle de la vie d'une femme ou d'un homme, ces contingences environnementales sont partout. Notre lieu de naissance, la composition de notre famille, son niveau de vie et d'instruction, le pays et l'époque où nous vivons… toutes ces circonstances environnementales conditionnent nos destinées. Imaginons une personne connue pour une remarquable capacité artistique. On dit qu'elle est « douée » pour tel ou tel art. Même si l'hérédité d'un tel don n'a jamais été établie (il n'est pas transmissible selon les lois de Mendel), sur le plan individuel, l'existence d'un caractère inné pour le dessin ou pour la musique est souvent admis. Certes, à force de travail et de technique, on peut acquérir des compétences artistiques (c'est un avantage acquis, jamais transmis), mais parmi les apprentis initiés certains seront nettement plus doués ou sensibles que d'autres pour s'exprimer (ce serait un avantage hérité par hasard). Et si le don artistique semble mieux réparti chez les familles de musiciens ou de peintres, c'est aussi grâce à un apprentissage plus soutenu très favorable à sa révélation. Autrement dit, ce sont les circonstances de l'environnement qui favorisent la révélation d'un don éventuel.

On peut imaginer que Vermeer, par des contingences ou hasards de croisements génétiques ou mutations, devait être né doué pour la peinture. Il vécut dans une belle ville où l'art était admiré, fut élevé dans une famille de négociants de tableaux et profita, par son mariage, du mécénat d'une belle famille aisée et portée vers toutes les expressions artistiques. Ce contexte était favorable à l'expression de son avantage inné. Une succession d'événements dont la conclusion est heureuse ! Il aurait pu naître dans une ferme ou épouser une paysanne des environs de Delft ; son don n'aurait sans doute pas pu s'exprimer au cours d'une vie consacrée à s'occuper de vaches hollandaises !

C'est ce principe simple, ces *contingences d'environnement*, qui s'applique aussi à l'échelle de l'évolution des espèces par diverses modalités.

Ainsi pour expliquer la diversité de la vie végétale et animale qui nous entoure, il faut ajouter aux indispensables contingences et hasards des transcriptions et transmissions de l'information génétique, les contingences des conditions de vie environnementales rencontrées par l'organisme qui porte l'information nouvelle. C'est une longue suite d'événements fortuits !

Dans la première partie de son livre *De l'origine des espèces*, Darwin suggère l'existence de ces contingences environnementales en faisant référence à la sélection artificielle pratiquée par les éleveurs. Son exemple concerne l'élevage des pigeons. Pour sélectionner des pigeons performants, l'éleveur élimine de façon expérimentale les événements contingents de l'environnement : il élève le pigeon souhaité dans des conditions optimales. En plus, c'est lui qui choisit les pigeons qui présentent un type souhaité, ce n'est plus la nature. Il croise les pigeons ainsi sélectionnés qui se développent dans un environnement artificiel idéal. Les changements recherchés se concrétisent vite de génération en génération. Les éleveurs effectuent ainsi une sélection dirigée : ils placent un individu exceptionnel dans un contexte environnemental favorable et le croisent avec un individu qui présente les mêmes caractéristiques. Par la suite, les descendants les plus intéressants sont croisés avec d'autres individus aux propriétés recherchées et ainsi de suite. Il est clair que dans ce contexte ce n'est plus la nature qui sculpte, c'est l'éleveur. Mais la matière reste la même. L'argile changeante est composée par les variations d'origine interne – l'information génétique – que chaque individu porte en lui. Sans éleveur, la nature peut en faire autant, mais l'apparition d'un pigeon performant (selon les critères des sélectionneurs) est alors le fruit d'une contingence d'événements fortuits.

En suggérant que c'est à cause des conditions contingentes de la nature que les transformations des espèces s'effectuent réellement, Darwin a porté un rude coup aux croyances en une nature prédestinée, dessinée par Dieu pour l'Homme. Il avait compris le sens hérétique de ses constats. Vivant à une époque où ses conclusions étaient politiquement très incorrectes, il évita de souligner l'importance des contingences environnementales.

Les promoteurs du communisme avaient aussi compris que l'œuvre de Darwin portait des principes anticléricaux en harmonie avec leurs thèses révolutionnaires et matérialistes. C'est ainsi que Karl Marx (1818-1883) fit parvenir à Darwin un exemplaire dédicacé de son livre sur le capital. Lisant difficilement l'allemand et s'intéressant peu à la politique Darwin ne lut que la première partie[36].

Dans l'historique des sciences, les découvertes que je viens d'exposer doivent être inversées. On a d'abord admis que les espèces pouvaient changer, se transformer dans le temps.

Ensuite, on a reconnu que la sélection naturelle jouait un rôle prépondérant dans ces changements. Enfin, on a compris comment ces changements étaient induits par des brassages de chromosomes ou des modifications de l'information génétique (les mutations). Tout cela est désormais intégré dans une synthèse : la théorie synthétique de l'évolution. Celle-ci, riche en nuances et en cas particuliers, est sans cesse améliorée par les découvertes scientifiques.

L'évolution et « le sens de la vie »

La formidable introspection du vivant par les biologistes n'a pas conduit à de nouvelles lois claires permettant de modéliser l'évolution de la vie. La conclusion globale est pleine d'humilité : l'accumulation des mutations, la succession de mélanges chromosomiques et la sélection naturelle constituent une chaîne d'événements fortuits, totalement indépendants les uns des autres : ce sont des *contingences.*

Ces mécanismes de modification de l'information génétique fonctionnent sans cesse. Les transformations, neutres ou avantageuses, s'accumulent au fil des générations. Les changements physiologiques et/ou morphologiques induits sont nécessaires. Face à un environnement qui évolue, les espèces qui ne s'adaptent pas finissent par être éliminées par des concurrents mieux adaptés aux nouvelles conditions du milieu.

Pour certains philosophes ou obédiences spirituelles, c'est tout le contraire : pour eux tout est prédestiné, rien n'est désordonné, ni contingent ! La vie serait ainsi « programmée » dans un but, un destin. Pour ces croyants, les changements au mieux sont inéluctables et donc attendus. Cette interprétation éloignée des considérations scientifiques sur l'évolution du vivant a prévalu depuis les premiers prophètes du peuple hébreu et les philosophes grecs, jusqu'à nos jours. Depuis la nuit des temps, théologiens et philosophes ont affirmé que seule une force divine – un Grand Architecte, un Grand Concepteur – a pu créer le résultat final : la nature, ensemble harmonieux, que nous trouvons belle et dans laquelle l'Homme préside, grâce à sa conscience et sa spiritualité. Globalement, toutes leurs interprétations s'accordaient dans la considération d'une nature figée dans un état prédestiné pour l'Homme. Même les religions orientales considèrent la nature comme un ensemble harmonieux de créations divines ou représentant elles-mêmes des divinités. Pour le confucianisme, les animaux, les plantes et même les êtres inanimés proviennent de la même énergie vitale que celle qui a créé les Hommes, et ont ainsi droit au même respect.

Les religions et philosophies ont aussi dû évoluer. La science progressant de plus en plus, la notion de changement d'espèce dans le temps fut petit à petit considérée, puis admise par l'Église catholique. Si dans les années 1870, le pape Pie IX (1792-1879) n'hésitait pas à excommunier les prêtres osant faire référence aux travaux de Darwin, soixante-dix années plus tard (1950), le pape Pie XII (1876-1958), dans son encyclique *Humani generis* proclama que la théorie de l'évolution était une « hypothèse sérieuse » qui devait être considérée avec précaution et modération, tout en soulignant que la création des âmes restait divine. Il insista sur les incertitudes scientifiques de la théorie de l'évolution. Il doutait.

En 1955, le père jésuite, Pierre Teilhard de Chardin (1881-1955)[37], homme de science, philosophe et théologien, tenta de prendre en compte l'ensemble des connaissances sur l'évolution. Sa démarche spirituelle est proche de celle adoptée, un demi-siècle plus tôt, par le philosophe et prix Nobel de littérature Henri Bergson (1859-1941)[38]. Pour Teilhard de Chardin, les contingences ou les probabilités des hasards conduisant aux transformations durant l'histoire du vivant seraient simplement biaisées ou faussées par des forces directionnelles. Il a nommé ces forces des *élans vitaux prédéterminés*: ce n'est donc plus du tout du hasard. L'évolution de la vie serait prédestinée en suivant un ordre de progression constante (il l'appelle l'*orthogenèse*). De même, pour distinguer l'Homme de la lignée des animaux dont il est issu, Teilhard de Chardin, évoque une genèse divine de l'esprit (la *noogenèse*).

Près de quarante années plus tard (1996), devant l'avalanche de données scientifiques de plus en plus précises, le pape Jean-Paul II (1920-2005) envoya une lettre encyclique aux évêques de son Église. Dans cet éloge de la recherche de la vérité et des rapports entre la foi et la raison (« *Fides et ratio* ») (foi et raison), on trouve une critique des « biblicistes » (ceux qui comme les créationnistes ne se réfèrent qu'à la Bible, pour eux la seule la vérité). Il souligne l'intérêt des progrès du savoir et de la recherche scientifique, tout en restant en retrait au sujet de l'évolution. Sur ce sujet, il rappelle la mise au point de Pie XII. Sans l'affirmer, il semble encore douter. Puis, à la fin de la même année (le 23 octobre 1996 au Vatican), pape Jean-Paul II fit une déclaration surprenante en français devant l'Académie pontificale des sciences intitulée « La vérité ne peut pas contredire la vérité » où il affirma avec force que la théorie de l'évolution est *« plus qu'une hypothèse »* et qu'elle est compatible avec la doctrine religieuse catholique[39].

Entre la parution du livre de Darwin *L'origine des espèces* (en 1859) et ce message pontifical, 137 années se sont écoulées[40]. Jamais l'Église catholique n'avait porté sur la découverte de Darwin une appréciation aussi positive !

Mais si le transformisme (le fait que les espèces se transforment dans le temps) est de plus en plus admis, le caractère *contingent* de cette évolution reste encore le principal point de divergence entre croyances et science.

La vie a-t-elle une fin en soi ?

Si la science actuelle nous éclaire sur les causes des changements et sur les effets (le « comment »), il reste une question classique que tous les naturalistes, philosophes et théologiens se posent à travers les temps : elle concerne le « pourquoi ». La vie a-t-elle une fin en soi ?

Il est remarquable de constater que toutes les religions ont une réponse à cette question qui relève ainsi essentiellement de la spiritualité.

Les religions judaïque, chrétienne et islamique définissent à la fois une origine mystique et une finalité prédestinée : une renaissance dans le paradis. Pour Teilhard de Chardin, deux forces – l'évolution ascendante et une énergie spirituelle – sont associées pour une destinée où l'humanité serait liée dans une éternité mystique avec le Christ[41]. Sur ce thème, il faut noter la particularité de l'Église de Jésus-Christ des Saints des Derniers Jours (les Mormons) qui envoie des dizaines de milliers de missionnaires parcourir la planète pour référencer les morts afin de les baptiser pour qu'ils puissent atteindre le paradis[42]. L'Islam, de son côté, magnifie le paradis. Ses richesses, splendeurs et délices sont décrits dans les versets coraniques. Pauvres et riches y sont accueillis par des anges sans connaître l'indigence, cette demeure est éternelle, on n'y meurt pas, les habits ne s'y usent pas et on y vit éternellement jeune[43].

Pour les religions asiatiques, les vies sont recyclables. La réincarnation, appelée également « roue des existences » ou loi du Karma, est un élément moteur de la pensée bouddhiste. Le véhicule du bouddhisme correspond à celui qu'emprunte le bouddhiste pour franchir le fleuve de la réincarnation et atteindre le *Nirvâna.* Le but suprême en Orient est d'échapper à la roue de la réincarnation et d'atteindre le *Nirvâna* ou illumination. On y parvient en se retirant du monde matériel et en se consacrant à éliminer les désirs et les actions.

Des scientifiques sont intervenus dans le débat sur la finalité de la vie. C'est le biologiste français Jacques Monod, prix Nobel et co-découvreur du mécanisme de codage des protéines, qui a le premier transposé au niveau philosophique ou métaphysique les découvertes sur la transmission et la transcription de l'information génétique[44]. L'éclairage scientifique apporté par Monod et d'autres biologistes réductionnistes conduit à définir un objectif matérialiste à la vie. La vie n'aurait qu'un « but », *celui de se multiplier à l'infini.*

Figure 20. *L'Astronome* **de Vermeer.** Ce tableau peint en 1668 représente Van Leeuwenhoek âgé de 36 ans (musée du Louvre, Paris). Van Leeuwenhoek fut le premier à découvrir, sous l'œil d'un microscope, les microbes et leur étonnante diversité.

Figure 21. Van Leeuwenhoek âgé de 54 ans. En haut : ce portrait à l'huile sur toile peint en 1686 par Jan Verkolje (1650-1693) est exposé au Rijksmuseum d'Amsterdam. En bas : le même artiste a reproduit son tableau sur une plaque de cuivre en changeant un détail : à la place du compas, Van Leeuwenhoek tient un microscope. Une impression de cette gravure est une image à l'envers (comme vue dans un miroir).

Figure 22. Les premières cellules végétales[13, chap. 8] ou animales[28, chap. 8] microscopiques (unicellulaires). A. La plus ancienne cellule d'eucaryote fossile (2,52-2,42 milliards d'années) : un acritarche à la paroi épineuse (Australie du sud, forage à -65 m)[18, chap. 8]. Échelle : 10 µm. **B.** Fossile d'une cellule en forme d'ombrelle datant de 1,9 milliard d'années ; 0,02 mm de diamètre[14, chap. 8]. **C** à **G.** Ces larges cellules (entre 0,02 et 0,2 mm de diamètre) ont été nommées acritarches. Elles présentent une paroi solide similaire à celle des grains de pollen. Ces formes existaient dans le plancton littoral dès 2,5 milliards d'années et ont disparu des archives fossilisées il y a 350 millions d'années[15, 16, 17, chap. 8]. **H.** Microfossile d'un animal unicellulaire (0,1 mm de hauteur) daté de 742 millions d'années. Ce vestige d'une capsule en forme de vase contenait à l'origine une cellule en forme d'amibe[28, chap. 8].

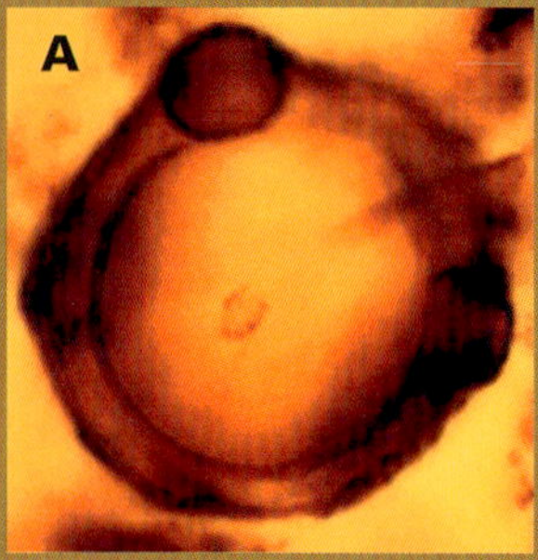

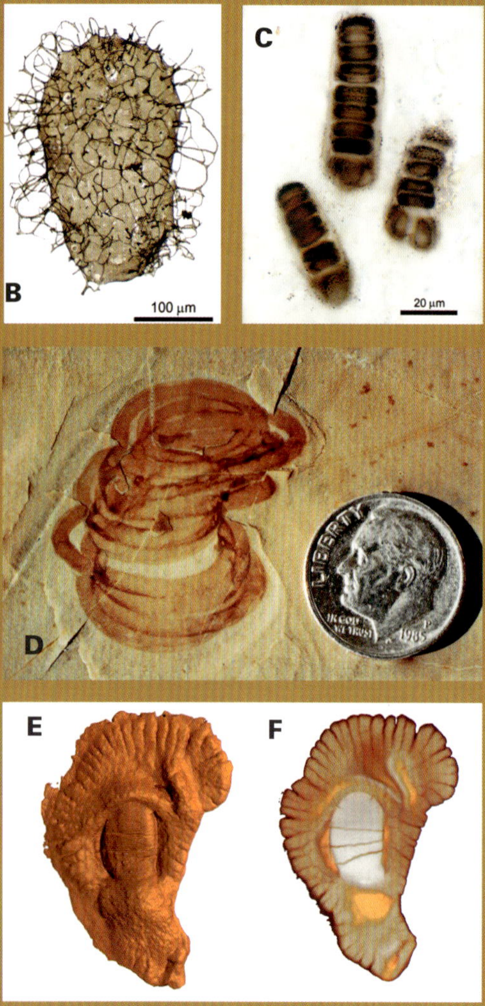

Figure 23. Les premiers organismes eucaryotes pluricellulaires ou visibles à l'œil nu actuellement connus. **A.** La forme microscopique pluricellulaire la plus ancienne datée d'il y a 2 milliards d'années. La vésicule de 0,02 mm de diamètre est entourée d'une frise de cellules plus petites[20, chap. 8]. **B.** Fossile probablement de champignon (eumycète) daté entre 800 à 900 millions d'années[27, chap. 8]. Les filaments périphériques partant de la large vésicule (0,3 mm de longueur) sont pluricellulaires et fusionnent entre eux[28, chap. 8]. **C.** Ces fossiles de petites files de cellules d'algues datent d'il y a 1200 millions d'années. Elles ressemblent beaucoup à des algues rouges actuelles (rhodophytes) du genre *Bangia*[24, chap. 8]. **D.** Ces filaments tubulaires visibles à l'œil nu, sans cloisons internes, restes d'organismes indéterminés, ont été trouvés dans des roches âgées de 1,87 milliard d'années du Michigan (États-Unis). Des formes similaires, datées de 1 400 à 700 millions d'années, trouvées en Chine, en Inde et dans le Montana (États-Unis), ont été identifiées comme étant des algues eucaryotes[23 chap. 8]. **E-F.** Ces formes laissées par des organismes coloniaux ou pluricellulaires sont constituées de pyrite. Mesurant près de 12 cm de longueur elles ont été trouvées à Franceville au Gabon à l'intérieur de schistes noirs datés de 2,1 milliards d'années[21 chap. 8].

Dans la structure du vivant et au travers de ses performances, tout concours à ce projet reproductif mécanique dénué de toute signification humaniste ou religieuse. François Jacob (prix Nobel de médecine avec Monod) évoque, lui, le rêve unique de toute cellule qui serait simplement *de se reproduire*[45].

D'après ces biologistes, le vivant se distingue de l'inerte par le fait qu'il porte un projet : *celui de se perpétuer indéfiniment.* Ce projet, orienté et cohérent, est constructif tout en étant imprévisible dans son application.

Cette idée sera reprise (en 1976) par le biologiste anglais Richard Dawkins[46] qui se réfère à un automate chimique. Tout aurait commencé par une amorce, représentée par un brin d'ARN (acide ribo-nucléique, demi-molécule d'ADN), qui se serait formée par hasard. L'union de deux brins d'ARN aurait donné l'ADN (formé de deux chaînes enroulées)[47], mémoire chimique capable de se perpétuer à l'infini… C'est sa seule finalité ! Ainsi pour Dawkins, *toute vie ne serait que le porteur provisoire de l'information génétique et son outil reproductif.*

Pour Dawkins, les gènes, porteurs de l'information, sont des mémoires chimiques qui se bouturent sans arrêt, et dont la destinée « égoïste » échappe à la raison humaine et à toute finalité ou destinée mystique programmée. Ce concept, dit « du gène égoïste », est fondé sur la duplication incessante de l'ADN, molécule qui supporte l'information. Une illustration de cette thèse a été établie par le fait que certaines séquences d'ADN, apparemment inutiles, peuvent se transmettre indéfiniment. Cet ADN égoïste, et sans raison d'être, est décrit comme une sorte de parasite ultime qui survit de génération en génération à l'intérieur de multiples formes vivantes éphémères[48].

Les tenants de cette théorie vont jusqu'à proposer des explications à certains comportements opposés à ceux de l'égoïsme. Ainsi l'altruisme d'un animal, comme de nombreux comportements sexuels, auraient toujours un dessein caché : assurer avant tout et à tout prix la descendance, quitte à se sacrifier pour ce but. Cette loi universelle de transmission égoïste de l'information génétique, dont l'application est aveugle expliquerait aussi divers comportements observés dans la nature qui nous semblent cruels[49].

Les théories philosophiques et matérialistes de Monod, Jacob et Dawkins convergent dans l'identification d'un « but » attribué à l'information génétique : *celui d'avoir une destinée illimitée quoi qu'il advienne, quel que soit son habit vivant, quel que soit l'environnement dans lequel elle se trouve.*

Ces considérations scientifiques matérialistes, dénuées de toute spiritualité et tout sentiment, sous-entendent que la composition actuelle du vivant n'est pas une organisation prédestinée. Tous les organismes composant la vie ne sont qu'informations en compétition n'aspirant qu'à un seul but : se reproduire. Dans ce sens, l'organisation extraordinaire de la diversité de la vie qui nous entoure aujourd'hui n'est qu'une image instantanée résultant des contingences et du hasard de la transmission des informations génétiques utilisées pour maintenir l'objectif de reproduction éternelle. L'harmonie de la nature est reléguée à une succession d'états temporaires et instables correspondant aux équilibres fragiles entre tous les organismes en compétition pour la transmission de leurs gènes.

De la théorie au théorème

Depuis que Darwin a publié son livre *De l'origine des espèces*, l'évolution des lignées animales et végétales est un thème qui s'est généralisé et popularisé. La silhouette de Darwin vieilli, barbu aux traits ombrageux, symbolise pour beaucoup celui qui nous a ouvert les yeux sur l'histoire naturelle. Si le concept de la transformation des espèces dans le temps revient à Lamarck, la description du mécanisme de l'évolution de la vie aura toujours pour référence de base les écrits de Darwin.

Cependant, si vous vous plongez dans l'abondante littérature concernant l'évolution, immanquablement vous ferez connaissance avec les œuvres d'un auteur américain prolifique qui a largement contribué à développer ces dernières décennies cette thématique et à qui je souhaite rendre hommage (il est souvent cité dans cet ouvrage, et est décédé lorsque j'écrivais ces lignes). Il était professeur à la prestigieuse université Harvard, où il occupait une chaire polyvalente. Il était à la fois géologue, paléontologue, biologiste de l'évolution et historien des sciences naturelles. Son nom : Stephen Jay Gould (1942-2002). Il est l'auteur de nombreuses publications qui illustrent désormais la compréhension globale de l'évolution. Pendant 25 ans, il a écrit régulièrement des articles pour une revue de vulgarisation scientifique et les a publiés sous forme de livres : 22 ouvrages au total (soit plus de 5 000 pages), traduits en plusieurs langues, dont une volumineuse synthèse de plus de 1 400 pages parue peu avant sa mort[50]. Ses analyses originales de l'histoire naturelle sont truffées de diversions, d'évocations autobiographiques et de métaphores. Son érudition remarquable couvrait un vaste champ de connaissances scientifiques mais aussi musicales, littéraires, historiques, philosophiques et sportives (c'était un fan de base-ball). Il n'hésitait pas à émailler sa prose de citations en allemand, français ou latin. Sa manière de présenter une histoire naturelle à partir d'une anecdote insignifiante, *a priori* hors de propos, pour conclure sur un trait fondamental de l'évolution, est élégante et didactique. Pour un biologiste qui veut se lancer dans l'écriture d'un ouvrage sur l'évolution, c'est frustrant : ce théoricien brillant a tant dit, tant commenté. Une telle prééminence a suscité des jalousies et des contestations.

Jalousies de la part des biologistes moléculaires et des généticiens devant le talent de Gould pour populariser l'histoire naturelle, et son refus de prendre en compte suffisamment à leur goût leur science réductionniste.

Contestations de la part des religieux fondamentalistes, partisans du créationnisme biblique, reconnaissant en lui un adversaire brillant ayant su si bien présenter, divulguer et choisir, dans le fatras des connaissances de l'histoire naturelle, tant de preuves évidentes sur l'évolution. Maître en joutes académiques, Gould a joué un rôle déterminant dans la lutte contre ces adeptes d'une interprétation au premier degré des textes de la Genèse. Ces « créationnistes » voulaient – et tentent toujours – d'imposer dans les collèges et lycées de certains États d'Amérique du Nord, une présentation de l'origine de la vie par la seule référence aux événements mystiques des sept jours de la création du monde biblique. Gould a bien guerroyé dans des confrontations publiques et des procès sur ce débat d'un autre âge, dans son pays où la science est si développée. De ses combats, qu'il a souvent évoqués, il en avait certainement gagné assurance, conviction et intime volonté de communiquer. Je l'admire beaucoup pour avoir eu l'audace de sortir de la tour d'ivoire d'une université confortable où la seule communication respectable est la publication d'articles dans une revue scientifique de haut niveau que seuls d'autres scientifiques spécialisés comprennent[51].

Dans cet ouvrage, je mentionne souvent les écrits de ce disciple de Darwin, pour reconstituer, à ma façon, une synthèse de l'évolution des animaux et végétaux.

Certes, il est vrai que les révélations de Van Leeuwenhoek, Lamarck, Darwin, Mendel, Watson, Crick, Kimura et tant d'autres et les interprétations métaphysiques de Monod, Dawkins et Gould ont contribué à désacraliser le vivant. Elles ne doivent pas pour autant être ignorées par les croyants. Bien au contraire, elles peuvent être utilisées pour orienter notre éthique, notre comportement face aux vies qui nous entourent. Que les organismes actuels aient été créés (ou conçus avec intelligence) par Dieu ou qu'ils soient dénués de toute ascendance mystique (fruits de hasards ou de contingences), nous pouvons tout aussi bien les admirer, les respecter et les protéger ! Et si la science permet de mieux protéger le vivant, pourquoi s'en passer !

Aux États-Unis, la parution régulière d'ouvrages contradictoires et manichéens fondés sur des histoires anciennes est étonnante : les uns défendent les opinions religieuses inspirées par la Genèse ; c'est le créationnisme, dont le dernier avatar est l'« Intelligent Design » (le « projet intelligent » ou « dessein intelligent ») qui admet toutes les phases de l'évolution, mais qui explique les transformations par un programme intelligent conçu par Dieu ; les autres se réfèrent essentiellement à Darwin (symbole adulé des théoriciens de l'évolution)[52]. Le fondamentalisme (ou intégrisme) scientifique est illustré par le dernier livre de Richard Dawkins. Soulignant le rôle du hasard dans l'évolution, il prêche pour un athéisme dur. Dans l'édition anglaise, il propose même en annexe une liste d'associations susceptibles de convertir les croyants en athéistes ou agnostiques ! [53]

Mauvaise foi et dogmatismes ont durci le débat entre deux conceptions diamétralement opposées de l'origine de la vie. Un protocole d'apaisement a été proposé par Stephen Jay Gould qu'il a appelé le *NOMA* ; le NOn empiétement des MAgistères[54]. Il considérait que les magistères religieux et scientifiques devaient rester indépendants, se concerter sans jamais intervenir sur les sujets qui ne sont pas communs. En d'autres termes, la science (objective) ne doit pas critiquer les interprétations spirituelles (subjectives) des connaissances et, inversement, la religion ne doit pas imposer de dogmes à la place de données scientifiques incontestées. Le résultat est un *statu quo* apaisant. Chacun dans sa tour, les rôles sont différents, mais la recherche de la vérité est commune. C'est Galilée acquitté sans devoir abjurer, resté libre de défendre ses idées scientifiques, mais pas de critiquer les implications spirituelles de sa découverte. Les preuves factuelles ont démontré que la Terre tourne bien autour du Soleil. L'héliocentrisme est un sujet commun aux deux magistères, son interprétation spirituelle est laissée au magistère des religions sans contestation scientifique.

Personnellement, je trouve que cette paix, fondée sur le respect des croyances et sur la progression et la reconnaissance des savoirs, sert l'humanité. Les valeurs spirituelles, morales et politiques, soutenues par des rites, des symboles, des traditions, des langages et des doctrines, le plus souvent héritées d'un lointain passé, unissent des femmes et des hommes, des communautés et des peuples dans des lignes de conduites ou espoirs communs. La biologie ne progresse pas contre ces valeurs, mais celles-ci peuvent s'enrichir des avancées scientifiques. L'essentiel est l'harmonie des deux. Plus de dogme spirituel concernant des faits vérifiables, pas de doctrines scientifiques sur la pensée spirituelle. Science et croyance doivent pouvoir cohabiter, sans conflits et sans s'ignorer. L'une s'intéresse au « comment », l'autre au « pourquoi ». Libre à chacun de penser qu'il existe un « pourquoi ». Mais comme les faits scientifiques sur l'évolution sont largement prouvés et démontrés pourquoi ne pas les intégrer dans les croyances ? Car toute absence de dynamique dans les pensées humaines, toute doctrine basée à la lettre sur des textes millénaires conduisent à l'intégrisme et à l'obscurantisme qui figent des communautés qui finissent par s'affronter.

De même, la « paix des magistères » ne doit pas laisser le champ libre aux gourous opportunistes élaborant des nouvelles idéologies qui sont un mélange de zestes de destin prédéterminé et d'astrologie avec des ersatz de cosmologie et d'ADN. Intégrer des connaissances scientifiques dans la spiritualité est souhaitable. Utiliser des notions scientifiques comme vernis enjolivant de nouvelles doctrines mystiques pseudo-scientifiques est critiquable. Si des sectes veulent imposer un obscurantisme spirituel basé sur des pseudo-sciences avec dans l'objectif de rallier des fidèles, elles brisent la paix du NOMA. Ce n'est pas aux biologistes d'ouvrir des guerres d'idées, mais ils détiennent un savoir. Ils ont ainsi une responsabilité de communication. Ils doivent en toute liberté faire partager leurs connaissances et découvertes même sur des sujets sensibles, gênants pour certaines communautés spirituelles qui font fausse route en s'appuyant sur des bases scientifiques erronées. Dévoiler les inepties scientifiques des nouvelles sectes et souligner la distinction entre science et spiritualité au sujet de l'évolution font aussi partie du rôle de ceux qui améliorent les savoirs.

Les catholiques Teilhard de Chardin et le pape Jean-Paul II, les collectifs de théologiens des Églises protestantes libérales et de certaines écoles coraniques ont intégré, chacun à leur façon, les avancées inouïes des connaissances scientifiques de ce dernier siècle. Pour vous en convaincre, lisez cette citation, et allez chercher son auteur dans les notes et références[55] : *« Aujourd'hui [...] de nouvelles connaissances conduisent à reconnaître dans la théorie de l'évolution plus qu'une hypothèse. Il est en effet remarquable que cette théorie [de l'évolution] se soit progressivement imposée à l'esprit des chercheurs, à la suite d'une série de découvertes faites dans diverses disciplines du savoir. La convergence, nullement recherchée ou provoquée, des résultats de travaux menés indépendamment les uns des autres, constitue par elle-même un argument significatif en faveur de cette théorie. »*

À vrai dire, pour celui qui vit en dehors des États où les dogmes religieux servent de loi, et des États-Unis, où les plaies de l'opposition virulente créationnistes-scientifiques sont encore largement ouvertes, le problème de l'enseignement de la Genèse de la vie n'a pas d'importance. En Europe, les Églises catholiques, anglicanes et protestantes ne font pas de l'enseignement des mécanismes de l'évolution un *casus belli*. Je pense même que le débat n'existant plus, l'enseignement de l'évolution est quelque peu négligé. C'est de l'histoire des sciences, de l'histoire naturelle... pas très à la mode dans le contexte de la suprématie des thèmes réductionnistes en biologie ! C'est certainement peu croyable, mais évoquant en 1999 à l'université de Nice-Sophia Antipolis les mécanismes de l'évolution dans mon cours d'écologie (l'évolution est un sujet d'enseignement en première année qui m'a été attribué qu'à partir de 2004) à mes étudiants de troisième année de biologie, j'ai été surpris de constater que la grande majorité d'entre eux avaient du mal à aligner deux phrases sensées sur les thèses de Lamarck et Darwin !

La compréhension de l'histoire de la vie relève de l'instruction et des connaissances qui évoluent, s'améliorent et progressent sans cesse. Elle est de plus en plus nécessaire pour mieux évaluer les méfaits de notre action sur la nature et améliorer l'avenir de nos descendants… Ainsi, dans la dynamique funeste de la prééminence croissante de l'Homme sur la nature, il devient dommageable pour l'humanité de freiner l'intégration de ces connaissances scientifiques.

Un jour, dans mon laboratoire, je devais identifier une algue au microscope. Je venais de rédiger ce chapitre et songeais encore à toutes les retombées philosophiques et théologiques des progrès de la biologie. Autour de l'algue nageaient des cellules minuscules de couleurs et formes différentes. En admirant ces vies mobiles, j'ai pensé que j'aurais aimé les découvrir, les décrire, les montrer et les interpréter. Je me suis mis à la place de Van Leeuwenhoek. En voici une, vite ! Il faut la dessiner, la comparer avec les autres, comprendre son cycle de vie. Cela devait être passionnant ! Il a dû prendre tous les liquides naturels pour y chercher la vie et aller de surprise en surprise.

En regardant les microscopiques cellules mouvantes, je voyais en filigrane les deux tableaux de Vermeer où Van Leeuwenhoek jeune effleurait un globe céleste ou bien mesurait une distance sur une carte avec un compas à pointes sèches. Je l'imaginais distinguer ces étranges *créatures* à l'aide de son microscope rudimentaire. Il s'est certainement émerveillé de leur diversité.

Les physiciens atomistes ont un maître emblématique : Einstein (1879-1955)[56]. Sur une de ses photos on le voit tirer la langue. C'est une image symbolique de la connaissance suprême associée à la simplicité de l'Homme. En ce qui me concerne, pour me souvenir des illustres biologistes du passé, je préfère désormais les portraits pleins de sérénité de Van Leeuwenhoek peints par Vermeer que les portraits les plus diffusés du visage soucieux et austère de Darwin ou celles des « banales » silhouettes de Crick et Watson.

L'astronome de Vermeer est exposé au Louvre à Paris. Si vous avez l'occasion de l'admirer, observez le geste délicat de sa main droite effleurant le globe céleste, représentation de l'infiniment grand et symbole des connaissances scientifiques. La position de sa main gauche est, à l'opposé, bien appuyée sur la table des réalités banales d'ici bas. Il faut aussi remarquer dans le dos de Van Leeuwenhoek une représentation biblique : Moïse sauvé des eaux. Il faut alors se souvenir que Moïse enfant fut jeté dans le Nil dans une corbeille d'osier pour qu'il échappe à la terrible décision du pharaon d'exterminer tous les enfants mâles du peuple des Hébreux. Or, il fut sauvé des eaux par la fille du pharaon qui l'adopta. Depuis que cette histoire est connue, elle est interprétée comme une image allégorique de la conciliation entre deux ennemis. Ainsi, je vois dans la composition du tableau de Vermeer la conciliation des magistères spirituels (le tableau de Moïse) et scientifiques (le savant devant son globe céleste). Vermeer a personnalisé pour toujours, avec aménité et raffinements, celui qui a perçu à la fois l'infiniment grand et les microscopiques ferments de la vie animale et végétale.

Aux découvertes abstraites des dimensions cellulaires et moléculaires du vivant, s'intercalent les découvertes sur l'évolution du vivant au cours de l'histoire naturelle. Mutations du génome, brassage génétique et sélection naturelle constituent trois séries indépendantes d'événements successifs hasardeux ou contingents. Ce mécanisme a sculpté la vie à chaque instant, en tenant compte des forces physiques et chimiques en place, des milieux à conquérir, des concurrences à supporter et des acquis du passé. L'ensemble explique comment les espèces se transforment dans le temps, comment elles évoluent. L'aphorisme de Lamarck « les espèces se transforment dans le temps » devenu « évolution » grâce à Darwin n'est plus une *théorie*, ni une thèse avec incertitudes : c'est un fait avéré, un fait prouvé : c'est une loi biologique, un *théorème*.

S'agissant de l'évolution des végétaux et animaux, tout a commencé avec des prototypes formés au départ d'une seule cellule…

Chapitre 8

Le densimètre

Enquête historique sur le premier épanouissement de la vie animale et végétale

L'astronome et le géographe peints par Vermeer étaient-ils bien Van Leeuwenkoek ? Plus le temps passe, plus la découverte de nouveaux éléments d'archive de l'époque de Vermeer et de Van Leeuwenhoek devient exceptionnelle. La source des preuves se tarit. Il faut donc admettre la meilleure hypothèse tenant compte des éléments formels réunis. En l'occurrence, un faisceau d'indices aboutit à la même conclusion : tout indique que le modèle de Vermeer était bien Van Leeuwenhoek.

Reconstituer l'histoire naturelle

Tous les historiens sont confrontés à cette incertitude, due à l'érosion du temps. Pour ce qui concerne l'histoire naturelle, quatre ensembles de données distinctes orientent les reconstitutions du vivant passé.

Le premier ensemble est représenté par les formes, anatomies, cellules, fonctions et comportements des millions d'espèces constituant la diversité biologique actuelle. Tous ces éléments descriptifs caractérisent le vivant. Depuis la fin du XVIIIe siècle, ils ont permis de distinguer et de nommer les espèces actuelles. Elles ont été classées selon des différences ou des ressemblances témoignant le plus souvent de réels liens de filiation.

La deuxième somme de connaissances concerne la génétique du vivant. Cette source de données est exploitée plus récemment (moins d'un demi-siècle). Elle a pour base un fait : chaque organisme porte de l'ADN. C'est la matière de l'information génétique héréditaire. Celle-ci peut être comparée à un texte codé dont l'alphabet est composé de 4 lettres (chaque lettre est la première lettre du nom de 4 molécules fondamentales composant l'ADN). Une partie seulement de ce texte codé correspond à des gènes, des paragraphes, qui représentent les instructions nécessaires à la fabrication de molécules organiques : les protéines. La nature et l'agencement des protéines déterminent l'ensemble des caractères du vivant.

L'ADN est aussi une accumulation d'informations fossiles. Une majeure partie de nos gènes est identique aux gènes portés par tous les vertébrés mammifères, et certains d'entre eux sont identiques à ceux d'organismes plus simples… Ces transformations successives d'espèces ont été rythmées par l'accumulation régulière de mutations (voir chapitre 7). Nombre de changements passés dans le texte codé ont été capitalisés et préservés dans la molécule d'ADN. Ainsi l'analyse de l'ADN, dans l'objectif de reconstituer l'histoire du vivant, est comme un exercice d'explication de texte assorti d'une recherche de plagiats. On compare l'ADN de deux organismes actuels en cherchant d'une part les copies conformes ou proches (les concordances) et d'autre part la signification des gènes (à quels caractères correspondent-ils ?). Des filiations ou des divergences sont ainsi établies.

En associant ces deux premières sources de données, on arrive à reconstituer des arbres du vivant, qui sont le produit de l'évolution et traduisent les liens de parenté entre les espèces actuelles[1]. Une estimation temporelle peut être aussi avancée pour dater l'époque des divergences (cette particularité moléculaire permettant de dater des transformations passées est appelée *horloge biologique).* Toutefois, la datation moléculaire doit être considérée comme une méthode très incertaine au-delà des divergences datées de plus de 310 millions d'années.

Ces arbres du vivant, proposés par les biologistes, sont phylogénétiques et non généalogiques. Une généalogie permet de répondre à la question « qui descend de qui ». Ainsi, dans un arbre généalogique, les branches relient des individus bien identifiés : elles correspondent à des liens génétiques d'ancêtres à descendant. Chaque individu à sa place aux divers niveaux historiques de l'arborescence. Déterminer une généalogie n'est possible que si on possède des données rétrospectives (des registres d'état civil pour les généalogies humaines). Une généalogie est donc une représentation directe du passé. À l'exception de quelque cas (lignées de chevaux, de chiens ou de chats de race), elle ne s'utilise pas pour la flore et la faune.

La phylogénie permet de répondre à la question « qui est proche de qui », elle met en évidence des relations de parenté. Ainsi, dans un arbre phylogénétique, seule l'extrémité des branches porte des individus identifiés ; ces branches les relient à des ancêtres hypothétiques identifiés que par des traits communs. De ce fait, un arbre phylogénétique ne se base que sur des caractéristiques innovantes apparues par évolution chez des ancêtres. La phylogénie utilise essentiellement la biodiversité actuelle : en comparant les formes ou molécules des espèces contemporaines, elle s'emploie à reconstituer le passé en discernant les caractéristiques homologues (des réels traits évolutifs communs) ou analogues (de simples ressemblances sans aucune signification de filiation).

Le troisième ensemble de données est apporté par les fossiles que les paléontologues exhument et étudient. Ces dernières décennies, des progrès considérables ont été effectués dans les techniques de datation de ces fossiles et dans l'analyse des matières qui les constituent. Ils peuvent être ainsi considérés comme des jalons temporels fiables pour reconstituer l'histoire de la vie. Ces connaissances du vivant passé sont inaccessibles aux moyens d'investigations précédents (ce n'est pas en étudiant l'ADN des organismes actuels que l'on peut en en déduire que les dinosaures ont existé sur Terre). En revanche, des parentés peuvent être parfois établies avec les espèces actuelles. C'est ainsi que la filiation entre les dinosaures disparus et les oiseaux actuels a pu être établie.

Ainsi, dans la mesure où on ne peut pas remonter le temps, on ne saura jamais « de qui les espèces fossiles sont les ancêtres » (sens généalogique). Par contre, dans la classification phylogénétique, certains fossiles peuvent être classés comme les êtres vivants actuels, en fonction des innovations évolutives qui les caractérisent.

Le quatrième ensemble de connaissances est relatif à toutes les informations concernant, d'une part les conditions du milieu régnant dans le passé (cela fait appel, entre autres, à la géologie) et, d'autre part, le comportement des espèces actuelles vis-à-vis de ces conditions. Il s'agit d'écologie du passé. Des reconstitutions d'équilibres faunistiques et floristiques régnant dans un lointain passé peuvent être déduites en considérant des règles écologiques élémentaires.

Les meilleurs scénarios d'évolution tiennent compte de ces quatre ensembles de données[1,2]. Mais, plus le temps passe, plus la recherche de la vérité est difficile. Cependant, si la vie qui nous entoure a déjà livré bien des secrets, les archives de l'information génétique sont encore en cours de décryptage et tous les fossiles sont loin d'être découverts. Ce réel espoir d'en savoir plus demain ne doit pas conduire à des excès de prudence par crainte d'être contredit. L'imagination intégrant le savoir du moment peut orienter les découvertes de demain.

Les deux premiers milliards d'années d'évolution

L'immense majorité des livres traitant de l'évolution du vivant concerne les organismes qui se sont succédé sur Terre ces

570 derniers millions d'années. Les chemins du vivant pendant cette période sont de mieux en mieux reconstitués grâce à l'abondance des vestiges pétrifiés. En revanche, les deux premiers milliards d'années de l'évolution de la faune et de la flore (c'était il y a entre 2,85 et 0,570 milliards d'années) restent plus mystérieux[3].

La chronologie du développement de la vie dans ce très lointain passé nécessite une enquête minutieuse. Il faut chercher les rares données fiables disponibles. Les relier dans un scénario qui se tient. Il faut confronter les savoirs de disciplines différentes et se remettre sans cesse à l'ouvrage. Il s'agit du même travail méticuleux qu'ont accompli les historiens de l'art lorsqu'ils ont patiemment reconstitué la vie et l'œuvre de l'énigmatique Vermeer. Ils ont identifié des étapes précises de sa vie à l'aide de quelques preuves disparates comme celles trouvées dans les archives d'une confrérie d'artistes et de marchands (la guilde Saint-Luc de Delft où Vermeer était maître), ou celles provenant de catalogues de ventes ou d'actes de mariage, de naissance et de décès. Ils ont donné un nom au modèle géographe et astronome : Van Leeuwenhoek ! Tous ces éléments ont aussi permis à une romancière de reconstituer une histoire réaliste de la vie du peintre (Tracy Chevalier : *La jeune fille à la perle*)[4].

La notoriété d'un artiste est liée à la valeur que l'on attribue à sa production, elle incite les historiens à étudier sa biographie. Pour l'histoire naturelle, c'est surtout l'émergence des théories de l'évolution qui a poussé les scientifiques à reconstituer le passé du vivant. Le problème posé à la fois par l'absence de preuves très anciennes de la présence de la vie sur Terre et par l'apparition soudaine – dans des roches datées entre 570 et 515 millions d'années – de multiples formes animales et végétales a laissé perplexe plusieurs savants de la fin du XIXe et du début du XXe siècles. Ainsi, durant le demi-siècle suivant la parution de *L'Origine des espèces* de Darwin (1859), seules trois formes d'organismes fossiles âgés de plus de 570 millions d'années avaient été décrites et immédiatement contestées[5].

Même Darwin douta parfois de sa théorie de l'évolution. L'absence d'un « début » et de formes simples avant l'apparition brutale des formes complexes intriguait. Un « compromis » fut trouvé par certains : oui les espèces changent et évoluent de l'une vers l'autre, mais leur genèse est si soudaine que seul Dieu a pu créer d'un seul coup une biodiversité originelle. Ainsi, tout ce qui précède le Cambrien (entre 550 et 480 millions d'années) fut nommé « l'ère azoïque » : la période sans vie.

Ce n'est qu'à partir de la seconde moitié du XXe siècle que de nombreux vestiges pétrifiés d'organismes plus anciens furent exhumés[6]. Au passage du XXIe siècle, les empreintes de quelques centaines de formes minuscules d'organismes non bactériens ayant vécu entre 2,5 et 0,57 milliards d'années étaient connues, attestant de la genèse précoce de la faune et de la flore.

Cette rareté de données fiables, couvrant tant de millénaires, incite à la prudence. La plupart des organismes fossilisés datés de cette époque ne sont formés que d'une seule cellule. Chaque vestige interpelle le chercheur. S'agit-il d'une cellule bactérienne ? D'une cellule d'un prototype animal ou végétal ? D'une cellule de repos (cellule contenant des réserves et une paroi épaisse pour survivre à de mauvaises conditions saisonnières) ? De la première cellule du développement d'une algue ou d'un organisme animal, tous deux composés par la suite d'un ensemble diversifié de cellules ? Et comment interpréter les très rares groupes de cellules identiques, soudées entre elles et datées de la même période ? S'agit-il de files de cellules bactériennes ? D'algues ? D'animaux ? De lignées à jamais disparues ou de lointains ancêtres de formes vivant aujourd'hui ?

Le décryptage de l'information génétique, nous l'avons dit, n'est pas d'un grand secours pour reconstituer les premières branches de l'arbre du vivant. En effet, la fiabilité des reconstitutions passées à partir de données moléculaires fournies par les espèces actuelles dépend de la représentativité des espèces comparées[7]. Or végétaux et animaux actuels ne représentent pas toutes les lignées évolutives ayant existé il y a plusieurs centaines de millions d'années. Retrouver et exploiter l'ADN d'espèces disparues est aussi un défi. En effet, la matière organique ne se conserve que quelques millénaires ; après 100 000 ans, une grande partie de l'ADN est fortement dégradée[8]. De ce fait, l'information génétique portée par la majorité des centaines de millions d'espèces éteintes qui ont jalonné l'histoire du vivant restera à jamais inaccessible[9]. Enfin, la calibration de l'horloge moléculaire pour dater les divergences anciennes (à partir de plus de 310 millions d'années) reste extrêmement incertaine[10].

Tout cela permet de comprendre que chaque hypothèse de reconstitution des cinq premiers sixièmes de l'existence de la vie animale et végétale peut faire l'objet d'un démenti avec la découverte d'un élément nouveau. Dans ce contexte de grandes incertitudes, les synthèses élaborées à partir de vestiges témoins d'une époque mystérieuse accordent une large place à l'imagination ou à l'intuition (les scientifiques disent « spéculation ») avec un droit légitime à l'erreur… Présomptions, opinions, thèses, hypothèses, théories, conjectures, suppositions conduisent parfois à des doctrines ou dogmes fondés sur nombre d'incertitudes que l'on cherche à étayer. Dans cette démarche historique, les sciences expérimentales laissent la place à de simples déductions. La pertinence des scénarios ne s'appuie que sur des logiques fondées sur des données temporelles fiables mais disparates. C'est dans cet exercice que je me suis lancé, avec tous les risques inhérents à ce genre.

À l'aube, la vie animale et végétale était microscopique

Commençons par le bilan de la situation avant l'aube des animaux et végétaux unicellulaires. Dans le chapitre 2, nous avons présenté les hypothèses sur l'origine de la vie et évoqué les données concernant les plus anciennes traces de vies, représentées pendant le premier milliard d'années uniquement par des « bactéries » (eubactéries et archées). Ces données reposent sur des découvertes débattues de traces de carbone élaborées par des bactéries datées d'il y a 3,8 milliards d'années et sur des découvertes de nombreux vestiges (stromatolithes, dépôts carbonatés) ou fossiles divers de bactéries ayant existé entre 3,5 et 3 milliards d'années passées.

Parmi ces fossiles, les paléontologues ont identifié des bactéries « végétales » vivant grâce à la lumière (représentées par des cellules microscopiques indépendantes ou par des filaments de cellules identiques). Se développant sur les petits fonds littoraux éclairés (formant notamment les stromatolithes) ou en surface (formant un plancton), ces bactéries chlorophylliennes photosynthétiques ont commencé par oxygéner la partie superficielle des eaux où elles vivaient. À partir de 2,5 milliards d'années, elles sont devenues si nombreuses et étaient si bien réparties dans les eaux de la planète qu'elles ont fini par oxygéner la partie superficielle de toutes les mers et océans, provoquant une oxydation massive de divers minéraux dissous dans l'eau (dont le fer qui s'est ainsi précipité et accumulé sur les fonds marins il y a 2,5 à 2,3 milliards d'années)[11].

C'est aux côtés des bactéries évoluant dans les premières oasis d'eaux oxygénées de surface que s'est effectuée la genèse des prototypes des cellules animales et végétales[12]. Dans le chapitre 6, nous avons montré comment ces prototypes se sont dotés de mitochondries, des ex-bactéries leur permettant de respirer en milieu oxygéné. Nous avons aussi expliqué comment la vie animale et végétale invisible à l'œil nu (unicellulaire) est née de la fusion de bactéries. L'immense majorité des prototypes végétaux et animaux devaient être minuscules et mous, constitués d'une seule cellule se liquéfiant peu après sa mort. C'est pourquoi les frêles vestiges de l'aube de la vie animale et végétale sont exceptionnels !

Il faut le reconnaître : les descriptions de fossiles attribués à des organismes dont les cellules contiennent un noyau (les eucaryotes), datés entre 3,2 et 1,5 milliards d'années, sont pour la plupart très récentes, surprenantes, parfois contestées quant à leur nature biologique, leur filiation (bactéries ou eucaryotes ?)

ou leur datation. À tel point que les données qui suivent ont dû être mises à jour pour cette troisième édition du livre.

Les premiers vestiges fossiles attribués à des eucaryotes (végétaux ou animaux) sont représentés par des organismes minuscules, différents de toutes les bactéries connues. Ces cellules pétrifiées ont un diamètre deux fois plus grand que les plus grandes bactéries (0,02 à 0,2 millimètre) (Fig. 22, p. XI)[13]. Elles sont protégées par une paroi épaisse, souvent hérissée de protubérances ; un noyau est parfois décelable. Les plus anciennes de ces cellules (appelées acritarches) sont datées de 2,5 milliards d'années (Fig. 22 A)[14 à 18]. Mais en 2010 des vésicules similaires ont été trouvées en Afrique du Sud dans des sédiments datés de 3,2 milliards d'années (Fig. 4C, p. IV)[19]. Même si les auteurs ont attribué à ces formes une parenté bactérienne, on ne peut qu'être surpris par la ressemblance de ces vésicules avec les acritarches.

La datation et la nature de ces premiers vestiges sont tellement surprenantes que nombre d'auteurs n'osent pas les citer et attendent confirmations ou infirmations.

De nombreux fossiles similaires d'acritarches ont été découverts un peu partout dans le monde dans des roches formées entre 2,5 et 0,5 milliards d'années[13]. Parmi ces formes microscopiques, une exception : il s'agit d'une vésicule de 0,02 mm de diamètre entourée d'une frise de cellules plus petites : elle est âgée de 2 milliards d'années (Fig. 23 A, p. XII)[20]. C'est donc une première trace d'un organisme pluricellulaire vraisemblablement eucaryote !

D'autres fossiles représentent également des traces d'organismes, vraisemblablement eucaryotiques, mais cette fois-ci visibles à l'œil nu.

Les plus anciens ont 2,1 milliards d'années. Ils ont été décrits en 2010 par des universitaires de Poitiers (un de ces fossiles illustre la couverture de cette nouvelle édition de l'ouvrage)[21]. Il s'agit de galettes de sulfure de fer (pyrite), mesurant de 0,7 à 12 cm de long sur 0,5 à 7 cm de large trouvées en grand nombre dans des schistes au Gabon. Les bords (collerette) sont plats et lacérés, la partie centrale est plus épaisse (Fig. 23 E et F, p. XII et fig. 24 A et B, p. 215). Les auteurs décrivent ces formes étranges comme provenant d'organismes pluricellulaires ou formés de colonies de cellules plus faiblement réunies. Malgré l'étonnante conservation de ces formes, le flou de la structure interne ne permet pas de trancher sur leur affiliation : amas de bactéries formant des coussinets comme on en trouve encore actuellement, ou forme eucaryote végétale (algue) fixée sur le fond (hypothèse préférée des découvreurs) ? Ces vestiges biologiques ressemblent tellement aux formes apparues entre 600 et 550 millions d'années dans de nombreux sites de la planète (ce sont les fossiles d'Ediacara en référence au lieu où ils ont été découverts la première fois) que certains s'interrogent sur leur datation (à ce jour incontestée). Des formes énigmatiques similaires mais bien moins bien conservées, trouvées en Australie, ont été datées de 1,8 milliard d'années et attribuées à des traces laissées par des animaux (Fig. 25 C, p. 217)[22].

D'autres vestiges très anciens de formes visibles à l'œil nu sont des traces de carbone âgées de 1,87 milliard d'années. Ils ont la forme et la taille d'un demi-spaghetti fin enroulé en spirale sans aucune segmentation (ils ne sont pas structurés en files de cellules) (Fig. 23 D, p. XII)[23]. Des formes proches ont persisté sur Terre pendant un milliard d'années (entre 1,4 et 0,7 milliard d'années) pour disparaître totalement par la suite. Pour la parenté des plus âgés de ces « spaghettis » (appelés *Grypania*), certains penchent pour des restes de cellules bactériennes agglomérées en filaments épais (il n'y a pas d'exemples similaires connus aujourd'hui). Ces *Grypania* ressemblent aussi à certaines algues pluricellulaires (plus particulièrement au genre d'algue rouge – *Nemalion* – fixée sur les rochers) ou à des algues unicellulaires en forme de tube contenant de nombreux noyaux comme plusieurs dizaines d'espèces actuelles[24].

D'autres compressions carbonatées de taille centimétrique ont des formes de disque, de feuille ou de saucisse. Ces fossiles, âgés de 1,8 à 0,5 milliard d'années, ont été trouvés par milliers dans différentes régions du monde. Mais les plus âgés de ces pellicules de carbone (1,8 milliard d'années), trouvés au Nord de la Chine, ne seraient pas d'origine biologique[25].

Les premiers végétaux, identifiés avec certitude, semblables à des espèces actuelles d'algues rouges, sont composés de plusieurs cellules qui forment un filament. Ils ont été observés dans des roches datées d'il y a 1,2 milliard d'années (Fig. 23 C, p. XII)[24]. Mais ces fossiles sont rares et localisés dans quelques sites épars.

D'autres fossiles d'algues tubulaires (sans divisions cellulaires internes), ayant existé en mer il y a entre 1 000 et 750 millions d'années, ont été trouvés dans des roches de Sibérie et du Spitzberg. De longueur inférieure au centimètre, ces formes fossiles peuvent également être rattachées à une lignée d'algues actuelles (Fig. 24 B, p. 215)[26].

Le premier champignon (eumycète) ressemble à une tête d'allumette hérissée de filaments ; il date de 900-800 millions d'années (Fig. 23 B, p. XII)[27, 28].

En revanche, aucun vestige d'un organisme de nature animale (capable d'englober de la nourriture organique ou une proie), constitué d'une seule cellule, n'a été trouvé dans les roches datées de la période considérée (entre 2,85 et 0,85 milliards d'années).

Les premiers fossiles de capsules (tests) ayant contenu des cellules se nourrissant comme des amibes ou comme nos globules blancs sont datés de 742 millions d'années (protistes hétérotrophiques) (Fig. 22 H, p. XI)[29].

Plus énigmatiques sont les premiers animaux pluricellulaires. Des terriers ou pistes d'animaux fouisseurs (identifiés comme étant des sortes de vers), découverts en Inde ont été datés de plus d'un milliard d'années, mais l'origine animale de ces empreintes a été contestée[30]. D'autres traces de passage d'organismes mobiles associés à des fossiles discoïdes, datés d'il y a 2 à 1,8 milliards d'années (Fig. 25, p. 217), ont été découvertes plus récemment en Australie[22]. Ces observations permettent d'envisager une apparition très ancienne (à partir d'il y a 2 milliards d'années) d'une faune pluricellulaire peu diversifiée qui a pu se développer dans certaines localités.

C'est seulement depuis 570 millions d'années que la flore et la faune visible à l'œil nu semblent avoir été représentées un peu partout sur Terre avec une réelle diversité. Quatre couches successives de faunes différentes ont été identifiées de part le monde dans des roches datées essentiellement entre 570 et 515 millions d'années[31]. Cette soudaine multiplication de traces de formes de vie de taille visible correspond à « l'explosion de la vie » marquant le début de l'ère géologique du primaire (le Paléozoïque) et de la période du Cambrien[32]. L'ensemble de ces données concernant les vestiges de l'aube de la vie végétale et animale est encore trop limité et fragmentaire pour permettre de discerner les époques où les différentes lignées d'eucaryotes unicellulaires et pluricellulaires ont émergé.

Outre les fossiles, des traces chimiques (des biomarqueurs) peuvent aussi attester de la présence d'eucaryotes. Une étude datait leur présence il y a 2,7 milliards d'années, mais elle a été contestée (il s'agirait d'une contamination plus récente). En revanche, une autre donnée très méticuleuse confirme la présence d'eucaryotes il y a 2,6 milliards d'années[33].

Ainsi nous pouvons estimer que les endosymbioses menant des bactéries vers les eucaryotes ont dû commencer entre 3,2 et 2,6 milliards d'années et que des organismes vraisemblablement eucaryotes ont adopté une stratégie de civilisation de cellules (en devenant ainsi visibles à l'œil nu) dès 2,1 milliards d'années. Dans cette troisième édition du livre, nous avons choisi d'adopter l'estimation moyenne (très approximative) de 2,85 milliards d'années pour le début des endosymbioses (première émergence des eucaryotes).

L'émergence des organismes visibles à l'œil nu

Ce bref historique ne tient compte que des vestiges fossiles et de leur datation. Une conclusion s'impose : même si des traces de vie végétale et animale visible à l'œil nu ont été formellement reconnues dans des roches datées de 2,1 à 0,570 milliards d'années, l'émergence de nombreuses formes pluricellulaires visibles semble être survenue « brutalement ».

Pour trouver une explication à cette brusque poussée créative du vivant visible, deux hypothèses peuvent être émises[34] : celle d'une apparition précoce de la vie pluricellulaire n'ayant pas laissé de traces abondantes ; celle d'un essor tardif ayant permis l'explosion de la vie pluricellulaire, le fruit d'évolutions rapides, comme si une impulsion avait fait naître ces formes pluricellulaires en même temps, peut-être quelques dizaines de millions d'années avant 570 millions d'années.

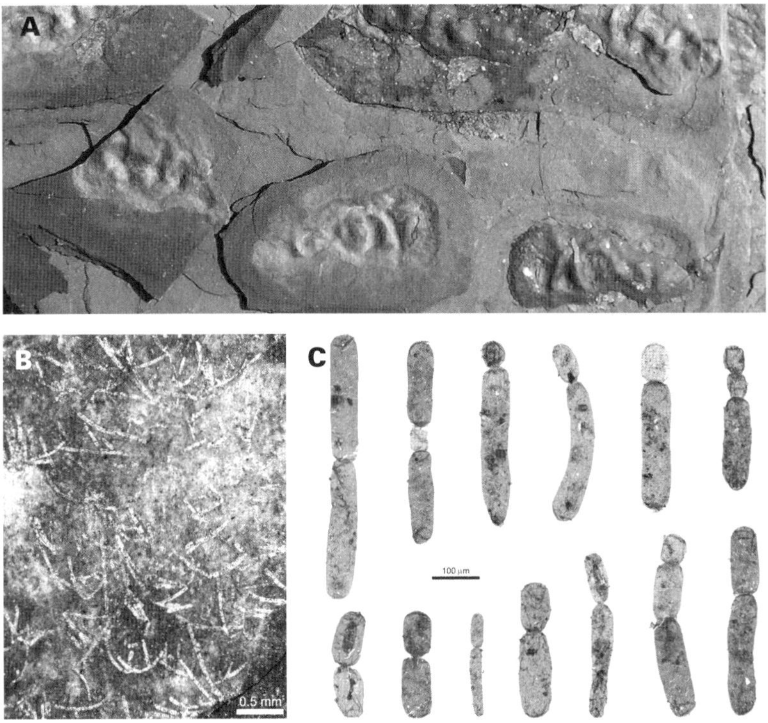

Figure 24. Autres formes très anciennes de fossiles d'organismes de taille visible à l'œil nu. A. Structures énigmatiques datant de 2 100 millions d'années ayant laissé ces fossiles de pyrite (près de 12 cm de longueur) englobées dans de l'agrile solidifié devenu du grès (Franceville, Gabon; voir aussi fig. 23 E-F p. XII)[21]. **B et C.** Tubes unicellulaires datant de 750 millions d'années et trouvés en nombre (Spitzberg)[26]. Formes tubulaires, présentant quelques constrictions et mesurant près d'un centimètre de longueur, ressemblent à des algues actuelles (genre *Vaucheria*, xanthophytes, straménopiles).

Pour justifier l'hypothèse d'une apparition précoce de la vie pluricellulaire, il faut démontrer que le grand nombre de fossiles datés d'à partir 570 millions d'années, résulte d'une genèse de lignées d'espèces bien plus anciennes. La mauvaise conservation à travers le temps des vestiges des premières formes pluricellulaires est peut-être la cause de leur absence dans les linceuls de sédiments. En effet, en dehors de quelques rares gisements fossiles d'organismes mous ayant laissé des empreintes noires de carbone[35], les espèces fossilisées n'ont été préservées que grâce à des substances solides élaborées durant leur vie. Il s'agit soit de parois de protection composées de matière organique résistante (proche de celle des grains de pollen de nos plantes à fleurs ou de nos ongles ou encore des carapaces des langoustes), soit de calcaire (les algues fixant le calcaire sont encore très nombreuses de nos jours ; pour les animaux les coquilles des mollusques, les tests des oursins et les squelettes des coraux sont des exemples bien connus de produits issus de la fixation du calcaire). L'accumulation de ces substances solides est apparue tardivement dans l'évolution de la flore et de la faune pluricellulaires (depuis 570 millions d'années), rendant possible leur conservation dans les sédiments.

Nous pouvons en déduire que les organismes pluricellulaires ayant vécu pendant la longue époque précédente (entre 2,85 et 0,570 milliards d'années) devaient être mous, sans protection. Après leur mort, leur matière organique se serait dissoute dans l'eau sans laisser de traces.

Par ailleurs, les délicates empreintes qu'auraient pu laisser certaines formes ancestrales ont sans doute été effacées sous l'effet des mouvements de la Terre, importants à cette époque. En effet, les linceuls de vase de ces organismes ont été le plus souvent remaniés, érodés, enfouis, chauffés et compressés.

En considérant d'une part, la mauvaise fossilisation vraisemblable des prototypes mous de la flore et de la faune et, d'autre part, l'effet de gommage des traces par les mouvements des sols, il est normal que nous ne puissions percevoir qu'une infime partie de la biodiversité végétale et animale des origines. Les fossiles ne nous laissent ainsi qu'une image très floue de la réelle diversité vivante du passé lointain. Difficile dans ces conditions de conclure à une apparition précoce d'une vie pluricellulaire diversifiée. Les rares fossiles ou traces d'organismes visibles à l'œil nu, datés de plus d'un milliard d'années (Fig. 23 p. XII, 24 p. 215 et 25 ci-dessous), représentent les seuls témoignages exceptionnels de l'évolution précoce vers l'état complexe.

Pour justifier la seconde hypothèse, celle d'une apparition soudaine et tardive des formes pluricellulaires, la plupart des chercheurs évoquent une caractéristique écologique déterminante pour l'épanouissement du vivant visible : le taux d'oxygène dissous dans l'eau qui ne serait devenu compatible avec la vie pluricellulaire marine qu'à partir de 600 millions d'années[36].

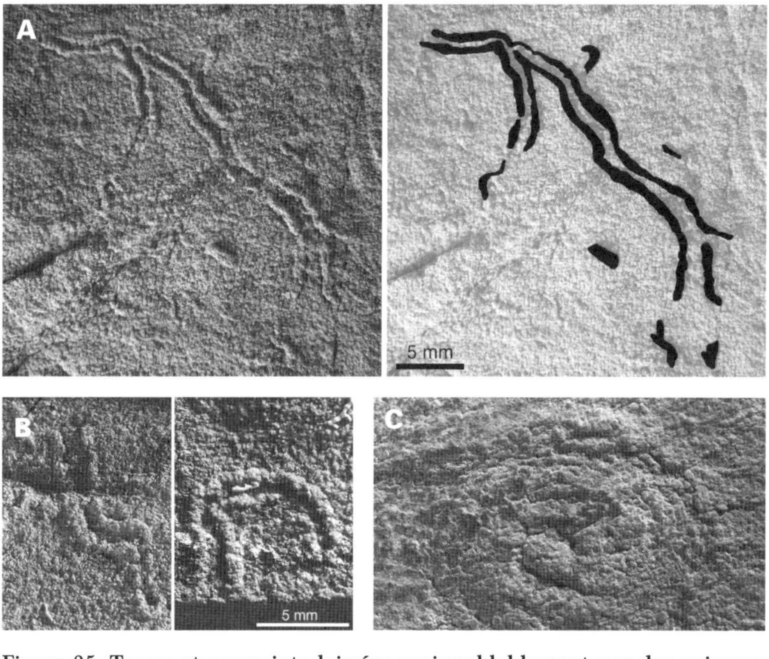

Figure 25. Traces et empreinte laissées vraisemblablement par des animaux macroscopiques datés de 1,8 milliard d'années[22]. A-B. Traces d'un animal pluricellulaire ou unicellulaire (amibe géante). **C.** Empreinte discoïde de 3 cm de diamètre ressemblant à certaines formes de la faune d'Ediacara.

En effet, en milieu peu oxygéné, il y a un réel avantage biologique à rester unicellulaire et microscopique. Cette limitation environnementale de la taille des organismes relève d'une simple adéquation géométrique. Pour mieux absorber l'oxygène (de même que les sels minéraux et le gaz carbonique dissous dans l'eau), les cellules végétales doivent développer une surface de contact avec l'eau en proportion suffisante avec le volume vivant à nourrir.

L'évolution aurait été ainsi bridée par une loi géométrique élémentaire : plus le volume d'une forme géométrique banale (sphère, cylindre, cube ou parallélépipède) est grand, plus la proportion surface extérieure sur volume est petite (pour un cube, le volume augmente en fonction du cube de son côté, alors que sa surface globale n'augmente qu'en fonction du carré de son côté). Pour visualiser cette propriété, rien de plus facile ! Versez tout le contenu d'une bouteille de vin (du coca ou de l'eau fera aussi l'affaire !), correspondant à la matière vivante, à ras bord dans des petits verres et comparez la surface extérieure des verres et du liquide au contact avec l'air avec celui de la bouteille… Vous remarquerez aisément que la surface extérieure des verres et du liquide est bien plus grande que la surface de la bouteille, alors que le volume de liquide est exactement le même ! Le rapport surface extérieure sur volume est bien plus grand avec les verres[37].

Cette propriété est fondamentale pour tout développement viable de cellules indépendantes, ayant pour seul mode de nutrition l'absorption à travers leurs parois extérieures (comme toutes les algues unicellulaires). Elles doivent toujours garder un rapport élevé entre la surface des parois perméables aux échanges avec l'extérieur et le volume vivant intérieur. Une fois dépassé le seuil d'un volume vivant trop important, la proportion devient handicapante : il n'y a plus assez de surface perméable pour absorber suffisamment de nourriture minérale et de gaz pour alimenter la matière vivante. Ce seuil correspond à un volume microscopique.

Ainsi le diamètre de l'immense majorité des organismes monocellulaires du plancton fossile ou actuel ne dépasse pas le dixième de millimètre. Dans les eaux où les éléments nutritifs minéraux sont en faible quantité, comme actuellement dans les eaux cristallines de certaines régions du Pacifique tropical ou de la Méditerranée, survivre nécessite un volume encore plus petit que dans des eaux plus riches. C'est pourquoi certaines cellules végétales du plancton végétal actuel de ces mers ont la même taille que des bactéries ; elles font partie du nanoplancton (entre 0,05 et 0,005 mm de diamètre) ou du picoplancton (plus petites que 0,005 mm de diamètre).

Entre 2,85 et 0,570 milliards d'années passées, la teneur en oxygène de l'atmosphère et des couches superficielles des océans était comprise entre 1 à 10 % de sa valeur actuelle. Dans ces conditions, s'organiser en colonies c'était, pour les végétaux, adopter une mauvaise stratégie car cela réduisait le rapport « surface de contact avec l'eau » sur « volume du vivant ». En effet, dès le stade de deux cellules jointives, la surface d'accolement entre les deux cellules n'est plus en contact avec l'eau, la surface d'échange avec l'extérieur diminue ; il y a moins d'oxygène vital disponible par cellule.

L'absence de tout vestige d'animal unicellulaire pendant la période considérée (entre 2,85 et 0,85 milliards d'années) peut s'expliquer autrement. Souvenez-vous : tous les représentants unicellulaires de la faune et de la flore sont nés par addition de bactéries (par endosymbiose, cette genèse a été exposée dans le chapitre 6). Or dans ce processus d'additions de bactéries (menant à la constitution des prototypes animaux et végétaux), il y a toujours un « dominant » (celui qui capture une proie et qui est de nature animale) et un « dominé » (la proie, souvent de nature végétale). Ce mécanisme d'endosymbiose, aujourd'hui universellement admis par la communauté scientifique, permet d'estimer que les prototypes animaux unicellulaires existaient déjà avant l'apparition des prototypes végétaux.

Pour chasser et avaler des proies microscopiques vivantes ou inertes, ces prototypes unicellulaires animaux devaient être mous, comme la grande majorité de ceux qui existent encore aujourd'hui (ils font partie d'un ensemble d'organismes provenant de différentes lignées appelées protozoaires). Leur taille et le mode d'ingestion des proies (elles étaient simplement englobées par la cellule puis dissoutes par des liquides digestifs) devaient être à la même échelle que leurs proies minuscules[38]. Les caractéristiques de ces microscopiques chasseurs d'unicellulaires mous et mobiles (ressemblant vraisemblablement à nos globules blancs ou à des amibes) n'étaient pas favorables à leur fossilisation !

Tous ces arguments permettent de penser que la présence de vestiges très anciens d'algues unicellulaires (bien fossilisés et de plus en plus nombreux à partir de 1,87 milliard d'années) implique la présence concomitante d'animaux unicellulaires (dont les plus anciens fossiles datent de 850 millions d'années : Fig. 22 H, p. XI).

Ainsi, dans les conditions de la vie en mer régnant il y a 2,85 à 0,57 milliards d'années, être gros ou vivre en communauté devait être un handicap. Toute transformation dans ce sens a dû être le plus souvent éliminée par la sélection naturelle. Pendant les cinq premiers sixièmes de la vie animale et végétale sur notre planète, garder une taille proche des premiers prototypes microscopiques devait être la meilleure stratégie. Encore de nos jours, les milieux aquatiques peu oxygénés ne renferment que des organismes unicellulaires, seuls capables de tolérer une ambiance aussi hostile.

Tous ces arguments plaident en faveur d'une « explosion » d'espèces pluricellulaires structurées juste avant le Cambrien (il y a 570 millions d'années) concomitante avec la montée de la proportion d'oxygène dissous dans les océans.

Comment alors expliquer les découvertes localisées d'organismes coloniaux ou pluricellulaires, datées de 2,1 à 0,570 milliard d'années ? Certains chercheurs ont évoqué l'hypothèse de l'existence d'une (ou de plusieurs ?) mer intérieure mieux oxygénée où la biodiversité aurait eu plus de temps pour évoluer. Les océans enfin bien oxygénés avant le Cambrien auraient pu être ensemencés par l'ouverture de cette mer intérieure, véritable oasis d'ensembles pluricellulaires floristique et faunistique alors déjà bien évolués.

Toutes ces théories sont intéressantes, elles sont à retenir et à confronter avec les preuves à venir. La réalité correspond vraisemblablement à une hypothèse intermédiaire. En effet, il est certain que les nombreux animaux dont les vestiges ont été trouvés dans plusieurs gisements datés à partir de 570 millions d'années ne se sont pas construits d'un seul coup. Ce sont sans doute des descendants de lignées d'espèces pluricellulaires au départ minuscules et molles. Leur évolution a certainement nécessité beaucoup de temps. Des dizaines ou des centaines de millions d'années auront été nécessaires pour qu'ils puissent atteindre une taille tout juste visible à l'œil nu. Ces animaux archaïques se sont peu à peu transformés pour mieux vivre de façon sédentaire. Ils se sont diversifiés et se sont dispersés sur notre planète avant que leurs vestiges puissent par hasard être conservés et parvenir jusqu'à nous[39].

Le développement des organismes pluricellulaires aurait donc débuté bien avant l'apparition soudaine de leurs vestiges de taille visible à l'œil nu (à partir de 0,57 milliard d'années).

L'analyse et l'interprétation des données génétiques des actuelles lignées les plus primitives des animaux sont déconcertantes : c'est une démonstration de l'incertitude que cette méthode comporte pour retracer l'histoire de l'évolution. En effet, d'après certains auteurs, la divergence des lignées animales pluricellulaires (et donc leur apparition) serait datée d'il y a 1,2 à 1 milliard d'années[40]. Pour d'autres auteurs, la diversification des animaux visibles à l'œil nu daterait d'il y a 670 millions d'années[41].

Hypothèses écologiques sur les meilleures stratégies pour vivre dans l'eau

À ce point de notre enquête, permettez-moi de revenir un instant sur le parallèle qui m'a bien aidé pour construire ces récits de genèses. Je souhaite rappeler la vie de mon peintre préféré : Vermeer. Il se trouve que sa vie fut assez mystérieuse. Peu d'écrits de son vivant évoquent son existence. Et surtout, il a laissé peu d'œuvres. Les experts lui attribuent tout juste trente-trois tableaux, dont trois seulement sont signés. Tous ses biographes ont essayé de comprendre pour quelles raisons sa production fut si limitée. Ils cherchèrent des motivations ou des circonstances qui pourraient l'expliquer.

Était-il suffisamment fortuné pour s'autoriser à limiter sa production ? Il avait épousé la fille d'une propriétaire terrienne qui avait quelques biens, mais il mourut couvert de dettes et sa nombreuse famille (il eut 11 enfants) dut se battre pour garder une de ses œuvres magistrales (*L'art de la peinture*). Était-il un marginal au point de ne pas intéresser les marchands d'œuvres d'art ?

Nous savons qu'il a échangé certaines de ses toiles pour couvrir des créances. Ainsi, un marchand d'art, venu voir ses tableaux à Delft, n'en trouvant aucun dans son atelier, dut se rendre chez son boulanger pour apprécier une œuvre de l'artiste. Mais d'autres témoignages de son vivant le comparent à Carel Fabricius (1622-1654), autre peintre hollandais, alors aussi connu que Rembrandt, qui mourut à Delft dans l'explosion d'une poudrière. En fait, Vermeer excellait dans son art, il était reconnu et intégré dans la communauté d'artistes et de commerçants de sa ville (il était maître et membre du conseil de la Guilde Saint-Luc).

La faible production de Vermeer restera toujours un mystère. Alors que les conditions étaient réunies pour stimuler sa production et le rendre célèbre, il ne peignit que deux à trois tableaux par an. En 1672, la guerre et l'annexion des provinces hollandaises par Louis XIV précipitèrent sa déchéance. Il mourut jeune (à 42 ans) sans un sou.

C'est un fait : pour expliquer le faible nombre d'œuvres produites, les biographes de Vermeer s'interrogent sur le mode de subsistance et de comportement de l'artiste, sur sa stratégie de vie, sur sa réussite ou sur sa déchéance sociale.

Ces interrogations se superposent à merveille à celles que soulève l'apparition des organismes pluricellulaires.

Paléontologues et biologistes cherchent aussi à décrypter les systèmes de vie. Les questions relatives aux stratégies de survie et aux comportements permettent d'interpréter les équilibres du vivant dans un environnement donné. Pour reconstruire l'histoire de la vie, il faut comprendre ce qui a poussé divers organismes à adopter un autre mode de vie. Pour quelles raisons certains sont devenus grands et complexes ? La question est justifiée quand on sait que la période d'apparition du vivant visible à l'œil nu et quel que soit le taux d'oxygène, garder une taille microscopique a toujours été une bonne stratégie pour vivre en mer !

Pour déceler les causes du changement de statut, il faut ajouter aux données paléontologiques celles qui se réfèrent à la biologie et aux conditions de vie des organismes ayant vécu sur Terre il y a 2,85 à 0,57 milliards d'années.

D'abord, rappelons que la vie existait en ces temps lointains uniquement dans l'eau. Sur Terre, il n'y avait rien : tout était minéral. Ce n'est qu'à partir de 470 millions d'années que les premiers organismes végétaux et animaux commencèrent à conquérir les espaces terrestres proches des lieux humides[42].

Avant l'apparition des formes visibles, la vie aquatique était celle d'un mélange de bactéries et de prototypes végétaux et animaux unicellulaires. Le Soleil fournissait – et fournit toujours – l'énergie nécessaire à la vie des organismes contenant de la chlorophylle. Les prototypes animaux se nourrissaient de ces proies végétales. Tout ce microcosme vivait dans un milieu bien délimité : la couche d'eau très superficielle des océans, seule zone à la fois éclairée et la mieux oxygénée.

On distingue cependant deux situations : d'une part la couche d'eau de surface de la pleine mer (entre 0 et 100 m de profondeur), couvrant aujourd'hui près des deux tiers de la planète, et d'autre part les volumes linéaires et exigus représentés par la couche d'eau située au-dessus des petits fonds littoraux (les plans d'eaux situés au-dessus du plateau continental entre 0 et 50 m de profondeur).

Deux modes de vie peuvent correspondre à ces deux situations : dans toute la partie superficielle et éclairée des océans, le mode de vie des organismes marins est exclusivement nomade et vagabond ; au-dessus des petits fonds littoraux se développe une vie plus sédentaire.

Dans le milieu liquide de la pleine mer, où vivent des organismes sans attaches avec le fond, le premier maillon de la chaîne alimentaire se développe grâce à la lumière. C'est le plancton végétal (ensemble de bactéries végétales et de végétaux unicellulaires microscopiques évoluant essentiellement là où la lumière pénètre : entre 0 et 100 m de profondeur). L'échelon supérieur est représenté par des animaux minuscules se nourrissant des cellules végétales (c'est le plancton animal).

Au niveau des espaces linéaires et très étroits bordant les côtes, seuls fonds oxygénés à recevoir assez d'énergie lumineuse pour assurer la photosynthèse, les premiers organismes pluricellulaires planctoniques (formées d'un amas de cellules) pouvaient couler sans périr. C'est ainsi que des organismes sédentaires ou statiques ont pu se développer sur les petits fonds. Ce mode de vie a été adopté : par des unicellulaires de nature végétale (bactéries ou prototypes d'algues) collées sur le fond de la mer ; par des espèces composées de plusieurs cellules fixées sur le fond comme les bactéries végétales (elles ont laissé de nombreuses traces fossiles, comme les stromatolithes) ou comme diverses lignées d'algues (rares vestiges datés d'avant 570 millions d'années).

Les premiers animaux composés de plusieurs cellules, ayant laissé de nombreux fossiles à partir d'il y a 570 millions d'années, sont apparentés aux anémones, aux méduses, aux éponges et aux coraux. Tous capturaient ce qui était organique en suspension dans l'eau. Au début, très petits, ils devaient se nourrir d'espèces formées d'une seule cellule, celles qui formaient le plancton. Pour la plupart fixés sur le fond, ils ont dû « bricoler », par évolutions successives, des systèmes pour attraper les microscopiques proies qui dérivaient contre leurs parois : systèmes d'aspiration et de filtre pour les éponges et systèmes de tentacules pour les représentants de la grande famille des coraux[43]. D'autres étaient vermiformes : ce sont les premiers charognards. Ils devaient se nourrir des détritus organiques et des cadavres planctoniques accumulés sur le sol marin, formant une couche de matière assimilable. Quels que soient leurs modes de nutrition, tous ces animaux avaient besoin de façon régulière de grandes quantités d'organismes unicellulaires. La déduction est logique : pour que la vie pluricellulaire animale puisse se développer sur les fonds littoraux, il fallait au préalable non seulement de l'oxygène, mais aussi des « pâturages » unicellulaires planctoniques bien denses et bien établis. C'est donc l'accumulation de la matière organique dans une tranche d'eau oxygénée et éclairée qui a orienté l'évolution vers le développement du statut d'animal pluricellulaire.

Essayons maintenant de déceler les avantages et inconvénients de la conquête des milieux côtiers, espaces restreints et très exigus (par rapport à la surface de l'ensemble des océans) du domaine marin, principaux ateliers de bricolage des prototypes du vivant pluricellulaire.

Nul ne sait s'il y avait, à l'aube de la vie animale et végétale, la même proportion d'océans et de terres émergées que l'on trouve actuellement. Nul ne sait où se trouvaient les continents. Certains géologues pensent que les terres émergées étaient, au début, nombreuses et dispersées sur les océans, comme des grumeaux. Ces îlots se seraient groupés, puis, à plusieurs reprises brisés et de nouveau regroupés. Nos connaissances tangibles remontent à 1,1 milliard d'années où toutes les terres émergées constituaient un seul bloc, appelé *Rodinia*[44]. Celui-ci se serait brisé il y a 700 millions d'années et éparpillé en diverses parties. Puis ces différents continents se sont regroupés il y a 270 millions d'années, formant un nouveau bloc appelé *Pangea*. Ce dernier s'est morcelé à son tour, ses lambeaux ont dérivé pour donner la configuration actuelle de la Terre, avec ses continents et ses océans[45].

D'autres événements ont participé au modelage du « visage » passé de la Terre. Il a ainsi été établi qu'à certaines époques les terres et les océans se sont presque entièrement gelés (c'est la Terre « boule de neige »)[46]. Par ailleurs, plusieurs météorites ont percuté la Terre causant des bouleversements aussi importants que ceux qui ont entraîné la disparition des dinosaures, il y a 65 millions d'années.

Ainsi, entre 2,85 et 0,57 milliards d'années, l'histoire de la Terre a été très mouvementée. Elle a été traversée de crises cataclysmiques (géologiques, météorologiques, volcaniques ou provoquées par des météorites) dont la fréquence et l'ampleur étaient bien plus grandes que celles répertoriées durant les 570 millions d'années passées. Dans ces conditions agitées, le mode de vie nomade des algues microscopiques et de leurs minuscules prédateurs animaux unicellulaires leur procurait un avantage. Dans l'immensité des océans, il y avait toujours une zone où les changements lents ou violents des conditions de vie étaient supportables. Les cellules microscopiques du plancton ont pu survivre dans des sanctuaires (des masses d'eau situées dans des mers tropicales restées au moins tempérées lors des refroidissements importants). Les végétaux et animaux ayant initié un mode de vie sédentaire ou statique (près ou sur le fond des mers, au moins pendant une partie de leur vie) étaient plus exposés aux cataclysmes. Leur migration vers des zones épargnées était moins aisée que pour les cellules errantes du plancton.

Les premiers animaux minuscules (formés de quelques dizaines ou centaines de cellules) sont donc sans doute apparus, peut-être par vagues successives, sur le littoral à la faveur d'une longue période sans cataclysme. Ne les imaginez surtout pas dotés de nageoires, de pattes ou de propulseurs ! Ils étaient certainement très petits, flasques, à mobilité réduite (pour ceux munis de cils microscopiques) ou immobiles. C'est donc sur le fond, dans des conditions affranchies des contraintes de la pesanteur, que les « bricolages évolutifs » des animaux pluricellulaires pouvaient être les mieux testés !

Au-delà de ces considérations sur les causes environnementales de la discrète et tardive émergence du vivant pluricellulaire, n'oublions pas la principale caractéristique de l'épanouissement de la vie animale et végétale durant l'époque considérée (entre 2,85 et 0,57 milliards d'années). *La vie était essentiellement planctonique, composée d'organismes microscopiques nomades et individualistes (ils n'étaient formés que d'une seule cellule). Seule une grande densité de cette soupe vivante a pu permettre à la fois une augmentation sensible du taux d'oxygène et l'émergence des premiers animaux visibles.*

Les exigences de la vie en pleine eau

Un trait comportemental est commun à ces premiers organismes des mers et des océans : toutes les espèces microscopiques du plancton ont besoin à la fois d'oxygène et de lumière, deux conditions qui n'étaient réunies – et le sont encore de nos jours – que dans la couche superficielle des plans d'eaux, essentiellement dans les premières dizaines de mètres de profondeur. Il leur faut donc se maintenir dans cette couche d'eau vitale. Or, les organismes unicellulaires et les formes primitives des colonies de cellules plus ou moins agrégées ne sont pas capables de nager pour rester de façon active dans cette tranche d'eau. Soit ils doivent développer des surfaces rugueuses pour couler doucement et être sans cesse « portées » ou « remontées » par les courants ascendants. Soit ils doivent avoir la même densité que l'eau et se maintenir juste là où il faut pendant toute leur existence. Ils doivent ainsi réguler leur densité pour rester entre deux eaux, toujours dans la couche superficielle.

Comment exprimer cela ? Un néologisme me vint à l'idée. Comme subaquatique signifie sous l'eau, *subflotter* pourrait signifier flotter sous la ligne de flottaison. J'étais assez satisfait du terme, mais pas convaincu de la compréhension par le lecteur de la particularité originale de cet état. Il fallait trouver un exemple simple, commun.

Alors que j'écrivais ces lignes, j'étais en vacances en Corse. Une foire de produits du terroir était organisée dans un minuscule village du Cap Corse, à Piazza, sur la commune de Luri. Parmi les exposants, il y avait une majorité de vignerons. C'était une foire au vin (*la Fera di u Vinu)* très réputée dans toute l'île. Les visiteurs étaient invités à déguster une trentaine de crus de qualité provenant de toute la Corse. Mon attention fut attirée par un exposant isolé qui proposait divers outils nécessaires à la vinification. C'est là que j'ai trouvé mon inspiration, car, parmi le matériel proposé, il y avait une panoplie de densimètres.

Un densimètre est composé d'une ampoule de verre transparent contenant des petits plombs, surmontée d'une longue et fine tige graduée en verre. On l'immerge dans un liquide pour évaluer sa densité par rapport à l'eau. L'ampoule plombée « subflotte », seule l'extrémité de la tige graduée émerge. La lecture de la densité se lit sur la graduation qui se situe au niveau du liquide. Cet outil de mesure était présenté sous un nom que je découvris : un mustimètre. L'exposant m'expliqua qu'on l'utilisait dans la première phase de vinification, lors de la macération initiale des raisins triturés, lorsque le moût (les pépins et les peaux des raisins) est encore mélangé au jus. Il sert à mesurer la densité du jus avant la fermentation (pour évaluer la densité en sucre du liquide, en rapport avec le taux d'alcool à la fin de la vinification). Pour chaque liquide, il existe un densimètre : pour titrer un vin ou un alcool, c'est un alcoomètre, pour l'eau de mer c'est un salinomètre (Fig. 26). Chaque type de densimètre est taré selon son utilisation (l'alcool est moins dense que l'eau ; le jus du moût et l'eau de mer sont plus denses). La tare s'ajuste par un nombre de petits plombs enfermés dans l'ampoule qui « subflotte » toujours.

Un jouet, le ludion, fonctionne sur le même principe, mais c'est la pression qui le fait monter ou descendre. Le ludion (souvent représenté par une figurine suspendue à une sphère percée) subflotte, flotte ou coule selon la pression que l'on exerce sur l'eau dans laquelle il est immergé. Un autre objet illustre le principe de subflottaison. Il s'agit d'un thermomètre décoratif très original. Il est composé d'une colonne de verre contenant un liquide et des sphères en verre tarées différemment qui subflottent, flottent ou sont posées sur le fond (Fig. 26). Chaque sphère porte un chiffre qui indique une température. Comme la température modifie la densité de l'eau, ce thermomètre donne la bonne température par simple lecture du chiffre porté par la sphère qui subflotte.

Les cellules du plancton qui subflottent sont analogues à des densimètres à tare variable. La cellule change sans cesse sa tare pour subflotter afin de compenser les changements incessants de la température et de la pression atmosphérique qui s'exerce sur l'eau. Celles qui ont des parois solides de calcium ou de silice compensent le poids de ces équipements par l'accumulation de gouttelettes de lipides. Souvent ces parois sont très irrégulières, développant ainsi une

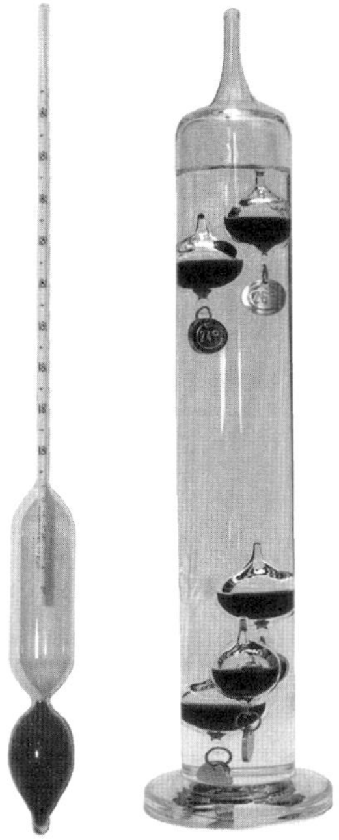

Figure 26. Densimètre et thermomètre contenant des sphères qui « subflottent », auxquelles sont attachés des médaillons indiquant une température (thermomètre de Galilée). Il est aisé de constater sur les densimètres, ludions ou thermomètres de Galilée qu'un infime changement de salinité, de pression de l'air ou de température change la position des objets qui subflottent. Il y a entre 2, 85 et 0,57 milliards d'années passées, la vie était essentiellement planctonique. Elle était constituée de minuscules cellules individuelles (unicellulaires) et nomades (Fig. 22, p. XI). Comme aujourd'hui, ce plancton devait absolument rester dans une fine couche d'eau compatible avec la vie. En effet, les minuscules cellules ne devaient pas flotter car les rayons ultraviolets du Soleil pouvaient les détruire ; elles ne devaient pas couler car au-delà de 50 m de profondeur la lumière y est insuffisante pour la photosynthèse. Pour compenser les contraintes physiques fluctuantes incitant un objet inerte de la même densité que l'eau à couler ou à flotter, toutes les cellules vagabondes et microscopiques du plancton possèdent des mécanismes sophistiqués qui adaptent sans cesse leur densité pour contrer les moindres changements extérieurs naturels. C'est grâce à ces mécanismes que la vie a sans doute pu conquérir l'ensemble de la couche superficielle des océans.

« rugosité » qui ralentit l'inexorable tendance à couler. Une régulation plus fine s'exerce sans cesse par l'introduction ou l'excrétion de sels minéraux. Pour certaines cellules, comme celles des bactéries végétales, des micro-bulles de gaz se forment dans les cellules (les airosomes). Tous ces dispositifs de tare sont vitaux pour toutes les espèces microscopiques du plancton. Ce subtil et simple impératif du maintien dans la couche superficielle (souvent au-dessus de plusieurs milliers de mètres de profondeur) est une contrainte majeure pour l'évolution par sélection naturelle. La mutation innovante qui ne tient pas compte de l'équilibre densimétrique ne peut être qu'éliminée dès la première génération. En effet, toute espèce qui ne respecterait pas cet équilibre coulerait dans les ténèbres et se priverait ainsi de la lumière ou flotterait et serait brûlée par les ultraviolets. De même, à la mort des cellules du plancton, l'ajustement de la tare ne se fait plus et le défaut d'équilibre est toujours négatif : les cellules coulent et vont constituer les sédiments marins calcaires ou siliceux. Seuls les organismes pluricellulaires ayant coulé par hasard sur des petits fonds littoraux ont sans doute eu une chance de poursuivre leur évolution vers le plus complexe.

Les descendants actuels des cellules microscopiques subfottantes

Les algues microscopiques du plancton actuel, descendantes du plancton originel, sont toujours des algues minuscules. Tout en restant formées d'une seule cellule végétale ayant un cahier des charges très restrictif (rester toujours petites pour assimiler suffisamment de gaz et sels nutritifs et se maintenir entre deux eaux sans couler ni flotter), elles se sont transformées au cours des centaines de millions d'années passées pour continuer à vivre et se reproduire face à deux autres contraintes : les animaux végétariens et les changements climatiques. Le résultat de l'évolution génétique, contingente ou hasardeuse, s'est ainsi orienté vers tous les équipements cellulaires permettant de maintenir l'équilibre densimétrique, tout en améliorant soit les systèmes de défense contre les animaux qui les mangent, soit les résistances face à des carences environnementales (froid ou manque de substances nutritives).

Aujourd'hui, le nombre connu d'espèces d'algues unicellulaires du plancton avoisine 110 000[47], contre seulement 9 000 espèces pour les algues pluricellulaires[48] (99 % de ces algues macroscopiques sont confinées sur les petits fonds linéaires des côtes[49]). La biodiversité végétale des milieux aquatiques actuels est ainsi essentiellement représentée par des espèces microscopiques. Pendant plus de deux milliards d'années d'évolution, la paroi des cellules végétales indépendantes s'est garnie de piquants, de carapaces et boucliers de calcaire ou de silice. Ces structures défensives ou de repos, permettant de bien subflotter (elles augmentent aussi les forces de frottement, ce qui fait couler moins vite), ont des architectures et ornementations plus diversifiées que celles des coquilles de tous les mollusques marins connus. Les toxines, élaborées par d'autres pour se rendre peu appétissantes, sont plus diversifiées que toutes les molécules actives de notre pharmacopée.

La masse des espèces végétales du plancton est encore aujourd'hui bien supérieure à celle de toutes les algues et plantes littorales sous-marines réunies. Si on considère que les mers et océans couvrent près de 71 % de la Terre, le statut unicellulaire du végétal préside sur la majorité de la surface où la vie végétale s'est développée sur notre planète.

Enfin, le plancton végétal étant réparti dans les cent premiers mètres d'eau, ce volume « d'eau végétale » (faisant partie de l'hydrosphère) est bien supérieur au volume « aérien végétal » (la couche atmosphérique où se développent les végétaux terrestres).

J'ai souligné précédemment (voir chap. 5) la prééminence des bactéries partout sur la planète. Une domination qui impose une conclusion *: l'évolution ne tend pas forcément vers la complexité*! La même conclusion s'applique aussi à la vie végétale : *pas la* *peine d'être complexe et grand pour dominer et pour profiter au mieux des principales ressources naturelles de notre planète*! Deux milliards et demi d'années d'évolution de la vie végétale et animale, jalonnée d'une multitude de transformations aboutissent au même constat : *ce sont les plus petits, les formes minuscules composées d'une seule cellule qui de tout temps, et probablement pour toujours, sont les mieux adaptés à la vie sur notre planète.*

Ces quelques mots de Pline l'ancien (alors destinés aux plus petites *créatures* visibles à l'œil nu) conviennent bien à ce chapitre : *« Naturamusquam magis est tota quam in minimo »* (« La nature n'est jamais aussi grande que dans ses créatures les plus petites »)[50].

Il y a un siècle et demi, la théorie de l'évolution par sélection naturelle du plus simple au plus complexe avait été mise en doute par son auteur. Darwin ne comprenait pas l'absence de toute forme de vie avant l'apparition soudaine d'un grand nombre de formes pluricellulaires déjà très diversifiées et évoluées (à son époque, les plus anciens fossiles remontaient au Silurien : – 443/– 416 millions d'années)[51]. Aujourd'hui ce « *dilemme de Darwin* »[52] est définitivement levé grâce à de nombreuses preuves (les découvertes de fossiles plus anciens). Mais surtout il n'a plus lieu d'être en raison de l'effondrement d'un dogme fondamentalement narcissique, qui était une fausse piste, un faux scénario de l'évolution du vivant. Pour illustrer ce dogme, seuls avaient été considérés les organismes corroborant une échelle graduelle et constante de la complexification du vivant menant à nous. Toutes les espèces qui n'avaient pas emprunté cette voie « royale » étaient écartées du raisonnement. Considérées comme des êtres inférieurs ou des stades d'arrêt de l'évolution, elles ont été ignorées dans les premiers schémas de l'évolution illustrant la marche vers le progrès. Elles ne méritaient aucune attention.

Les microscopiques ludions vivants composant le plancton originel et actuel témoignent pourtant de la prédominance et de la diversité d'un mode vie différent de celui des organismes complexes. Ils ont évolué à leur rythme en accumulant les améliorations adaptées à leur milieu, tout en restant des microbes. Ils ne représentent pas un cul-de-sac évolutif, ce sont des représentants de voies majeures de l'évolution.

Concernant la genèse des formes pluricellulaires et des voies de la complexification du vivant, nombre d'interrogations persistent. La métaphore citée par Darwin reste toujours d'actualité « *Les archives géologiques sont comme une histoire du globe incomplètement conservée, écrite dans un dialecte toujours changeant, et dont nous ne possédons que le dernier volume traitant de deux ou trois pays seulement. Quelques fragments de chapitres de ce volume et quelques lignes éparses de chaque page sont seuls parvenus jusqu'à nous…* »[53].

Le passage à la vie pluricellulaire fait partie des chapitres et volumes disparus. Mais des lignes récemment trouvées et des raisonnements nouveaux permettent une nouvelle lecture des archives.

Chapitre 9

Le jeu de Lego

La genèse de la vie visible

Mon fils, Jean-François, a été dans son jeune âge un grand spécialiste du jeu de Lego. Pourtant nul ne l'a poussé plus qu'un autre de mes quatre enfants à se passionner pour la construction de formes et de maquettes diverses à l'aide de briques en plastique coloré emboîtées les unes dans les autres. Dès trois ans, à l'école maternelle, Jean-François a commencé son apprentissage. Les pièces étaient alors surdimensionnées pour éviter que les enfants n'en avalent. Chez le pédiatre, dans la salle d'attente, les enfants pouvaient aussi jouer à assembler des briques, oubliant ainsi l'étrange personnage qui habitait les lieux et en qui les parents avaient tant confiance. Même le marchand de chaussures disposait d'un espace détente garni d'un parterre de briques destiné aux gamins insupportables, afin que les parents puissent choisir calmement la bonne paire. Dans cet environnement de Lego, certains enfants se passionnent pour ce jeu, d'autres non. Jean-François faisait partie des « legophiles ». Ce jeu est particulièrement didactique : l'enfant doit observer les pièces, les choisir, les assembler, puis élaborer des formes libres ou selon un plan fourni avec les boîtes.

J'ai passé beaucoup de temps, non pas à jouer avec Jean-François, mais à ranger son jeu. Surtout pendant la période où il ne savait pas encore lire un plan. Dans une grande boîte, étaient rassemblées plusieurs centaines de pièces en vrac… Héritage de ses sœurs et de son frère.

Tout commençait par l'étalement : il voulait voir tout le trésor. Des centaines de pièces étaient ainsi déversées sur le tapis. Couleurs, tailles et formes très différentes des briques l'émerveillaient toujours.

La phase d'apprentissage a débuté par un jeu de classement. J'ai dû lui trouver des boîtes pour l'aider à ranger les pièces identiques. Longueur, position des ergots d'accroche, tout était identifié puis classifié et rangé selon ses critères.

Un jour, il fut prêt à réaliser son premier emboîtage. Le bruit, le « clic », de l'emboîtage réussi était une découverte excitante. Il s'est d'abord amusé à créer des formes simples. Surtout des bâtons de briques empilées. Une fois le principe acquis, il choisissait toujours la même couleur ou alternait deux couleurs. Puis, il s'est lancé dans la construction d'un mur ou d'un plancher. À ce stade, les gestes d'assemblage, pourtant simples, demandent beaucoup de concentration. L'énervement finissait par se manifester rapidement par des grands coups de pied dans le tas de Lego, précipitant de multiples pièces dans tout le salon. Je suis certain de ne pas être le seul père à avoir cherché sous les armoires les pièces éparpillées.

Plusieurs mois se sont écoulés avant qu'il ne parvienne à élaborer des formes ressemblant à des objets familiers : voitures, maisons. Il avait compris le pouvoir créatif du jeu de Lego.

Jean-François passa enfin à un niveau supérieur lorsqu'il put déchiffrer les pictogrammes de montage des boîtes élémentaires de Lego. Des maquettes assez simples commençaient alors à orner son armoire. Puis, bien plus tard, il est passé maître dans l'art de l'assemblage. Les maquettes étaient de plus en plus complexes et… onéreuses. Grâce à son généreux grand père, Jean-François a enchaîné les maquettes.

Un jour, il me fit remarquer que plus aucune indication ne figurait sur les pages des plans de montage les plus compliqués. Il fallait simplement observer sur une page du plan ce qui avait changé par rapport à la page précédente : la maquette était modulaire.

À quatorze ans, Jean-François avait conservé en souvenir, dans une armoire vitrée, une grande diversité de maquettes sophistiquées de Lego : porte-avions, robots en tous genres, avions, trains et voitures. Quelques maquettes de dragons angulaires étaient placées à l'arrière des chefs-d'œuvre mécaniques. Le vivant ne se prête pas bien au jeu de Lego : ses formes sont trop arrondies.

Lorsque je suis arrivé au point de mon récit où il me fallait décrire la genèse des animaux et végétaux pluricellulaires à partir de l'unicellulaire, il m'est venu à l'idée d'utiliser le jeu de Lego comme métaphore. Les briques représenteraient les cellules. Les maquettes les plus élaborées, constituées de centaines de pièces différentes, illustreraient des animaux ou végétaux complexes.

Pour un biologiste, cette idée peut paraître saugrenue. D'abord les cellules lui sont tellement familières qu'il n'éprouve pas le besoin de recourir à des métaphores pour les décrire. Ensuite, parce que l'élaboration d'une forme vivante est dynamique. La cellule initiale se divise en deux, les suivantes aussi. Toutes les cellules se divisent au cours de la formation d'un individu à partir d'un embryon. Or les briques de Lego sont statiques, elles ne se divisent pas. Monter une maquette de Lego, c'est assembler des pièces déjà préformées d'après un plan préconçu. C'est vrai, mais j'accorde aussi beaucoup d'importance à l'aspect didactique des métaphores qui permettent de faire comprendre des concepts abstraits. N'ayant rien trouvé de très commun pour suggérer la formation d'un objet par des éléments de petite taille qui se divisent (seul le vivant est capable de cette prouesse), j'ai préféré m'en tenir au jeu de Lego car il m'a semblé bien convenir pour illustrer l'émergence des pluricellulaires.

Comme pour les chapitres précédents, je me suis efforcé à hiérarchiser les connaissances de l'histoire de la nature en sélectionnant les étapes les plus structurantes. Pour la très longue et ancienne période (entre 2,85 et 0,57 milliards d'années passées) de la lente émergence de la vie animale et végétale, une étape est fondamentale : le passage d'une vie solitaire à une vie communautaire. C'est-à-dire la transition entre : la cellule unique et indépendante, animale ou végétale (les termes de monocellulaire ou d'unicellulaire désignent cet état toujours microscopique) ; et les organismes constitués de plusieurs cellules jointives (le terme de pluricellulaire désigne cet état macroscopique le plus souvent visible à l'œil nu).

Bien que cette transition n'ait concerné que quelques lignées d'animaux et de végétaux, il faut la considérer comme l'une des trois étapes clefs de l'histoire du vivant (avec les deux précédemment exposées : l'origine bactérienne de la vie sur Terre (chap. 2, 3 et 4) et l'union (chap. 6) des bactéries donnant naissance à la flore et la faune monocellulaires).

La jonction des cellules est l'évolution initiale qui a conduit à la diversité des organismes visibles à l'œil nu. Elle marque un début, la *genèse du vivant complexe*. Dans l'évolution de la vie, cette phase est sans doute plus déterminante que les transformations qui ont permis l'apparition des mousses à partir d'un ancêtre d'algue verte, des fougères à partir d'un ancêtre commun avec les mousses, des plantes à fleurs à partir d'un lointain ancêtre commun avec les mousses ou les fougères, ou celle des mammifères à partir d'une parenté commune avec les batraciens.

Le passage de la vie unicellulaire indépendante à la vie pluricellulaire communautaire s'est produit chez différentes lignées animales et végétales. Simple à imaginer, il semble tellement évident qu'il est peu discuté dans la majorité des ouvrages traitant de l'évolution. Il nécessite néanmoins une série d'innovations majeures que les pluricellulaires ont dû acquérir.

Dans la suite du récit, je vais d'abord exposer les causes environnementales qui ont sans doute orienté l'évolution vers la complexité, vers la pluricellularité. Je vais ensuite décrire les diverses étapes d'association cellulaires ayant conduit à l'émergence des pluricellulaires, une émergence non «prédéfinie»: il n'y a, répétons-le, aucune tendance naturelle à la complexification du vivant. Je vais enfin souligner la très étrange concomitance de la pluricellularité: le fait que des lignées hétéroclites et indépendantes du vivant aient adopté une structure pluricellulaire, accompagnée d'une spécialisation des cellules. Cette coïncidence est-elle une simple convergence d'adaptation à un mode de vie commun? Ou provient-elle d'un déterminisme génétique commun?

Première étape: la sédentarisation

Nous l'avons vu dans le chapitre précédent, au début de la vie animale et végétale microbienne, l'océan était le seul milieu de vie. En pleine eau, subflotter et rester microscopique, nomade et indépendant offraient la meilleure stratégie pour survivre.

Dès que l'oxygène fut suffisant pour permettre la vie de colonies cellulaires, la taille de celles-ci devait être limitée. En effet, à partir d'un certain volume, elles ne pouvaient pas se maintenir en état de subflottaison, ni rester dans l'espace vital des eaux superficielles par la seule force des systèmes élémentaires de propulsion dont elles étaient équipées (de minuscules fouets ou flagelles comparables au flagelle propulseur des spermatozoïdes). C'est pour cette raison qu'en pleine eau, l'immense majorité des évolutions innovantes menant à la formation de colonies pluricellulaires (au début forcément minuscules) devait être vouée à couler et à disparaître dans les ténèbres des grands fonds peu oxygénés. Le milieu océanique de pleine eau est à la fois homogène et exigeant. Il n'est pas propice à l'émergence d'organismes remarquables par leur taille et leur masse. Tous les animaux nageant aujourd'hui en pleine eau dérivent d'organismes s'étant structurés à l'aube de l'acquisition de leur pluricellularité sur les petits fonds côtiers.

Pour les formes pluricellulaires plus denses que l'eau, l'oasis étroite, oxygénée et éclairée des petits fonds bordant les côtes devait représenter un milieu favorable à conquérir. Pour y vivre, il fallait à la fois trouver sa subsistance et se fixer sur les roches ou s'enfouir dans la vase pour ne pas être emporté par la force des vagues, de la houle ou des courants.

Les plus anciens vestiges du vivant pluricellulaire confirment ce scénario logique. Les algues, coraux, éponges et vers sont les premiers pluricellulaires rencontrés dans les archives paléontologiques. Tous vivaient les uns à côté des autres dans les divers environnements littoraux. Il est probable que les prototypes inconnus de ces lignées, certainement composés au début de quelques cellules accolées, ont été autant d'échecs à la vie planctonique. Par hasard, ils sont tombés sur le haut du plateau continental côtier (où se trouvent les petits fonds bordant les côtes), seul endroit où les conditions de survie étaient propices à la formation des premiers organismes macroscopiques.

Ainsi, pour que les prototypes d'animaux et de végétaux pluricellulaires puissent se développer et évoluer, deux innovations comportementales étaient nécessaires : ne plus subflotter et se maintenir sur les petits fonds marins littoraux. *C'est la sédentarisation.*

Regardons la Terre vue d'avion. Survolons un littoral, limite entre l'eau et la terre. Ce n'est que diversité hydrologique et géologique : côtes battues par les tempêtes, la houle et les vagues, plages découvertes ou non par les marées, baies calmes, lagons ouverts ou fermés, lagunes d'eau salée, saumâtre ou douce, estuaires, deltas, côtes sableuses ou rocheuses, traits de côte linéaire ou découpé, falaises ou éboulis, eaux chaudes ou glacées selon les saisons et les lieux…

Aux frontières des deux états – eau et terre –, les conditions de vie changent vite. Érosions, accumulation d'alluvions, courants puissants qui s'inversent, fleuves qui s'assèchent ou débordent, volcans qui, en un éclair, modifient la côte, forment des îles qui par la suite s'enfoncent…

C'est dans ces paysages sous-marins variés et changeants, offrant une palette diversifiée et compartimentée de milieux souvent inhospitaliers, surtout pour de minuscules et fragiles ébauches pluricellulaires planctoniques, que doit se situer le berceau de la diversité de la vie macroscopique. Les contraintes environnementales sont multiples et ont favorisé des voies d'évolution distinctes, elles ont stimulé la diversification de la vie pluricellulaire.

Plusieurs scénarios ont été échafaudés pour reconstituer ce qui s'est passé. Les données permettant d'imaginer comment la transition s'est effectuée s'appuient sur l'observation des stratégies adoptées par les plus simples organismes du vivant actuel.

Les modes de construction des organismes pluricellulaires primitifs actuels peuvent être *analogues* à ceux qui ont été adoptés dans un très lointain passé. Ce sont alors de simples ressemblances ne correspondant pas aux réels mécanismes initiaux. Ils peuvent aussi être *homologues.* Dans ce cas, le mode d'échafaudage des pluricellulaires actuels les plus simples est identique à celui qui a été initié dans le passé. Quoi qu'il en soit, les plus élémentaires des stratégies de sédentarisation visibles aujourd'hui fournissent des exemples d'initiations réussies à une vie pluricellulaire.

Je suis phycologue, terme approprié pour désigner ceux qui étudient les algues (du grec *phycos,* « algue » et *logos,* « étude »), préférable à algologue (du grec *algos,* « douleur » et *logos,* « étude ») depuis que des départements d'étude de la douleur (algologie) sont apparus dans les hôpitaux. Les ayant beaucoup étudiées, je me suis familiarisé avec leur diversité. S'il est possible de reconnaître beaucoup d'espèces d'algues d'après leurs formes et leurs couleurs, il faut souvent utiliser le microscope pour observer leur anatomie et parfois leurs cellules afin de les identifier. Mille subtilités permettent de distinguer des algues au demeurant fort semblables à la première observation.

Je me souviens des longues heures passées à découvrir les algues de toute nature au microscope et à méditer sur leur étonnante beauté, leur simplicité ou leur complexité. C'est grâce à cette pratique que j'ai pu observer l'existence d'un grand nombre de stratégies menant à des architectures vivantes complexes.

Tout commence par une préparation : un fragment d'algue disposé dans une goutte d'eau de mer entre lame et lamelle. Après avoir bloqué la préparation sur le portoir du microscope, je me mets en position d'observation, le dos bien droit et mes yeux face aux oculaires. Il faut d'abord discerner la préparation au petit grossissement, la centrer en poussant la lame très doucement, puis changer d'objectif, « passer au 60 ». Il suffit pour cela de tourner un barillet portant plusieurs optiques et d'amener les lentilles grossissant 60 fois face à l'axe de vision. L'objectif grossit 60 fois, l'oculaire 10 fois. Il faut multiplier les deux pour connaître le grossissement total : tout ce que l'on voit est alors agrandi 600 fois. Il faut aussi faire varier l'intensité lumineuse, à l'aide d'un variateur et d'un diaphragme afin d'obtenir un réglage confortable pour l'observation. La première image obtenue est souvent floue ; pour mieux voir l'algue avec un bon contraste, il faut ajuster la distance entre la préparation et l'objectif (nous procédons exactement de la même manière lorsqu'on regarde quelque chose avec une loupe). Pour cela, on déplace sur un axe vertical, de façon insensible grâce à une molette, le canon portant l'optique. Tout devient enfin net et lumineux et c'est alors toujours une révélation magnifique ! Les couleurs et formes de la vie microscopique sont aussi éblouissantes et complexes que celles des espèces que chacun peut contempler à l'œil nu dans la nature. Avec un œil expert, celle-ci prend une autre dimension. Promenez-vous dans une forêt tropicale accompagné d'un botaniste. Là où vous pourrez apprécier les formes de la verdure ou les couleurs des fleurs, le botaniste s'émerveillera devant la diversité des espèces et aura un immense plaisir à reconnaître tant de plantes qu'il a vues dans des livres et dont il connaît la classification et la biologie. Ma forêt à moi, c'est le monde marin minuscule car j'ai appris à reconnaître, comprendre et interpréter les organismes microscopiques bizarres qui le peuplent et dont l'anatomie se dévoile sous mes yeux. Ainsi, chaque fois que j'observe les algues, je suis étonné de la richesse des niveaux d'organisation. Tout est différent parmi les représentants de ces végétaux composés de lignées évolutives très distinctes (issues de diverses combinaisons de bactéries, comme je l'ai exposé dans le chapitre 6).

À la verte chlorophylle que toutes possèdent, s'ajoutent selon les lignées des pigments bruns, jaunes, rouges ou bleus. Certaines algues constituées d'une cellule unique sont munies d'un, deux, trois ou quatre flagelles (des éléments propulseurs de formes et de longueurs variables). Elles sont parfois équipées d'excroissances (au niveau de leur paroi) ressemblant à des boucliers ou sont protégées par des carapaces de silice ou de calcaire.

Parmi les formes constituées d'un assemblage de cellules, les plus simples sont des filaments d'une dizaine de cellules empilées les unes sur les autres ou formant des boules ou des croûtes. Les algues les plus complexes présentent divers niveaux de spécialisation cellulaire et des tailles étonnantes (comme l'algue brune *Macrocystis* que j'ai eu l'occasion d'admirer dans le Pacifique Nord et qui peut atteindre plus de 60 m de longueur)[1].

C'est évident, l'étude de ces végétaux marins, *vivant toujours dans les milieux où la vie pluricellulaire est apparue*, à savoir les fonds marins côtiers, développe l'imagination nécessaire pour tenter de reconstituer les premiers stades inconnus de l'évolution de la flore et de la faune. C'est, sans aucun doute, dans les diverses lignées d'algues actuelles que les biologistes peuvent observer les stratégies d'adaptations élémentaires à une vie sédentaire et retracer, à partir de là, les étapes structurantes ayant pu mener à la vie pluricellulaire.

Si nous pouvons considérer que tout a commencé par la perte de l'état de subflottaison, il faut imaginer qu'une cellule (ou un groupe de cellules) incapable de se maintenir en pleine eau a coulé sur un fond du littoral opportun (suffisamment éclairé, avec assez d'oxygène et de sels minéraux).

C'est Jean-François au début de son apprentissage. Il vient de renverser sa boîte de Lego, posée sur une table. Les pièces différentes (couleurs et formes) sont en désordre sur le tapis. Jean-François s'amuse à les mélanger, à les disperser sur tout le tapis.

Les briques de Lego éparpillées sur le sol (Fig. 27 A ci-contre) vont illustrer, dans mon propos, la diversité des cellules isolées coulées sur les fonds littoraux avant la genèse des formes pluricellulaires.

Pour rester dans la frange littorale, et ne pas subir les frottements dangereux sur les sols marins sous les effets violents des mouvements de la mer, l'organisme doit, nous l'avons dit, s'enfouir ou se coller sur un support fixe (sur la roche plutôt que le sable ou la vase sans cesse mis en mouvement par la mer). On peut penser que des mutations fortuites permettant une meilleure sédentarisation ont été sélectionnées par la nature, donnant les premiers avantages pour vivre sur les petits fonds littoraux.

Cette configuration est encore très commune aujourd'hui ! Un grand nombre d'algues monocellulaires et même d'animaux composés d'une seule cellule vivent ainsi depuis des centaines de millions d'années[2]. Depuis la nuit des temps, ces « microbes » ont adopté et préservé un comportement sédentaire sans jamais avoir testé la vie communautaire.

Sur le tapis certaines pièces, mieux configurées que les autres, ont résisté aux gestes violents et imprécis de Jean-François, elles sont restées coincées, à demi enfouies, dans les mèches de laine du tapis dense et épais…

Deuxième étape : l'initiation à la vie sociale

Considérons d'abord un scénario où l'adoption de la vie en commun est provisoire et réversible. Les premiers « acteurs » devaient être des agrégats de cellules identiques. L'accolement entre cellules a d'abord dû être lâche et la place de chacune dans la colonie devait être indéterminée. Ces configurations d'associations cellulaires peu organisées ont pu représenter des phases transitoires, précédant une cohésion sociale plus forte avec des cellules plus jointives.

Ce type d'assemblage, où le nombre de cellules et leur agencement varient d'une colonie à l'autre, existe encore aujourd'hui (Fig. 28, p. 247)[3]. Certaines colonies peuvent même subflotter sous forme de boules ou de guirlandes, mais au-delà d'une taille et d'une masse critiques, on ne les rencontre que collées à la roche[4]. Cette association entre cellules grégaires est encore réversible : chaque cellule peut retourner à une vie indépendante.

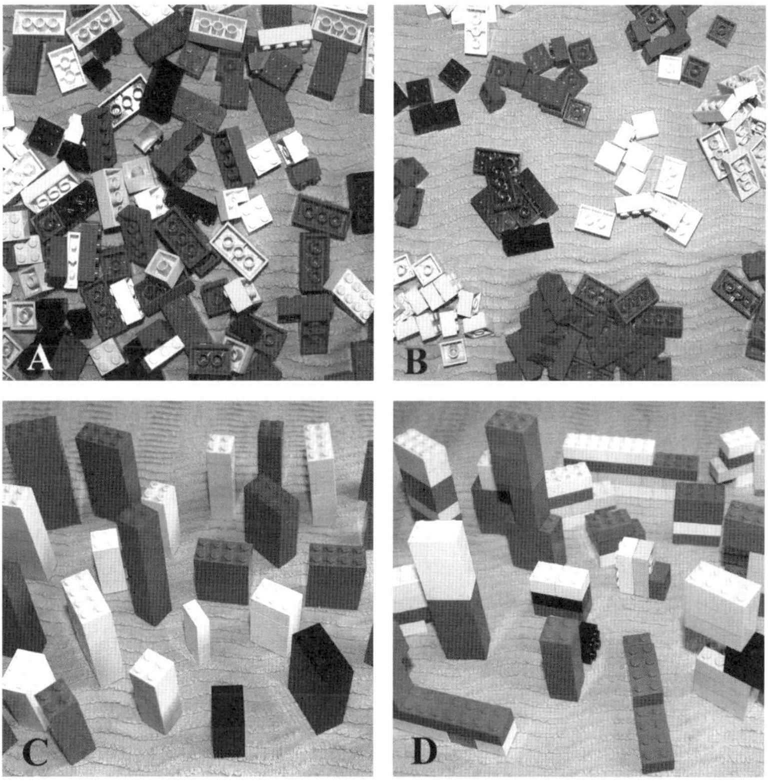

Figure 27. Quatre configurations des pièces d'un jeu de Lego. A. éparpillées, **B.** regroupées par catégories, **C.** pièces identiques attachées, **D.** pièces différentes attachées.

Jean-François termine sa phase d'apprentissage : il a remarqué dans le fatras de pièces des formes et des couleurs identiques. Par jeu, il les sélectionne et les place en tas. Des tas de pièces toutes identiques.

C'est ce résultat et non l'action de Jean-François qui offre une analogie : une configuration de colonie de cellules (Fig. 27 B, p. 245). Des cellules identiques formées par divisions successives d'une cellule. Les cellules filles sont restées chaque fois à proximité pour constituer un tas, une colonie.

Chez certains représentants actuels de ce type de colonie, un gel (secrété par les cellules) sert de liant entre plusieurs cellules identiques. Des mouvements synchrones ou des comportements communs, utiles à la communauté, s'observent même chez les cellules formant des colonies d'algues actuelles (Fig. 28 D)[5]. Ils ne peuvent avoir lieu sans systèmes de communication entre tous les éléments de la colonie. Ce sont là les prémices d'une vie communautaire et sociale où la coordination entre les cellules devient nécessaire.

La genèse de la pluricellularité

La promiscuité des cellules vivant en colonie et communiquant entre elles peut conduire par évolution à une jonction des éléments de la colonie. Les cellules se retrouveront accrochées les unes aux autres de façon irréversible pour elles et pour leur descendance, car ce caractère sera alors inscrit dans leur information génétique.

C'est Jean-François juste après sa découverte du principe essentiel du jeu de Lego : l'emboîtage des pièces. Ses premiers assemblages les plus élémentaires étaient composés de briques identiques emboîtées les unes aux autres (Fig. 27 C, p. 245).

Une autre stratégie, conduisant à ce stade archaïque de la vie collective, peut aussi commencer par une banale division d'une cellule. Le scénario est fort simple à imaginer. La cellule initiale ayant perdu la faculté de subflotter s'est intégrée à la vie littorale en se collant sur le fond. Elle se divise en deux

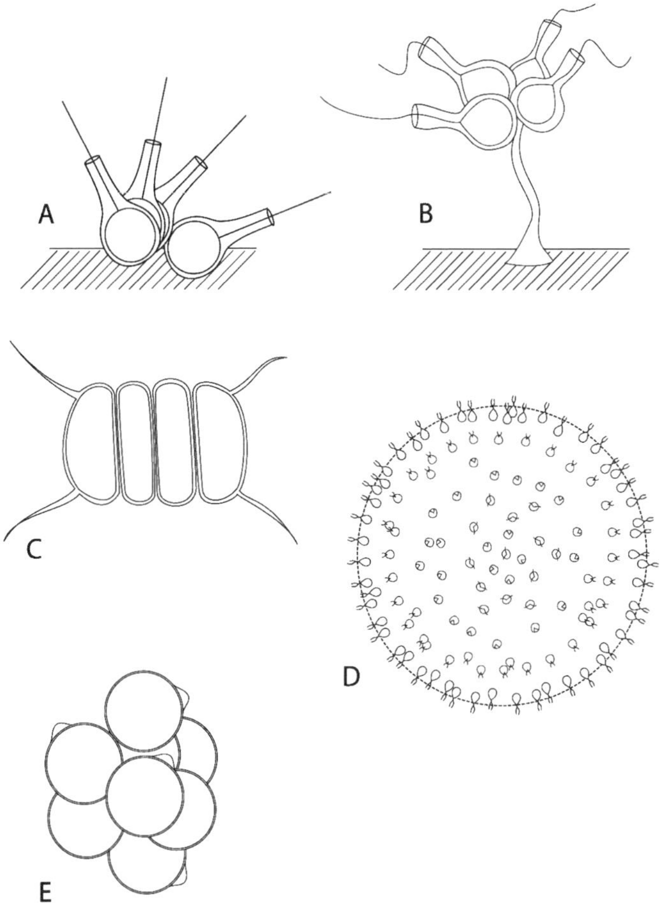

Figure 28. Différentes configurations de cellules faiblement attachées. Dessins d'organismes actuels. A. Colonie de cellules fixées (benthiques) d'une algue verte (*Chaetosphaeridium,* chlorobiontes). **B.** Colonie fixée (benthique) de cellules animales, proche des éponges (protozoaires flagellés : choanoflagellées). **C, D, E.** Colonies d'algues vertes planctoniques (chlorobiontes) : **C.** *Scenedesmus,* **D.** *Volvox,* **E.** *Coelastrum.*

(c'est une simple reproduction végétative, une mitose, qui s'apparente à un auto-clonage, potentialité commune à toutes les cellules).

Les deux cellules ne subflottent pas et n'ont pas tendance à se séparer pour mener une vie autonome, contrairement aux autres représentants du vivant unicellulaire. Elles ne vont pas rester l'une à côté de l'autre, comme dans la configuration précédente conduisant à une association lâche de cellules : elles vont rester soudées selon une orientation particulière. Et ainsi de suite : les deux cellules associées se divisent à leur tour selon le même processus inscrit dans leur information génétique. Et elles vont s'emboîter selon la même configuration[6].

C'est Jean-François sautant un stade d'apprentissage, il ne s'est pas amusé à regrouper les pièces en tas avant de les assembler, il les a emboîtées tout de suite. Il a découvert précocement le mode d'assemblage élémentaire du jeu de Lego et confectionne des figures simples.

L'architecture de certaines espèces d'algues actuelles illustre cette genèse d'un organisme pluricellulaire, par divisions végétatives sans dissémination des cellules produites. Il existe trois formes simples élaborées par l'empilement de cellules : des croûtes, des filaments dressés ou collés sur le sol et des boules (Fig. 29, p. 251). Les forces qui s'exercent sur les cellules et la colonie (gravité, viscosité, tensions superficielles) déterminent ces formes. La plus élémentaire de ces formes est un filament non ramifié constitué de cellules cylindriques alignées (Fig. 29 D) qui se divisent, restent accolées les unes aux autres et se placent en file indienne[7]. Elles sont toutes identiques et forment une société de cellules.

Mais il existe une voie très différente qui peut mener à l'apparition d'organismes de taille visible : lorsque le noyau contenant l'information génétique se divise mais pas la cellule[8]. Se développe alors une forme constituée par une cellule géante contenant d'abord deux puis plusieurs noyaux. Les algues qui présentent de nos jours cette particularité étonnante peuvent aussi constituer des croûtes, des boules ou des filaments simples ou ramifiés. Ce chemin de l'évolution peut même aboutir à l'élaboration de formes complexes ressemblant à des plantes terrestres de plusieurs mètres de longueur comme chez le genre *Caulerpa* (alors que les individus ne sont constitués que d'un « tuyau », sans aucune cloison, sans aucun compartiment, sans aucune cellule !). Une configuration semblable (cellule géante contenant plusieurs noyaux) s'observe aussi chez certains champignons[9] et même dans des lignées d'animaux essentiellement microscopiques[10]. Un stade intermédiaire se rencontre chez des algues configurées en segments ressemblant à des cellules, mais contenant de nombreux noyaux[11].

Les paléontologues ont été très étonnés de constater que les premiers vestiges pétrifiés d'organismes de taille visible – des algues fossilisées (des *Grypania*, Fig. 23 D, p. XII) dans des roches formées il y a 1,87 milliards d'années[12] – ne présentent aucune cloison interne, aucune subdivision cellulaire !

Pour expliquer l'émergence de la configuration pluricellulaire dans le vivant visible, certains biologistes ont imaginé un scénario de division cellulaire à partir de cette architecture particulière[13]. Pour eux, les cellules géantes contenant plusieurs noyaux seraient à l'origine de la vie pluricellulaire visible à l'œil nu grâce à une segmentation du milieu intérieur intervenue *dans un deuxième temps*. Une boîte (une cellule) se serait créée autour de chaque noyau à l'intérieur de la cellule géante.

Cette voie de développement des formes pluricellulaires par subdivision d'une matrice unicellulaire géante ne présente aucune analogie avec le jeu du Lego. Cela ressemble plutôt au travail technique qui précède la création d'une maquette. En effet, les concepteurs d'une maquette de Lego partent toujours d'une forme connue (une automobile, une maison par exemple), qu'ils subdivisent ensuite en pièces de Lego. Les découvreurs danois du jeu de Lego étaient à l'origine des ébénistes. C'est en divisant une pièce de bois figurative en parties susceptibles de s'emboîter qu'ils ont inventé le jeu de Lego.

L'hypothèse de formation des pluricellulaires par division d'un organisme unicellulaire géant contenant plusieurs noyaux fut surtout défendue pour expliquer l'origine des vers plats (à partir d'un prototype animal vermiforme composé d'une cellule géante contenant plusieurs noyaux), mais elle fut démentie par des analyses comparées d'ADN[14]. Ainsi, rien ne prouve que cette voie de formation des êtres pluricellulaires ait effectivement été empruntée. Les biologistes restent néanmoins perplexes devant l'étonnante complexité de certains organismes visibles à l'œil nu, formés d'une seule cellule dont les parties ont parfois un rôle différent (elles ont la forme et la fonction de feuilles, de racines ou de tiges, mais leur intérieur a la structure d'un simple tuyau)[15].

Ce n'est pourtant pas cette voie de développement qui a été adoptée par tous les animaux visibles à l'œil nu, ni par les mousses, fougères et plantes à fleurs, ni par la grande majorité des algues et champignons macroscopiques, car ils sont tous composés de milliers ou milliards de cellules microscopiques assemblées.

Parmi les plus anciens organismes eucaryotes (dont les cellules contiennent notamment un noyau) pluricellulaires fossilisés bien reconnaissables, on trouve des algues filamenteuses, constituées de files de cellules toutes identiques (fossiles datés de 1,2 milliard d'années) (Fig. 23 C, p. XII)[16].

De nombreuses espèces ont encore aujourd'hui cette architecture (Fig. 29 E ci-contre) : des algues filiformes, formées d'une file de cellules, avec ou sans ramifications, existent en effet parmi six des neuf lignées généalogiques des végétaux chlorophylliens.

Parmi les nombreuses algues actuelles ayant conservé une architecture similaire, on peut distinguer celles dont toutes les cellules ont gardé la potentialité de se diviser en deux[17]. À chaque division, la file de cellules s'allonge ou s'épaissit. La reproduction sexuée marque souvent la mort de ce type d'algue, car toutes les cellules du filament se transforment en cellules sexuées qui sont libérées dans l'eau[18]. Les cellules sexuées vont ensuite se rencontrer en pleine eau, fusionner, couler et se fixer sur un fond favorable. Elles seront à l'origine d'un nouveau filament ayant la même architecture que celle de ses géniteurs. L'architecture en filament est mémorisée dans l'information génétique. Le programme de développement modulaire du filament (cellule après cellule) est également mémorisé.

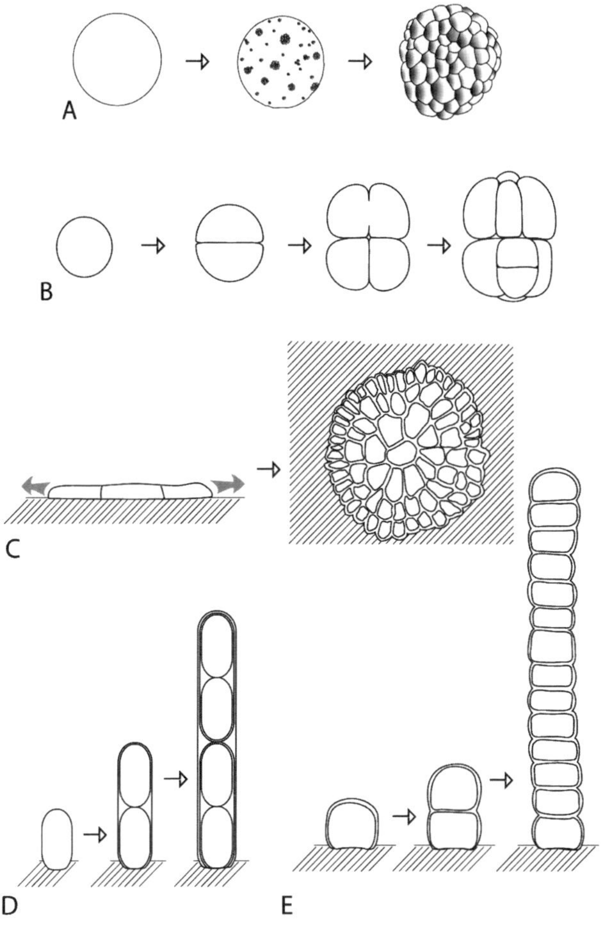

Figure 29. Différentes configurations des algues pluricellulaires les plus simples : boules, croûtes ou filaments. Dessins d'organismes actuels. A. Formation d'une boule pluricellulaire par compartimentation interne et divisions à partir d'une cellule géante d'une algue verte (*Dictyosphaeria,* chlorobiontes, d'après Enomoto *et al.* 1982[13]). **B.** Formation d'une boule pluricellulaire par divisions successives d'une algue verte planctonique (*Chlorosarcinopsis,* chlorobiontes). **C.** Croûte fixée (benthique) d'une algue rouge formée par une seule couche de cellules (*Erythrocladia,* rhodophytes). **D-E.** Filaments pluricellulaires fixés (benthiques) où chaque cellule peut se diviser pour allonger le filament : ces cellules sont indifférenciées. **D.** Chez l'algue verte *Cylindrocapsa* (chlorobiontes), après chaque division les deux cellules filles restent attachées dans la paroi de la cellule mère, un filament se forme ainsi selon le modèle d'une poupée russe. **E.** Chez l'algue rouge *Bangia* (rhodophytes), un filament pluricellulaire se forme par empilements successifs de cellules.

La répartition des tâches dans une civilisation de cellules parentales

Chez d'autres algues filamenteuses actuelles, on décèle une première spécialisation cellulaire : seule la cellule située à l'extrémité du filament a la potentialité de se diviser[19]. Les autres cellules sont bridées : *c'est la plus simple des manifestations de la différentiation cellulaire.*

Une autre manifestation de la différentiation cellulaire concerne la production des cellules sexuées. Elle apparaît lorsque seules certaines cellules – les cellules fertiles appelées aussi germinales – sont capables de devenir fécondes. Les autres, celles qui restent toujours stériles, sont dénommées somatiques. La civilisation des cellules aux rôles différents se met en place… Cette répartition élémentaire des tâches permet à l'association de cellules de rester plus facilement en position sédentaire ou statique.

La troisième étape de la différenciation cellulaire est imposée par les innovations conduisant à un appareil végétatif complexe. Pour former des architectures plus élaborées qu'un simple filament, qu'une boule ou une croûte, les cellules adoptent des rôles divers selon leur emplacement dans l'espace tridimensionnel. La taille, la forme et le contenu des cellules deviennent alors différents.

Lors du développement d'un organisme complexe, les processus de différentiation cellulaire relèvent de subtiles règles de transmission et de programmation de l'information génétique. L'information génétique, pourtant identique à toutes les cellules d'une espèce pluricellulaire, est exécutée et transmise de façon différente selon l'emplacement de chaque cellule dans la communauté et son rôle, et selon son stade de développement.

Les mécanismes programmant le bridage ou l'activation de l'information génétique dans tel type de cellule et à tel moment sont encore peu connus. Ils sont pourtant à la base de la répartition des formes et fonctions cellulaires au sein d'un organisme pluricellulaire assimilable à une société. Un phénomène, peut-être homologue, détermine les différentes formes et fonctions des individus dans les civilisations d'animaux les plus sociaux comme chez les termites ou les fourmis. Au sein d'une fourmilière, les fourmis, par exemple, n'ont pas le même aspect, ni le même rôle[20].

La vie commune, collective et sociale s'est ainsi élaborée au sein des organismes[21]. Chaque individu pluricellulaire est une civilisation structurée de cellules. Le résultat – les architectures du vivant formées de cellules de types différents – peut être comparé à des maquettes de Lego composées de pièces aux formes ou couleurs variées (Fig. 27 D, p. 245).

Des constructions comprenant plusieurs milliers de briques de Lego, assemblant plus d'une centaine d'éléments différents, sont exposées dans la vitrine de Jean-François et dans celles des magasins de jouets.

Pour les animaux, la première configuration pluricellulaire n'était pas un filament, ni une croûte, mais probablement une boule creuse[22]. Une boule composée d'une seule couche de cellules en communication avec le milieu extérieur et avec un milieu intérieur confiné.

Les « boules » animales étaient sans doute molles et leurs cellules, toutes identiques, devaient attraper à l'aide de flagelles un maximum de matière organique inerte ou vivante et transmettre les éléments nutritifs dissous aux cellules voisines. Certains fossiles d'animaux pluricellulaires, parmi les plus anciens connus à ce jour, ont la forme d'une boule composée d'une couche de cellules contiguës. Datés d'il y a 600 à 550 millions d'années, ils ont été interprétés comme étant des embryons d'éponges ou de cnidaires (groupe représenté notamment par les coraux et méduses), sans que l'on puisse dire si leur forme finale adulte était alors encore proche d'une boule creuse (Fig. 36 F-K, p. XIII)[23].

Il est remarquable de constater que cette configuration initiale en boule creuse a aussi été adoptée et préservée par différentes lignées d'algues actuelles (Fig. 29 B, p. 251 et 36 A-E, p. XIII)[24].

Ces fossiles extrêmement bien conservés se distinguent par les plans de division des cellules. Les animaux pluricellulaires fossilisés ainsi bien identifiés sont parmi les premiers formellement reconnus.

Le développement de l'embryon : mémoire de l'évolution ancestrale ?

C'est le naturaliste allemand Ersnt Haekel (1834-1919), inventeur du terme « écologie », qui fut à l'origine d'une théorie de l'émergence des animaux pluricellulaires à partir d'une colonie de cellules identiques ayant la forme d'une boule creuse. Il imagina les premières formes de vie animale. Ses dessins sont d'une ressemblance troublante avec les plus anciens fossiles d'animaux découverts à la fin du XXe siècle (Fig. 36 F-K, p. XIII)[25]. En fait, Haekel fut aussi à l'origine d'une théorie, appelée *récapitulation*, associant l'évolution des animaux (la *phylogenèse*) et le développement des embryons actuels (l'*ontogenèse*)[26]. Il remarqua que les premiers stades du développement d'animaux pourtant très différents (comme ceux d'un insecte, d'un oursin, d'un vertébré batracien ou d'un mammifère) sont très ressemblants. La cellule initiale, née de la fusion du spermatozoïde et de l'ovule, se divise selon les mêmes configurations. Le stade le plus élémentaire, appelé *morula*, ressemble à une petite mûre ou à une framboise[27]. Comme chez ces fruits formés de petits éléments sphériques accolés les un aux autres, une cavité se creuse au centre. Le stade suivant, la *blastula*, ressemble ainsi à une boule creuse constituée par une seule couche de cellules[28]. La théorie de Haekel stipule que les divers stades embryonnaires des animaux actuels représentent la « mémoire » de l'évolution. Les formes ancestrales communes aux animaux pluricellulaires sont ainsi *récapitulées* lors de l'élaboration de l'embryon chez tous les animaux. Et les premiers animaux devaient, d'après lui, ressembler au stade adulte à des mûres microscopiques.

Haekel a poussé les biologistes à constater la ressemblance entre un jeune têtard, stade embryonnaire d'une grenouille, et un poisson (les batraciens ont un ancêtre de type poisson) ! De même, il a souligné la ressemblance entre une chenille (stade précoce d'un papillon dans l'ontogenèse) et un vers (les insectes ont un ancêtre de type vers) !

Cette « récapitulation » se constate aussi lors du développement de certains végétaux. Chez les mousses, premiers végétaux ayant conquis les espaces terrestres humides, on trouve un caractère sans doute ancestral. En effet, les premiers stades de leur développement ressemblent à une algue filamenteuse : la cellule initiale née de la germination d'une spore, forme d'abord un filament ramifié constitué de cellules placées en file indienne[29].

La théorie de la récapitulation conduisit Haekel à pousser trop loin les comparaisons. Un débat scientifique passionnel s'engagea. Aujourd'hui, les chercheurs s'accordent à dire que cette théorie ne peut s'appliquer uniformément à tous les stades de développement de tous les organismes[30].

Nous pouvons cependant imaginer le stade initial de l'évolution animale grâce à certaines minuscules cellules animales que l'on peut observer aujourd'hui en mer. Il s'agit de cellules indépendantes très similaires à celles des éponges, animaux à l'anatomie la plus simple : ces organismes marins, planctoniques ou fixés sur des algues, et pourvus d'un flagelle, sont des choanoflagellés. Certains représentants de ce groupe d'unicellulaires peuvent s'agglutiner et former des colonies[31]. Des assemblages identiques ont pu être établis dans un lointain passé et donner les éponges. Il s'agit d'une hypothèse bien étayée car, d'une part, les éponges sont des structures animales statiques et simples faisant partie des premiers animaux fossilisés trouvés et, d'autre part, le décryptage de l'ADN des éponges et des choanoflagellés actuels permet de constater que ces deux groupes présentent de nombreuses homologies génétiques[32].

Des plans d'architecture sans cesse testés et améliorés : la complexification du vivant

Il a fallu beaucoup d'essais malheureux à Jean-François avant de réussir ses premières formes intéressantes. Il lui a fallu de la mémoire pour retenir les assemblages élémentaires réussis afin de les refaire le lendemain. Programmer un montage complexe (représenté par le plan fourni dans une boîte de Lego) nécessite une bonne coordination. Sélection des essais, mémoire et programmation s'additionnent progressivement par étapes et permettent la construction d'une grande maquette de Lego.

Il en est de même dans l'élaboration des organismes composés d'un grand nombre de cellules. Il a fallu plus d'un milliard d'années pour passer du stade d'une cellule au stade pluricellulaire, en passant le stade de deux cellules identiques accolées, véritable innovation structurante. Les mutations et le brassage génétique ont créé des changements fortuits par un hasard absolu (par enchaînements d'événements contingents). Les architectures adoptées par des embranchements différents de végétaux et d'animaux ont été orientées par les contraintes physiques et chimiques de l'environnement, qui ont imposé des formes[33]. Formes parfaites ou imparfaites ont été sélectionnées par d'autres contraintes environnementales (la concurrence entre espèces pour un milieu par exemple, la meilleure adaptation à la nutrition ou à la reproduction). Les changements conférant aux organismes une meilleure capacité de survie et de reproduction élevée se sont perpétués, et les modifications se sont améliorées. Dans leur information génétique, chaque espèce aurait conservé en mémoire le plan d'organisation ancestral et ses améliorations. L'évolution a été ainsi modulaire[34]. Chaque stade est une étape fonctionnelle susceptible d'amélioration (une situation différente d'une maquette de Lego où les stades intermédiaires de montage ne ressemblent à rien).

Plus le plan devient complexe, plus la mémoire doit augmenter. C'est ainsi que les modifications génétiques structurantes se sont additionnées.

Il en est ainsi pour toutes les espèces animales et végétales visibles à l'œil nu. Nous sommes un exemple d'organisme complexe, composé de centaines de milliards de cellules accolées, comprenant plus de deux cents types différents (cellules jointives des os, du foie, de l'intestin, des neurones, des ovules, de la peau, du muscle ; cellules ayant retrouvé leur « liberté » dans la société des cellules, comme les globules blancs et les spermatozoïdes nageurs...). Toutes ces cellules très différentes contiennent pourtant la même information génétique, mais, nous l'avons dit, celle-ci s'exprime ou non selon le type de cellules et leur position par rapport aux autres au cours du développement[35]. Une communication moléculaire très organisée est nécessaire pour déterminer l'ordre d'apparition, l'emplacement et le type de spécialisation des cellules lors du développement de l'embryon (c'est l'ontogenèse).

Il est ainsi logique de constater que de nombreuses similitudes observées dans l'architecture des organismes et dans le développement des embryons d'organismes différents se confirment souvent par une homologie génétique. Nous pouvons citer en exemple les caractéristiques morphologiques et anatomiques communes aux mammifères et la très grande ressemblance de leurs stades embryonnaires jusqu'à un stade très avancé de leur développement. Ces similitudes se trouvent aussi dans l'information génétique : 99 % de nos protéines et de nos séquences d'acides nucléiques sont identiques à celles d'un chimpanzé[36]. De même, le génome de la souris est composé d'un nombre de bases seulement 14 % inférieur à celui de l'Homme[37] !

Stephen Jay Gould a présenté une démonstration logique sur l'inéluctable complexification d'une partie des organismes vivants[38]. Elle s'appuie sur le fait que le plus simple des organismes connus est la bactérie[39]. Cet état « simple » ne peut pas évoluer vers un état plus simple, il représente une forme de mur infranchissable pour l'évolution. Dans ce cadre, il est logique d'affirmer que l'évolution du vivant à partir de bactéries est contrainte de se développer seulement dans deux directions ouvertes : celle qui est limitée à toutes les adaptations à la vie monocellulaire (l'évolution agit en interne : dans l'usine cellulaire) ; celle qui conduit à l'union des cellules pour former des organismes pluricellulaires complexes. Ces deux champs d'évolution sont sans murs ni limites.

Nous avons souligné dans les chapitres 5 et 8 comment l'immense majorité des organismes vivant actuellement sur Terre sont restés « simples » (monocellulaires), tout en ayant sans cesse évolué en interne. À l'intérieur des cellules indépendantes des unicellulaires, la palette des variations possibles est immense tant au niveau physiologique qu'anatomique (comme le nombre, la forme, la taille et les particularités de tous les composants cellulaires).

De même, les types architecturaux composés par accolements de cellules sont infinis.

La biodiversité actuelle est le résultat cumulé de ces deux champs d'évolutions rendus possibles par le « bricolage interne » et les accolements cellulaires. Elle montre que la vie unicellulaire reste dominante et que, parmi les pluricellulaires, les organismes peu complexes et de petite taille dominent aussi (chez les animaux, les espèces de vers et d'insectes sont beaucoup plus nombreuses que les espèces de vertébrés). En mer, le nombre d'individus de copépodes (ressemblant à de minuscules crustacés) est plus élevé que tous les individus des autres organismes animaux marins pluricellulaires de la pleine mer (pélagiques) réunis. Ainsi, lorsque l'on considère globalement la diversité biologique, aucune tendance générale vers le grand et le complexe ne se dégage. La vie n'est pas « destinée » à se complexifier toujours plus. Le complexe n'est qu'un des deux champs ouverts par l'évolution et cette potentialité a été utilisée de façon modeste et subie par un faible pourcentage d'espèces.

Le mythe du progrès systématique lié à l'évolution et les évocations mystiques concernant l'élan vital ou prédestiné qui pousserait la vie vers le complexe, dont l'aboutissement serait l'humain, ne sont que des vues égocentriques. Comme le résume bien Stephen J. Gould, la complexification n'est pas la « *raison d'être* » de l'histoire du vivant. Il n'y a pas de programme génétique préconçu contenu dans une bactérie et menant à la réalisation de l'être « supérieur » et parfait que nous sommes. Nous représentons une magnifique construction de Lego élaborée depuis la genèse des formes animales pluricellulaires sans plan prédéfini. Nous sommes simplement une des maquettes les plus complexes parmi des millions de maquettes existantes, le fruit du hasard absolu qui a permis l'accolement de cellules et à leur évolution selon des chemins très divers.

Remarquons-le, cette belle démonstration n'explique pas les raisons du passage d'un système – le monde unicellulaire – à l'autre : le vivant pluricellulaire. Stephen J. Gould estime qu'il s'agit d'une simple voie ouverte, une sorte de transition logique grâce à une possibilité offerte à l'évolution.

La pluricellularité : innovation commune à divers groupes d'organismes

La métaphore du jeu de Lego, qui m'a permis d'illustrer cette histoire naturelle de la genèse du vivant visible à l'œil nu, a l'avantage de souligner le point le plus important. Dans l'évolution du vivant complexe, tout débute par une innovation fondamentale : celle qui permet aux cellules de se réunir, de s'accoler puis de se spécialiser (se différencier) pour vivre en communauté. C'est la phase initiale des multiples constructions du vivant visible à l'œil nu.

L'originalité du jeu de Lego, breveté en 1958, tient aussi à une seule invention technique : le système d'accrochage des briques de Lego. Ses concepteurs ont accompagné leur invention d'un slogan : « *the power to create* », *le pouvoir de créer.* Ce pouvoir a été amélioré par la mise à disposition de pièces de taille, de forme et de couleurs différentes. Le slogan s'applique aussi au grand jeu du vivant : les associations de cellules, leur emboîtement et leur différenciation ont permis la genèse des organismes pluricellulaires.

Une fois que les cellules ont acquis la potentialité de s'accrocher et de se différencier, la nature a joué le rôle d'un enfant disposant de milliers de pièces différentes de Lego, testant des plans par étapes, de façon modulaire. Autant d'échafaudages qui, pour être solides, devaient se trouver en harmonie avec les forces extérieures (physiques, chimiques et biologiques). Chaque plan de base réussi sert de matrice à des améliorations infinies, à d'autres architectures. Dès lors le champ de l'innovation tridimensionnelle est ouvert.

L'apparition d'animaux, de champignons et d'algues composés de plusieurs cellules semble être l'application d'une logique universelle, celle du vieil adage : *l'union fait la force*[40]. Les cellules se sont additionnées en se collant les unes aux autres, formant des *civilisations de cellules*.

Il est remarquable de constater que cette « logique » a déjà été mise en œuvre dans l'élaboration du vivant. En effet nous avons expliqué (chap. 6) comment les premières cellules animales et végétales ont été formées par addition fusionnelle de bactéries. La fusion de plusieurs bactéries (l'endosymbiose) a fait *la force* de la vie animale et végétale. C'est l'origine, la genèse des cellules à noyaux (les eucaryotes).

L'union par accolement de plusieurs cellules identiques de nature animale ou végétale a ouvert la voie à des civilisations de cellules présentant de nouvelles potentialités pour conquérir de nouveaux milieux : les petits fonds marins éclairés, puis les terres émergées. La vie a pu ainsi sortir du milieu liquide et se répandre sur les terres émergées.

Cela étant établi, un fait doit être remarqué : la pluricellularité et la spécialisation cellulaire ont été adoptées en même temps par les animaux, par les champignons et par diverses lignées végétales indépendantes (n'ayant pas la même origine). En effet, les plus récentes propositions de classification du vivant font état de neuf lignées « végétales » indépendantes (organismes tous chlorophylliens)[41]. S'il existe aujourd'hui des représentants monocellulaires dans ces neuf lignées, les formes pluricellulaires sont présentes chez six d'entre elles (dont les algues brunes, rouges et les végétaux verts)[42]. Pour les autres lignées d'organismes (animaux ou champignons), les formes pluricellulaires existent chez deux des douze lignées distinctes (une lignée de champignons et celle qui regroupe tous les animaux visibles)[43].

Il existe donc huit lignées hétéroclites indépendantes qui ont des représentants pluricellulaires. L'étonnante concomitance des acquisitions de structures complexes et sociales a de quoi surprendre. Comment expliquer cette propension collective et parallèle (quelles que soient les lignées généalogiques) à adopter la vie pluricellulaire suivie par la différenciation cellulaire ?

D'abord, rappelons que l'acquisition de la pluricellularité et de la différenciation cellulaire semble avoir été induite par l'effet d'une cause : la sédentarisation. La genèse des pluricellulaires n'est ainsi qu'une conséquence logique de la survie dans des circonstances similaires.

Il faut ensuite analyser deux hypothèses :

– soit des mutations, sélectionnées par la nature car conférant aux organismes un état pluricellulaire adapté à la vie sur les petits fonds, seraient apparues *indépendamment* chez toutes les lignées pluricellulaires ;

– soit toutes les lignées pluricellulaires possédaient à l'origine (dans leur état monocellulaire) une information commune permettant d'acquérir l'état pluricellulaire dans des conditions favorables.

Pluricellularité : mécanisme convergent ?

Dans la première hypothèse, la pluricellularité serait issue d'une simple adaptation circonstancielle, opportuniste, adoptée par différentes lignées de façon indépendante et *convergente.* Le terme de *convergence* fait référence à l'adoption d'une solution optimale face à un problème commun.

Les forces physiques ou les lois chimiques agissant sur les molécules, les cellules et les plans de divisions conduiraient automatiquement les « bricolages » contingents dus aux mutations, au brassage génétique et à la sélection naturelle, à adopter des architectures pluricellulaires proches, quelles que soient les lignées (formant au début des filaments, des boules ou des croûtes)[44]. L'émergence de l'état pluricellulaire serait ainsi une simple *auto-organisation* en réponse à une cause commune.

C'est une hypothèse *matérialiste* de la genèse des pluricellulaires. Certains auteurs préfèrent le terme de *systémique* pour décrire ce *système* de formation du vivant pluricellulaire.

Dans l'histoire du vivant, les exemples de convergences sont multiples. Dans des conditions particulières de vie, des groupes indépendants peuvent adopter des formes similaires et même très ressemblantes. L'exemple le plus connu concerne les dauphins et les requins. Ces deux groupes d'animaux marins ont un corps fusiforme avec des nageoires permettant de se déplacer très vite dans l'eau. Et pourtant ils font partie de groupes très distincts : celui des mammifères (pour les dauphins) et celui des poissons à squelette cartilagineux (pour les requins). Il y a eu convergence : les corps de ces animaux se sont progressivement transformés et la sélection a favorisé toutes les innovations permettant la natation rapide. Des contraintes similaires leur ont donc donné des formes proches. Un autre exemple classique est celui de l'aile apparue chez les oiseaux et chez les insectes, deux groupes là encore fort différents.

Pour illustrer les phénomènes de convergence en biologie, Stephen J. Gould cite en exemple deux extraordinaires particularités ressemblantes élaborées par deux organismes très distincts : un coquillage proche des palourdes et un poisson (une baudroie ou lotte)[45]. Avec une partie de leur corps, tous deux ont constitué des leurres ressemblant à un poisson (bien entendu, cela ne s'est pas fait en un jour, des centaines de milliers d'années ont été nécessaires pour parvenir à ce résultat de l'évolution). La baudroie agite son leurre devant sa bouche énorme pour attirer les poissons dont elle se nourrit; la palourde agite son leurre là encore pour attirer un poisson, mais dans un tout autre but: projeter ses larves vers le curieux car ces dernières ne peuvent vivre qu'à l'état de parasite sur les branchies d'un poisson. Ces exemples sont parmi les plus troublants des bricolages convergents de l'évolution.

S'appuyant sur de nombreux exemples, le paléontologue Simon Conway Morris s'est efforcé de démontrer que les convergences sont le reflet d'une tendance majeure dans l'évolution. D'après lui, elles démontrent que les voies de l'évolution ne sont pas illimitées car elles sont «canalisées» par de multiples contraintes physiques et chimiques[46]. Le champ ouvert pour l'évolution serait ainsi restreint, les convergences apparaissant au travers de cette fenêtre étroite. Le prix Nobel Christian de Duve est arrivé à la même conclusion: les apparitions innovantes produites par le hasard sont rares[47]. L'évolution est avant tout une «*optimisation sélective*» et de ce fait elle produit inévitablement des formes convergentes.

Si les adaptations convergentes sont apparues aussi souvent au cours de l'évolution, nous pouvons penser que l'origine des lignées pluricellulaires serait elle aussi le résultat d'une «optimisation sélective». Il faut alors considérer la complexification comme une voie convergente privilégiée pour l'adaptation à la vie littorale. Diverses raisons expliqueraient que la sédentarisation des unicellulaires ait favorisé le processus évolutif conduisant à la pluricellularité. Parmi ces raisons, des scientifiques ont évoqué soit la sélection d'avantages permettant de meilleures conditions pour la production de cellules sexuées, soit l'émergence de systèmes d'entraide cellulaire pour mieux trouver la nourriture en position fixe ou enfouie dans le sol marin. Dans tous les cas, le processus serait en quelque sorte auto-organisé quelle que soit la lignée généalogique initiale d'unicellulaire concernée.

L'innovation de la pluricellularité : expression d'un logiciel commun ?

La deuxième hypothèse expliquant la genèse des pluricellulaires chez les animaux et les végétaux se réfère à une information génétique commune à tous les initiateurs monocellulaires des lignées pluricellulaires. Dans ce cas, ces derniers seraient « préprogrammés » à devenir pluricellulaires lorsqu'ils se sédentarisent. Cette hypothèse repose sur un phénomène *déterministe* (le pluricellulaire serait *déterminé*).

Comme pour les interprétations de l'évolution (chap. 7), divers courants de pensée apportent des points de vue différents sur ce déterminisme.

Pour beaucoup, Dieu seul a créé le vivant pluricellulaire complexe, avec d'une part, une œuvre parfaite à son image – l'Homme – et d'autre part, tout ce qui lui est utile (les *créatures* de la faune et de la flore). Selon les religions, rien n'a évolué ou tout a été préconçu, tout a été *fixé* à l'avance, *prédéterminé* (on parle de *déterminisme* et de *fixisme*), conçu avec intelligence. Dieu est ainsi le « Grand Architecte de l'Univers » (terme utilisé dans certaines obédiences de Francs-maçons), le « Grand Concepteur de la vie » (expression employée par les témoins de Jéhovah) et plus récemment le « concepteur intelligent » (« Intelligent Designer » aux États-Unis où ce concept a été créé).

C'est sur ce pouvoir divin de conception de la vie et des Hommes que se fondent les religions judéo-chrétiennes et islamistes. Tout cela est raconté dans les écrits des premiers prophètes. C'est aussi sur une conception planifiée du vivant, incluant la réincarnation des vies antérieures, que se basent certaines religions orientales.

La vision prédéterminée du vivant, qui a la faveur des doctrines religieuses, a été mise en doute dès le XVIIe siècle par quelques philosophes courageux ayant osé formuler une opinion divergente. Il faut se souvenir du philosophe hollandais Benedict (Baruch) Spinoza (1632-1677) qui est parvenu à exprimer ses concepts alors très contestés, en prenant soin de définir Dieu comme étant la Nature (*Deus sive Natura*) pour se couvrir. Les deux citations suivantes illustrent son propos : *« Natura finem nullum sibi praefixum habet »* (la nature n'a aucune fin qui lui soit fixée d'avance) et *« Omnes causae finales nihil nisi humana sunt figmenta »* (toutes les causes finales ne sont que fictions humaines)[48]. Spinoza écrivit ces principes entre 1662 et 1677 à quelques kilomètres de l'atelier de Vermeer… pendant que ce dernier peignait *L'Astronome* (c'était en 1668) !

Une autre explication au déterminisme commun qui pousserait les unicellulaires à devenir inéluctablement pluricellulaires lorsqu'ils se sédentarisent est pourtant envisageable, sans faire appel à Dieu.

Avant tout, il me faut préciser que le raisonnement suivant m'est personnel et que certains biologistes auront plaisir à me qualifier d'hérétique ayant sombré dans les ténèbres d'une spéculation infondée.

Pour élaborer cet autre scénario de l'apparition de la pluricellularité, j'accorde beaucoup d'importance à deux mécanismes complexes et innovants qui me semblent fondamentaux dans la construction des civilisations pluricellulaires :

– le *système d'accrochage et d'association entre les cellules* (le fait que les cellules se divisent en deux, mais restent ensuite collées fermement ensemble en développant des systèmes de communication) ;

– la différenciation cellulaire (le fait que lors du développement – lors de la succession des divisions des cellules qui restent accrochées – certaines cellules adoptent différents rôles et formes).

Ces innovations me semblent exceptionnelles car elles permettent la vie sociale et la construction de formes complexes. La probabilité que des phénomènes aboutissant à de telles innovations spécifiques s'observent dans deux lignées distinctes par convergence est a priori infime[49]. Or elle se constate chez huit lignées indépendantes !

Le logiciel «l'union fait la force»

Pour expliquer le déterminisme du pluricellulaire et de la spécialisation cellulaire concomitante à de nombreux groupes généalogiques indépendants, nous formulons l'hypothèse d'une information ou programmation génétique spécifique qui serait commune à tous les ancêtres des représentants pluricellulaires et s'activerait lors de la vie fixée. Nous allons baptiser cette information ou programmation génétique commune (à découvrir) «l'union fait la force».

Ce mécanisme ne signifie pas que la vie animale et végétale était prédestinée à devenir complexe. En effet, c'est à ce point qu'il faut relier cette hypothèse à trois éléments formels admis par la communauté scientifique.

1. Il existe des bactéries végétales très structurées, formant des files de cellules, portant parfois des ramifications et pouvant développer des cellules hautement différenciées (non spécialisées dans l'acquisition d'une forme particulière, mais assurant une fonction spécifique comme celle de capter l'azote atmosphérique).

Ces bactéries pluricellulaires végétales (des *cyanobactéries*) ont été très longtemps appelées «algues bleues» (ou cyanophycées) (voir chap. 5, Fig. 10, p. 115). Or, parmi les premiers vestiges du vivant (à partir de 3,5 milliards d'années), il y a les «tapis de pierre»: les stromatolithes (voir chap. 2, Fig. 4 et 5, pp.IV-V), les films bactériens et les mattes bactériennes (genre de feutrine de bactéries couvrant encore aujourd'hui les fonds vaseux de lagunes ou marais). De nos jours, toutes ces formations denses de bactéries bien exposées à la lumière existent toujours et sont élaborées le plus souvent par des cyanobactéries pluricellulaires. Si plusieurs auteurs attribuent la formation des stromatolithes, films et mattes datant de 3,5 à 3 milliards années à des bactéries photosynthétiques, nous ignorons encore leur structure précise (pluricellulaires ou unicellulaire)[50]. Cependant, des données fondées sur des marqueurs biologiques, des fossiles (voir chap. 2) et des analyses phylogénétiques[51] convergent pour dater l'avènement des cyanobactéries pluricellulaires avant 3 milliards d'années.

Les cyanobactéries ont aussi adopté de façon très précoce une spécialisation de certaines cellules, comme les grandes cellules nacrées qui fixent l'azote (hétérocystes) ou les grandes cellules au contenu très dense qui ont un rôle de survie lorsque les conditions du milieu deviennent moins favorables (akinetes) (voir chap. 5, Fig. 10, p. 115). L'apparition de ces premières cellules spécialisées – différenciées – est datée de 2,45 milliards d'années[51].

Ces formes pluricellulaires aux cellules différentes étaient bien adaptées à la vie sur les petits fonds ; elles pouvaient former des tapis denses de filaments contigus solidement fixés dans la zone bien éclairée propice à la photosynthèse mais où les mouvements de l'eau sont parfois violents. Les bâtisseurs sociaux des stromatolithes ont donc été des précurseurs d'un système de vie sédentaire qui leur a peut-être conféré une certaine éternité : leurs descendants, très ressemblants, aux mœurs inchangés, sont encore vivants aujourd'hui.

2. Les analyses du génome des bactéries actuelles et l'étude de leur origine font état d'un grand mélange d'informations. Le génome de chaque bactérie est un patchwork provenant d'une multitude de petits échanges de gènes. Tous les groupes de bactéries ont hérité ou échangé avec les groupes voisins. Ainsi archéobactéries (les archées que nous avons nommées chimiobactéries dans le chapitre 5) et eubactéries (groupe qui comprend les bactéries végétales et les bactéries champignons) et même virus, partagent des informations génétiques communes[52].

3. La genèse des unicellulaires animaux et végétaux provient de la fusion de bactéries (des endosymbioses, voir chap. 6).

Il faut ainsi souligner que le mécanisme de *l'union fait la force* (*la pluricellularité*) est apparu chez des bactéries ancestrales, il y a au moins 3,5 milliards d'années et la *différenciation cellulaire* chez les bactéries végétales pluricellulaires (cyanobactéries) il y a au moins 2,45 milliards d'années. Comme il s'agit d'un mécanisme transmissible au cours des générations, il aurait très bien pu être transmis à certaines bactéries ayant participé aux endosymbioses à l'origine des lignées animales et végétales (c'était à partir de 2,85 milliards d'années, voir chapitre 8). Parmi les bactéries avalées par les prédateurs bactériens et « apprivoisées » en leur sein, donnant les premières cellules animales et végétales, pourquoi ne pas admettre que certaines aient apporté l'information sociale de « *l'union fait la force* » ?

Précisons que le mécanisme de la pluricellularité est apparu près de *trois milliards d'années* avant l'explosion des formes animales pluricellulaires et qu'il n'a pas été adopté par tous les organismes unicellulaires qui vivaient ou vivent aujourd'hui fixés ou sont simplement sédentaires. L'immense majorité des bactéries actuelles et beaucoup d'animaux et végétaux vivant sur ou dans le sol marin et terrestre sont restés unicellulaires. Le mécanisme de la convergence (c'est la première hypothèse) – menant par auto-organisation à la pluricellularité – ne s'est pas appliqué au cours de plusieurs milliards d'années de situation favorable à cette multitude d'organismes unicellulaires !

Notre hypothèse permet d'expliquer cette ségrégation : tous ceux qui sont restés unicellulaires en situation sédentaire n'auraient tout simplement pas hérité de l'information génétique « l'union fait la force ».

Ce mécanisme, qui reste à découvrir, serait l'analogue d'un système d'exploitation informatique que les utilisateurs pourraient améliorer sans cesse. Lorsque ce système est activé, l'organisme qui en bénéficie peut utiliser son principe innovant (la vie pluricellulaire avec des cellules différenciées) en mémorisant par la suite les informations ou les programmes conduisant à des assemblages réussis. Ce scénario permet aussi de considérer que les formes des assemblages viables sont forcément « logiques », leur cohérence dépend des forces physiques et chimiques qui s'exercent sur l'ensemble des éléments constitutifs de la « maquette » (l'auto-organisation n'agirait que sur les façons de s'associer : des formes et liaisons des molécules jusqu'aux empilements de cellules). Chaque étape structurante, bien adaptée aux conditions environnementales, mémorisée dans l'information génétique, est comme un sous-programme personnel à chaque lignée s'ajoutant au module de base commun[53].

Dans cette hypothèse, l'*initiation* de la pluricellularité et de la différenciation cellulaire des animaux et des végétaux ne serait pas un phénomène purement convergent. Cette capacité dépendrait en premier lieu de l'absence ou de la présence chez un organisme de l'aptitude à créer du complexe. Elle serait donc *déterminée* par une information transmise, permettant l'innovation.

C'est l'innovation majeure apportée par le jeu de Lego ! Avant la découverte de ce jeu d'assemblages de briques, les enfants disposaient de jeux de constructions éphémères : ils empilaient des pièces de bois de couleurs ou de formes différentes jusqu'à l'effondrement. C'est le système d'accrochage inventé par Lego qui a offert la possibilité de créer des formes pérennes.

L'hypothèse d'une information commune et transmissible, conférant la capacité de former des organismes pluricellulaires dotés de cellules spécialisées (hypothèse, rappelons-le, simplement déduite mais encore infondée) est à la fois réductionniste et systémique[54]. Elle expliquerait, selon moi, la concomitance de l'acquisition de la pluricellularité et de la différenciation cellulaire dans les différentes lignées animales et végétales.

Considérons cette hypothèse et interrogeons-nous maintenant sur l'origine de ce mécanisme social transmissible, commun à des lignées indépendantes.

Soit on admet que la vie a été créée à partir du minéral et de molécules carbonatées sur Terre : dans ce cas le mécanisme de « l'union fait la force » serait apparu par évolution sur Terre. Soit la vie est d'abord apparue ailleurs (chap. 3) : dans cette dernière hypothèse, la Terre aurait été ensemencée par des bactéries portées par des météorites. Parmi ces bactéries, le mécanisme de « l'union fait la force » était-il déjà présent ?

Les deux hypothèses conduisent à un résultat commun : des bactéries probablement végétales (photosynthétiques) datées de 3,5 millions d'années étaient déjà pluricellulaires ! Or la période probable de l'émergence de la vie sur Terre précédant la date des plus anciennes formes de vies pluricellulaires fossiles (il y a plus de 3,5 milliards d'années) doit être considérée comme très courte (à l'échelle géologique). Période où régnaient des conditions environnementales très hostiles à l'épanouissement de la vie. Je préfère ainsi l'hypothèse de la présence initiale de l'information de « l'union fait la force » dans les bactéries arrivées sur Terre. Certaines d'entre elles auraient ainsi été capables de s'organiser en formes pluricellulaires lorsque cet état complexe leur serait devenu très favorable. Si l'hypothèse se révèle exacte, cette capacité a pu tout aussi bien être initiée et s'être développée ailleurs ! Je me trouve à ce point au bord d'un puits de mystères.

Mon propos n'est pas de démontrer l'existence de petits martiens verts, mais la succession d'hypothèses conduit à rendre possible l'existence de formes visibles bien structurées ailleurs (où les conditions environnementales – eau, température… – sont favorables à leur développement). Je laisse aux cinéastes ou romanciers de fictions le soin de les imaginer, ce qu'ils ont d'ailleurs commencé il y a longtemps ! Mon raisonnement tend simplement à considérer comme postulat l'existence *ailleurs* de formes pluricellulaires possédant des cellules différenciées.

Là encore, je suis conscient de la cascade de suppositions et de spéculations de mon raisonnement. Mais s'agissant d'un essai, il faut laisser à l'épreuve de la science cette hypothèse qui me semble plausible.

Plans d'architecture et partage des tâches : la troisième genèse du vivant

La plus grande période d'évolution de la faune et de la flore, qui s'est déroulée il y a 2,85 à 0,57 milliards d'années, se résume ainsi en trois points forts :

1. Le développement de la vie complexe ne représente qu'une voie de l'évolution, ce n'est pas la règle générale. Les unicellulaires (bactéries et cellules indépendantes animales et végétales) dominent encore la vie sur notre planète par leur nombre et leur masse globale. Ils ont sans cesse évolué par le jeu du « bricolage » interne.

2. Ce serait un comportement (la sédentarisation) et les contraintes de l'environnement marin littoral qui ont induit une « stratégie » de vie communautaire. Des civilisations de cellules, bien adaptées à la vie sédentaire, ont émergé par accolements successifs de cellules.

3. La pluricellularité et la spécialisation des cellules ont été acquises au sein de lignées très distinctes (animaux, champignons et plusieurs lignées de végétaux photosynthétiques). Cette stratégie de vie novatrice a été adoptée soit par des voies convergentes d'auto-organisation, soit grâce à l'expression d'une information ou d'une programmation transmissible commune. Dans ce dernier cas, toutes les formes complexes et visibles posséderaient un mécanisme commun, ayant la même origine, permettant de bâtir des plans d'organisations de civilisations de cellules, susceptibles de s'améliorer de génération en génération. Ce mécanisme commun a peut-être été créé par l'évolution et s'est peut-être exprimé ailleurs que sur Terre…

Pour toutes ces raisons, j'ai considéré l'acquisition de la pluricellularité et de la différenciation cellulaire comme l'émergence d'une potentialité nouvelle. Elle marque la troisième genèse du vivant, celle de la flore et de la faune visibles à l'œil nu. Dès que les principes d'emboîtage des cellules et de la spécialisation cellulaire ont été acquis, le hasard absolu (des enchaînements d'événements contingents) des mutations, du brassage génétique permis par la reproduction sexuée et les contraintes physiques et chimiques (imposant diverses formes de base) ont créé des architectures vivantes sélectionnées par leurs capacités à se nourrir, se défendre et se reproduire. Cette genèse des sociétés ou civilisations de cellules correspond à la possession commune d'un pouvoir créatif tridimensionnel. Dès que les conditions du développement de la vie animale et végétale fixée sur les petits fonds sont devenues favorables, l'éventail fantastique du vivant visible à l'œil nu a pu se déployer sur mer puis sur terre et dans les airs.

Finalement je ne suis pas mécontent de mon idée, au départ saugrenue, d'utiliser le jeu de Lego comme métaphore pour expliquer l'émergence de la pluricellularité !

Biologistes, chers collègues, rappelez-vous que la cellule est un concept abstrait pour nombre de personnes, et qu'elle ne s'observe jamais au cours d'une vie de non-biologiste en dehors des rares travaux pratiques de biologie au lycée. Rappelez-vous aussi que la simple idée d'affirmer qu'un singe a pu se transformer en Homme a paru si étrange et inconcevable pour nos ancêtres d'il y a deux ou trois générations seulement. Comprenez qu'une bactérie puisse être notre ancêtre direct (dont le plus ancien linceul de roches date de 3,5 milliards d'années) est une idée qui peut paraître encore bien plus étrange !

Assimiler une pièce de Lego à une cellule est certainement trivial pour les biologistes, mais la référence à l'ingénieux système d'accrochage de ce jeu bien connu des parents et des enfants vise à éclairer le profane.

J'ai amené le lecteur au temps où Antoni van Leeuwenhoek, à l'aide de sa lentille grossissante, découvrit les cellules grouillantes. J'espère avoir fait comprendre avec ce jeu de Lego que le vivant a connu une « poussée de créativité » grâce à un mécanisme de collectivisme, à l'adoption d'une vie sociale et organisée entre plusieurs cellules. Oui, il faut voir dans chaque organisme vivant une belle maquette de pièces de Lego de formes et fonctions différentes ! Oui, vous pouvez imaginer le début de son montage par l'assemblage des pièces élémentaires. Oui, vous pouvez comprendre les assemblages plus complexes en observant comment un enfant apprend à réaliser des maquettes en s'aidant de sa mémoire et d'un plan de montage. Oui, vous pouvez même comprendre le dilemme entre deux hypothèses académiques par la métaphore du Lego :

– faut-il attribuer la réussite de l'emboîtage des pièces de Lego par un enfant à son seul stade de maturité, appliqué à tous les types de pièces à sa portée ?

– ou bien faut-il considérer avant tout la préexistence du système d'accrochage qui lui a permis d'emboîter les pièces ?

Les multiples formes et couleurs du vivant que nous pouvons admirer aujourd'hui sur Terre pourraient figurer sur un gigantesque tableau sortant d'une corne d'abondance[55]. Mais les éléments de ce tableau – la biodiversité planétaire visible à l'œil nu – ne sont pas figés, leur image fixée sur la toile ne rend compte que de l'instant où ils ont été peints. Tout a changé sans arrêt, rien n'est fixé, tout changera demain. Les œuvres vivantes ne sont jamais achevées.

Vermeer, l'artiste peintre, a créé des œuvres aujourd'hui admirées. Mon père était aussi artiste peintre et je me souviens de ses hésitations devant le sujet, des changements imposés au modèle, de ses premières esquisses sur la toile blanche. J'imagine donc très bien comment Vermeer a dû prendre son temps pour cadrer ses modèles, leur donner une attitude vivante et réaliste. Il a dû aussi créer l'ambiance désirée en harmonie avec le personnage. Les habits, les décors, l'éclairage, tout a été conçu avant les premiers coups de pinceau. Puis il a affiné les jeux de lumière, les expressions des visages. Il s'est efforcé de respecter les lois géométriques de la perspective et des proportions en traçant des croquis avec une chambre noire et des points de fuite sur la toile. De son temps, les pigments ne se trouvaient pas dans des tubes métalliques, il devait broyer des substances organiques ou minérales et les mélanger dans des liants. Il créait ainsi ses pâtes à peindre. Ainsi, tout a été réfléchi, préconçu, imaginé par l'artiste. Et enfin, un tableau, une œuvre créée pour l'éternité. Une toile cependant fragile, exposée à l'usure du temps ou aux catastrophes possibles, comme un incendie, un vol ou une déprédation. Il se trouve que *L'Astronome* de Vermeer a failli disparaître pour toujours. Propriété du baron Alphonse de Rothschild, il fut volé par les nazis lors de la dernière guerre. L'œuvre, confisquée par

Rosenberg, était recherchée par Hitler. Heureusement, après la guerre, le tableau fut retrouvé et restitué à la famille Rothschild. En 1983, l'État français a acquis *L'Astronome* par dation ; depuis lors il est au Louvre.

Dans la longue genèse du vivant pluricellulaire qui mène à nous, combien d'essais ou de maquettes a-t-il fallu pour que, de tous les croquis ou esquisses architecturales du vivant nés non de l'œuvre d'un « artiste », mais du fortuit, se dégage un petit vermisseau, prémisse des vertébrés à l'origine de notre espèce ? Le petit vermisseau et ses nombreux cousins n'ont pas pour autant été nantis d'une destinée assurée, leurs descendants ont survécu, ou non, à de multiples désastres planétaires. Ainsi une nouvelle question doit être posée : *combien d'autres lignées à l'avenir prometteur ont ainsi disparu ?*

Les extinctions brutales de lignées montrent que rien n'est définitivement acquis ou prédestiné dans l'évolution. Tout peut être remis en cause par un accident, ou aujourd'hui par la main de l'Homme. Or les accidents à l'échelle planétaire ont été nombreux : ce sont les grands cataclysmes qui ont décimé faune et flore à plusieurs reprises. Dans l'histoire naturelle, ils ne doivent pas être considérés comme des phénomènes secondaires (parce que simples et ne nécessitant pas beaucoup d'intelligence pour les décrire). Au contraire, ils ont été déterminants dans la composition actuelle du vivant, comme nous allons le voir dans le prochain chapitre.

Chapitre 10

Candide, Jurassic Park et Noé

Le quatrième hasard

Voltaire (1694-1778) était un homme remarquable par sa pertinence et son érudition qui couvraient les lettres, la philosophie, l'histoire et la géographie. Son intelligence s'est heurtée à la pensée uniforme inféodée notamment aux doctrines religieuses qui prédominaient à l'époque de Louis XV, près d'un siècle après la fin des guerres de religions. Croyant, mais détestant les dogmes, la superstition et l'intolérance, il était en révolte permanente et exprimait ses critiques malgré l'hostilité que déclenchaient ses écrits. *Candide*, publié en 1759, est un de ses contes les plus remarquables[1]. Maniant dans cet ouvrage l'ironie et l'excès, Voltaire s'attaque à certaines modes « politiquement correctes » de son époque[2].

L'histoire de Candide n'est qu'une longue succession de malchances, de malheurs épouvantables et de catastrophes horribles endurés lors d'un périple à travers l'Europe, l'Amérique et les Caraïbes et sur lesquels Candide s'interroge. Pangloss, son précepteur, s'en accommode. Pour lui, tout va pour le mieux : « *Il est démontré que les choses ne peuvent être autrement : car tout étant fait pour une fin, tout est nécessairement pour la meilleure fin.* »[3]

Une chansonnette, célèbre en France pendant l'entre-deux-guerres, aurait pu être son air de prédilection : « *Tout va très bien… Madame la Marquise, tout va très bien, tout va très bien !* ». Ce refrain succède avec contraste à des versets qui annoncent une succession de catastrophes[4].

Le philosophe Pangloss, stoïcien imperturbable et optimiste invétéré, est persuadé que tous les événements auxquels l'Homme est confronté dans sa vie sont prédestinés et qu'il faut les accepter car ils sont prévus *« au mieux »*. Par l'effet excessif des peines accumulées, des horreurs de la guerre, des injustices ou des catastrophes naturelles subies par Candide et ses compagnons de route, Voltaire démontre que ce raisonnement est critiquable. Il rend dérisoire la doctrine religieuse de la providence divine et les variantes du stoïcisme[5] tendant à justifier les destins les plus funestes des Hommes.

Parmi les malheurs évoqués dans *Candide*, figure en bonne place le terrible tremblement de Terre qui détruisit Lisbonne le samedi 1er novembre 1755 et fit passer de vie à trépas 60 000 âmes, soit près du quart de sa population de l'époque. Beaucoup de victimes périrent dans l'effondrement des églises, où elles assistaient à l'office de la Toussaint. Pour Pangloss, ce cataclysme, qui eut effectivement lieu, était prévu. Aux malheureux survivants, il tint ce langage : *« S'il y a un volcan à Lisbonne, il ne pouvait pas être ailleurs ; car il est impossible que les choses ne soient pas où elles sont ; car tout est au mieux. »*

Le tremblement de terre de Lisbonne fut pour Voltaire un exemple d'événement lourd de conséquences, un modèle de l'injuste infortune, totalement inattendu, non prédestiné, arbitraire, contre lequel la volonté de l'Homme ne peut rien.

Il refusa de le considérer comme une punition divine ou comme une finalité programmée par la nature. En juin 1756, il fit de cette catastrophe naturelle le sujet d'un poème dont la conclusion se résume par ces deux vers :

« Un jour tout sera bien, voilà notre espérance :
Tout est bien aujourd'hui, voilà l'illusion. »

Lucidité sur la vie d'ici-bas ! L'espoir est une croyance, mais la vie peut être injuste et négative : tout optimisme en l'occurrence est illusion.

La description caricaturale des multiples événements funestes et inattendus qui ont anéanti la vie des personnes ayant côtoyé Candide dans son périple, a été utilisée par Voltaire pour rappeler la fragilité d'une existence. Chacun a un destin incertain, imprévisible, parfois injuste, quelle que soit son attitude face à la vie et quelle que soit sa foi.

Le conte de Voltaire peut servir à illustrer l'une des caractéristiques fondamentales des cheminements de la vie. En effet, l'histoire naturelle depuis son origine a été marquée par une succession de cataclysmes apocalyptiques qui ont, chaque fois, décimé la diversité du vivant. Ils ont entraîné une sélection à l'aveugle de certaines lignées ou espèces. Si les ancêtres mammifères de notre lignée ont été épargnés de l'injuste infortune d'une décapitation précoce, comme tant d'autres lignées l'ont été, c'est par un hasard total.

Ainsi, les cataclysmes représentent pour l'histoire du vivant une quatrième couche de hasards absolus (quatre séries d'enchaînements d'événements contingents) qui s'ajoute à celles régissant l'apparition de mutations, le brassage génétique de la reproduction sexuée et les conditions environnementales (Fig. 31, p. 293). Ce quatrième hasard intervenant dans l'évolution du vivant est désormais mieux connu grâce à un exemple bien médiatisé : l'événement qui a provoqué il y a 65 millions d'années la disparition totale des dinosaures. Cette catastrophe n'a pas atteint les Hommes – ils n'étaient pas encore présents sur Terre – mais l'ensemble du vivant.

Jurassic Park

Lorsque le fameux film *Jurassic Park* est sorti, j'ai fait la queue pour le voir avec mes enfants. J'ai dû le revoir deux fois, puis j'ai vu *Jurassic Park* 2 et 3, puis le dessin animé de la société Walt Disney, *Dinosaures*[6]. Les splendides reconstitutions de ces reptiles géants ont eu un impact extraordinaire sur les enfants et les adultes.

Dans la série *Jurassic Park*, l'Homme côtoie des dinosaures hostiles ressuscités par des savants mercantiles. Dans une fiction rocambolesque, avec tous les ingrédients d'un roman, les mœurs et la diversité de ces animaux sont mis en avant. Le scénario à suspens comprend une histoire d'amour, des enfants tantôt émerveillés tantôt apeurés, des acteurs bons ou méchants, certains perdant la vie de façon horrible, et des bêtes étranges, attachantes ou effrayantes. Tel Saint Georges, terrassant le terrible dragon, l'Homme finit toujours par vaincre les dinosaures, même les affreux *Velociraptor* ou *Tyrannosaurus rex*. Principaux héros, les dinosaures, sont d'excellents stéréotypes de vedettes cinématographiques. Très grands et terrifiants, ils font peur aux enfants. Mais ceux-ci peuvent les regarder sans crainte car les dinosaures n'existent plus. *Ils ont existé!* C'est ce qui fait la différence avec une fiction où des organismes extraterrestres, aux formes totalement imaginaires, affrontent des Hommes.

Grâce à ces films, une génération s'est intéressée à la vie et à la mort de ces grands organismes fascinants d'un autre temps, qui ont laissé tant de traces sur la Terre avant de disparaître brusquement. La fiction est ainsi devenue un bon support pour sensibiliser le public à une partie de l'histoire du vivant.

Bien évidemment, la question que tous les spectateurs se posent en sortant des salles obscures porte sur les causes de la disparition soudaine (à l'échelle des temps géologiques) des dinosaures. Une abondante littérature scientifique a accompagné la sortie des films, racontant les diverses théories avancées par les scientifiques pour tenter de l'expliquer.

Parmi celles-ci, citons les effets ravageurs d'une épidémie bactérienne ou virale particulièrement virulente ou, plus surprenante, la brusque exposition des dinosaures à un épisode de réchauffement planétaire qui aurait entraîné la surchauffe de leurs testicules, rendant stérile leur sperme[7]...

L'hypothèse la plus célèbre, qui date de 1980, est celle de la météorite géante tombant sur la Terre et provoquant un cataclysme à l'échelle de la planète[8]. Un astéroïde rocheux, en explosant sur la Terre, aurait soulevé un nuage de poussières et de cendres enveloppant toute la planète avec, pour conséquence, un long hiver glacial et sombre. À la suite de ce brusque changement climatique, la majeure partie de la végétation aurait disparu. Ce scénario a aujourd'hui la faveur d'une majorité des scientifiques pour expliquer la mort plus ou moins soudaine des dinosaures végétariens puis des dinosaures carnassiers.

L'hypothèse fut confortée par des éléments d'enquête scientifique méticuleuse. En examinant attentivement les roches datées de l'époque où les dinosaures disparurent, un géologue a été intrigué par l'existence d'une fine couche d'argile intercalée entre des couches de particules calcaires provenant du plancton (c'est en Italie que cette anomalie fut découverte la première fois). Sous la fine couche d'argile, les sédiments datent de la fin du Crétacé ; au-dessus ils datent du début du Tertiaire et contiennent bien moins d'organismes fossilisés que la couche inférieure. La couche d'argile marque la transition – elle date de 65 millions d'années – à la limite Crétacé-Tertiaire, période marquée par la disparition d'un grand nombre d'espèces, au nombre desquelles on compte les ammonites qui peuplaient les mers et les dinosaures. Aidé par un physicien, le géologue a trouvé dans la couche d'argile la présence d'un élément très rare sur Terre, mais fréquent dans les météorites : l'iridium (métal proche du platine). Cet élément a été découvert par la suite dans une centaine de sites différents de la planète, toujours dans de l'argile piégée entre deux couches de sédiments. Chaque fois, la même anomalie a été datée de 65 millions d'années.

La présence d'iridium dans des sédiments océaniques datés d'il y a 65 millions d'années est à la base de l'hypothèse d'une explosion titanesque d'une météorite, plongeant la Terre dans un hiver de poussières. La météorite a laissé sa signature sur toute la planète, sous la forme de poussières d'iridium. Cette hypothèse fut ensuite consolidée par la découverte d'un cratère laissé par l'impact d'une météorite : une gigantesque cavité, aujourd'hui en partie submergée, dans le golfe du Mexique au niveau de la presqu'île du Yucatan. L'impact de cette météorite date aussi d'il y a 65 millions d'années.

De savants calculs permettent d'estimer la violence du choc : la météorite extraterrestre de plus de 10 km de diamètre (une masse dense plus haute que l'Everest !) aurait percuté la Terre à près de cent mille kilomètres à l'heure. Elle aurait entraîné une explosion équivalente à cent mille milliards de tonnes de dynamite, puissance dix mille fois supérieure à l'ensemble de l'arsenal nucléaire planétaire à l'époque où les stocks étaient les plus élevés. Dans la zone d'impact, tout aurait été pulvérisé. Selon un géologue, il y aurait eu deux explosions incandescentes : la première extrêmement chaude aurait formé des nuages de roches vaporisées, une seconde moins chaude serait due au calcaire ($CaCO_3$) qui se serait décomposé en libérant du gaz carbonique (CO_2), lequel se serait enflammé. Un gigantesque raz-de-marée aurait ensuite tout dévasté sur un vaste périmètre. La violence de l'impact aurait fait trembler toute la Terre et soulever une épaisse poussière noire obscurcissant l'atmosphère pendant longtemps. Tout ce qui vivait sur notre planète aurait été anéanti ou bouleversé par l'impact. Nombre d'espèces auraient ainsi été pulvérisées, grillées, noyées, gelées ou affamées, ou encore affamées par manque de nourriture.

L'effet provoqué par la météorite serait équivalent au résultat du tremblement de Terre de 1755 sur la population de Lisbonne rapporté à l'échelle de la planète et du vivant : la disparition du quart des espèces existant sur Terre. Parmi les espèces ou lignées éteintes figurent les dinosaures, ces monstres énormes qui ne savaient ni s'abriter ni constituer des réserves pour résister aux mauvaises conditions de vie.

Qui n'a pas imaginé une situation similaire de nos jours ! Bien entendu nos astrologues verraient arriver l'astéroïde comme Tintin dans *L'étoile mystérieuse*[9]. On pourrait le faire exploser, le dévier avec une bombe atomique bien placée… Mais s'il était trop gros, il faudrait tenter de se protéger et accumuler des réserves pour subsister longtemps. Seule une partie infime de l'humanité aurait sans doute la possibilité de se protéger. Les mines, désaffectées ou non, seraient des abris recherchés, mais réservés en priorité aux apparatchiks de nos sociétés. J'ai une fois rêvé que je creusais une galerie sous ma maison et pensais à tout ce que je devais emporter pour sauver ma famille : système de régénération de l'air, nourriture, eau, livres pour l'esprit, énergie pour voir et chauffer, vitamines contre les carences, etc. Puis je m'imaginais imitant Noé : emporter un échantillonnage le plus réduit possible de la vie utile ou inutile – insectes, graines de plantes, petits oiseaux ou rongeurs. Le songe devenait alors si élaboré que je me réveillais, surpris d'avoir échafaudé une telle stratégie.

L'hypothèse de l'impact de la météorite est aujourd'hui la mieux connue car la plus médiatisée. Il existe cependant une théorie alternative, étayée par de nombreux indices formels que Vincent Courtillot, professeur de géophysique à Paris, a soutenue avec détermination[10]. Pour lui et d'autres de ses collègues, les dinosaures auraient disparu à la suite d'éruptions volcaniques titanesques. Une bulle de matières incandescentes, venant des profondeurs de la Terre, aurait éclaté en surface, créant un épanchement gigantesque de lave (plus de 2 millions de kilomètres cubes !) et de gaz (des milliards de mètres cubes de gaz carbonique, de gaz sulfurique, d'acide chlorhydrique et de bien d'autres composés toxiques). Cela aurait duré quelques dizaines de milliers de siècles (une broutille à l'échelle du temps géologique) à l'ouest de l'Inde (dans la région de Deccan), créant des montagnes de basalte. De nos jours, on distingue encore les couches successives en escalier de ces vomissures terrestres. Ces formations ont la surface de la France, elles datent de l'époque de la disparition des dinosaures[11].

Les deux thèses relatent des événements cataclysmiques intervenus à la même époque. Un certain nombre de scientifiques admettent aujourd'hui qu'elles se sont conjuguées et ont vraisemblablement amplifié l'extinction de nombre de vies sur Terre à l'époque de la fin des dinosaures.

Catastrophes planétaires : des révolutions pour l'évolution

En fait, les cataclysmes provoqués par une météorite ou un volcanisme exceptionnel, survenus il y a 65 millions d'années, n'ont été qu'un événement violent et destructeur pour la faune et la flore. Une parmi d'autres catastrophes planétaires passées, que le naturaliste français Georges Cuvier (1769-1832) – initiateur de la comparaison de fossiles de vertébrés – fut un des premiers à mettre en évidence avec passion et éloquence. Il est l'auteur d'une théorie dite « révolutionniste » (à l'époque de la Révolution française, ce mot était à la mode) qui pouvait expliquer l'extinction d'espèces[12]. D'après lui, des catastrophes colossales (des « révolutions ») ont, à plusieurs reprises, éradiqué une partie importante du vivant sur la planète. Cuvier était persuadé qu'après chaque cataclysme une nouvelle création intervenait, améliorant les œuvres antérieures, lesquelles se figeaient chaque fois sur un nouvel équilibre. Il n'imaginait pas que les espèces puissent évoluer de l'une vers l'autre. Ainsi, d'après lui, le lendemain des cataclysmes, les survivants et de nouvelles créations proliféraient sans jamais changer de forme dans le temps : les créations s'additionnaient et les créatures étaient « fixées ». Ce visionnaire de l'extinction en masse des espèces ne crut jamais aux théories de la transformation des espèces défendues de son temps par son collègue Lamarck.

Pour Cuvier et nombre de ses collègues contemporains (qualifiés par la suite de catastrophistes), c'était évident : tout fut plusieurs fois enseveli par les eaux. Chaque « révolution » a été provoquée par un déluge tel que celui décrit dans la Bible, suivi par un assèchement brutal des côtes. Cuvier en donne pour preuve la localisation surprenante de nombreux fossiles d'organismes marins dans des roches de hautes montagnes, brusquement enfouies sous les eaux il y a fort longtemps. Pour ce précurseur de la paléontologie, le déluge biblique fut la dernière des révolutions (le mécanisme des mouvements de la croûte terrestre qui soulèvent le sol marin, avec tous les fossiles enfouis dans les sédiments, pour former des montagnes ou faire dériver des continents était alors encore méconnu).

Les thèses « catastrophistes » ou « révolutionnistes » du début du XIXe siècle peuvent être considérées avec un nouvel éclairage à l'échelle de l'évolution globale de la vie. Si nous connaissons maintenant bien mieux les caractéristiques du développement des bactéries, de la faune et de la flore unicellulaires et pluricellulaires depuis leur émergence sur Terre, nous savons aussi que leur évolution a été sans cesse bouleversée par des cataclysmes : l'histoire du vivant est ainsi façonnée, répétons-le, par une nouvelle « couche » de hasards absolus (des contingences).

Depuis un peu plus de 3,85-3,5 milliards d'années (époque supposée de l'apparition de la vie sur Terre) jusqu'à l'émergence de multiples traces d'espèces pluricellulaires (il y a 570 millions d'années), les cataclysmes violents ont été fréquents. Durant cette époque, l'atmosphère était peu dense et permettait une pénétration plus aisée des astéroïdes. Ces masses errantes restées libres après la formation du Soleil et des planètes ont mis du temps à se regrouper dans une orbite solaire stabilisée où ils sont actuellement confinés en quantité (la « ceinture d'astéroïdes »). Mais pendant le premier milliard d'années après la formation de la Terre, ils étaient encore nombreux un peu partout et certains d'entre eux sont entrés en collision avec la Terre et d'autres planètes. Aujourd'hui, nous pouvons très bien observer les cicatrices des impacts de ce bombardement astral sur la Lune et sur Mars, dont les croûtes superficielles étaient alors déjà définitivement figées.

Entre 3,8 et 0,6 milliards d'années, l'amplitude des alternances glaciations-réchauffements était sans commune mesure avec celles qui ont affecté la vie terrestre durant ces six cents derniers millions d'années. Certains scientifiques décrivent une Terre en « boule de neige » où les océans, transformés en glace des pôles jusqu'aux zones actuellement tempérées, étaient tellement bas que le plateau continental, berceau du vivant, fut presque asséché[13]. Par ailleurs, la croûte terrestre, composée de plaques mobiles, était encore instable. Le cœur en fusion de notre planète affleurait en de nombreux endroits. Les tremblements de terre dévastateurs et les épanchements volcaniques gigantesques accompagnaient la dérive des continents, laquelle entraînait çà et là des compressions de la croûte terrestre créant les chaînes montagneuses.

Nous avons expliqué dans le chapitre 8 qu'entre l'apparition de la vie sur Terre (avant 3,8-3,5 milliards d'années), jusqu'à vers 570 millions d'années, seule une vie nomade et microscopique pouvait proliférer dans les océans. À chaque épisode catastrophique, une minorité de ces formes vivantes planctoniques a dû survivre. Durant cette très longue période, combien d'espèces de bactéries ont été anéanties par les cataclysmes ? Combien de combinaisons de bactéries ayant donné des cellules animales ou végétales ont été éradiquées malgré une constitution d'avant-garde ? Combien d'ébauches de formes pluricellulaires, racines de lignées potentiellement dominantes, ont été fauchées ? Nul ne peut répondre à ces questions. On ne pourra jamais reconstituer l'avenir qu'aurait pu avoir une forme vivante anéantie au cours de l'histoire.

Entre deux cataclysmes, la vie visible à l'œil nu s'est déployée dans les océans

Il y a 670 et 570 millions d'années, la Terre a été plusieurs fois transformée en une boule de glace. Chaque fois la vie a dû se replier dans d'étroites oasis d'eaux tempérées localisées au niveau de l'équateur. C'est à la sortie de ces crises climatiques sévères que les premiers organismes animaux ont laissé des traces nombreuses. Des éponges en forme de cône sont les premiers animaux identifiés ; elles vivaient fixées sur des petits fonds océaniques il y a 570 millions d'années. Mais le premier ensemble de fossiles visibles à l'œil nu est insolite. Il s'agit de structures aplaties souvent de grande taille (jusqu'à 1 m de longueur), aux formes arrondies et striées régulièrement (Fig. 37, p. XIV). Leurs traces (de simples empreintes fossilisées) ont été découvertes la première fois dans la région d'*Ediacara* en Australie[14] ; depuis, les paléontologues en ont retrouvé dans des sédiments (du sable fin de plage, agrégé en grès), datés de cette époque, provenant d'autres régions du monde. Certaines de ces formes de vies étranges ressemblent à des coraux plats[15]. C'était peut-être des sortes de méduses rampantes ou fixées sur les petits fonds. Les supposées méduses sédentaires disparurent brutalement de la plupart des archives géologiques, il y a 540 millions d'années (dans quelques rares gisements, des traces plus récentes datent de 510 millions d'années). Que s'est-il passé ? Glaciation fatale ? Météorite ? Volcanisme ? Quelle que soit la cause, la grande majorité de cet ensemble de vies originales émergentes fut éradiquée.

Dans des sédiments plus récents de quelques centaines de milliers d'années, un autre groupe d'organismes a été découvert, dont les restes calcaires fossilisés ressemblent à des petits coquillages, des tubes ou des fonds de cornet de glace (Fig. 38, p. XIV)[16]. Cette faune, trouvée la première fois dans la région de Tommot en Sibérie, était elle aussi présente sur toute la planète et elle a disparu sans laisser de descendants. Pourquoi ?

L'abondance d'autres types de fossiles trouvés dans des roches datées de 540 à 515 millions d'années semble indiquer que la vie a soudainement « explosé ». Deux gisements majeurs, découverts il y a un siècle, témoignent de cette brusque diversité du vivant pluricellulaire.

En 1910, un Français cartographiant la province de Yuan en Chine (alors sous tutelle de l'administration française) trouva d'étranges fossiles à Chengjiang, mais il ne les étudia pas. Soixante-quinze années plus tard, des paléontologues chinois commencèrent à les décrire[17]. Plus de 150 espèces très différentes ont été identifiées. Cette faune s'est épanouie il y a 540 à 520 millions d'années. Elle témoigne de la grande diversité des communautés animales et végétales peuplant les petits fonds littoraux. On y trouve des animaux filtreurs (éponges, coraux), des décomposeurs (vers), des prédateurs (crustacés), des échinodermes filtreurs ou végétariens (regroupant aujourd'hui notamment les oursins et les étoiles de mer) et même des précurseurs des vertébrés.

L'autre gisement, qui illustre lui aussi une soudaine prolifération de la vie pluricellulaire, est daté de 515 millions d'années : il est situé dans la région de Burgess en Colombie britannique (Canada) (Fig. 30, p. 289). De premiers fossiles extraordinaires y ont été découverts au début du XXe siècle, sur les flancs d'une montagne pelée, culminant à 3 000 m. C'était autrefois le fond d'une lagune aux pentes escarpées. Les schistes de Burgess, débités en lames, recèlent des trésors naturels. Un grand nombre d'animaux très différents, aux formes bizarres, sont comme imprimés dans la pierre[18]. Le premier paléontologue qui les découvrit[19] leur donna de nouveaux noms et les classa parmi des groupes d'organismes déjà connus : les vermiformes parmi les vers, ceux qui ressemblaient à de petites crevettes parmi les crustacés et les formes en soucoupe parmi les méduses. Ces fossiles révèlent une biodiversité animale surprenante où tous les grands plans d'organisation de la faune actuelle coexistent. Comme pour la faune de Chengjiang, l'histoire naturelle s'est alors enrichie de vestiges faunistiques aussi différents que les éponges, les coraux, les vers, les crustacés et l'ancêtre des vertébrés représenté alors par un vermisseau à chaîne nerveuse dorsale[20]. Les fossiles, une fois décrits et classés, furent déposés dans les tiroirs de musées. Soixante-dix années plus tard, il fallut beaucoup de perspicacité à d'autres chercheurs pour remettre en question la classification de plusieurs espèces découvertes[21]. Même si quelques cas célèbres d'erreurs d'interprétation émaillent le remarquable effort de description de la faune de Burgess, il convient de distinguer dans ce bestiaire des groupes d'animaux dont l'organisation du corps est totalement méconnue de nos jours[22]. Si on les découvrait aujourd'hui vivant aujourd'hui dans une grotte isolée, on pourrait croire à un débarquement de Martiens ou autres extraterrestres. Ces animaux ont pourtant bien existé il y a 515 millions d'années ; ils mangeaient des algues ou chassaient… Il n'en reste que des fossiles, humbles traces sur des pierres grises, formant un cimetière de lignées à jamais éteintes.

J'ai vu quelques-uns de ces fossiles au Muséum d'histoire naturelle de Washington (le Smithsonian). J'ai été surpris par leur taille : ceux que j'ai pu voir ne sont que des empreintes noirâtres de minuscules animaux appartenant à des espèces totalement différentes de celles qui existent aujourd'hui. Certains sont des chimères, des monstres mi-crevettes, mi-vers, qui portent 5 globes oculaires et sont dotés d'une longue trompe terminée en pince (Fig. 30 B, p. 289)[23]. À partir de ces bestioles aux formes bizarres et aux mœurs mystérieuses, des romanciers ou cinéastes auraient pu imaginer des fictions originales. Mais elles sont sans doute à la fois trop surnaturelles et trop petites pour intéresser le public : de mauvais « acteurs » pour des scénarios. Reconnaissons-le, dans le registre des animaux disparus, les dinosaures, énormes bêtes étranges et expressives, sont des vedettes idéales pour susciter l'émotion. Leur histoire sera toujours mieux connue.

C'est encore Stephen Jay Gould qui fut le grand vulgarisateur de la faune de Burgess et en révéla toute l'originalité. Il se passionna pour cette page de l'histoire de la vie qu'il décrit par le menu dans un de ses ouvrages[24]. Avec raison, il rappelle que cette diversité passée est la plus extraordinaire preuve de la *contingence* de la vie. La contingence ! C'est le mot qui s'applique exactement à l'ensemble du processus d'évolution.

Le bestiaire du Burgess illustre bien le hasard absolu et le bricolage ayant présidé à l'édifice vivant, lequel s'élève sur un énorme cimetière de tentatives avortées. Il aurait suffi d'un impact de météorite ou d'une concurrence fatale avec une autre espèce pour que certaines bestioles d'Ediacara, de Chengjiang ou de Burgess deviennent une lignée animale dominante sur la Terre… en lieu et place de la nôtre.

Des descendants de la faune diversifiée de Chengjiang et de Burgess ont été trouvés fossilisés dans des roches plus récentes (de l'ère primaire) un peu partout dans le monde et beaucoup de formes sont communes aux deux sites : bien que les continents se soient déplacés depuis 520 millions d'années, les paléontologues admettent qu'une vie très diversifiée se développait sur de larges contrées à cette époque. Par la suite, des lignées dominantes ont émergé, avec de plus en plus de représentants ; quelques-unes d'entre elles donneront les grands embranchements qui existent de nos jours.

La grande mayonnaise de l'évolution des animaux de taille visible a pris à cette époque. Mais elle a tourné à plusieurs reprises. La diversité de la vie a été anéantie au moins à cinq reprises. Les cataclysmes (la plupart vraisemblablement causés par d'immenses épanchements volcaniques et/ou une météorite géante) d'il y a 435, 355, 252, 205 et 65 millions d'années ont laissé de profondes cicatrices. L'une des crises les plus meurtrières date de la fin du Permien (il y a 252 millions d'années) : elle aurait détruit près de 95 % des espèces marines, dont les célèbres trilobites, groupe qui comprenait à lui seul quelque 10 000 espèces. Les espèces survivantes se sont chaque fois diversifiées, se transformant en d'autres formes au gré de l'évolution, laquelle favorisa d'autres adaptations aux milieux disponibles et ainsi de suite. Les « dominants » au sein des écosystèmes peuvent disparaître, laissant la place aux anciens « dominés » qui à leur tour subissent les effets ravageurs d'un nouveau cataclysme. C'est ainsi que les dinosaures seraient apparus à la suite d'une crise écologique provoquée par l'impact d'une météorite ayant percuté la Terre il y a 205 millions d'années. Des traces d'iridium ont aussi été trouvées dans des roches datées de cette époque de grand bouleversement de la biodiversité[25]. Puis vers 65 millions d'années, ce groupe de grands animaux qui dominait la faune terrestre a alors laissé place à de petits animaux de la taille d'une musaraigne : les premiers mammifères, apparus en même temps que les plus anciens dinosaures. Par étapes successives, leur « explosion » évolutive a conduit à l'émergence de la diversité des mammifères riche aujourd'hui de près de 5 000 espèces, parmi lesquelles un genre de singe, dont l'Homme est issu.

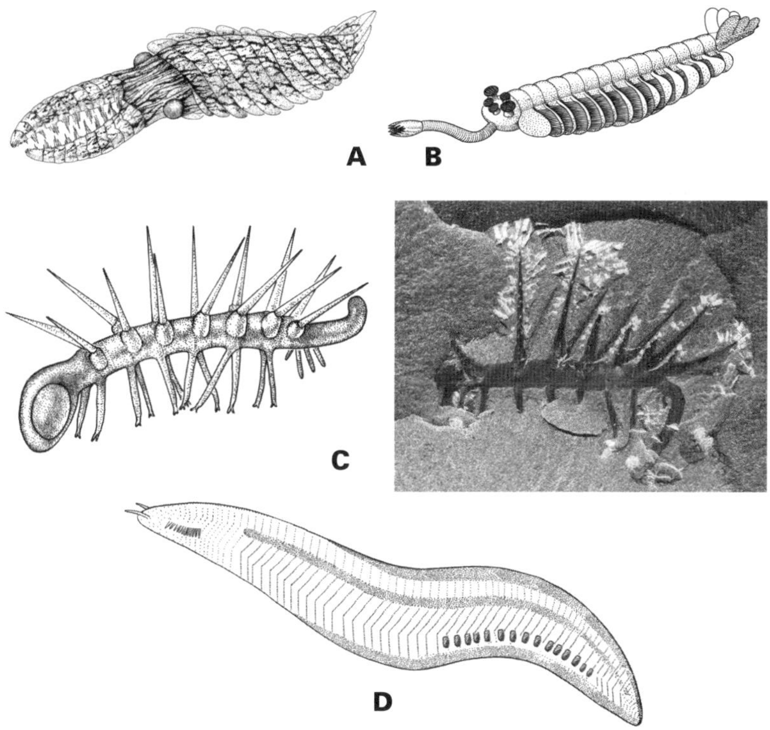

Figure 30. Ces formes animales, qui semblent surnaturelles, existaient il y a 540 à 505 millions d'années. Beaucoup d'entre elles ont été trouvées fossilisés à Burgess (Canada) et à Chengjiang (Chine). **A.** *Anomalocaris* (atteignant probablement un mètre de longueur). **B.** *Opabinia* (6,5 cm de long). **C.** *Hallucigenia* (dessin et empreinte noire dans les roches de Burgess ; 2,5 mm de long). **D.** *Pikaia* (le premier vertébré, 4 cm de long).

Les cataclysmes planétaires : le quatrième hasard

Il faut admettre que les trois séries d'événements contingents déjà évoqués dans le chapitre 7 – mutations, brassage génétique et circonstances environnementales de la sélection naturelle – ne suffisent pas à expliquer l'image actuelle de la vie et son histoire[26] : les événements cataclysmiques ont joué un rôle déterminant dans l'histoire du vivant.

Le hasard absolu du « cataclysme » est indépendant des changements génétiques contingents, à la base des innovations de l'évolution (les mutations et le brassage génétique). Si on considère que les gènes ont un seul « objectif » – se dupliquer dans des formes vivantes et appliquer tous leurs stratagèmes pour perdurer – ils restent à la merci d'une chiquenaude. Les organismes qui les portent seront détruits s'ils se trouvent dans la trajectoire imprévisible d'un astéroïde ou s'ils doivent subir les effets délétères d'un volcanisme embrasant la planète. Les gènes qui existent aujourd'hui ne sont pas ceux qui ont le mieux « réussi » après plusieurs milliards d'années d'évolution : avant tout, ce sont des rescapés des cataclysmes.

Les cataclysmes imprévisibles ont des effets distincts de ceux causés par le hasard lié à l'environnement ayant modelé les espèces. Ils ne font pas partie des causes circonstancielles fortuites conduisant à une sélection des espèces adaptées à de nouvelles contraintes extérieures. En effet, c'est par des moyens extrêmement complexes que les « bricolages » génétiques, neutres ou avantageux, perdurent et peuvent proliférer face à des contraintes environnementales multiples mais relativement stables. Mais les organismes ainsi triés par les caractéristiques du milieu où ils évoluent sont confrontés à un *quatrième hasard* (Fig. 31, p. 293) : à tout moment, ils peuvent être soumis à une destruction totale et définitive, quel que soit leur degré d'adaptation aux fluctuations des conditions de vie habituelles.

Les trois séries d'événements contingents ayant sans cesse sculpté le vivant peuvent être considérées comme positives, car créatives, innovantes et talentueuses. Mais le résultat est soumis au *quatrième hasard* absolu qui est, lui, négatif. Les cataclysmes aveugles et imprévisibles frappent de façon indéterminée des lignées au bel avenir ou des lignées déclinantes. Ils n'agissent pas par « affinage », mais par destruction massive. C'est de l'« *antigenèse* ».

Cette dualité a été développée très tôt dans les religions et les philosophies. De tout temps, l'interprétation spirituelle des genèses du vivant est associée à l'œuvre divine, tandis que les cataclysmes destructeurs ont été considérés comme des actions maléfiques du diable ou des punitions divines (comme celle du déluge).

À l'ère de la génétique et de la biologie moléculaire, on se passionne pour les mécanismes chimiques de la vie et on découvre avec surprise les multiples apports que ces sciences, réduites aux molécules, peuvent apporter pour étayer l'histoire du vivant. Ainsi, les effets sur l'évolution des mutations, du brassage génétique et de la sélection naturelle sont autant de sujets scientifiques requérant des approches théoriques et techniques, dont les résultats sont publiés dans de multiples revues scientifiques spécialisées. À l'inverse, les effets d'un cataclysme planétaire relèvent d'un constat fatal. C'est comme la mort par accident d'automobile : brutal, facile à comprendre et requérant peu d'explications. Ne nécessitant pas d'études ou de réflexions valorisantes pour les chercheurs, ce sujet semble délaissé, voire déprécié, dans la littérature sur l'évolution. Pourtant, pour comprendre l'état de la biodiversité actuelle, le rôle dévastateur des cataclysmes planétaires doit être considéré au même niveau que les rôles positifs des processus de l'évolution.

Les souvenirs laissés par les structures étranges d'Ediacara ou par les dinosaures, sans oublier les vestiges des quasi « extraterrestres » de Chengjiang ou de Burgess, rappellent que l'élaboration de la biodiversité sur la Terre a été imprévisible, sans plan prédestiné. Rien n'est figé, rien n'a pu être fixé à l'avance. Le vivant est dynamique, il ne cesse de changer avec des à-coups : des périodes d'extinction suivies d'éblouissantes régénérations. Chaque fois la nature a repris le dessus.

Le déluge, un cataclysme localisé

Lorsque tout cela m'a semblé pour la première fois évident et clair, j'ai pensé à la Bible. À ce que le pasteur venait d'apprendre à ma fille. Dans les premiers textes de l'ancien testament est relatée l'histoire des premiers Hommes qui tourne au drame[27]. Ils n'étaient pas bons. Ils commettaient de multiples pêchés. Dieu décida d'éliminer ces monstres et pour cela il organisa un cataclysme : un gigantesque déluge. Il ne garda qu'un vieux sage : Noé accompagné par sa femme, ses fils et les femmes de ses fils. De cet épisode de sélection artificielle plutôt sévère, il faut retenir que le sage Noé embarqua sur son arche quantité d'animaux et de végétaux par couples. Et lorsque l'inondation cataclysmique cessa enfin, il relâcha ce petit monde dans la nature et la vie recommença. Comment les prophètes eurent-ils la vision de cette histoire extraordinaire ? C'est une métaphore symbolique qui colle à merveille à la réalité. L'histoire du vivant est, nous l'avons vu, ponctuée de cataclysmes, il y eut à chaque fois des survivants, et ces survivants se sont à chaque fois dispersés, reproduits et diversifiés.

Mais comme pour d'autres paraboles de la Genèse, l'histoire de Noé a maintenant une version scientifique. Une gigantesque inondation a vraiment eu lieu entre 7 500 et 5 300 ans passés, au Moyen-Orient sur les rives de la mer Noire ou de la mer de Marmara. Celle-ci n'a pas été provoquée par un déluge irréel de pluies diluviennes venant d'on ne sait où, mais par un phénomène explicable tout aussi brutal et titanesque.

La mer Noire est située au nord est de la mer Méditerranée, ses eaux baignent aujourd'hui les côtes de la Turquie, de la Géorgie, de la Russie, de la Crimée, de l'Ukraine, de la

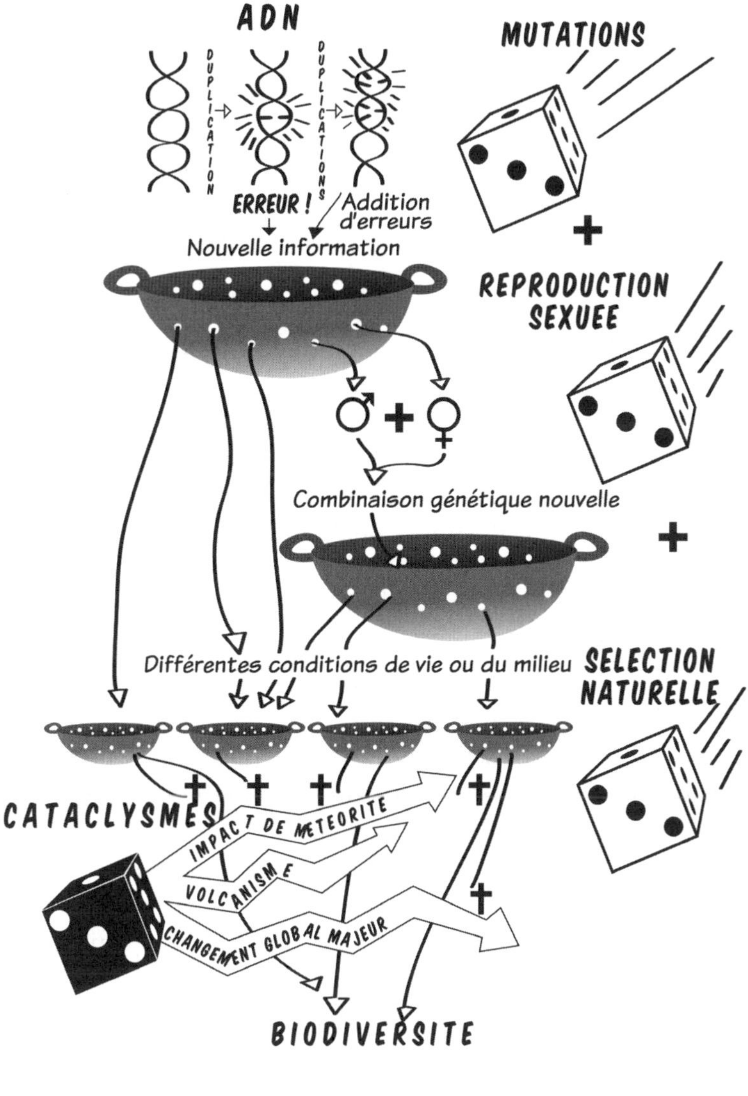

Figure 31. Les quatre hasards successifs de l'évolution. Trois sont positifs et créatifs : ce sont les hasards innovants (mutations, brassage génétique et sélection naturelle). Le quatrième est négatif : il détruit de façon aveugle (les grands cataclysmes planétaires). Les passoires représentent les contraintes physiques et chimiques qui filtrent et sélectionnent les innovations produites en masse.

Roumanie et de la Bulgarie. Elle est séparée de la Méditerranée par les détroits du Bosphore, la mer de Marmara et le détroit des Dardanelles (Fig. 32 ci-contre). Certains scientifiques[28] ont établi qu'il y a 7 150 années elle n'était qu'un immense lac situé 150 m plus bas que la Méditerranée (Fig. 32 A). Pour une raison ou une autre (tremblement de Terre au niveau des chevauchements des plaques continentales de l'Europe et de l'Asie, épisode pluvieux exceptionnel...), le bouchon naturel séparant la mer Noire de la mer de Marmara a sauté (créant le détroit du Bosphore). Les eaux de la Méditerranée se sont alors engouffrées dans la mer Noire.

Les auteurs qui ont réuni des données illustrant cette hypothèse évoquent un immense fleuve en furie empruntant le détroit des Dardanelles et l'étroite mer de Marmara pour franchir le seuil du Bosphore et chuter dans la mer Noire sous la forme d'une gigantesque cascade équivalente à 400 chutes du Niagara. Des modèles d'écoulement des fluides entre des bassins de tailles différentes ont montré que la montée des eaux sur les anciennes rives de la mer Noire a été relativement lente (de l'ordre de 10 ans)[29].

D'après d'autres scientifiques[30], le niveau de la mer Noire aurait progressivement augmenté sous l'effet de la fonte des glaces continentales (le dégel des glaciers à la fin de la dernière glaciation a commencé il y a 12 000 ans) drainées par les grands fleuves couvrant toute l'Europe de l'Est (surtout les quatre « D » : le Danube, le Dniestr, le Dniepr et le Don) (Fig. 32 B). Le niveau de la mer Noire aurait ainsi dépassé celui de la mer de Marmara (reliée à la Méditerranée par le détroit des Dardanelles depuis 12 000 ans). À une date encore débattue (entre 7 150 et 5 300 ans passés), un bouchon d'alluvions déposées sur le tracé de l'actuel détroit du Bosphore sauta. Les eaux en surplus de l'immense mer Noire se seraient engouffrées dans la mer de Marmara, avant de s'écouler dans le détroit des Dardanelles pour rejoindre la Méditerranée. Aujourd'hui encore, un violent courant d'eaux saumâtres s'écoule dans le sens mer Noire-mer Méditerranée.

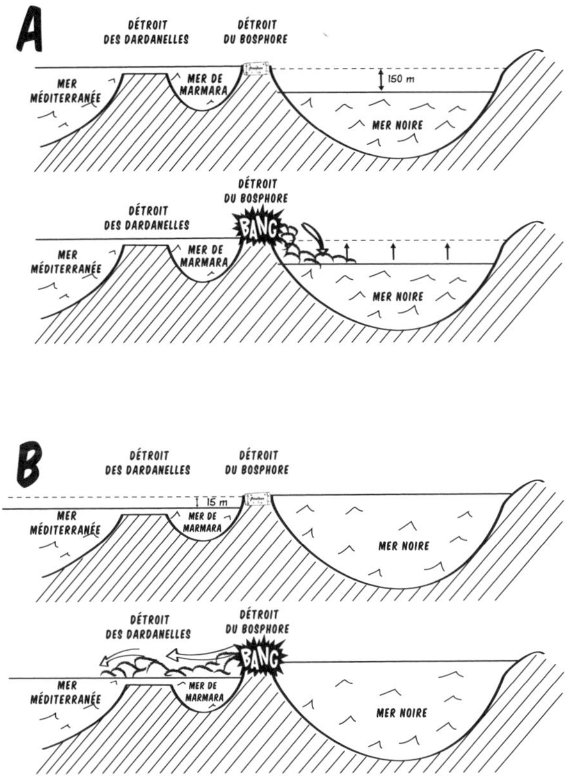

Figure 32. Les versions scientifiques du déluge de l'époque de Noé : une gigantesque inondation a eu lieu entre 7150 et 5300 années passées sur les côtes de la mer Noire et de la mer de Marmara. **A.** Hypothèse d'une inondation cataclysmique où l'eau de la Méditerranée se déverse dans la mer Noire[28]. **B.** Hypothèse d'une inondation cataclysmique où l'eau de la mer Noire se déverse dans la mer de Marmara inondant brutalement toutes les côtes[30].

Les Grecs anciens du temps d'Aristote et de Platon ont évoqué cette dernière version du déluge[31]. Même si de nos jours les anomalies de la géologie, de la sédimentation ou les fossiles (des couches superposées de vestiges d'animaux marins et d'eau douce) donnent lieu à des publications contradictoires, une chose est certaine : un événement d'ampleur exceptionnelle est intervenu dans cette région du monde il y a 7 150 à 5 300 années, associé à la mise en communication d'un lac immense (la mer Noire) avec la Méditerranée. C'est en fait une simple histoire de deux bassins d'eaux de niveaux différents qui brusquement entrent en communication, accompagnée d'inondations cataclysmiques pour le bassin inférieur.

Or, c'est dans cette région du monde que se trouve le berceau des civilisations occidentales. Tout laisse maintenant à penser qu'une société développée peuplait les rivages accueillants de la mer Noire et de la mer de Marmara. Face à la brusque montée des eaux engloutissant toutes les citées littorales, il fallait fuir, tout abandonner ! Ceux qui se trouvaient sur les larges plaines monotones et alluvionnaires ont été certainement les plus surpris et démunis face à la brutale montée des eaux.

Il est probable qu'un certain Noé s'en est mieux sorti que d'autres, en fuyant sur son bateau plutôt qu'à pied, embarquant hommes, femmes et enfants de sa famille, ainsi que des semences et un cheptel qui lui ont été très utiles lorsque tout s'est stabilisé.

Cette histoire a dû profondément marquer les survivants contraints d'émigrer aux alentours. L'histoire réelle a pu se transformer en légende perpétuée de génération en génération dans tout le Moyen Orient et utilisée par les apôtres pour illustrer les pouvoirs surnaturels divins qui pèsent sur l'Homme et particulièrement sur ceux qui commettent des péchés[32].

Le thème de l'apocalypse brandi par Dieu sur les descendants de Noé reste très prisé des gourous en tous genres qui nous prédisent une fin imminente. Souvenons-nous des prédictions fantaisistes de Nostradamus et des visions prophétiques néfastes d'illuminés sectaires qui, à l'approche du troisième millénaire, ont réussi à faire suicider leurs adeptes pour qu'ils ne connaissent pas les souffrances de l'apocalypse annoncée. Tous se fondent sur la probabilité réelle de survenue d'un cataclysme dévastateur, tous font croire à leurs capacités de visionnaires et de prédiction. Tous se sont trompés. Comme se fourvoient aussi les prédicateurs opportunistes qui exploitent *a posteriori* la terreur et le dénuement des survivants de catastrophes naturelles, par une interprétation prédestinée et culpabilisante du malheur qui les a frappés.

La lecture de *Candide* nous éclaire : les apocalypses ne sont ni programmées ni prédestinées, mais arbitraires ; ce sont des contingences, du hasard absolu. Voltaire se montra très surpris de l'interprétation biblique du déluge ; à titre de provocation, il affirma que c'était pour lui le plus grand des miracles évoqués par la Bible. Voici ce qu'il écrivait à ce sujet en 1734[33] :

«… mais que l'eau ait couvert entièrement tout le globe à la fois, c'est une chimère absurde en physique, démontrée impossible par les lois de la gravitation, par les lois des fluides, par l'insuffisance de la quantité d'eau. Ce n'est pas qu'on prétende donner la moindre atteinte à la grande vérité du déluge universel, rapporté dans le Pentateuque : au contraire, c'est un miracle ; donc il faut le croire : c'est un miracle ; donc il n'a pu être exécuté par les lois physiques.

Tout est miracle dans l'histoire du déluge. Miracle que quarante jours de pluie aient inondé les quatre parties du monde, et que l'eau se soit élevée de quinze coudées au-dessus de toutes les plus hautes montagnes ; miracle qu'il y ait eu des cataractes, des portes, des ouvertures dans le ciel ; miracle que tous les animaux se soient rendus dans l'arche de toutes les parties du monde ; miracle que Noé ait trouvé de quoi les nourrir pendant dix mois ; miracle que tous les animaux aient tenu dans l'arche avec leurs provisions ; miracle que la plupart n'y soient pas morts ; miracle qu'ils aient trouvé de quoi se nourrir en sortant de l'arche.

[…] Or, l'histoire du déluge étant la chose la plus miraculeuse dont on ait jamais entendu parler, il serait insensé de l'expliquer : ce sont de ces mystères qu'on croit par la foi, et la foi consiste à croire ce que la raison ne croit pas ; ce qui est encore un autre miracle.»

Pour illustrer la perception passée de la parabole du déluge, Stephen Jay Gould mentionne le révérend Thomas Burnet (1635-1715), qui, malgré sa foi et sa position d'ecclésiastique, considérait que : « *Croire que le monde pouvait être enseveli sous l'eau qu'il contient équivaut à croire qu'un homme peut se noyer dans l'un de ses crachats.* »[34] On ne pouvait mieux souligner l'invraisemblance du déluge planétaire, mais Burnet dut se rétracter pour ne pas contredire la Bible. Gould relate aussi les propos du successeur de Newton à la chaire de mathématiques de l'université de Cambridge, William Whiston (1667-1752), qui développa une théorie surprenante du déluge, selon laquelle une comète frôla la Terre et sa « queue », composée d'eau, l'inonda ![35]

Quoi qu'il en soit, la référence biblique au cataclysme, juste après la Genèse, est troublante. Les prophètes ne savaient rien de l'évolution et ignoraient tout des épisodes dramatiques qui ont haché des vies ayant précédé celles des Hommes. Ils ont pourtant choisi cette histoire qui rappelle que la vie est fragile, à la merci de crises terrifiantes pouvant presque tout détruire. Même si pour eux cette histoire est le symbole de la prééminence divine qui dispose de notre destin et de celui de toute vie sur Terre ; même si les prophètes ont transformé une histoire réelle en un avertissement moral adressé à l'humanité qui s'écarte du droit chemin – « voila ce qui est arrivé aux Hommes ne respectant pas les grands principes divins ! » – ; il reste vrai que tout peut être du jour au lendemain anéanti. Et tout recommencera avec ou sans nous.

Quelles que soient les causes, la vie a bien été détruite brutalement il y a entre 7 150 et 5 300 ans sur les rives de la mer Noire ou de la mer de Marmara. Elle le fut à l'échelle de la planète il y a 65 millions d'années. Elle a été décimée de multiples fois depuis son émergence il y a plus de 3,5 milliards d'années. Chaque fois, des survivants ont changé de façon drastique le cours de l'évolution du vivant.

La disparition des faunes d'Ediacara, de Tommot, de Burgess et celle des célèbres dinosaures renforcent l'idée d'émergence du vivant par succession de hasards absolus.

Évolution : l'inverse d'un processus prédestiné

À ce stade de la description des événements majeurs qui ont sculpté le vivant sur Terre, nous pouvons proposer un résumé suivant.

L'imbrication de trois genèses structurantes (l'émergence de la vie – ailleurs ? – avec l'apparition des bactéries sur Terre, l'origine des cellules végétales et animales et l'apparition des espèces pluricellulaires dotées de cellules différenciées), confrontées à trois couches de hasards constructifs, composant les mécanismes de l'évolution, et d'une couche de hasards destructeurs (les cataclysmes) peut expliquer l'histoire de la diversité de la vie actuelle (Fig. 31, p. 293).

Je suis conscient que la désacralisation de la création divine et du mythe de la genèse pré-orientée du vivant a été choquante du temps de Darwin et l'est encore aujourd'hui pour les intégristes dont la culture reste fondée sur la genèse des livres sacrés. Peut-être certains découvriront-ils qu'il s'agit d'une belle fable qui n'est plus crédible au regard des données scientifiques accumulées. Une désillusion semblable à celle de l'enfant lorsqu'il apprend que le père Noël n'existe pas ! La dissection scientifique des différents types de genèses et de hasards ayant modelé la diversité du vivant peut susciter le doute chez les croyants sur les fondements de la foi. Elle peut aussi perturber la pensée de philosophes ou de romantiques qui préféreraient imaginer une vie autre que le fruit d'une longue lutte impitoyable et hasardeuse pour la survie, soumise à d'incessantes décapitations arbitraires.

Comme Voltaire l'avait pressenti pour la vie des Hommes, il faut, répétons-le, intégrer la dure réalité du rôle fondamental des hasards et contingences dans l'émergence du vivant y compris celle des Hommes. Tous les événements fortuits, par essence imprévisibles et inattendus, agissent tantôt pour le « mieux », tantôt pour le « pire ». Même si cela peut être difficile à admettre, tout est contingence, rien de fondé ne justifie l'espoir de jours meilleurs ou la fatalité d'événements regrettables passés.

La Bible n'est pas un manuel d'histoire naturelle, contrairement aux souhaits de nombreux créationnistes ou biblicistes[36]. Tout y est symbole, tout est mythe, tout est moral, tout y est spiritualité, tout est sacré.

Les révélations scientifiques de Van Leeuwenhoek, Lamarck, Darwin, Mendel, Crick et Watson et tant d'autres sont autant d'avancées du savoir qui ébranlent un des piliers des religions (la genèse de la vie). Mais ces connaissances abstraites et complexes ne pouvaient être révélées par la parole divine aux auteurs des premiers chapitres de la Bible, de la Torah ou du Coran, ni aux auteurs des écrits des croyances asiatiques sur l'origine de la vie.

Pour interpréter les paroles de Dieu transcrites dans les livres saints indiquant que Dieu a créé l'Homme à son image, certains soulignent qu'il lui a aussi donné une capacité exceptionnelle lui permettant de mémoriser, d'améliorer et de transmettre des connaissances[37]. L'Homme serait ainsi « destiné » à accumuler des connaissances pour mieux comprendre et gérer ce que Dieu a produit[38]. Dans ce sens, les sciences et les connaissances sont considérées comme un héritage divin à caractère évolutif. C'est ainsi que les croyants parviennent à intégrer les progrès de la science sans perdre la foi, à admettre son développement et à la prendre en compte pour orienter l'éthique et le comportement des humains face à la *sixième extinction* du vivant (c'est ainsi que certains auteurs nomment l'érosion actuelle de la biodiversité attribuée à notre surpopulation et à nos activités[39]). Cette tendance a été exprimée avec pertinence par un biologiste américain à l'aube de ce XXIe siècle (Kenneth Miller)[40].

La « cohabitation » de la religion et de la science n'a rien à voir avec une nouvelle croyance qui se développe aux États-Unis ces dernières décennies : celle de l'« Intelligent Design » (ID) traduit par « projet ou dessein intelligent » (voir chap. 7). Ses adeptes (des Chrétiens), nous l'avons dit, reconnaissent la succession d'étapes qui ont jalonné l'évolution (de la bactérie à l'Homme par exemple), mais dénigrent toute contingence ou hasard dans ce processus. Dieu seul dirige ce dernier « dessein intelligent » préétabli. Le « dessein intelligent » est ainsi devenu une alternative métaphysique ou religieuse au créationnisme. Très en vogue outre Atlantique, « dessein intelligent » semble troubler l'Église catholique. En novembre 2005, le révérend George Coyne, jésuite et astronome – il est directeur de l'Observatoire du Vatican – rejette sans ambiguïté cette thèse. Pour lui, elle n'est pas scientifique et ne doit pas être enseignée à l'école en parallèle des théories scientifiques. Dieu, considère-t-il, n'est pas un *« Dieu Newtonien qui a fabriqué l'Univers comme une montre fonctionnant avec régularité »*. Mais à la même période, le pape Benoît XVI affirme que l'Univers a été créé par un projet structuré, et critique ceux qui, au nom de la science, disent que la création a été effectuée sans direction ou ordre[41]. Un encouragement papal au « dessein intelligent » ?

L'affaire du « dessein intelligent » témoigne en tous les cas de l'impact des avancées scientifiques sur les croyances. Les dogmes religieux tendent à s'adapter aux découvertes scientifiques et les écrits ancestraux ne se lisent plus au premier degré : on cherche à les interpréter. Quelles que soient ces évolutions des pensées, Gould a raison : les magistères spirituels et scientifiques doivent rester séparés (voir chap. 7). Pour le magistère spirituel, il y aura toujours des croyances. Mais la foi ne doit pas empêcher les croyants d'admettre les progrès scientifiques.

Les tenants du magistère scientifique restent en majorité insensibles aux « adaptations » spirituelles de leurs découvertes. Ils accumuleront toujours de nouvelles connaissances sur l'évolution, sautant d'hypothèse en hypothèse en les confortant ou en les invalidant. Mais à une époque ou l'histoire de l'évolution des espèces est de mieux en mieux connue et devient universellement admise, c'est sur le thème du déterminisme du processus que les débats sont devenus les plus vifs. Certains scientifiques donnent de plus en plus d'importance aux contraintes physiques et chimiques qui encadrent l'évolution (les passoires de la Fig. 31, p. 293, schématisent ces contraintes qui filtrent les innovations). Pour ces théoriciens[42], elles provoquent inévitablement des rapprochements de formes ou de fonction (les convergences). Ce constat va jusqu'à suggérer que le chemin qui mène vers l'Homme a été inévitable. Bien qu'ils insistent pour se démarquer des théories plus spirituelles que scientifiques du « dessein intelligent », ils proposent une évolution où le hasard est moins fort, où la nécessité est déterminée, canalisée par de multiples contraintes qui réduisent le champ de l'évolution.

Dans le cadre de ce débat de pensées, il est bon de rappeler le thème de ce chapitre : l'action des cataclysmes planétaires sur le fleuve tranquille de l'évolution. Comment mieux illustrer le fait que l'évolution est fondamentalement contingente ? C'est ce choix arbitraire imposé par les cataclysmes soudains qui a tant fait réfléchir Voltaire il y a plus de deux siècles. Aucune logique ne peut expliquer ces événements majeurs : ils ont détruit arbitrairement des vies à l'avenir prometteur. Les cataclysmes ont imposé des orientations contingentes à l'évolution de la vie, de façon brutale, vulgaire, sans aucune intelligence ni raison. Considérer les contingences cataclysmiques comme une des quatre couches de hasards ayant façonné l'élaboration du vivant sur Terre (avec les mutations, le brassage génétique sexuel et la sélection naturelle) doit renforcer le constat d'une absence de « dessein intelligent ». Face à de tels événements qui ont bouleversé l'environnement et la diversité du vivant de notre planète à de nombreuses reprises, rien ne peut être prédéterminé, encadré, finalisé.

De même, ce sont avant tout des unions qui ont élargi la diversité du vivant. Certaines unions de structures prébactériennes ne se sont pas reproduites sur Terre : il n'y a plus de génération spontanée de bactéries à partir de molécules. D'autres se sont mises en place sur Terre et ont ouvert l'éventail du vivant vers les cellules à noyaux (eucaryotes), puis vers les civilisations de cellules (faune et flore visibles à l'œil nu). Ce furent des unions opportunistes, des associations contingentes. Si aucune union n'avait été possible ou si d'autres types d'unions avaient prévalu, il y aurait aujourd'hui sur Terre une biodiversité bien différente !

Que la source de pensée soit spirituelle ou scientifique, constatons simplement que l'aspect contingent ou déterminé de l'histoire naturelle est devenu aujourd'hui le point le plus important des confrontations d'idées au sein des deux magistères.

Pour ma part, je considère que face aux hasards des chemins de la vie (une suite de coïncidences providentielles, fâcheuses et toujours inexpliquées), rien ne doit nous empêcher de rester optimistes et enthousiastes. Le vrai stoïcien accepte le destin, sans le considérer comme programmé ou mérité et garde son libre arbitre pour tout ce qui dépend de lui.

Observez de nouveau *L'Astronome*, cette merveilleuse composition de Vermeer. Rien n'était laissé au hasard par ce peintre perfectionniste. Chaque détail suggère quelque chose. Dans le dos d'Antoni van Leeuwenhoek, son modèle, la spiritualité est présente par le sujet d'un tableau accroché au mur. Dans la pénombre, on a peine à identifier cette œuvre. Mais les historiens de l'art ont remarqué que le même tableau figure aussi en grand format dans une autre œuvre de Vermeer : *l'épistolaire*. Derrière la maîtresse des lieux, dictant une lettre à sa servante, le mur entier est occupé par le même tableau bien éclairé. Il représente Moïse sauvé des eaux.

Moïse enfant a survécu, par d'extraordinaires circonstances et hasards, à la folie des Hommes et des eaux du Nil emportant le fragile panier dans lequel il avait été couché. Bien entendu les livres sacrés expliquent que, comme pour Noé, c'est Dieu qui a orienté le destin de Moïse. C'est une allégorie de la divine providence, celle du Dieu protecteur. Moïse montra par la suite le bon chemin au peuple monothéiste qui vivait en Égypte. On lui prête ainsi des qualités d'astronome, science si bien développée dans l'Égypte ancienne…

Le prophète et Vermeer savaient concilier les magistères spirituels et scientifiques…

Chapitre 11

Le bout de la ficelle de l'évolution

Le tempo de l'évolution et maintenant…

J'ai souvent réfléchi aux moyens didactiques appropriés pour bien faire percevoir le temps incommensurable du développement de la vie sur Terre. Comment rendre plus concret la notion de temps lointain et situer dans notre esprit les genèses et les grandes avancées dans l'évolution du vivant ? La majorité des auteurs utilisent pour cela un cadran horaire. Ils réduisent à 12 ou 24 heures la durée du temps de l'origine de la vie sur Terre à aujourd'hui. Avec un renfort d'adjectifs destinés à créer la surprise, ils font comprendre que, à cette échelle de temps, l'Homme n'est apparu que dans les deux dernières minutes[1]. Cette image temporelle de l'évolution me laisse une impression gênante car le temps s'écoule sans cesse tout en étant enfermé dans un cadran horaire, à l'intérieur d'un cycle. Je préfère pour ma part l'image de la ficelle à celle du cadran où le temps semble figé : une ficelle dont la longueur représente le temps écoulé. L'effet émotionnel est le même : l'Homme n'est apparu qu'à l'une des extrémités de la ficelle[2]. La ficelle peut être allongée indéfiniment : elle illustre ainsi mieux à mes yeux le temps qui s'écoule de façon linéaire comme une flèche, elle correspond bien au temps sagittal (sagittal vient du latin *sagitta* qui signifie flèche)[3].

La représentation de l'évolution dans le temps lointain

L'ans cette image du temps, il faut d'abord expliquer qu'il n'y a pas de début au temps. Le temps ancien est infini ; l'esprit a du mal à concevoir cette notion d'éternité ancienne. Pour le suggérer, une extrémité de la ficelle doit rester cachée au sein d'une pelote dont la taille ne permet pas d'estimer la longueur de la ficelle. La ficelle du temps n'a qu'un bout, celui du temps actuel qui perdure, celui de la flèche indiquant que le temps perpétuel continue de s'écouler. Pour situer les genèses de la vie sur Terre, il faut dérouler la pelote et libérer une longueur de ficelle convenable. Et pour donner une échelle à la ficelle, un grand événement sert de repère. Pour cela, nous pouvons choisir le « big bang », qui marque la naissance de l'Univers il y a 13,7 milliards d'années. La ficelle visible (déroulée) représenterait ainsi 13,7 milliards d'années. Mais il serait alors difficile de localiser les grandes étapes du développement de la vie, car elles seraient concentrées sur son dernier quart. Pour limiter la ficelle du temps passé à un espace de temps plus récent, nous pouvons opter pour l'époque de la formation de notre planète comme jalon de départ. C'était il y a quelque 4,56 milliards d'années. L'échelle permet de représenter dans le temps l'évolution du vivant sur notre planète.

Mais même avec cette limite arbitraire du temps lointain, j'ai conscience que ces quelques milliards d'années représentent un temps si vaste qu'il en devient abstrait. Le temps qui nous est perceptible est celui rythmé par la position du Soleil et l'alternance jour et nuit. C'est le temps horaire donné par nos montres. C'est le temps indiqué par le calendrier grégorien (institué par le pape Grégoire XIII en 1582), système qui divise le temps en parts : jours, semaines, mois et années ; il est fondé sur le cycle solaire et est marqué par l'alternance des saisons, des équinoxes et des solstices (les Égyptiens l'ont adopté plus de 4 000 ans avant J.-C.). C'est encore le temps qui s'écoule avec les phases de la Lune, sur lesquelles se fondent les calendriers juifs et musulmans (le croissant lunaire est le symbole de l'islamisme) ; ce sont les Babyloniens qui s'évertuèrent à dresser le premier calendrier lunaire.

À l'échelle d'une génération, le temps se matérialise par les anniversaires des naissances et des décès de nos proches. Pour concrétiser des temps plus lointains, la date de la naissance (approximative) de Jésus-Christ et, parfois, les cycles du Soleil servent de jalons historiques. En France, les dates des deux dernières guerres mondiales (1914-1918 et 1939-1945), de la Révolution (1789) et de la bataille de Marignan (1515) sont les mieux connues. Mais pour les événements antérieurs, les datations deviennent floues dans notre esprit.

Dans les chapitres précédents, j'ai été amené à utiliser des nombres d'années comme 10 000, 100 000, 1 million et 1 milliard, sans que cela signifie, pour la plupart d'entre nous un espace de temps concret. Seuls les géologues et paléontologues arrivent à se repérer dans le passé très ancien en s'appuyant sur le découpage du temps lointain en ères (primaire, secondaire…), périodes (Cambrien, Ordovicien, Silurien…) et époques (Cambrien inférieur ou supérieur…) et tant d'autres subdivisions distinguées par la nature des roches, des sédiments et des fossiles.

Sans connaître toutes les subtilités des datations géologiques, l'utilisation d'une simple ficelle permet de visualiser la position temporelle des époques anciennes et donne une idée du temps qui les sépare. Avant de tester le procédé de la ficelle avec mes étudiants à l'université (public déjà bien initié au sujet de l'évolution, mais peu critique), je l'ai expérimenté lors d'une conférence tenue devant un public non averti, mais plus critique : mon Lions club.

Le sujet était le temps des genèses. Au dîner débat, une cinquantaine de personnes étaient présentes, des membres du club avec conjoints et amis. Tous s'attendaient à me voir disserter sur des documents complexes projetés avec les moyens modernes : vidéo-projecteur ou rétro-projecteur. Mais je n'avais apporté qu'un sac en papier sur lequel étaient dessinés des masques de carnaval et des serpentins (c'était mardi gras). De ce sac, j'ai sorti ma ficelle. De quoi surprendre et déconcerter le public. L'effet est immédiat. Les quolibets (amicaux) ont fusé sur le thème de la précarité des professeurs d'université réduits à des bouts de ficelle pour raconter la science. J'ai tendu une ficelle de 9 m entre deux murs de la salle. Le restaurateur, inquiet, manifesta sa préoccupation face ce procédé de conférence peu habituel dans son établissement. De nouveau, l'hilarité de mes amis s'est exprimée ; certains se sont évertués à rassurer notre hôte.

Une fois la ficelle tendue, j'ai changé de ton.

– Ceci est le temps profond : celui qui est difficile à saisir.

J'ai alors sorti du sac deux feuilles et deux pinces à linge. Sur la première, que j'ai fixée avec une pince à une extrémité, était inscrit en grosses lettres « Aujourd'hui ». À l'autre extrémité de la ficelle, j'ai fixé la feuille « Formation de la Terre : 4,56 milliards d'années » (Fig. 33 et 34, pp. 310-311).

Puis j'ai posé la question suivante :

– Combien d'années représente un mètre de ficelle ?

Le calcul mental est simple : si 9 m correspondent à 4,56 milliards d'années, un mètre de ficelle équivaut à près de 500 millions d'années !

J'ai attaché sur la ficelle des petites feuilles colorées sur lesquelles étaient inscrits des chiffres ronds : 500 millions d'années, puis 1, 2, 3, et 4 milliards d'années (Fig. 33, p. 310).

Puis j'ai positionné les événements chronologiques marquants : les genèses et les grandes étapes de l'évolution, du plus récent au plus ancien.

– Commençons par placer les hommes de Cro-Magnons, ceux qui ont vécu dans la grotte d'Henri (la grotte Chauvet, voir chap. 1). Comme nous le savons, c'était il y a près de 32 000 ans.

Je me suis dirigé vers l'extrémité de la ficelle marquée « Aujourd'hui ».

– Voyons, 1 m est égal à 500 millions d'années, donc 1 cm est égal à 5 millions d'années et 1 mm correspond à 500 000 ans : impossible de positionner correctement la fiche « Cro-Magnon » !

Je l'ai donc collée avec un ruban adhésif à la fiche « Aujourd'hui ».

Puis, j'ai sorti de mon sac la fiche « Apparition des pré-Hommes » (les australopithèques). Je l'ai suspendue avec une pince à 1 cm de la fiche « Aujourd'hui », soit il y a 7 à 6 millions d'années (Fig. 34, p. 311).

– Faisons un bond dans le passé, jusqu'à un événement connu de tous : la disparition des dinosaures, il y a 65 millions d'années…

J'ai fixé cette fiche à 13 cm de celle figurant « Aujourd'hui ». J'ai continué en positionnant au bon endroit sur la ficelle des fiches portant sur d'autres événements marquants :

• la fiche « Apparition des plantes à fleurs », il y a 125 millions d'années est fixée à 26 cm ;

• la fiche « Apparition des premiers mammifères », il y a 205 millions d'années, est fixée à 41 cm ;

• la fiche « Apparition des conifères », il y a 360 millions d'années, est fixée à 72 cm ;

• la fiche « Apparition des premières fougères », il y a 410 millions d'années, est fixée à 82 cm ;

• la fiche « Apparition des premiers végétaux sur les terres émergées (des mousses) », vers 470 millions d'années, est fixée à 88 cm ;

• la fiche « Apparition des premiers vertébrés (les ancêtres des "poissons" »), il y a 500 millions d'années, est fixée à un mètre ;

• la fiche « Apparition des premiers animaux visibles à l'œil nu », vers 600 millions d'années, est fixée à 1,20 m ;

• la fiche « Apparition des premiers végétaux pluricellulaires visibles à l'œil nu », vers 1,2 milliard d'années, est fixée à 2,4 m ;

• la fiche « Apparition des premières cellules animales et végétales microscopiques », vers 2,85 milliards d'années, est fixée à 5,25 m ;

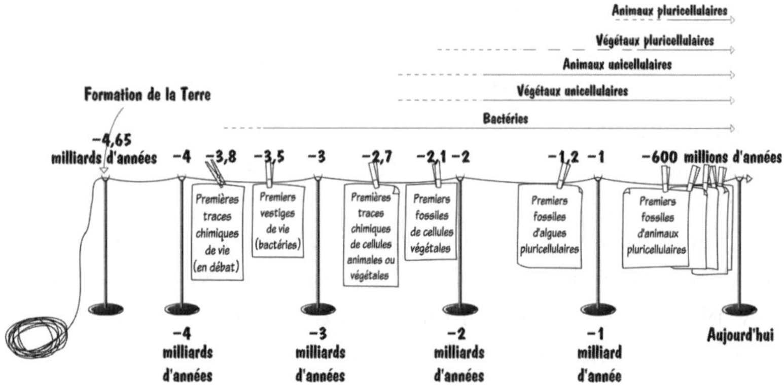

Figure 33. La «ficelle de l'évolution». Elle permet de bien visualiser l'immensité du temps écoulé entre l'apparition de la vie sur Terre (présence de bactéries estimée entre 3,8 et 3,5 milliards d'années passées) et l'émergence de formes pluricellulaires animales et végétales visibles à l'œil nu (il y a 600 millions d'années).

• la fiche «Apparition des premières bactéries fossiles», vers 3,5 milliards d'années, est fixée à 7 m;

• et enfin les premières traces chimiques attestant l'apparition des bactéries, il y a 3,85 milliards d'années, sont matérialisées par une fiche accrochée à 7,7 m de l'extrémité de la ficelle qui représente notre époque.

La ficelle a rapidement pris l'aspect d'une guirlande. J'ai dû mettre un quart d'heure à la garnir dans un silence total. Un quart d'heure pour remonter le fil du temps profond.

– Regardez maintenant la première fiche épinglée, celle de l'apparition des pré-Hommes, située à 1 cm de l'extrémité. C'était il y a 7 à 6 millions d'années. N'est-ce pas une durée insignifiante dans l'histoire du vivant?

J'ai alors invité l'assistance à méditer sur le temps nécessaire au développement du vivant sur Terre, le temps qui s'est écoulé entre l'apparition des premiers êtres unicellulaires et la formation de formes complexes comme *Homo sapiens*, une espèce parmi d'autres.

– Constatez la grandeur du temps écoulé, le temps qu'il a fallu pour que la vie visible à l'œil nu émerge!

Certains ont remarqué que plus on se rapproche de la fiche « Aujourd'hui », plus il y a de fiches suspendues. Ils m'ont interrogé : « Que s'est-il passé pour que l'évolution se soit accélérée à partir d'il y a 550 millions d'années ? »

– Ce n'est qu'une illusion ! Nous avons positionné à cet endroit une série d'événements marquants et connus. S'il y a peu de fiches sur la plus grande partie de la ficelle, entre l'apparition des bactéries et celle de la formation d'un grand nombre d'animaux et de végétaux visibles à l'œil nu, c'est que les événements évolutifs ont été à nos yeux rares, discrets ou n'ont pas laissé de traces. En fait, la vie n'a jamais cessé d'évoluer, que ce soit à l'intérieur des organismes composés d'une seule cellule ou dans l'assemblage de cellules formant les êtres macroscopiques. Ce dernier processus, spectaculaire pour nous, ne s'est développé que depuis le dernier quart de l'émergence de la vie sur Terre.

Puis j'ai remonté le temps des genèses pour expliquer les évolutions les plus remarquables, en sortant successivement de mon sac à surprises : un jeu de poupées russes afin d'illustrer les successions d'additions de bactéries à l'origine des cellules animales et végétales (voir chap. 6) ; un thermomètre cylindrique contenant un liquide et des sphères lestées

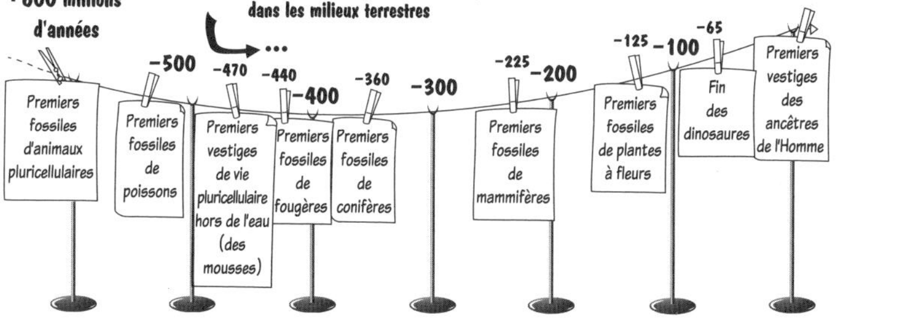

Figure 34. La « ficelle de l'évolution » (détail). L'époque de l'évolution de la vie la plus étudiée concerne les 600 millions d'années passées, avec notamment le début de la colonisation des terres émergées par des organismes pluricellulaires visibles à l'œil nu (des sortes de mousses et de crabes) incluant l'apparition des premiers ancêtres de l'homme il y a 7 millions d'années.

différemment, qui peuvent rester au fond, flotter ou subflotter (leur position donne la température) pour illustrer les dures contraintes imposées aux cellules initiales vivant dans l'eau (voir chap. 8) ; un jeu de Lego pour expliquer la formation des pluricellulaires (voir chap. 9) ; et finalement un corail *Fungia* qui ressemble aux premiers fossiles d'animaux visibles à l'œil nu apparus il y a 560 millions d'années (ceux d'Ediacara).

J'ai joué avec les contrastes, entre le savoir le plus actualisé et des moyens de communication rudimentaires, entre des choses sérieuses et mon sac à malice à l'effigie du grand carnaval. Le tableau de Vermeer, figurant Van Leeuwenhoek admiratif devant une image réduite de l'Univers – un globe céleste – m'avait inspiré. Pour rendre perceptible l'infiniment grand – le ciel et les galaxies – l'artifice est comparable. Grâce à cette réduction d'échelle, Van Leeuwenhoek, le découvreur des microbes, a pu rêver et réfléchir sur l'ordre du monde, de la vie microscopique à l'infiniment grand ! Mais, tout en caressant la sphère de sa main droite, il gardait son autre main fermement posée sur la table… sur les réalités matérialistes d'ici-bas !

Les trois genèses du vivant

L'image de la ficelle permet d'appréhender l'ampleur du temps écoulé, de mieux intégrer la dynamique du vivant et d'imaginer les situations passées. Le monde ne ressemblait pas à notre monde actuel. Rien n'est resté figé depuis la nuit des temps. Le vivant ne s'est pas créé en un jour ou en sept jours, il s'est transformé, il a évolué dans le temps depuis très longtemps.

Dans cet essai, je me suis attaché à distinguer trois étapes fondamentales de l'origine du vivant sur Terre. Ces trois genèses distinctes et successives sont, rappelons-le (Fig. 35 ci-contre) : l'apparition des bactéries, la formation des cellules animales et végétales microscopiques, l'élaboration des formes pluricellulaires aux cellules différenciées. L'émergence de la conscience chez notre espèce peut être considérée comme

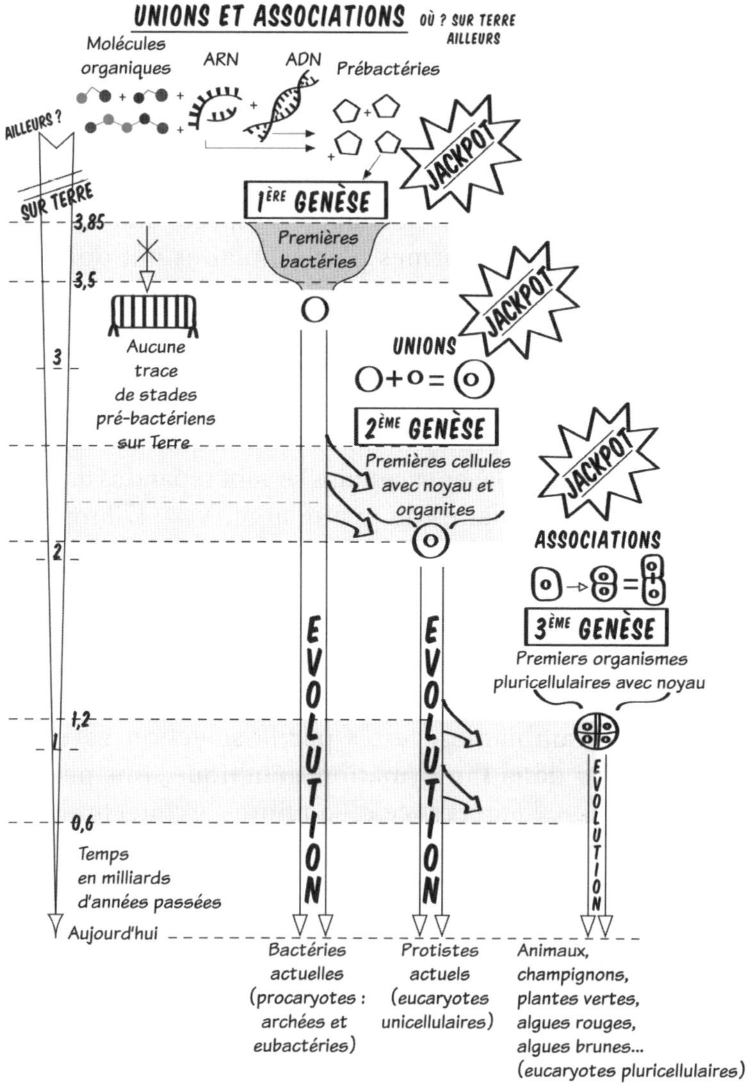

Figure 35. Les trois genèses de la vie. Chacune de ces genèses a pour origine une union opportuniste produisant une organisation vivante (ce sont les « jackpots » de l'évolution). Les fruits de ces genèses coexistent aujourd'hui sur Terre : bactéries, protistes (animaux et végétaux unicellulaires) et les lignées des animaux et végétaux pluricellulaires. Mais les assemblages pré-biotiques n'ont jamais été mis en évidence à ce jour (pas de génération spontanée de bactéries).

une quatrième genèse, plus spirituelle que biologique (c'est la *noogenèse* de Teilhard de Chardin).

Chacune des trois genèses a laissé sur Terre trois états de vie qui ont évolué chacun de leur côté. Ainsi, les bactéries ont donné de multiples formes de bactéries, les cellules animales et végétales indépendantes et nomades ont évolué en interne et ont donné des centaines de milliers d'espèces unicellulaires différentes. Enfin, les formes pluricellulaires ont donné la flore et la faune visibles à l'œil nu. Chacune de ces étapes a été contrée dans son élan de diversification par nombre de cataclysmes aveugles et imprévus (voir chap. 10). C'est ainsi que, petit à petit, la vie est devenue foisonnante. Les animaux pluricellulaires sédentaires ont acquis des moyens efficaces pour se déplacer et certains se sont répandus dans les pâturages d'unicellulaires du grand large. Vers 470 millions d'années, la vie visible à l'œil nu est sortie de l'eau pour conquérir les terres.

Chez les pluricellulaires – ensemble d'organismes de grande taille – les multiples assemblages de cellules, soumis aux contraintes imposées par les forces physiques et chimiques ambiantes, testés par la sélection naturelle et mémorisés dans l'information génétique, ont permis, étape par étape, l'émergence d'équilibres architecturaux et fonctionnels différents[4]. Certaines algues sont devenues des mousses, certaines d'entre elles sont devenues des fougères, d'autres fougères ont évolué en plantes à graines, puis à fleurs. Certaines lignées de crustacés sont devenues insectes, certains poissons en sortant de l'eau sont devenus batraciens ou reptiles, certains reptiles sont devenus dinosaures puis oiseaux, d'autres se sont modifiés en mammifères, certains mammifères sont devenus des singes et certains singes sont devenus des Hommes.

Les causes des évolutions de formes dans une lignée (respectant le plus souvent une architecture fonctionnelle de base, comme les multiples modèles de voitures toutes fondées sur la présence de quatre roues d'un moteur et d'un habitacle) et les changements de fonction d'un organe ou d'une cellule, ont fait – et continuent de faire – l'objet d'une très abondante littérature scientifique, depuis la révélation de la transformation des espèces par Lamarck à l'aube du XIXe siècle.

Hiérarchie des mécanismes de l'évolution

Les enchaînements qui ont marqué l'histoire du vivant sont étudiés, ils s'expliquent par des mécanismes de mieux en mieux compris, mais l'importance relative des causes majeures des évolutions de grande ampleur divise encore les évolutionnistes.

Pour clarifier le débat, le paléontologue allemand Adolf Seilacher a défini trois groupes de facteurs pouvant orienter la construction des organismes (l'élaboration des formes ou *morphogenèse*)[5]. Par extension, Stephen J. Gould les a étendus aux fonctions et aux comportements, donc à l'ensemble du vivant en évolution[6]. En résumé (et en simplifiant), il existe trois types de contraintes : les contraintes historiques (mutations et brassage génétique modifient le capital d'information génétique, donnant des caractéristiques spécifiques à la descendance) ; les contraintes structurales ou architecturales (ensemble des forces physiques et chimiques orientant les formes vers des architectures « logiques », indépendamment d'une quelconque adaptation fonctionnelle)[7] ; les contraintes fonctionnelles adaptées à l'environnement (application de la sélection naturelle favorisant les plus aptes : ceux qui se nourrissent et se reproduisent mieux que les autres par rapport aux circonstances extérieures).

Ces trois groupes de contraintes intervenant dans le développement et l'évolution ont été schématisés par un triangle équilatéral, où chaque sommet représente un groupe. Toutes les causes susceptibles d'influer sur la dynamique et l'orientation de l'évolution sont ainsi considérées à égalité.

Les divergences entre les biologistes portent sur la prééminence d'un sommet du triangle par rapport aux deux autres. Face à l'arrogance des partisans d'une dominance du « pôle » fonctionnel (l'adaptation continue par sélection naturelle), Stephen J. Gould est intervenu (avec un de ses collègues : Richard C. Lewontin)[8] pour dénoncer une erreur de raisonnement. Ils ont critiqué ceux qui découpent le vivant en caractéristiques (ou traits), puis proposent pour chaque partie, prise séparément, des séquences d'enchaînements d'évolutions semblant logiques et « au mieux », dans le sens d'une optimisation continue induite par la seule sélection naturelle des meilleures adaptations. Pour les scientifiques partisans de cette approche, chaque élément de l'organisme aurait un *programme d'adaptation* dont les étapes sont sélectionnées par la nature, pour mener « au mieux » : vers la perfection de l'ensemble. L'évolution serait ainsi mue essentiellement par la sélection naturelle conduisant toujours vers des améliorations cumulées menant à des formes, fonctions ou comportements sans cesse plus sophistiqués.

La métaphore de la coupole centrale de la basilique Saint-Marc à Venise

Pour dénoncer cette façon exclusive de décrire l'évolution, Gould et Lewontin ont choisi une métaphore surprenante et tortueuse : la coupole centrale de la basilique Saint-Marc de Venise (devenue depuis célèbre chez les biologistes évolutionnistes). Ils ont d'abord constaté que les décorateurs de la basilique ont utilisé quatre espaces triangulaires entourant la coupole pour y figurer quatre personnages clefs de leur composition. Ces espaces « délaissés », et donc disponibles pour les décorateurs, sont des pendentifs. Gould et Lewontin les ont nommés « tympans » (*spandrels* en anglais), terme qui désigne, de façon plus large, les espaces pleins situés au-dessus d'une ouverture (porte, fenêtre) ou entre deux arches[9].

Pour les bâtisseurs du XIe siècle, il s'agissait d'éléments architecturaux incontournables associés à la construction de la coupole et de ses quatre axes porteurs. Les décorateurs, intervenus après les bâtisseurs, ont utilisé la coupole et les quatre pendentifs pour créer une magnifique composition de mosaïques byzantines respectant une parfaite symétrie par quatre. C'est ainsi que la coupole et les pendentifs semblent *a posteriori* bien adaptés à leur décoration. En fait, la présence et la forme des pendentifs d'une part et la composition picturale des mosaïques d'autre part sont des œuvres secondaires. D'abord, c'est la contrainte architecturale (poser une coupole sur quatre piliers porteurs) qui a imposé la présence de formes prévisibles (les pendentifs) ; ensuite, l'existence de ces derniers a suggéré une décoration adaptée. Il n'y a jamais eu de planification entre les architectes et les décorateurs pour créer et décorer les pendentifs. La décoration magnifique des mosaïques dorées de Saint-Marc n'est pas la « raison d'être » de la basilique.

Le message de Gould et de Lewontin est double. Premièrement, il ne faut pas inverser le raisonnement : si on peut facilement admettre que les décorateurs ont adapté le figuratif des mosaïques à la forme, au nombre et à la disposition des pendentifs, ce n'est pas l'architecture elle-même qui est adaptée aux pendentifs ou à la décoration. Pour illustrer l'inversion du raisonnement, Gould, Lewontin et d'autres se réfèrent à des exemples plus simples : le nez n'a jamais évolué pour être adapté à porter des lunettes, les oranges n'ont jamais été adaptées pour qu'on puisse bien les voir et les cueillir sur l'arbre, les stries extérieures du melon n'ont jamais été adaptées pour faciliter son découpage en tranches dans une famille. Pour appuyer leur démonstration, Gould et Lewontin se sont aussi référés à Voltaire qui, dans *Candide*, avait démontré l'absurdité de l'optimisme manifesté par Maître Pangloss adepte d'une théorie stipulant que tout ce qui existe est prévu : *« Tout est au mieux pour un monde sans cesse meilleur. »*

Deuxièmement, grâce à l'exemple des pendentifs, Gould et Lewontin montrent que des structures peuvent apparaître comme des conséquences secondaires (et non comme des adaptations directes) d'une autre intention (dans l'exemple de Saint-Marc, c'est celle de la construction de quatre axes porteurs soutenant une coupole)[10]. La vie peut évoluer ainsi : des structures, couleurs, fonctions ou comportements nouveaux peuvent être la conséquence indirecte d'une autre évolution. Il n'y a pas de sélection de « bons » gènes. Cette démonstration souligne l'importance de deux des trois contraintes évolutives du triangle de « Seilacher » (les contraintes historiques et architecturales). Elle montre que l'adaptation n'est pas toujours due à une série graduelle de changements orientés dans un seul sens et sélectionnés par l'environnement. En d'autres termes, elle ne doit pas être considérée comme étant exclusivement le résultat d'un « affinage évolutif » constant, permis par la sélection naturelle poussant toujours les différentes parties d'un organisme vers le mieux, dans l'objectif final d'un organisme parfait.

Cette double métaphore (les pendentifs de Saint-Marc et la théorie finaliste du Dr Pangloss) a fait couler beaucoup d'encre dans le microcosme des évolutionnistes. Le débat sur l'architecture (des dômes ou coupoles, des pendentifs ou tympans) et les discussions sur les notions d'adaptation et de sélection ont fait l'objet de plusieurs livres et publications[11]...

Je me suis rendu à Venise avec une grande curiosité. J'ai constaté que l'édifice est composé de cinq coupoles principales, toutes avec quatre pendentifs. Chaque quarteron de pendentif a été décoré de façon astucieuse avec des mosaïques ; chaque espace architectural (coupoles, pendentifs, arches, voûtes, lunettes, niches) a été utilisé « au mieux » par les décorateurs pour représenter une scène de la bible. Gould et Lewontin n'ont cité et représenté qu'une des coupoles avec ses quatre pendentifs : celle du centre (appelée la coupole de l'Ascension), celle où les motifs sont les mieux répartis selon une symétrie par quatre. En levant les yeux pour admirer ce haut lieu religieux (et depuis peu, haut lieu pour la communauté cryptique des biologistes évolutionnistes), je me suis souvenu de la première phrase de la publication de Gould et Lewontin. Selon eux, *« Le grand dôme central de la cathédrale Saint-Marc présente une iconographie qui exprime les fondements de la foi chrétienne»*. C'était peu dire ! Effectivement, parmi les cinq principales coupoles, celle de l'Ascension fait la mieux référence au christianisme. Tous les personnages principaux de la chrétienté sont figurés : le Christ, Marie, les douze apôtres et les quatre évangélistes (un par pendentif). Sous la coupole centrale, tout en admirant les merveilleuses mosaïques qui illustrent l'histoire ayant marqué la Méditerranée pendant sept siècles – et sous laquelle Galilée est venu se recueillir –, j'ai souri en me souvenant du titre de la publication de Gould et Lewontin : « Les pendentifs de Saint-Marc et le paradigme panglossien : une critique du programme adaptatif ». Il m'apparut subitement provocateur, voire surréaliste. Aux images les plus symboliques et vénérées de ce sanctuaire du christianisme où tous les acteurs du nouveau testament sont représentés, Gould et Lewontin ont associé le Pangloss de Voltaire, auteur connu pour ses opinions anticléricales... Le tout pour expliquer l'évolution dans sa version scientifique !

Gould a beau écrire par la suite que le choix de la métaphore fut pertinent (pour la démonstration) et inconscient (à propos des déductions connexes concernant cette métaphore religieuse), je pense qu'ils ont dû bien s'amuser en choisissant volontairement cet exemple symbolique et un titre de publication alambiqué et abscons[12].

À la place des pendentifs de la basilique de Saint-Marc, Gould et Lewontin auraient pu s'appuyer sur un exemple plus rustique (pour la didactique), plus connu et plus neutre pour leurs opposants surtout aux États-Unis et en Grande-Bretagne. Par exemple, les gigantesques visages des premiers présidents fondateurs des États-Unis sculptés dans le mont Rushmore au Dakota, véritable monument national, auraient pu faire l'affaire pour illustrer le raisonnement. C'est en effet la nature (soulèvement tectonique, érosion...) qui a donné une forme particulière (des falaises) à cette montagne granitique. Des hommes l'ont choisie pour y tailler les traits des présidents américains. Le touriste qui les observe aujourd'hui peut penser à tort que cette montagne était prédestinée – adaptée – à recevoir ces bustes...

Le point fort de la métaphore des pendentifs de Saint-Marc est de démontrer que si quelque chose paraît bien adapté à un usage, il faut toujours penser autant aux conséquences secondaires d'une évolution qu'aux séries d'adaptations successives et graduelles. Un néologisme a été proposé par la suite pour désigner les adaptations secondaires : les *exaptations*[13]. Ce concept est souvent illustré par un exemple biologique : celui des ailes des manchots. À l'origine, ce sont des organes communs à tous les oiseaux, résultat d'une évolution par une longue série d'améliorations – des adaptations – ayant permis le vol. Les ailes des manchots ont changé d'utilisation : elles servent à nager ; c'est une évolution secondaire, une exaptation.

Aujourd'hui, une autre métaphore, plus didactique, en tous les cas plus contemporaine, peut être proposée pour définir les termes d'*adaptation* et d'*exaptation* : elle se fonde sur l'évolution des téléphones portables. Au début, ils étaient volumineux, lourds et sans écran ; par une longue série d'adaptations techniques, ils sont devenus petits, légers et dotés d'un écran de plus en plus large et lumineux. Les indications étaient au début en noir et blanc, avant d'apparaître en couleurs. Ces dernières années, une nouvelle fonction a été proposée : la photographie numérique. Les deux fonctions (téléphone et appareil photo numérique) semblent maintenant indissociables et sont même devenues interactives (les photos sont envoyées par téléphone). Bien intégrée à l'architecture technique du téléphone, la photo numérique est une fonction dérivée, un sous-produit, un « épi-usage ». Les deux dynamiques de l'évolution sont bien illustrées par cet exemple : un *programme d'adaptations* successives menant « au mieux » (la miniaturisation des téléphones) et une *exaptation*, la mise en place d'une fonction nouvelle (la photographie numérique). Depuis d'autres exaptations, ont été additionnées au téléphone mobile : la vidéo, le mp3 et Internet !

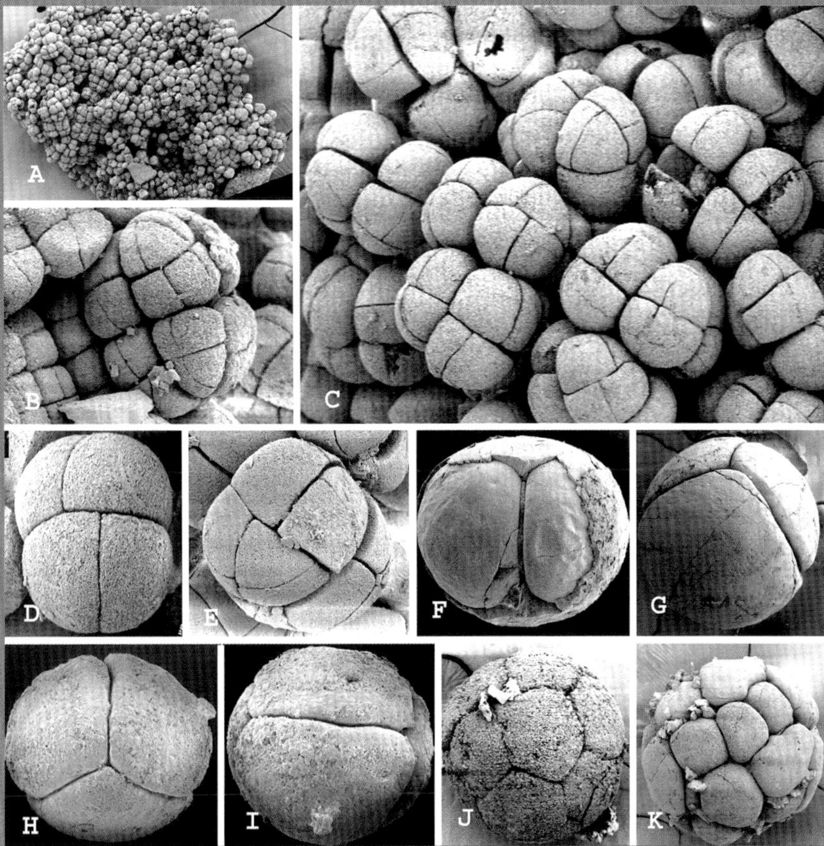

Figure 36. Stades du développement d'organismes pluricellulaires datés de 580 millions d'années (Doushantuo, Chine[23, chap.7]). **A-E.** Stades de développement d'algues. **F-K.** Embryons d'animaux. Ces fossiles extrêmement bien conservés se distinguent par les plans de division des cellules. Les animaux pluricellulaires fossilisés ainsi bien identifiés sont parmi les premiers formellement reconnus.

Figure 37. Premiers animaux pluricellulaires. A-D. Faune d'Ediacara dont les premières traces sont datées d'il y a 600 à 570 millions d'années. **A-C.** Différentes formes d'Australie du sud : **A.** *Charnia,* > 1 m de longueur, **B.** *Cyclomedusa* mesurant de 1 mm à 1 m de diamètre, **C.** *Mawsonites,* 40 cm de diamètre. **D.** Empreintes décimétriques d'organismes d'Ediacara découvertes en Namibie (*Pteridinium,* datés de 560 millions d'années).

Figure 38. Exemples de petits coquillages fossiles provenant de Shaanxi (Chine) datés d'il y a 540 millions d'années. Ce sont les premiers fossiles de squelette calcaire secrété par des animaux (mollusques, éponges…). Échelle = 0,1 mm.

Figure 39. *Le Géographe,* **de Vermeer.** Städelsches Kunstinstitut und Städtische Galerie. Frankfurt am Main (Allemagne). Le modèle est certainement Antoni van Leeuwenhoek, qui le premier découvrit la diversité de la vie microscopique.

Figure 40. Peinture représentant Van Leeuwenhoek, par Pierre Brissaud (1885-1964). En 1939, sur commande des laboratoires pharmaceutiques Abbott, cet illustrateur français produisit cette image réaliste du laboratoire de Van Leeuwenhoek visité par la reine d'Angleterre dans le dernier quart du XVIIe siècle (ici en train d'observer des « animalcules » à travers un microscope).

L'exemple des *spandrels* de Saint-Marc, associé au docteur Pangloss de Voltaire, montre toute la sophistication de certains milieux scientifiques. Ils se critiquent à fleuret moucheté pour dénoncer une erreur de raisonnement en recourant à des métaphores ésotériques, que seuls quelques initiés peuvent comprendre. Pour saisir toute la subtilité de la démonstration de Gould et Lewontin, il faut maîtriser l'art byzantin, la prose de Voltaire et – pour les non chrétiens, majoritaires dans ce monde –, le nouveau testament (qui sait qu'il n'y a eu que quatre évangélistes, soit un par pendentif ?) !

Tout se résume au fait que les transformations majeures du vivant ne répondent à aucun dogme, elles sont la conséquence d'équilibres résultant des interactions entre les trois pôles de contraintes de développement décrits par Seilacher puis Gould. Considérant cette absence de loi universelle relative à tous les processus de l'évolution, tenant compte d'un pluralisme de mécanismes pour expliquer la complexité naturelle, les changements de la faune et de la flore peuvent s'expliquer.

La transformation des espèces dans le temps et leur durée de vie

À l'échelle du temps humain, nous percevons des successions périodiques d'événements biologiques temporels. L'inéluctable disparition d'individus – la nôtre, celle d'un proche, d'un animal de compagnie ou d'une plante – témoigne d'événements cycliques élémentaires que nous jugeons souvent regrettables. Ce type d'épisode naturel s'observe aussi au niveau des espèces.

L'entité appelée « espèce » correspond à un ensemble d'individus qui se ressemblent et sont capables de se reproduire dans des conditions naturelles en laissant une descendance fertile. Le cheval et l'âne sont deux espèces distinctes. Le mulet, né de la reproduction d'un âne et d'un cheval, reste stérile, et n'est donc pas considéré comme une espèce. Tous les Hommes sont des individus de la même espèce, tous les chevaux aussi. Comme les individus, les espèces sont éphémères : certaines disparaissent sans laisser de descendants[14] ; d'autres se transforment graduellement en une espèce différente[15] ; d'autres, enfin, se diversifient pour donner des variétés différentes, qui finissent, avec le temps, par ne plus ressembler aux souches ancestrales, par être inféconds entre elles, formant ainsi de nouvelles espèces[16].

Pour illustrer cette dernière tendance évolutive, citons l'exemple classique des chiens. Les diverses sélections artificielles pratiquées par l'Homme depuis plusieurs milliers d'années ont créé de multiples variétés de l'espèce chien. Aux deux extrêmes, le chihuahua est un chien minuscule et le berger allemand est l'un des grands chiens. Théoriquement, ils sont interféconds, mais ils ont tellement divergé qu'il leur est désormais « techniquement » impossible de copuler et donc de se reproduire de façon naturelle. De même, sous l'effet de contraintes environnementales, certaines espèces disparaissent après avoir produit naturellement de multiples variétés devenues autant de nouvelles espèces différentes (comme les diverses espèces de pinsons étudiées par Darwin dans les îles des Galápagos, dans le Pacifique).

Ainsi, les espèces finissent toujours soit par disparaître, soit par être remplacées par une ou plusieurs espèces différentes de leur descendance. Leur succession dans le temps constitue une lignée d'espèces dérivant les unes des autres. En considérant cette succession, quelle est l'espérance de survie d'une espèce au sein d'une lignée ?

Les archives que constituent les fossiles montrent qu'il n'y pas de règle en la matière. L'étude la plus exhaustive évalue à 4 millions d'années le temps de survie moyen des espèces fossiles[17]. Mais si une majorité d'espèces a vécu sans changement morphologique notable entre 1 et 10 millions d'années, d'autres ont perduré près de 100 millions d'années[18]. Le record de longévité est détenu par certaines bactéries filamenteuses constructrices des stromatolithes (probablement dès le début des cyanobactéries) : elles semblent ne pas avoir changé depuis 3,5 milliards d'années[19].

Une autre question se pose : au sein d'une lignée, la persistance des espèces à travers les âges géologiques est-elle variable ? Une certaine « logique » de l'évolution voudrait que l'accumulation de changements favorables aboutisse à des espèces de plus en plus parfaites, de mieux en mieux adaptées à leur environnement et donc avec une longévité de plus en plus élevée. Les formes ayant atteint la perfection devraient donc survivre plus longtemps. Ce n'est pas le cas !

L'analyse d'un grand nombre de lignées d'organismes anciens, ayant des représentants fossilisés, a permis de reconstituer leur évolution à travers les âges géologiques. La durée de survie d'espèces proches, appartenant à une même lignée et s'étant succédé dans les temps géologiques, n'augmente pas au fur et à mesure de l'évolution[20]. En effet, toute forme de vie naissante s'intègre à l'environnement qui l'entoure. Si l'entourage évolue ou si les conditions du milieu changent, il lui faut aussi évoluer. Toutes les composantes du vivant sont ainsi entraînées, selon des rythmes divers, dans une course-poursuite sans fin. Il faut évoluer sans cesse, s'adapter sans répit à des situations nouvelles. L'évolution n'est pas une course pour le progrès qui vise à atteindre une forme et des fonctions idéales, elle est avant tout une course pour la survie. À tous les niveaux, la vie doit trouver son chemin par rapport à la vie concurrente et aux conditions changeantes du milieu. Tout conduit à imposer la diversification des options d'évolution.

Dans ce contexte, être grand et complexe n'est pas une assurance de pérennité. Bien au contraire ! La majorité des espèces en voie d'extinction, ou à l'espérance faible de survie, se situent au sommet d'une pyramide de dépendance : ce sont les grands prédateurs. Grands, complexes, exigeants dans leur mode de subsistance, ils sont menacés par la simple réduction d'effectif d'un échelon d'organismes entrant directement ou indirectement dans leur chaîne alimentaire.

La taille et la complexité ne sont pas l'objectif ultime vers lequel tendent toutes les lignées. Les bactéries et les unicellulaires animaux et végétaux ont évolué tout en restant microscopiques : ce sont les organismes dominants sur notre planète. Même pour les pluricellulaires, la complexité ne garantit pas le succès. Les parasites évoluent souvent en annulant ou simplifiant considérablement les acquis de leurs très lointains ancêtres. L'important, c'est l'originalité, la déviance par rapport à la normalité.

L'égoïsme des « acteurs » en concurrence, constituant l'ensemble des formes du vivant, entraîne une évolution sans fin. Elle est toujours relative, opportuniste, féconde et innovante.

Le rythme de l'évolution

Le rythme des transformations a aussi fait l'objet de théories et de débats passionnants. Darwin croyait en des transformations lentes et *graduelles* (une espèce en donne une autre ou d'autres, progressivement dans le temps, avant de disparaître ou de survivre un certain temps en parallèle).

Mais dans les couches de roches superposées, on trouve souvent des anomalies qui contredisent cette interprétation. Il est en effet fréquent de constater que, dans de grandes épaisseurs de roches, les formes des fossiles semblables changent peu à peu dans le temps, matérialisé par les niveaux des roches superposés ; puis, brusquement, au niveau d'une couche supérieure (donc plus récente) des fossiles d'une espèce nouvelle, proche d'une autre plus ancienne, apparaissent. Pour un savant du début du XXe siècle (Richard Goldschmidt), il s'agissait de « *monstres prometteurs* » créés par d'importantes et brutales mutations (provoquant un « saut » d'une espèce à l'autre) en réponse à un environnement changeant[21]. Les rares défendeurs de cette théorie de l'évolution, aujourd'hui tombée en désuétude, ont été appelés « *saltationnistes* ».

En étudiant d'autres couches superposées de sédiments marins riches en fossiles, devenues roches au cours de milliers de millénaires, d'autres auteurs (Niles Eldredge et Stephen J. Gould) ont surtout été frappés par les très longues périodes où aucune évolution des formes fossiles n'est perceptible (les paléontologues expliquaient ce « silence » tout simplement par l'absence de fossilisation). Des périodes (d'une durée de plusieurs millions d'années) – ou *stases* – durant lesquelles l'évolution est restée « stationnaire », bloquée dans un certain équilibre[22]. Un *équilibre ponctué* (interrompu) par l'extinction des espèces et par l'apparition soudaine de nouvelles formes (souvent proches des précédentes) qui finissent parfois par dominer et bouleverser l'équilibre antérieur.

L'apport principal d'Eldredge et de Gould a été de souligner la discontinuité dans la dynamique de l'évolution[23]. Ce concept laisse penser qu'une accélération brutale de l'évolution est parfois déclenchée sans raison apparente. Cependant les nouveaux venus ne doivent pas être considérés comme les fruits d'anomalies de la reproduction ou de mutations (donnant d'un seul coup des macroévolutions ou des « monstres prometteurs » au sein d'une population). Pour Eldredge et Gould, ils sont issus de petites populations marginales, géographiquement isolées, dont une partie des individus est porteuse de différences génétiques. Alors que dans la masse de la population majeure, ces différences sont nivelées par le brassage génétique, dans une petite population, les différences finissent par s'imposer à l'ensemble des individus qui se reproduisent entre eux, dans un temps relativement court. Ces « expatriés » peuvent ainsi changer bien plus rapidement que leurs cousins de la population ancestrale, pour se transformer en de nouvelles espèces. S'ils retournent, longtemps plus tard, dans leur zone d'origine, ils peuvent provoquer un bouleversement dans la population d'origine, restée, elle, inchangée (ce sont en quelque sorte des espèces introduites naturellement, devenant envahissantes). En effet, si ces nouvelles espèces sont mieux adaptées que leurs cousines à l'environnement commun, elles vont dominer le milieu. Dans ce cas, l'équilibre est rompu, l'état stationnaire de l'évolution est ponctué, tout change puis un nouvel équilibre s'établit.

En dehors des périodes dramatiques subies par l'ensemble du vivant sous l'effet de cataclysmes, les espèces évoluent ainsi à des vitesses différentes. Les rythmes et cycles du développement du vivant sont fondamentalement irréguliers. Ils me font penser à la surface de la mer. Elle peut être d'huile, analogue aux longues stases où les changements n'ont pas eu lieu. Elle peut, au contraire, être agitée avec des vagues déferlant avec régularité, amenant des suites graduelles de transformations. Et lorsque la tempête se lève, c'est le temps des cataclysmes, tout l'acquis est brusquement bouleversé. C'est le flux et le reflux du vivant sur Terre.

Dans le train de houle qu'est la succession cyclique des individus et des espèces, certains disparaissent pour toujours sans laisser de descendants. Naissance et mort d'un individu et d'une espèce sont immanents. Ce sont des ponctuations dans le système naturel en place. Ondes de vies à jamais brisées sur la grève du temps. Il en est ainsi pour un grand nombre d'espèces que l'Homme a côtoyé. Les plus connues sont le tigre aux dents de sabre et le mammouth (la responsabilité de leur disparition peut être incombée aussi bien aux changements climatiques qu'à l'Homme). Plus près de nous, citons l'exemple du fameux dodo (un gros oiseau incapable de voler, à la forme d'un dindon dodu, qui vivait paisiblement sur l'île Maurice avant que les premiers navigateurs l'exterminent pour s'en nourrir) et du loup de Tasmanie (espèce également disparue à cause de l'Homme). La liste des espèces rayées de la Terre depuis que l'Homme est apparu est très longue !

Cette « logique » du développement du vivant a été longtemps (et reste) inacceptable pour l'Homme qui a, de tout temps, recherché une explication mythique, tant dans la création de la vie et sa diversité que dans la mort, surtout la nôtre ou celle de nos proches. Il est ainsi remarquable de constater que les principales religions offrent toutes l'espoir de la vie éternelle ou d'un recyclage de nos âmes dans d'autres vies. C'est l'espérance de nouveaux cycles de vies qui se succèdent aux précédentes sur la flèche du temps !

Aujourd'hui, c'est l'Homme qui accélère le rythme des ponctuations. Un nombre croissant d'espèces disparaît à cause de nous. Notre expansion, nos activités et les pollutions engendrées constituent le début d'un cataclysme pour la vie sur Terre qui annonce un bouleversement majeur et planétaire pour l'ensemble du vivant, notre espèce comprise[24].

Évolutions actuelles et perceptibles

La nature est bohème, imprévisible et versatile. Elle est le fruit des tâtonnements de l'évolution et des contraintes du milieu[25]. Si le film du vivant pouvait être rembobiné jusqu'à son début, et qu'on laisse les premiers acteurs du vivant s'exprimer à leur guise, le nouveau film ne serait pas pareil, nous ne serions pas là, d'autres organismes peupleraient la Terre. En fait après chaque rembobinage, il y aurait un nouveau scénario.

Chacun a dû voir les belles reconstitutions d'artistes qui ont imaginé la Terre au temps des fougères géantes. Les multiples vestiges fossilisés permettent de reconstruire avec réalisme ces paysages du vivant ancien. Ils démontrent que les vagues de froid et de chaud ont sans cesse bouleversé faune, flore et écosystèmes. Les individus (vous ou moi), les espèces et les écosystèmes se succèdent sans répit en se transformant… Tout a changé et change, nous l'avons dit, à des rythmes différents.

À notre échelle de temps, celui de notre génération, il est possible de constater sur les écosystèmes des vagues successives de changements naturels à grande échelle : les communautés d'espèces (les biocénoses), en harmonie avec les conditions du milieu (le biotope) peuvent évoluer (biocénose et biotope s'additionnent dans la notion d'écosystème).

Les changements les plus rapides s'observent en mer, sur le littoral. Pour illustrer la dynamique du vivant dans le temps à l'échelle humaine, j'aime décrire une expédition scientifique à laquelle j'ai participé sur l'île de Tatoosh. Cette île est située à la sortie du détroit de San Juan de Fuca, large échancrure des côtes nord américaines sur l'océan Pacifique, à quelques centaines de kilomètres de Seattle (États-Unis) et de Vancouver (Canada). L'île est un confetti dans l'océan, un rocher de quelques centaines de mètres de diamètre, cerné de hautes falaises. Au sommet se développe une végétation buissonnante cachant d'anciens bâtiments militaires. Poste avancé d'une ligne Maginot de l'époque où les Américains craignaient une incursion japonaise. L'île a une autre particularité : elle est au cœur d'une réserve d'Indiens. Le chef de l'expédition focalisait mon admiration. C'était le professeur Bob Paine, très connu dans le monde des spécialistes de la nature pour ses expériences en écologie (Fig. 41)[26]. Grand gaillard, paternaliste et charismatique, il s'est passionné pour cette île, théâtre des expériences qui ont fait sa notoriété. C'est le lieu de prédilection de sa vie, plus vouée à l'observation de la nature qu'à celle de ses intérêts personnels. Il a su négocier l'étude de ce confetti d'île avec les grands chefs indiens.

J'y suis allé en sa compagnie pendant l'été 2000, et j'ai constaté que les Indiens avaient encore quelques pouvoirs sur ces terres. La méfiance envers les Yankees est toujours forte sur ces lambeaux de domaines ancestraux. Paine est considéré comme un bon blanc, un savant n'apportant que de la sagesse. Il a su obtenir des Indiens un blanc-seing perpétuel pour y camper à sa guise avec ses étudiants et ses invités. Camper est le mot exact. Deux baraquements délabrés en planches servaient d'abri. L'un d'eux avait été aménagé en dortoir commun. Il était éventré, ouvert au vent du large. Rien n'a été fait par Paine pour améliorer la situation. Il fallait mériter la nature qui nous entourait, montrer aux Indiens que les scientifiques séjournant sur l'île se contentaient des

Figure 41. Le Dr Robert Paine sur un lit d'algues à l'île de Tatoosh pendant l'été 2000.

conditions spartiates du lieu. Je pris bien soin de placer mon duvet dans une position m'évitant d'être recouvert par les fientes des oiseaux nichant en nombre sous le toit. Dès le lever du soleil vers 4 heures et demie du matin, leurs piaillements signaient l'heure du lever.

Il fallait vivre avec la marée, car c'est lorsque la mer se retire que se révèle l'incroyable richesse marine de ce lieu. Et, à l'époque de notre mission, c'était toujours vers 5 heures du matin. Les collaborateurs de Paine, filles et garçons, descendaient les falaises à l'aide de cordes. Avec des bottes glissantes, on sautait par-dessus des failles sombres où la mer froide et houleuse risquait à tout moment de nous engloutir. Chaque site dangereux portait le nom d'un scientifique qui s'y était blessé. Mieux valait ne pas y laisser son nom !

D'immenses rochers se découvraient à marée basse, laissant apparaître des forêts d'algues splendides et multicolores. Certaines atteignaient près de 60 m de long. Des familles de phoques placides étaient allongées sur des îlots, dont il se dégageait une forte odeur de poisson. Des myriades d'oiseaux de mer nichaient sur l'île. Ils partaient le matin en haute mer pour se nourrir et retournaient sur l'île le soir pour s'y reposer. Et l'océan, plutôt gris que bleu, festonné par un train de houle, s'étendait à perte de vue.

Bob Paine et ses étudiants m'ont expliqué leurs techniques d'études et exposé leur analyse du paysage. Une vue d'ensemble permet de constater que tout ce que la marée découvre est couvert d'une vie exubérante. Ils m'ont appris à décrypter cette mosaïque de vies tapissant les sommets des roches et les cuvettes ombragées, les zones basses et les zones hautes par rapport au niveau moyen de la mer : autant d'écosystèmes marins distincts. Ces ensembles forment des entités, des associations intimes de vies interdépendantes. Les nombreuses espèces constituant chaque communauté sont soit associées, soit en concurrence pour l'espace ou la nourriture, en guerre perpétuelle entre elles. J'avais déjà compris cela en observant des assemblages similaires sous l'eau en Méditerranée ou hors de l'eau en Bretagne. Mais à Tatoosh, ce qui surprend ce sont les moules. Des moules énormes, qu'il faut parfois tenir à deux mains. Les moules filtrent inlassablement une eau de mer troublée par une grande richesse d'algues unicellulaires. Une vraie soupe qu'elles « boivent » et filtrent constamment lorsqu'elles sont sous l'eau. Des étoiles de mer à la taille elle aussi démesurée sont fréquentes sur ces champs de moules, dont les parcelles mesurent plusieurs dizaines de mètres carrés. Seules quelques algues particulières arrivent à se développer sur ce tapis animal. Entre les zones couvertes de moules, on observe des surfaces occupées en totalité par des algues de toute taille formant plusieurs strates. D'énormes oursins broutent cette végétation bigarrée ; ils sont la nourriture préférée des loutres de mer[27].

Les moulières se développent jusqu'à ce qu'elles se trouvent fragilisées par les coups de boutoir de la houle. La mer finit par arracher les moules par plaques. C'est alors que les forêts d'algues s'installent sur le sol dénudé. Puis, de jeunes moules se fixent entre les algues, finissant par dominer les algues et ainsi de suite.

Le terrain d'observation avait la particularité d'être dynamique ! J'ai alors compris l'homologie qu'offrait ce « laboratoire » naturel de l'écologie : l'équivalent d'une mosaïque de champs, de landes, de maquis et de forêts, tous composés d'espèces interdépendantes en harmonie avec les conditions du milieu. À Tatoosh Island, ce qu'il y avait de spectaculaire, c'est qu'en quelques années, on pouvait voir la forêt s'effondrer, les pâturages prendre le relais, le maquis s'établir et la forêt revenir.

Là, il ne s'agit plus de l'histoire d'un individu ou d'une espèce, mais de celle d'un ensemble d'espèces bien structuré. Chaque espèce (comme la moule) est représentée par une population d'individus dont le nombre et la densité sont en harmonie avec les conditions environnementales et les autres espèces du lieu d'habitation (le milieu où elles peuvent se développer).

Les écosystèmes sont légions sur la planète, ils changent périodiquement. Même en période de climat stable, ils changent sans cesse, selon un cycle immuable : les dominants finissent par s'effondrer, laissant la place aux anciens dominés, qui deviennent dominants à leur tour et ainsi de suite. Mais ce schéma doit être nuancé. Il suffit de quelques individus d'une espèce en plus ou en moins, d'une espèce nouvelle se mêlant aux précédentes, d'une espèce disparaissant sous la compétition, d'une saison particulièrement froide ou chaude, ou encore d'un événement bouleversant, et l'équilibre se modifie. Lentement ou très vite, rien ne sera plus pareil.

Les expériences de Paine avaient pour objectif de comprendre les lois de ces équilibres vivants. Il a mis au point toute une série de manipulations pour identifier le rôle des principaux composants vivant dans les écosystèmes découverts par la mer. Il a gratté la roche mise à nue, puis observé dans quel ordre s'est faite la recolonisation. Il a écarté oursins ou étoiles de mer pour savoir ce qui se passait sans ces brouteurs ou prédateurs. Il a installé des exclos, des carrés matérialisés par des barrières en plastique ou par des lames de cuivre – puissant repoussoir – pour empêcher les animaux de pénétrer dans la zone protégée ou dénudée. Il a suivi l'évolution des algues et des animaux dans les carrés ainsi dégagés. Depuis trente ans, tous les trois mois, des chercheurs viennent sur l'île pour étudier les mécanismes des compétitions et recolonisations. Pendant trente années, de telles expériences ont été menées à l'île de Tatoosh où, saison après saison, Bob et ses collaborateurs ont débarqué l'été, à partir d'une frêle embarcation, et l'hiver en hélicoptère. Il a pu ainsi mettre en évidence l'importance de certaines espèces qu'il a qualifiées de *clefs de voûte* de l'écosystème. Si on les retire, tout s'écroule rapidement et la richesse passée ne se reconstitue pas. Il a ainsi démontré la fragilité du vivant communautaire. Une petite perturbation qui semble insignifiante peut faire effondrer l'édifice. Et dans un écosystème, plusieurs pierres soutiennent la voûte.

La mer remontait. Il fallait faire vite, dénuder des mètres carrés de roches, décrocher les moules géantes à la binette, asperger la roche des exclos d'un détergent puissant (utilisé pour décaper les fours) pour être certain de « partir de zéro ». Après ces exercices manuels, l'idée me vint de ramasser quelques moules décrochées. Non pour les étudier, mais pour préparer à mes amis un bon plat de moules marinières. Le chef Bop Paine m'a gentiment fait comprendre que ce n'était pas une bonne idée. Il me fit une leçon de morale : depuis trente années, personne n'avait mangé une seule moule ou autre représentant de la faune vivant sur les rochers de Tatoosh. L'île n'est pourtant pas une réserve naturelle et ce n'était pas une question d'espèces protégées, mais de principe. Le terrain d'étude ne devait pas être considéré comme un garde-manger, il ne fallait pas que les Indiens se trompent dans les motivations des scientifiques. Paine mettait un point d'honneur à respecter cette conduite, intuitivement favorable au maintien de sa présence sur l'île. Les moules arrachées tombaient dans les failles et étaient recyclées par le système. Les scientifiques étaient très sages ! J'ai dû me contenter d'un barbecue… avec pour toute nourriture à griller des *marshmallows* contenus dans des sacs plastiques ! Paine comprit mon désarroi et m'amena un soir à la pêche au saumon. Une activité réglementée par les autorités fédérales, nationales et par les Indiens locaux.

Nous voilà au large de Tatoosh dans la houle froide du Pacifique sur un minuscule pneumatique de 4,5 m propulsé par un moteur de 9,9 chevaux. Je n'ai pas eu peur. Je n'ai pas pensé aux orques qui sillonnaient les lieux à l'affût d'un jeune phoque. Notre frêle esquif gonflable était pourtant peu de chose pour ce prédateur carnivore de plusieurs tonnes, dont j'ignorais les comportements face à l'Homme. La veille, un étudiant en avait vu un, non loin de là où nous étions. Je n'ai pas pensé à une panne de moteur dans cette mer immense. L'amour de la nature rend un peu fataliste et imprudent : très souvent j'ai vécu de telles situations inquiétantes, dans un calme et une sérénité qui m'ont étonné par la suite.

Les saumons mordaient sans cesse à l'hameçon et se ferraient tout seuls. Là n'était pas le problème. Les hameçons étaient sans ardillon. Le poisson était tout juste piqué. Trois fois sur quatre, ils s'échappaient non loin du bateau. Les saumons pêchés pouvaient être triés : pas trop gros, pas trop petits, pas les espèces protégées. On relâchait les « indésirables », avec une petite égratignure et certainement une grosse frayeur. Une heure suffit pour capturer deux beaux spécimens répondant aux critères souhaités.

Un tronc de cèdre échoué fut remonté jusqu'au barbecue. Je me souviens de son odeur extraordinaire lorsque je l'ai débité à la hache. Les saumons étaient délicieux, même si j'étais horrifié de voir les étudiants de Bob Paine les déguster avec des *marshmallows* grillés. J'ai voulu manger les œufs qu'un des deux saumons portait, macérés au préalable dans un jus de citron. Cela leur a semblé aussi étrange que moi de les voir mastiquer leurs boules blanches roussies et caoutchouteuses. Chacun s'est régalé ! Le soir, dans mon duvet, j'entendais la mer. La houle qui déferlait sur les rochers et les falaises, les oiseaux, les cris rauques des phoques, et bien d'autres sons provenant de cette nature si sauvage. Je comprenais l'attachement des Indiens à leurs terres ancestrales. Je percevais aussi l'aura que Tatoosh Island représente pour tous les biologistes marins nord américains. C'est un sanctuaire des écosystèmes marins, le « laboratoire » où sont nées tant de théories sur la dynamique de la vie, sur la vie fugace des écosystèmes et leur fragilité.

La succession rapide d'équilibres en un même lieu et dans un laps de temps court offre une image réaliste de ce qui a dû se passer sur Terre à l'échelle des temps géologiques. Des changements climatiques majeurs ont causé le remplacement des forêts de fougères par les conifères. Par la suite, ces derniers ont été à leur tour contrés par les plantes à fleurs… Au lieu des quelques années de flux et de reflux qui modifient les écosystèmes de Tatoosh, les vagues de changements se déroulent sur des dizaines de millions d'années. Une végétation éliminant l'autre à cause d'un lent réchauffement ou d'un refroidissement de la planète. Successions ou suites d'états qui ne se reconstituent jamais à l'identique. Les temps cycliques des renouvellements des écosystèmes jalonnent le temps sagittal, celui du temps linéaire qui s'écoule.

Évolutions regrettables actuelles

Mais nous avons tous d'autres notions de temps associé à des changements de la nature. Pour ma part, c'est là où je passais mon adolescence que je découvris comment le temps est ponctué par des bouleversements de l'environnement.

J'étais face à de beaux bâtiments fonctionnels et bien intégrés dans le maquis environnant, et je me suis souvenu…

C'était un samedi, nous avions rendez-vous devant la gare. Mon sac à dos était lourd, il contenait nourriture, eau, duvet, et un élément de tente de patrouille, tapis de sol et piquets. Mes six compagnons Éclaireurs de France étaient tous à l'heure et n'avaient rien oublié. Après une demi-heure de train, nous sommes descendus à Biot, une des plus petites gares littorales de la Côte d'Azur. En colonne indienne, nous avons pris la route, puis un chemin de terre qui n'en finissait pas. Nous avons enfin coupé court en traversant la garrigue en zig-zag, évitant les buissons les plus piquants. La clairière était là, juste à côté d'un ruisseau à l'eau cristalline. Nous avons dressé la tente et joué au ballon jusqu'au soleil couchant. Puis nous sommes allés chercher du bois mort. Nous avons débité à la hache les plus grosses branches. Le feu fut préparé loin des arbres, sur un ancien foyer à l'intérieur d'un cercle de pierres. Autour du feu, nous avons mangé et discuté sur les sujets futiles de l'adolescence et entonné quelques chants scouts. Le chef de patrouille avait tout juste 16 ans et le benjamin 13 ans. Nous venions souvent planter la tente dans cet endroit, comme dans bien d'autres aux alentours de Nice.

Quarante années plus tard, je suis revenu dans ces lieux chargés de bons souvenirs. Je savais que j'allais être surpris par les changements du paysage, car la technopole de Sophia-Antipolis avait été construite sur notre aire de jeux. J'ai quand même été perplexe de constater à quel point tout était méconnaissable. Sur l'ancienne clairière se dressait un institut de recherche. Je n'ai pas retrouvé le ruisseau et les routes ont remplacé les sentiers. Ce qui m'a suscité le plus d'émotion, c'est de savoir que plus personne n'a le droit d'y allumer un feu de camp le soir pour se chauffer le corps et le cœur.

Ici, pour la nature, le temps s'est arrêté, elle n'y évoluera plus. Il me semble utopique d'imaginer ces bâtiments un jour en ruine et la nature reprendre le dessus. Et dans 40 ans, que sera devenu ce beau paysage boisé actuellement en périphérie de ma ville ? Tout cela est banal, mais aide à comprendre à quel point l'évolution du vivant peut être bouleversée par l'Homme.

Dans ma profession, divers domaines d'expertise nécessitent des procédés de réduction de l'échelle de temps et d'espace. Ils permettent de mieux évaluer la dynamique de la destruction des richesses naturelles par l'Homme. Il s'agit de techniques similaires à celle de l'évolution du vivant résumée sur une ficelle ou un cadran horaire et celle des globes terrestres et célestes de Van Leeuwenhoek. On joue avec les échelles : on raccourcit le temps et l'espace. C'est au Japon que j'ai eu la plus belle vision de cette méthode.

À Hiroshima, dans le site dévasté par la bombe atomique, il y a maintenant une ville aux rues bien alignées, à la différence des autres villes japonaises. C'est la première chose qui frappe lorsqu'on visite ces lieux, tristement célèbres dans l'histoire des civilisations humaines. En quelques dizaines d'années, ce qui fut une plaine de ruines et de mort est devenu une ville dense et vivante, grande métropole méridionale et animée du Japon. La vie a repris ses droits. Plus exactement celle de l'Homme et de ses constructions… C'est dans ce site, lourd d'évocations du pouvoir destructeur de l'Homme, que j'ai été invité en 1990 par Hideki Ueshima pour donner une conférence. Il n'est pas grand, même plutôt petit pour un Japonais moyen. Ses yeux en amande derrière des lunettes légères, son sourire, son enthousiasme et ses mimiques répétées marquant son étonnement m'ont toujours amusé. Hideki Ueshima, malgré son air débonnaire, est un nouveau Samouraï. Un croisé respecté dans son pays pour ses actions de sauvegarde de l'environnement. Il a dirigé pendant 20 années une partie d'un institut gouvernemental qui gère une immense maquette de la mer intérieure du Japon : la mer de Seto (Fig. 42 ci-contre).

La maquette ressemble à un vaste plan d'eau aux contours torturés. Elle a été construite dans un hangar de 300 m de longueur sur 140 m de largeur[28]. Les courants et les marées ont été fidèlement reproduits grâce à des pompes gigantesques. Celles-ci remontent inlassablement l'eau pour simuler l'écoulement des eaux au niveau de deux détroits (Kii et Bungo) vers l'océan Pacifique et d'un chenal vers la mer du Japon (le chenal de Kannon). Hideki Ueshima a passé beaucoup de temps à monter des expériences pour évaluer l'impact des aménagements prévus le long des quelque 6 860 km de

Figure 42. Le Dr Hideki Ueshima sur son modèle réduit de la mer intérieure du Japon (la mer de Seto), une région côtière particulièrement modifiée par les aménagements gagnés sur la mer.

littoral de la mer intérieure. Comment les courants seront-ils modifiés ? Vers où seront accumulés les polluants ? Pour y répondre, tout est simulé grâce à la maquette. Des portiques et des grues peuvent libérer en même temps des milliers de petits flotteurs qui se déplacent au gré des courants. À l'emplacement de l'embouchure des fleuves, des colorants sont injectés dans le plan d'eau miniaturisé pour simuler la dilution de l'eau douce dans la mer. Le tout est filmé, analysé et permet de vérifier et d'étalonner des calculs de modélisation.

Je me souviens de ma première visite de la maquette. À l'intérieur du gigantesque hangar, Hideki Ueshima m'avait demandé de le suivre. Nous avons sauté d'île en île au-dessus de la mer, tels des Gargantuas enjambant des régions d'un seul pas. Il me montra un littoral particulièrement découpé : la baie d'Osaka. Il me fit remarquer que les couleurs du ciment utilisé pour délimiter le plan d'eau n'étaient pas identiques. De nombreux parallélépipèdes avaient été ajoutés après la construction initiale de la maquette, vingt années auparavant. Ils représentaient des terrains gagnés sur la mer.

Des dizaines de milliers d'hectares ont été ainsi grignotées sur la mer de Seto pour permettre l'extension des villes. Aéroports, ports, quartiers nouveaux, zones industrielles ont été bâtis sur la mer. Il y en a partout. D'Osaka à Kobe et au-delà, ce n'est qu'une suite d'ouvrages artificiels aux angles droits, terrains conquis sur la mer collés les uns aux autres : des pustules de béton sur l'ancien rivage naturel. En regardant la maquette, il est facile de se rendre compte que la surface de la baie a été considérablement réduite et que la côte est en grande majorité artificielle. Ces ouvrages ont détruit irréversiblement des petits fonds où la vie marine était si riche.

Les écosystèmes situés devant tous les littoraux sont linéaires. Ils forment des ceintures étroites parallèles à la côte. Les plus riches, ceux qui sont constitués d'assemblage d'un grand nombre d'espèces, vivent près de la surface. Là où la lumière pénètre bien. Là où l'énergie du Soleil permet la photosynthèse. Sous les ouvrages, ces écosystèmes disparaissent à jamais. Leur surface se réduit à quelques mètres de parois verticales de béton qui protègent les terrains gagnés sur la mer. Au-delà, c'est trop profond, la lumière pénètre mal, les ceintures d'écosystèmes de petits fonds ne s'y reconstituent jamais.

Hideki Ueshima m'avait expliqué son désarroi. Son rôle se limitait à conseiller les bâtisseurs pour que les ouvrages perturbent le moins possible les courants. Mais à force de voir combler les baies et artificialiser le littoral de sa maquette, il avait compris que l'environnement se dégradait irréversiblement, surtout en raison de la perte de surfaces où les richesses biologiques marines pouvaient le mieux se développer. Jamais on ne reviendra en arrière, jamais on ne détruira l'aéroport d'Osaka installé au milieu de la mer de Seto, jamais la nature ne reprendra possession des fonds marins. Hideki Ueshima vit dans un pays où les exemples qui démontrent l'irréversibilité de la dégradation de la nature colonisée par l'Homme sont nombreux. Sur des villes détruites par des incendies gigantesques (comme à Tokyo à plusieurs reprises), par deux bombes atomiques (à Hiroshima et Nagasaki) ou par des tremblements de terre dévastateurs (comme à Kobe dans la baie d'Osaka), l'Homme a toujours repris ses droits, jamais la nature. Coup de pied dans la fourmilière !

Devant cette vision d'une maquette, où le temps et l'espace sont réduits, révélant l'image négative des impacts humains, nous sommes restés longtemps silencieux. Puis, Hideki Ueshima m'a fait part de sa révolte face au désordre qui règne en la matière. Chaque municipalité, chaque préfecture a ses projets, qu'elle réalise sans concertation avec ses voisines. Chacun avance ses pions sur la mer dans un jeu où la seule stratégie est liée à des impératifs de développement et de concurrence économique. Les bâtisseurs font de leur mieux pour montrer leur respect pour l'environnement. Ils financent de coûteuses études d'intégration des ouvrages dans l'environnement, afin d'éviter des effets polluants collatéraux. Mais ils semblent toujours ignorer l'essentiel : la destruction de la vie, des biocénoses et du biotope sous la surface gagnée sur la mer. Et chaque destruction s'additionne aux autres, augmentant sans cesse le taux d'impact sur les écosystèmes littoraux. En additionnant toutes les surfaces des ouvrages conquis sur la mer, il est facile de constater que les dégâts causés à l'environnement marin par ces destructions irréversibles portent sur des surfaces bien plus grandes que celles qui sont affectées *temporairement* par des pollutions chimiques ou bactériologiques. Malgré cette inexorable artificialisation de tout le littoral de la mer de Seto, Hideki Ueshima n'a jamais baissé les bras. Patiemment, et avec beaucoup de diplomatie, il a entrepris, avec des succès croissants, de convaincre les diverses autorités de son pays que la gestion de la mer intérieure du Japon devait être plus respectueuse de l'environnement. Il ne s'agissait plus de restreindre son champ d'expertise aux pollutions chimiques ou bactériologiques, il conseillait de prendre des décisions d'un autre ordre : préserver à jamais des portions de littoral, les garder naturelles. Une telle stratégie a été développée depuis plus d'un siècle en Grande-Bretagne où des fonds privés et des legs versés à une fondation (le National Trust)[29] ont permis de racheter des terrains situés au bord de mer pour les soustraire aux appétits des bâtisseurs. En France, une organisation similaire a été mise en place il y a quelques décennies (c'est le Conservatoire du Littoral)[30].

Lorsque je suis revenu à Hiroshima, dix années plus tard, j'ai conseillé à Hideki Ueshima de peindre en vert les bordures de sa maquette pour représenter les côtes à sauvegarder. Aujourd'hui, Hideki Ueshima et d'autres chercheurs relayés par nombre d'organisations non gouvernementales, poussent les autorités japonaises à mieux considérer ce qui peut encore être préservé.

Le dispositif expérimental de la maquette m'a fait ressentir la dynamique foudroyante de la pression humaine et, à notre échelle de temps, une certaine irréversibilité des effets de notre dominance sur la nature.

Dans la Bible, il est écrit clairement, et à plusieurs reprises que notre destin est de dominer la nature.

« Soyez féconds, multipliez, emplissez la Terre et soumettez là ; dominez sur les poissons de la mer, les oiseaux du ciel et tous les animaux qui rampent sur terre. » (Genèse, 1 : 2)

« Multipliez-vous et peuplez toute la Terre. Vous inspirerez désormais la plus grande crainte à toutes les bêtes de la Terre, aux oiseaux, aux petits animaux et aux poissons, vous pourrez disposer d'eux. Tout ce qui remue et qui vit pourra vous servir de nourriture ; comme je vous ai donné l'herbe verte, je vous donne maintenant tout cela. » (Genèse, 9 : 2-3)

« Ayez des enfants, multipliez-vous et répandez-vous en grand nombre sur la Terre… » (Genèse, 9 : 7)

C'est fait. Et après ? Que faut-il faire maintenant ?

Nous sommes arrivés à un point où la nature est si bien dominée que nous la réduisons. Le grand mythe fondateur religieux de l'avenir de l'Homme assuré par le vivant sacré et nourricier a été dépassé ou battu en brèche. Les prévisions bibliques s'arrêtent à nos jours, car nous nous multiplions toujours mais sommes conscients que cela ne peut pas durer.

Nous emplissons et artificialisations de plus en plus la Terre au détriment des ressources naturelles vitales. Nous dominons les poissons au point de réduire leurs stocks et de menacer leur survie. Depuis le Néolithique, nous ne pouvons plus subvenir à nos besoins par la chasse et la cueillette. Aujourd'hui, nous ne pouvons plus pêcher d'espèces dans leur milieu naturel sans restrictions. Ces pratiques ne peuvent pas perdurer.

Nous ne pouvons plus nous contenter du serment divin fait à Noé et à ses fils : Dieu leur promit qu'il n'y aurait plus de grand cataclysme destructeur pour la vie sur Terre[31]. L'arc-en-ciel est le signe divin qui rappelle ce serment envers les Hommes et toutes les espèces vivantes de la Terre. Si aucun cataclysme n'a effectivement bouleversé la totalité de la vie sur Terre depuis Noé, le vivant est menacé par un phénomène alors imprévu : les effets de notre prolifération excessive !

Ainsi, après la remise en question du postulat Terre – centre du monde, après la reconnaissance de l'Homme comme une étape de l'évolution d'une lignée d'animaux, un troisième fondement du Grand-livre touche à sa fin. Cette fois, ce n'est pas à cause des imprécisions de l'histoire naturelle décrite dans la Genèse, mais par défaut de prévision.

Dans ce contexte, le bout de la ficelle de l'évolution qui s'annonce semble pour nous aussi irréel que la longueur écoulée. Imaginer son déroulement futur, pour empêcher la catastrophe qui s'annonce, est trop abstrait dans la conscience de la plupart d'entre nous et les stratégies des gouvernances ne couvrent que des échelles de temps d'élections, bien insuffisantes pour protéger la planète de l'action destructrice de l'Homme.

Ficelle de l'évolution et maquette d'Ueshima réduisent les dimensions de l'espace et du temps et rendent ainsi plus concrètes des notions abstraites pour nous faire ressentir les changements passés et leur importance.

À son époque, Vermeer avait bien compris la puissance d'intégration des dimensions et proportions que donnent les cartes, les globes célestes ou terrestres. Les provinces unies des Pays-Bas étaient alors à l'avant-garde de ce type de production. Globes et cartes, si utiles pour les navigateurs de la compagnie des Indes, étaient produits en nombre et servaient de décoration dans les demeures bourgeoises.

Ces représentations sont très bien illustrées sur *Le Géographe* (Fig. 39, p. XV), le tableau pendant de *L'Astronome* (Fig. 20, p. IX). Il s'agit du même modèle : Antoni van Leeuwenhoek (voir chapitre 7). *Le Géographe* le montre posant devant une fenêtre d'où vient la lumière, alors qu'il venait de réussir un examen de géomètre. Il semble réfléchir à l'étrange perception qu'évoque la vue d'une carte marine où figure l'océan Indien. Ce document, fruit de tant d'efforts de plusieurs générations de géomètres explorateurs, permet d'un coup d'œil de visualiser des contrées lointaines que l'on découvre sans jamais y aller. Derrière lui, un globe terrestre est posé sur une armoire. Ce globe a été identifié, il a été réalisé en Hollande en 1615, soit dix-huit années avant que Galilée fût condamné par le tribunal de l'Inquisition pour avoir critiqué la doctrine religieuse selon laquelle les astres et le Soleil se meuvent autour de la Terre.

Sur les deux tableaux figurent aussi des livres d'astronomie et des outils servant à tracer des routes maritimes et mesurer avec précision les distances et la position. Sur le tableau de *l'Astronome*, un globe céleste et un astrolabe[32] font partie de la composition. Contre une armoire, on distingue aussi un panneau où figurent plusieurs cadrans horaires servant vraisemblablement à mémoriser les heures du passage des astres dans des configurations utiles pour estimer des positions en mer. Sur le tableau du *Géographe*, on observe avec peine sur la fenêtre illuminée qu'une sorte de croix est pendue. Cet outil – une arbalestrille ou bâton de Jacob[33] – servait aux navigateurs de l'époque à mesurer la hauteur des astres au-dessus de l'horizon. Mais le point focal du tableau est situé au niveau d'un compas doré à pointes sèches, ouvert à 45 degrés, que Van Leeuwenhoek tient dans sa main. Cet outil était utilisé pour relever une mesure entre deux points sur la carte et la reporter sur une échelle afin d'estimer la distance réelle.

Le tableau a été modifié par Vermeer. À l'origine, le visage du modèle était dans l'ombre, tourné vers la carte. L'artiste a rectifié sa position : Van Leeuwenhoek semble poser en regardant droit devant lui, son visage étant ainsi à demi éclairé par la lumière venant de l'extérieur. De même, les pointes du compas étaient orientées vers la carte ; par la suite il les a inclinées dans le même sens que le faisceau oblique de la lumière du soleil qui traverse la fenêtre. Chose curieuse, la pointe inférieure du compas vise un tabouret situé en bas à droite du tableau. Sur ce tabouret figurait un papier, il a été remplacé par une petite équerre. La lumière du soleil éclaire ainsi l'œil droit de Van Leeuwenhoek, de même que le compas ouvert est tourné vers l'équerre placée en sens inverse… La symbolique des francs-maçons !

Globes, cartes, astrolabe, arbalestrille, compas et équerre sont autant de symboles qui indiquent la véritable place de l'Homme dans l'Univers. Ils permettent de mieux se représenter la distance et le temps qui sépare le savant des étoiles encore si lointaines, ou des continents qui venaient d'être atteints par les magnifiques vaisseaux du royaume d'Orange. Or c'est cet astronome et géographe représenté par Vermeer qui s'est aussi émerveillé devant l'infiniment petit. Nous comprenons qu'un seul et même homme, Antoni van Leeuwenhoek, avait de son temps réussi à embrasser la quintessence des savoirs de son époque. Les deux tableaux fixent ce contexte de puissante méditation.

Mieux connaître, mieux aimer, mieux protéger la grandeur de la vie

Depuis l'Homme de Cro-Magnon, qui a commencé à dessiner des animaux dans des grottes obscures, les civilisations humaines ont admiré ou craint la magnificence, la puissance et la complexité du vivant. Vis-à-vis de la nature, de sa diversité et de sa beauté, le sentiment qui a le plus longtemps dominé les pensées et les croyances de l'humanité est que la *grandeur du vivant* est d'essence divine, surnaturelle.

Aux XVIIe et XVIIIe siècles, les biologistes forgeaient leur renommée en étonnant les cours des royaumes avec la découverte de *créatures* exotiques belles, surprenantes ou utiles pour l'Homme. Celui qui ramenait une girafe ou un oiseau rare des « isles » ou celui qui importait une tulipe ou un nouveau tubercule aux qualités gustatives intéressantes, obtenait une reconnaissance assurée. Dans ce contexte, les observations de Van Leeuwenhoek furent rapidement connues et suscitèrent une immense curiosité. Les cours d'Europe se déplacèrent à Delft pour admirer ses animalcules. Parmi de nombreux visiteurs, Van Leeuwenhoek reçut la reine d'Angleterre

Marie II (Fig. 40, p. XVI)[1], le roi d'Angleterre Charles II, le grand-duc de Toscane Côme III et le roi de Prusse Frédéric 1er. De même, racontent les historiens, il fut invité à bord du bateau du tsar Pierre le Grand amarré en face de La Haye, lequel fut particulièrement séduit par la vision de la circulation des globules rouges.

La grandeur des créatures divines semblait alors illimitée : on venait de découvrir qu'elle s'étendait aussi au microscopique.

Mais à partir du XIXe siècle, une autre vision du vivant allait commencer à s'imposer. Le Français Jean-Baptiste de Lamarck a été le premier à oser écrire que les espèces se transformaient dans le temps. Il a, le premier, *admiré* le phénomène qu'il perçut : une progression graduelle de l'infiniment petit à l'Homme[2]. *« En considérant d'abord l'organisation animale la plus simple, pour s'élever ensuite graduellement jusqu'à celle qui est le plus composée, comme depuis la monade* [ndrl : micro-organisme] *qui, pour ainsi dire, n'est qu'un point animé, jusqu'aux animaux à mamelles, et parmi eux jusqu'à l'homme, il y a évidemment une gradation nuancée dans la composition de l'organisation de tous les animaux et dans la nature de ses résultats, qu'on ne saurait trop admirer et qu'on doit s'efforcer d'étudier, de déterminer et de bien connaître. »*

Un demi-siècle plus tard, dans la conclusion de son ouvrage magistral *De l'origine des espèces*, Charles Darwin a évoqué la *grandeur de la vie* en se référant aux nombreuses lois naturelles ayant pour résultat admirable la production d'animaux « supérieurs » (expression utilisée par Darwin dans ses livres pour qualifier les animaux vertébrés) : *« N'y a-t-il pas une véritable grandeur dans cette manière d'envisager la vie, avec ses puissances diverses attribuées primitivement par le Créateur à un petit nombre de formes, ou même à une seule ? »* Darwin a été fasciné par le pouvoir perfectionniste du mécanisme qu'il avait décrit : *« Comme la sélection naturelle n'agit que pour le bien de chaque individu, toutes les qualités corporelles et intellectuelles doivent tendre à la perfection »*[3].

Il fallut plus de deux siècles aux Hommes pour reconstituer une histoire cohérente du vivant sur Terre. Les multiples avancées scientifiques accumulées ont aujourd'hui considérablement changé la compréhension des mécanismes ayant conduit à la splendeur de l'éventail des espèces vivantes peuplant notre planète. Résumons-nous.

D'abord, nous avons distingué trois étapes fondamentales, trois genèses successives : celle des bactéries, celle des cellules animales et végétales et enfin celle des pluricellulaires constituant la flore et la faune visibles à l'œil nu. Chaque étape a laissé sur notre planète un ensemble d'organismes qui ont évolué à leur façon. Certains ont survécu jusqu'à nos jours, mais la plupart se sont éteintes, laissant la place à d'autres formes. Les bactéries sont apparues les premières il y a plus de 3,5 milliards d'années. Depuis, elles n'ont pas cessé d'évoluer « en interne » : à l'intérieur de leur unique cellule. Bien adaptées aux différentes conditions de vie sur Terre, elles représentent aujourd'hui les organismes dominant tous les écosystèmes.

Ensuite, rappelons que le processus évolutif de la sélection naturelle décrit par Charles Darwin n'est qu'un des mécanismes participant à l'élaboration d'une nouvelle espèce. À la suite des travaux de Darwin, il a en effet été établi que les mutations, les brassages chromosomiques et les contraintes physiques et chimiques sont des facteurs tout aussi déterminants dans l'émergence d'une nouvelle espèce.

Enfin, n'oublions pas que les esquisses, innovations et équilibres ayant marqué l'histoire du vivant n'ont jamais assuré une descendance éternelle. Les formes nouvelles apparues ont toujours été à la merci d'éradications aveugles dues notamment aux cataclysmes.

Les connaissances actuelles permettent aussi d'affirmer que le vivant a sans cesse évolué sans suivre un chemin prédestiné, sans s'orienter systématiquement vers le plus complexe, sans tendre vers un perfectionnisme. Le plus grand biologiste contemporain de l'évolution, Stephen J. Gould, cité à de nombreuses reprises dans cet ouvrage, s'est employé à dénoncer le mythe du progrès dans le processus évolutif. Pour lui, la vie s'est déployée tel un éventail, caractérisée par une simple direction passive et marginale vers la sophistication croissante[4]. La *grandeur de la vie* réside plutôt, à ses yeux, dans le processus fondamentalement fortuit de l'évolution. Chaque mécanisme qui modèle ou sélectionne le vivant (mutations, brassages chromosomiques, conditions environnementales sélectionnant le plus adapté et cataclysmes) est aléatoire, hasardeux ou contingent : « *Nous sommes les glorieux accidents d'un processus imprédictible ne témoignant d'aucune tendance à une plus grande complexité, et non le résultat prévisible de principes évolutifs destinés à produire une créature capable de comprendre les mécanismes de sa propre création.* »[5]

Notre analyse met aussi en lumière un processus commun aux plus grands sauts évolutifs : la stratégie de l'union. À chaque grande étape de l'évolution, c'est l'union qui a donné une nouvelle charpente au vivant et ouvert l'éventail de la diversité. En effet, il est vraisemblable (voir chapitre 4) que tout a commencé par des unions de petits cycles fonctionnels de molécules organiques, puis par l'union de deux molécules d'ARN formant l'ADN, et enfin par l'union de formes prébactériennes instables à l'origine des virus donnant à leur tour par unions ou transformations les premières bactéries. L'*union* des bactéries a donné les lignées de cellules animales puis végétales. Le mariage ou *union* fusionnelle de deux cellules de la même espèce pour mieux survivre a été à l'origine de la reproduction sexuée. L'*union* des cellules a formé les pluricellulaires, véritables civilisations de cellules. Et l'*union* d'individus de la même espèce est à l'origine d'associations sociales où l'effet de groupe et le partage des tâches pour la survie (et assurer la descendance) tendent à favoriser la survie de l'ensemble. Enfin, l'*union* des premiers hommes est à l'origine du développement de la conscience et des connaissances. C'est certain, la stratégie de l'*union* fait partie de la *grandeur du vivant.*

De nos jours, les biologistes sont des scientifiques cartésiens qui s'attardent peu devant les beautés futiles du vivant. Leur science, devenue très abstraite, les a éloignés des sentiments d'admiration partageables par tous et encore plus d'une certaine approche spirituelle de la vie. Ils sont toujours capables d'émerveillement, mais face à une belle démonstration ou la logique d'un modèle mathématique reproduisant le fonctionnement intime des cellules. Ils dissèquent les mécanismes de la vie jusqu'aux molécules et sont capables de reconstituer des pages de l'histoire de la vie en décrivant et comparant des séquences d'ADN d'organismes très divers. En décryptant ce qui code l'architecture des animaux et des végétaux, perçant les secrets chimiques des pigments végétaux, reconstituant les étapes de l'émergence et du développement des organismes, les biologistes moléculaires ont en quelque sorte désacralisé le vivant. Tout leur semble mécanique ou chimique. Déconnecté des découvertes passées ou présentes sur la magnificence du vivant, l'exposé des processus cellulaires, génétiques et chimiques de l'élaboration du vivant est devenu abscons. La beauté et la curiosité ne déplacent plus les gouvernants dans les laboratoires, les progrès scientifiques accomplis sont traduits sous forme de graphes et de chiffres et accompagnés d'un vocabulaire technique que seuls quelques initiés sont désormais à même de décrypter. Hors du cercle restreint des spécialistes, la valorisation des recherches sur le vivant est devenue essentiellement mercantile : ce sont pour surtout des découvertes offrant l'espoir d'un nouveau traitement médical ou induisant des retombées financières et des brevets qui suscitent l'intérêt. C'est certain, raconter la *grandeur du vivant* en se référant aux seules recherches sur les mécanismes chimiques subtils qui ont conduit à la vie et à son explosion ne peut guère passionner les foules.

Il y a donc eu ce dernier siècle à la fois des progrès considérables dans la connaissance du vivant et un affaiblissement tout autant important de la communication vers le plus grand nombre. J'ai rêvé à de nouveaux critères de jugement des scientifiques pour inciter ces derniers à faire sortir leur science de leurs laboratoires. Le fonctionnement de la science en vigueur aujourd'hui les a éloignés des réalités du vivant. La compétition est vive entre les laboratoires et les chercheurs dont le seul mode d'évaluation au niveau national et international est le nombre de publications dans des revues scientifiques de haut niveau, lesquelles privilégient une approche ultra-spécialisée des sciences et sont destinées à des microcosmes. Ce vecteur formel et institutionnel de communication est devenu aujourd'hui moralement insuffisant : il ne devrait plus être la seule fin à atteindre. Les biologistes qui détiennent et découvrent des savoirs de pointe devraient être tenus de les diffuser vers un large public en se mettant à sa portée.

De même, le public est quelque peu perdu dans les exposés des progrès scientifiques à cause de la faiblesse des références précédentes. Son niveau de connaissance est surestimé : il ne peut assimiler la nouveauté. Ainsi la science a tellement progressé qu'elle s'est emballée sans se préoccuper de la bonne transmission des acquis fondamentaux. Il ne faut pas s'étonner que dans ce contexte les principales religions et obédiences philosophiques, qui admettent et intègrent progressivement les progrès scientifiques dans leur magistère, se voient dépasser par les tenants de discours plus simplistes et basés uniquement sur des textes sacrés et traditions séculaires ancrées dans l'inconscient collectif que l'histoire et le patrimoine du passé ravivent sans cesse. Les fanatiques, intégristes et sectaires en tous genres ont ainsi le champ libre, dans un monde où la science répond pourtant à tant de questions sur notre passé et sur notre avenir.

J'ai personnellement pu évaluer la pénétration des progrès scientifiques concernant la connaissance du vivant auprès d'un panel de personnes représentatives du monde économique et social. C'est en présidant pendant plus d'une décennie une commission chargée de l'analyse de la gestion de l'environnement d'une région de 4,7 millions d'habitants (Provence-Alpes-Côte d'Azur) que j'ai eu le loisir de discuter longuement avec des personnes provenant de diverses couches sociales et de niveau d'instruction forts différents[6]. Les membres de cette commission partagent un point commun : une soif de savoirs sur l'environnement et sur la préservation de la nature. Tous sont pourtant déconnectés des découvertes récentes sur le fonctionnement du vivant et sur les mécanismes subtils de son évolution et de son déclin. Seul fait connu de tous et qui retient toute leur attention : la fragilité de la vie sur Terre, désormais confrontée à la pression croissante de nos nuisances et de nos destructions. Tous se montrent préoccupés par la montée des pollutions ayant des retombées directes sur nos conditions de vie et sur la nature si riche dans notre région dotée de trois parcs naturels nationaux et de cinq parcs naturels régionaux. Les dangers qui pèsent sur l'évolution actuelle du vivant sont ainsi bien perçus au travers de leur médiatisation. L'artificialisation de surfaces de plus en plus grandes, la déforestation, l'homogénéisation du vivant par des vagues successives d'espèces introduites par l'Homme et envahissantes, sans oublier l'impact global redouté d'un changement climatique à l'échelle planétaire, induit par les rejets dans l'atmosphère de gaz à effet de serre, sont de mieux en mieux identifiés comme autant de menaces majeures pour le vivant qui nous entoure et pour nous-mêmes. Tous ont conscience que ces fléaux sont en pleine expansion. Dans ce contexte, un consensus se dégage sur chaque sujet d'analyse, sur chaque ligne budgétaire examinée : utiliser aux mieux les fonds disponibles pour limiter nos nuisances et convaincre les autorités politiques d'abonder dans ce sens. L'essentiel du budget dédié à l'environnement est ainsi destiné à mieux éliminer les déchets et à mieux épurer les eaux polluées. Les rares points de désaccords suscitant de vifs débats portent sur des problèmes de conservation d'espaces ou d'espèces susceptibles de contrarier le développement d'activités humaines.

Car les membres de ma commission font aussi partie de onze autres commissions de la même institution régionale, dont les principales préoccupations sont plus humaines. On y redoute surtout toute entrave au développement économique et tout épuisement des ressources naturelles vitales pour l'économie ou la vie des habitants. Ce qui se traduit par des stratégies matérialistes et égocentriques pour notre espèce : le maintien du développement (il faut qu'il soit durable), la concurrence des économies (elles doivent être mondialisées ou non), l'amélioration des conditions de vie de chaque individu (les actions sociales et la solidarité entre les Hommes et les droits de l'Homme doivent se renforcer) ou l'allongement de notre vie (il faut vivre le plus longtemps possible en bonne santé).

J'ai ainsi été confronté aux réalités matérielles de la gestion des Hommes et de la nature et ai pu constater que toute ma science et toutes mes connaissances représentent peu de chose face aux dilemmes posés aux décideurs. Jusqu'où peut-on contrarier le développement économique des Hommes pour préserver l'environnement ? Convaincre avec les mots les plus simples, tenter de sensibiliser aux plus élémentaires principes de sauvegarde des espèces ne sont pas chose facile. Mais à l'issue de réunions de travail, au cours de déjeuners, j'ai souvent évoqué mes réflexions qui m'ont conduit à écrire ce livre. Chaque fois j'ai décelé des lueurs d'admiration et d'étonnement. Les membres de ma commission et les personnalités politiques avaient tous plaisir à m'entendre parler de l'origine de la vie et de sa fragilité actuelle. J'avais le sentiment de leur faire découvrir le vivant comme Van Leeuwenhoek lorsqu'il montrait ses animalcules aux cours d'Europe.

De ces expériences et analyses ethnologiques de mes collègues du Conseil économique et social et des personnalités politiques régionales, j'ai été convaincu de la nécessité d'améliorer considérablement l'éducation à l'environnement. La spiritualité et la philosophie doivent aussi, à mes yeux, être la source de nouveaux supports ou relais pour réfléchir aux relations entre les hommes et la nature et mieux considérer l'histoire des genèses de la vie et de son évolution passée à l'aune des connaissances scientifiques, afin d'appréhender correctement les enjeux du futur. Seule une union de toutes les formes de pensées permettra de rendre responsable l'humanité de son avenir, indissociable du vivant qu'il côtoie.

Au lieu de sombrer dans le fatalisme, en acceptant les conséquences délétères de notre surpopulation et de ses impacts sur l'environnement, ou bien d'accepter la fuite en avant techo-scientifique ou encore de se réfugier dans l'espérance d'un avenir radieux dans l'au-delà, chacun doit se sentir responsable pour affronter ce siècle de grands dangers écologiques ici-bas.

Pour être moins emphatique et idéaliste et garder, comme Van Leeuwenhoek, la main fermement posée sur la table des réalités matérielles de ce monde, disons que c'est dans la pratique de tous les jours que cette prise de conscience peut s'améliorer.

Dans mes fonctions de chercheur enseignant et de gestionnaire de l'environnement, j'entends très souvent la même interrogation : « Je suis conscient qu'il faut faire quelque chose pour notre environnement et pour la biodiversité, mais, à mon humble niveau, comment puis-je être utile ? »

En posant cette question, un tel interlocuteur a déjà franchi un premier pas. Il a compris la responsabilité de l'Homme dans la dégradation de l'environnement. Il est maintenant prêt à agir. Tous les pneumologues sont unanimes : un fumeur de cigarettes ne peut réussir son sevrage qu'à condition d'être conscient de la nocivité de la fumée sur son propre organisme et d'avoir clairement manifesté sa volonté d'abstinence.

Cette première démarche est donc indispensable. Tout comme nous devrions tous être révoltés par la condition humaine des malheureux que nous côtoyons ou des peuples qui souffrent de la famine ou des guerres (révolte qui développe l'amour de son prochain, suscite l'amélioration des droits de l'Homme et le partage plus équitable des richesses de la planète), nous devons d'urgence réagir face aux problèmes globaux engendrés par l'érosion de la diversité biologique, par l'épuisement des ressources naturelles et par l'accumulation des pollutions induites par un nombre sans cesse croissant d'habitants, et donc commencer par apprendre à mieux connaître cette nature silencieuse qui nous entoure et que nous exploitons.

Dans cet objectif, il faut :

– prendre conscience de l'histoire et du rôle des organismes qui peuplent la Terre. Ceux-ci portent des informations génétiques d'ancêtres qui nous sont communs. Nos racines sont les mêmes et ensemble nous avons évolué depuis la nuit des temps sur des chemins parallèles : la diversité de la vie fait partie de nous !

– s'émerveiller devant les multiples stratégies de survie et de reproduction du vivant,

– s'éveiller à la beauté du vivant et s'en émouvoir tout simplement. Mieux connaître, mieux ressentir la nature, puis sensibiliser autrui à son tour, voilà ce qu'il manque avant tout. Voilà la première action à développer autour de soi.

Chacun à son niveau peut recevoir cette éducation à l'environnement de diverses sources. Les biologistes ont leur rôle à jouer. Ils ne doivent pas oublier les fondements de leurs sciences, mais il leur faut apprendre à mieux hiérarchiser leurs découvertes et à communiquer avec humilité leurs connaissances.

Agriculteurs, chasseurs, ou pêcheurs respectueux des richesses exploitées ou prélevées, randonneurs, amis des animaux ou des plantes, membres d'associations ou de fondations de protection de l'environnement, enseignants des « sciences de la vie et de la Terre » (expression qui a hélas remplacé celle plus concrète, plus simple, de « sciences naturelles ») ont aussi tant à enseigner. Ils composent un éventail hétéroclite de connaisseurs de la nature auprès desquels il est possible d'améliorer nos savoirs sur le vivant et notre comportement vis-à-vis de lui.

Prôner une meilleure sensibilisation du public à la nature ne relève pas d'un prosélytisme naïf : c'est du bon sens. Cela n'a rien à voir avec un excès de romantisme exacerbé, ni avec les diverses pensées écologiques : cela relève de l'éducation civique élémentaire. Rien n'a fait autant de bien à la condition des femmes et, par ricochet au niveau de vie des populations, que leur accès à l'éducation, rien ne fera autant de bien aux Hommes qu'une meilleure éducation sur le vivant, son histoire, ses mécanismes et sa fragilité. La beauté du vivant doit aussi être enseignée au même titre que l'enseignement des belles réalisations artistiques humaines. Qui connaît, admire et comprend mieux la vie, l'aimera davantage, la respectera, la protégera. Il n'y a pas de dogmes, ni de rites ou traditions pour acquérir et divulguer ces savoirs. Quelle que soit la religion, ou le concept philosophique, chaque courant de pensée devrait, à sa façon, contribuer à la sensibilisation de tous aux problèmes de gestion de notre environnement et du vivant. Nous devons prendre en charge le patrimoine vivant aujourd'hui menacé. Seule l'application de la stratégie majeure du vivant « L'union fait la force » pourrait permettre d'atteindre cet objectif politique et idéologique.

Chacun de son côté – simple fourmi parmi tant d'autres – peut faire un effort dans ce sens, avec la détermination des princes d'Orange-Nassau : « *Il n'est pas nécessaire d'espérer pour entreprendre ni de réussir pour persévérer* » (formule gravée en français dans les navires de la compagnie des Indes)[7]. La devise française du royaume de Vermeer – «*Je maintiendrai*» – est tout aussi salutaire.

Ma modeste contribution va dans ce sens. Car l'histoire naturelle des genèses du vivant et de l'évolution des organismes que vous venez de lire n'est pas une fable, ni une parabole, ni un conte métaphysique : cette histoire s'approche de la réalité. C'est le chemin vraisemblable du vivant sur lequel nous sommes et que j'ai voulu partager avec tout l'enthousiasme qui m'anime.

Contrairement à la reconstruction de l'histoire du vivant passé, où nombre de données sont à jamais effacées et perdues, les situations de demain seront connues et vécues par nos descendants pour le meilleur ou pour le pire. Ces données futures dépendront des orientations et de la cohésion de notre civilisation : de son union. Quelle vie demain ? Quelle nature dans les prochains siècles ?

Broutille sur le bout de la ficelle de l'évolution, mais tournant pour le futur de l'humanité…

C'est une autre histoire !

Postface

Ce livre a fait l'objet en 2010 et début 2011 de vives discussions dans les milieux créationnistes et anticréationnistes. Tout vient du fait qu'il a été cité en référence dans une brochure éditée à 33 millions d'exemplaires (en 181 langues !) par les témoins de Jéhovah. Tout comme l'ont été les livres d'éminents collègues connus, non pour être des créationnistes, mais des scientifiques compétents dans leur domaine et ayant fait avancer les connaissances sur l'origine de la vie.

Cette expérience personnelle m'a rappelé que l'utilisation des écrits scientifiques sur l'évolution est une obsession pour les créationnistes qui tentent par tous les moyens de rallier un auditoire à leur thèse. Cette façon de procéder montre, de manière indirecte, que l'impact des données scientifiques sur le public est grandissant.

Les arguments utilisés par les créationnistes sont essentiellement des raisonnements alambiqués, sous couvert d'un vernis scientifique, aisément contestables par les biologistes ou paléontologues. En mettant en avant soit de fausses controverses scientifiques, soit les grandes incertitudes (qui persisteront toujours en sciences) sur les connaissances de l'origine de la vie, les créationnistes tentent de mettre en doute la science pour établir leurs croyances.

Un ouvrage extrêmement bien documenté, publié sous la direction de Guillaume Lecointre[1], permet aisément de répondre à toutes les questions et remises en cause de l'évolution. Ce *Guide critique de l'évolution* est ainsi extrêmement utile à tous ceux que les raisonnements détournés des créationnistes et autres adeptes du « dessein intelligent » (*intelligent design*) laissent perplexes.

Concernant la brochure des témoins de Jéhovah précédemment citée, un procédé plus basique a été utilisé : prendre des phrases utilisées dans un contexte particulier qui, une fois isolées, laissent croire que leur auteur (un scientifique souvent renommé) a des convictions créationnistes. Seraient-ils à court d'idées pour convaincre de leurs thèses ?

Au cours des conférences que j'ai pu donner sur le sujet de mon livre, il est rare qu'on ne me pose pas la question suivante : « *Ce que vous dites est contraire aux livres saints : adhérer à votre discours entraîne-t-il un renoncement à croire en Dieu* ? ». Comme cette question est toujours, avec quelque peine, posée à la fin d'une longue soirée, j'ai pour habitude, en guise de réponse, de faire court et de proposer l'interprétation suivante, accompagnée d'une pointe d'humour pour un sujet aussi grave :

« Du temps de Moïse et des prophètes de l'ancien testament, dont les écrits sont rassemblés dans la Bible, la Torah et le Coran, croyez-vous que Dieu pouvait expliquer à ses disciples que la vie est composée de cellules pilotées par l'ADN, lui-même incessamment modifié au cours du temps par des mutations ? Non bien sûr ! L'histoire de la genèse dans les livres saints était à la hauteur des connaissances de l'époque : et c'était à l'époque une belle parabole ! En revanche, ce qu'il convient

1. Fortin C., Guillot G. et Lecointre G et Le Louarn-Bonnet M.-L., 2009. *Guide critique de l'évolution.* Belin 572 p.

de retenir des écrits de la genèse, c'est qu'il (Dieu) a créé l'Homme à son image. Je suis certain que tous les croyants considèrent Dieu comme étant très intelligent. L'Homme a donc été créé intelligent. Or l'intelligence produit des connaissances. Ces connaissances s'accumulent dans le temps, évoluent et se précisent. L'histoire scientifique sur l'origine de la vie que je viens de vous exposer est une accumulation de connaissances. Elle est le fruit évolutif de notre intelligence que Dieu nous a donnée… C'est donc une histoire divine que je viens de vous conter… »

Ce n'est donc pas contre l'évolution de la science que les croyants doivent lutter, mais contre l'absence d'évolution de leurs dogmes internes, figés pour certains depuis des millénaires. On n'est plus ainsi dans un débat sur la science (considérée à tort comme agnostique ou athéiste) et la religion. Le vrai débat pour les croyants, c'est le choix entre l'évolution de leurs traditions et croyances et l'intégrisme. Penser fidéliser les croyants avec un amoncellement de certaines traditions dépassées qui, au fil du temps, en deviennent ridicules, est une erreur. Identifier la science comme hostile et les scientifiques comme des apôtres infidèles conduit irrémédiablement à la fois à susciter le recours aux croyances, et non aux connaissances, et à un fondamentalisme religieux néfaste pour l'humanité.

Il faut aussi être conscient que nous sommes à l'aube d'un bouleversement scientifique philosophique et religieux sans pareil dans l'histoire de l'humanité, qui va nécessiter une évolution profonde de nos modes de pensées et de nos connaissances : la confirmation de la présence de vie… ailleurs. J'ai essayé avec ce livre, et avec les modifications apportées à cette troisième édition, de sensibiliser le lecteur à ce sujet passionnant qui nous réserve encore bien des surprises…

Notes

Chapitre 1 (pp. 11-34)

1. Le premier ouvrage sur la grotte Chauvet a été écrit par ses découvreurs. Chauvet J.-M., Brunel-Deschamps E. et Hillaire C., 1995, *La grotte Chauvet à Vallon-Pont-d'Arc,* Seuil, coll. Arts rupestres, Paris, 118 p. Le titre de l'édition anglaise souligne la priorité ancestrale des peintures (*Drawn of art : the Chauvet cave. The oldest known paintings in the world*). Un autre ouvrage plus académique a été écrit par un collectif de paléontologues : Clottes J., *La Grotte Chauvet. L'art des origines*, 2001, Seuil, coll. Arts rupestres, Paris, 232 p.

2. Un livre a été écrit par un des copropriétaires du terrain en dessous duquel se trouve la grotte. Toutes les péripéties judiciaires d'Henri, autre copropriétaire du terrain, y sont mentionnées : Peschier P., 1999, *La Grotte pour 25 centimes. La petite histoire de la grotte Chauvet à Vallon-Pont-d'Arc en Ardèche,* E & R/La Bouquinerie, Valence, 144 p.

3. Une des plus anciennes et complexes illustrations de cette genèse s'observe sur une coupole de la basilique Saint-Marc à Venise. Elle a été représentée à la manière d'une bande dessinée (de 26 scènes) par des mosaïques. Le paléontologiste et biologiste Stephen Jay Gould, dans son dernier livre de sa longue série sur l'histoire naturelle, a longuement commenté cette représentation antique datant du XIIIe siècle. Gould S. J., 2002, *I have landed. The end of a beginning in natural history*, Harmony Books, New York, 418 p. (voir chap. 20 : « The nartex of San Marco and the pangenetic paradigm »).

4. Stephen J. Gould est l'auteur d'une analyse historique des divers calculs permettant d'établir ces dates. Gould S. J., 1996, *Comme les huit doigts de la main. Réflexions sur l'histoire naturelle,* Seuil, coll. Points Sciences, Paris, 592 p. (voir chap. 12 : « La chute de la maison Ussher »).

5. Gould S. J., 1991, *La vie est belle. Les surprises de l'évolution,* Seuil, Paris, 390 p.

6. Le squelette du premier mammifère placentaire nommé *Eomaia scansoria* a été découvert en Chine. Ji Q., Luo Z.-X. *et al.*, 2002, « The earliest known eutherian mammal », *Nature,* 416, pp. 816-822. Le premier reptile mammalien identifié, à l'origine des mammifères marsupiaux puis des mammifères placentaires est un *Morganucodon*, il est apparu il y a 200 millions d'années, à la même époque que les dinosaures : Hartenberger J.-L., 2001, *Une brève histoire des mammifères. Bréviaire de mammalogie*, Belin-Pour la Science, coll. Regards, Paris, 288 p.

7. Tattersall I. et Matternes J.H., 2000, « Autrefois, nous n'étions pas seuls », *Pour la Science,* 269, pp. 74-79.

8. Le squelette de Lucy, âgé de 3,18 à 3,5 millions d'années, fut découvert en 1974 par le paléo-anthropologiste Donald C. Johanson et son étudiant Tom Gray dans la région du Hadar en Éthiopie. Deux Français (Maurice Taieb et Yves Coppens) participaient à cette expédition. Johanson D.C. et Taieb M., 1976, « Plio-Pleistocene Hominid discoveries in Hadar, Ethiopa », *Nature,* 260, pp. 293-297. Johanson D.C. et Edey M., 1983, *Lucy, une jeune femme de 3,5 millions d'années,* Robert Laffont, Paris, 422 p.

9. Le plus ancien vestige d'hominidé connu à ce jour a été exhumé en 2001 par une équipe franco-tchadienne en Afrique, dans le Sahel à Toros-Menalla (Tchad). Les ossements découverts ont 7 millions d'années et appartiennent à une nouvelle espèce d'hominidés : le *Sahelanthropus tchadensis* surnommé « Toumaï ». Brunet M. *et al.,* 2002, « A new homid from the Upper Miocene of Chad, Central Africa », *Nature,* 418, pp. 145-151. Brunet M. *et al.,* 2005, « New material of the earliest hominid from the Upper Miocene of Chad », *Nature,* 434, pp.752-755. Zollikofer C.P.E. *et al.,* 2005, « Virtual reconstruction of *Sahelanthropus tchadensis* », *Nature,* 434, pp. 755-759.

10. Langaney A., Clottes J., Guilaine J. et Simonet D., 1998, *La plus belle histoire de l'Homme,* Seuil, Paris, 184 p.

11. En 1975, la généticienne Mary-Claire King et le biochimiste Allan Wilson ont pu établir que les protéines et les séquences d'acide nucléiques de l'Homme étaient à 99% similaires à celle du chimpanzé. King M.-C. et Wilson A.C., 1975, « Evolution at two levels in Humans and chimpanzees », *Science,* 188, pp. 107-116. En 2005, le génome du chimpanzé a été séquencé. Sur un total de 3 milliards de nucléotides, il n'y a que 35 millions de nucléotides différents du génome humain, ce qui représente un taux de substitution de 1,23%. The chimpanzee sequency and analysis consortium, 2005, « Initial sequence of the chimpanzee genome and comparison with the human genome », *Nature,* 437, pp. 69-87. Li, W. H et Saunders M.A., 2005, « The chimpanzee and us », *Nature,* 437, pp. 50-51.

12. C'est en fait à l'astronome Nicolas Copernic (1473-1543) que nous devons cette idée, alors hérétique. L'héliocentrisme fut d'abord développé par Copernic dans un ouvrage manuscrit, non signé, intitulé *Commentaliorus,* daté de 1513. Par la suite, sa théorie fut bien diffusée car Joachim von Lauchem, appelé Rheticus, publia en 1540 le premier ouvrage de vulgarisation sur l'héliocentrisme où il défend vigoureusement le système copernicien. L'année de sa mort, en 1543, Copernic publia son livre majeur *De revolutionibus orbium celestium* où il détaille sa théorie.

13. Deux martyrs, des opposants aux déviances des doctrines exposées dans la Genèse, sont particulièrement bien connus. Giordano Bruno (1548-1600), frère dominicain, fut brûlé vif à Rome par le pape Clément VIII, et Lucilio Vanini (1585-1619), prêtre italien, eut la langue coupée avant d'être étranglé puis brûlé à Toulouse par des religieux fanatiques. Les auteurs inquiétés par leurs écrits à la limite de la censure religieuse furent plus nombreux comme Benoît de Maillet (1656-1738), Bernard Le Bouyer de Fontenelle (1657-1757), Charles Louis de Secondat baron de la Brede et de Montesquieu, François Marie Arouet (dit Voltaire) (1694-1778) et Denis Diderot (1713-1784). Plusieurs de leurs écrits furent censurés et certains goûtèrent aux geôles pour leurs idées non conformes à celles du clergé. Plus près de nous, dans les années 1939 à 1965, le sinistre biologiste stalinien Trofim D. Lyssenko (1898-1976) envoya au goulag et à la mort plusieurs dizaines de ses collègues qui contestaient sa nouvelle théorie de l'évolution des espèces par saut rapide (d'une espèce à l'autre) provoquée par des modifications climatiques, en opposition à la théorie génétique.

14. Langaney A., 1999, *La philosophie… biologique,* Belin, Paris, 156 p. Lamarck J.-B. de, 1800, *Discours d'ouverture du cours de l'An VIII de la République.* Ce texte fut republié en 1801 dans un exposé plus complet : Lamarck J.-B. de, 1801, *Système des animaux sans vertèbres, ou tableau général des classes, ordres et des genres de ces animaux, présentant leurs caractères essentiels et leur distribution d'après les considérations de leurs rapports naturels et de leurs organisations et suivant l'arrangement établi dans les galeries du Muséum d'histoire naturelle parmi leurs dépouilles conservées ; précédé du discours d'ouverture de l'an VIII de la République, le 21 floréal.* Paris : l'auteur et Déterville. Lamarck J.-B. de, 1809. *La philosophie zoologique,* Dentu, Paris, 1 : 428 p. ; 2 : 475 p.

15. L'histoire de la paternité de la découverte de la théorie de la sélection naturelle et celle des relations ambiguës entre Wallace et Darwin ont été très bien racontées par David Quammen, essayiste américain. Quammen D., 1996, *The song of the Dodo. Island biogeography in an age of extinctions,* Simon & Schuster, New York, 702 p.

16. Darwin C., 1859, *The origin of species.* Réédition : 1992, *De l'origine des espèces au moyen de la sélection naturelle ou la préservation des races favorisées dans la lutte pour la vie,* Flammarion, Paris, 604 p.

17. Darwin C., 1871, *The descent of Man and selection in relation to sex,* London, John Murray. Réédition : 1981, *La descendance de l'Homme et la sélection sexuelle,* Complexe, Bruxelles, 2 vol., 422 p.

18. Le Dominicain qui dû abjurer ses écrits est le père Dalmas Leroy (1846- ?). Leroy D., 1891, *L'évolution restreinte aux espèces organiques,* Delhomme et Briguet, Paris, 199 p.

19. Le philosophe français Dominique Lecourt a écrit un excellent livre retraçant toute l'histoire des problèmes rencontrés par Darwin et celle des controverses créationnistes du XXe siècle aux États-Unis. Lecourt D., 1992, *L'Amérique entre la Bible et Darwin,* Presse Universitaire de France, coll. Science histoire et Société, Paris, 228 p.

20. Au début du XXIe siècle le pourcentage des adultes qui admettent l'évolution est passé de 45 à 40 % au cours des vingt années précédentes aux États-Unis (il est de 80 % en France en 2006). Miller *et al.*, 2006, « Public acceptance of evolution », *Science*, 313, pp. 765-766.

21. Leakey R.E., 1997, *L'origine de l'humanité,* Hachette, coll. Pluriel, Paris, 212 p. Leakey R.E. et Lewin R., 1985, *Les origines de l'Homme,* Flammarion, coll. Champs, Paris, 280 p.

22. À la lumière des connaissances globales sur la génétique, j'ai adapté la démonstration de Darwin sur l'évolution commune de la mémoire et de la culture transcrite dans son ouvrage daté de 1871. Darwin C., 1871, *The descent of Man and selection in relation to sex,* London : John Murray. Réédition : 1981, *La descendance de l'Homme et la sélection sexuelle,* Complexe, Bruxelles, 2 vol., 422 p.

23. Les ouvrages sur l'émergence de la conscience sont très nombreux. Un des plus récent a retenu mon attention : Denton D., 1995, *L'émergence de la conscience de l'animal à l'Homme*, Flammarion, Paris, 242 p.

24. Stephen J. Gould a disserté sur l'embarras des artistes des représentations bibliques. Gould S. J., 1988, *Le sourire du flamant rose. Réflexions sur l'histoire naturelle,* Seuil, coll. Point Sciences, Paris, 516 p. (voir le chap. 6 : « Le nombril d'Adam »). Il est cependant remarquable de constater que beaucoup d'artistes du Moyen Âge (époque où les sujets bibliques étaient dominants dans l'art pictural) ont figuré de beaux nombrils sur leurs représentations d'Adam et Ève, comme pour les huit magnifiques Adam et Ève de Lucas Cranach le vieux (1472-1553) (voir la Fig. 1 p. I). Ainsi, je m'amuse à observer ce détail lorsque je visite les grands musées d'art ancien.

25. King M.-C. et Wilson A.C., 1975, « Evolution at two levels in Humans and chimpanzees », *Science,* 1988, pp. 107-116.

26. Pierre Teilhard de Chardin était jésuite et a enseigné notamment la théologie et la paléontologie. Il a bâti une histoire de l'évolution de la vie en tentant de concilier sa foi et ses connaissances scientifiques. Il nia le dogme du péché originel et fut pour cela censuré et inquiété par sa hiérarchie catholique. Teilhard de Chardin P., 1955, *Le phénomène humain,* Seuil, Paris, 348 p.

27. Semaw S. *et al.*, 1997, « 2,5-million-year-old stone tools from Gona, Ethiopia », *Nature*, 385, pp. 333-336.

28. Le plus ancien foyer, daté de 790 000 ans, a été trouvé en Israël, mais cette maîtrise du feu est considérée comme effective à partir de -400 000 ans où ils se trouvent communément dans les sites préhistoriques européens. Goren-Inbar N. *et al.*, 2004, « Evidence of Hominin control of fire at Gesher Benot Ya'aqov, Israel », *Science*, 304, pp. 725-727. Lumley H. de, 2007, *La grande histoire des premiers hommes européens*, Odile Jacob, Paris, 268 p.

29. La première trace d'offrande funéraire concerne un biface magnifique taillé dans de la quarzite. Nommé « excalibur » par ses découvreurs, il a été trouvé dans une grotte en Espagne (la Sima de los Huesos) parmi des restes humains datés de 350 000 ans. Carbonell E. *et al.*, 2003, « Les premiers comportements funéraires auraient-ils pris place à Atapuerca, il y a 350 000 ans ? », *L'Antropologie*, 107, pp. 1-14.

30. Vandermeersch B. et Maureille B., 2007, *Les Néandertaliens : biologie et cultures*, Comité des Travaux Historiques et Scientifiques, Coll. Documents préhistoriques, Paris, 342 p.

31. Henshilwood C.S. *et al.,* 2009, « Engraved ochres from the Middle Stone Age levels at Blombos Cave, South Africa », *Journal of Human Evolution*, 57, pp.27-47. Texier P.J. *et al.*, 2010, « A Howiesons Poort tradition of engraving ostrich eggshell containers dated to 60,000

years ago at Diepkloof Rock Shelter, South Africa», *Proceedings of the National Acadademy of Science (USA)*, 107, pp. 6180 –6185. Conard N.J., 2009, «A female figurine from the basal Aurignacian of Hohle Fels Cave in southwestern Germany», *Nature,* 459, pp. 248 –252.

32. C'est le professeur Henri de Lumley qui dirigeait alors ces fouilles. Il est l'auteur de nombreuses synthèses sur l'évolution de l'Homme. Lumley H. de, 1998, *L'Homme premier. Préhistoire, évolution, culture,* Odile Jacob, Paris, 247 p. Lumley H. de, 2007, *La grande histoire des premiers hommes européens,* Odile Jacob, Paris, 268 p.

Chapitre 2 (pp. 35-49)

1. Rudge J.F., Kleine T. et Bourdon B., 2010, «Broad bounds on Earth's accretion and core formation constrained by geochemical models», *Nature Geoscience,* 3, pp. 429-443. Elliot T., 2010, «Early Earth : hard core constraints on accretion», *Nature Geoscience,* 3 pp. 382-383.

2. Gargaud M. *et al.*, 2009, *Le soleil, la Terre… la vie. La quête des origines,* Ed. Belin-Pour la science, Paris, 304 p.

3. Plusieurs synthèses ont été publiées sur le sujet des traces chimiques laissées par les premières bactéries végétales, elles concernent des minéraux oxydés, des dépôts de carbone moins riches en C_{13} (vestiges probables d'une photosynthèse végétale) ou des accumulations de sulfates (dont les pourcentages d'isotopes de souffre témoignent aussi d'une activité de bactéries végétales).

Knoll A. K., 2003, *Life on a young planet. The first three years of evolution on Earth,* Princeton University Press, Princeton, New Jersey, 277p. (Voir le chapitre 6 «The oxygen revolution»).

Copley J., 2001, «The story of O», *Nature,* 410, pp. 862-864.

Un débat persiste entre partisans d'une origine très ancienne (avant 3,5 milliards d'années) des bactéries végétales photosynthétiques libérant l'oxygène et les partisans d'une origine plus tardive (entre 2,8 et 2,4 milliards d'années) de ces mêmes bactéries dérivant d'ancêtres capables de photosynthèse mais sans libération d'oxygène.

Le partisan le plus convaincu par une origine très ancienne de l'apparition de l'oxygène sur Terre (avant 3,5 milliards d'années) témoignant d'une activité de bactéries végétales est Hiroshi Ohmoto.

Ohmoto H., 1996, «Evidence in pre -2.2 Ga paleosols for the early evolution of atmospheric oxygen and terrestrial biotas», *Geology,* 24, pp. 1135-1138.

Ohmoto H., Watanabe Y., Ikemi H., Poulson S.R. et Taylor B.E., 2007, «Sulphur isotope evidence for an oxic Archaean atmosphere», *Nature,* 442, pp. 908-911.

4. Rosing M.T. et Frei R., 2004, «U-rich Archaean sea-floor sediments from Greenland – indications of >3 700 MA oxygenic photosynthesis», *Earth and Planetary Science letters,* 217, pp. 237-244.

Konhauser K., 2009, «Biogeochemistry : Deepening the early oxygen debate», *Nature Geoscience,* 2, pp. 241-242. Hoashi M. *et al.*, 2009, «Primary haematite formation in an oxygenated sea 3.46 billion years ago», *Nature Geoscience,* 2, pp. 301- 306.

5. Mojzsis S.J., Arrhenius G., Mckeegan K.D., Harrison T.M., Nutman A.P. et Friend C.R.L., 1996, «Evidence for life on Earth before 3,800 million years ago», *Nature,* 384, pp. 55-58.

6. En 2002, deux équipes de chercheurs ont proposé une explication chimique pour la formation des molécules organiques découvertes dans les roches datées de 3,8 milliards d'années.

Zuilen M.A. van, Lepland A. et Arrhenius G., 2002, «Reassessing the evidence for the earliest traces of life», *Nature,* 418, pp. 627 – 630.

Fedo C.M. et Whitehouse M.J., 2002, «Metasomatic origin of quartz-pyroxene rock, Akilia, Greenland, and implications for Earth's earliest life», *Science,* 296, pp. 1448 – 1452.

Ces données ont été à leur tour débattues :

Mojzsis S.J. et Harrison T.M., 2002, « Origin and significance of Archean quartzose rocks at Akilia, Greenland », *Science,* 298, p. 917.

Friend C.R.L., Nutman A.P. et Bennet V.C., 2002, « Origin and significance of Archean quartzose rocks at Akilia, Greenland », *Science,* 298, p. 917a.

Fedo C.M. et Whitehouse M.J., 2002, « Origin and significance of Archean quartzose rocks at Akilia, Greenland », *Science,* 298, p. 917a.

Palin J.M., Fedo C.M. et Whitehouse M.J., 2002, « The origin of a most contentious rock », *Science,* 298, pp. 961-962.

Ce débat est depuis souvent relancé avec de nouvelles données en faveur ou défaveur d'une origine biogénique des roches sédimentaires carbonatées du Groenland âgées de plus de 3,8 milliards d'années.

Manning C.E., Mojzsis S.J. et Harrison T.M., 2006, « Geology, age and origin of supracrustal rocks at Akilia, West Greenland », *American Journal of Science,* 306, pp. 303-306.

McKeegan K.D., Kudryavtsev A.B. et Schopf J.W., 2007, « Raman and ion microscopic imagery of graphitic inclusions in apatite from older than 3830 Ma Akilia supracrustal rocks, West Greenland », *Geology,* 35, pp. 591-594. Lepland A., Van Zuilen M.A. et Philippot P., 2011, « Fluid-deposited graphite and its geobiological implications in early Archean gneiss from Akilia, Greenland », *Geobiology,* 9, pp. 2-9.

7. Rosing M.T. et Frei R., 2004, « U-rich Archaean sea-floor sediments from Greenland – indications of +3 700 MA oxygenic photosynthesis », *Earth and Planetary Science letters,* 217, pp. 237-244. Nutman A.P., Friend C.R.L., Bennett V.C., David Wright D. et Norman M.D., 2010 « ± 3700 Ma pre-metamorphic dolomite formed by microbial mediation in the Isua supracrustal belt (W. Greenland) : simple evidence for early life ? », *Precambrian Research,* 183, pp.725-737.

8. Stromatolithe vient de *stromato* = tapis et lithe = pierre. Pourtant les anglo-saxons nomment ces formations Stromatolites. Les premiers stromatolithes, trouvés par le paléontologiste américain Charles Doolittle Walcott à la fin du XIXe siècle, ont été appelés cryptozoons.

9. Hofmann H.J., Grey K., Hickman A.H. et Thorpe R.I., 1999, « Origin of 3,45 Ga coniform stromatolites in Warrawoona group, Western Australia », *Geological Society of America Bulletin,* 111, pp. 1256-1262.

10. Hofmann H.J., 1999, « Archean stromatolites as microbial archives », *in : Microbial sediments,* Riding R. et Awramik S.W. (eds.), Springer-Verlag Berlin, Heidelberg, pp. 315-327.

11. Lowe D.R., 1994, « Abiological origin of described stromatolites older than 3,2 Ga », *Geology,* 22, pp. 387-390.

12. Allwood A., Walter M.R., Kamber B.S., Marshall C.P. et Birch I.W., 2006, « Stromatolite reef from the early Archean era of Australia », *Nature,* 441, pp. 714-718.

13. C'est en 1983 que des stromatolithes se développant en profondeur ont été découverts dans l'océan Atlantique, aux Bahamas.

Dravis J.J., 1983, « Hardened subtidal stromatolites. Bahamas », *Science,* 219, pp. 385-386. Dill R.F., Shinn E.A., Jones A.T., Kelly K. et Steinen R.P., 1986, « Giant subtidal stromatolites forming in normal salinity waters », *Nature,* 324, pp. 55-58.

14. Burns B.P., Goh F., Allen M. et Neilan B.A., 2004, « Microbial diversity of extant stromatolites in the hypersaline marine environment of Shark Bay, Australia », *Environmental microbiology,* 6, pp. 1096-1101.

15. Nisbet E.G. *et al.,* 2007, « The age of Rubisco : the evolution of oxygenic photosynthesis », *Geobiology,* 5, pp. 311 – 335.

16. Knoll A.H. et Barghoorn E.S., 1977, « Archean microfossils showing cell division from the Swaziland system of South Africa », *Science,* 198, pp. 396-398. Buick R., 1990, « Microfossil recognition in Archean rocks : an appraisal of spheroids and filaments from a 3 500 m.y. old chert-barite unit at North Pole, Western Australia », *Palaios,* 5, pp. 441-459.

17. Walsh M.M. et Lowe D.R., 1985, « Filamentous microfossils from the 3,500-Myr-old Onverwacht Group, Barberton Mountain Land, South Africa », *Nature,* 314, pp. 530-532. Walsh M.M., 1992, "Microfossils and possible microfossils from the Early Archean Onverwacht group, Baberton Mountain Land, South Africa", *Précambrian Research,* 54, pp. 271-293.

18. Buick R., 1990, « Microfossil recognition in Archean rocks : an appraisal of spheroids and filaments from a 3500 m.y. old chert-barite unit at North Pole, Western Australia », *Palaios,* 5, pp. 441-459. Walsh M.M., 1992, « Microfossils and possible microfossils from the early Archean Onverwacht Group, Barberton Mountain Land, South Africa », *Precambrian Research,* 54, pp. 271-293.

19. J. William Schopf, professeur à l'Université de Californie (Los Angeles), s'est spécialisé dans la recherche des fossiles les plus anciens du vivant.

Schopf J.W., 1993, « Microfossils of the early Archeaean Apex chert : new evidence of the antiquity of life », *Science,* 260, pp. 640-646.

Schopf J.W., 2002, « When did life begin ? », in : *Life's origin : the beginnings of biological evolution,* J. W Schopf (ed.), University of California Press, Berkeley, pp. 158-179.

20. En 2002, la contestation des premiers fossiles du vivant décrits par J. William Schopf fut très vive. Brasier D. M. *et al.,* 2002, « Questioning the evidence for Earth's oldest fossils », *Nature,* 416, pp. 76-81. Pasteris J.D. et Wopenka B., 2002, « Images of the Earth's earliest fossils ? », *Nature,* 420, pp. 476-477.

J. William Schopf et ses collègues ont répondu à ces critiques : Schopf J.W. *et al.,* 2002, « Images of the Earth's earliest fossils ? », *Nature,* 420, p. 477.

21. Garcia-Ruiz J.M. *et al.,* 2003, « Self-assembled silica-carbonate structures and detection of ancient microfossils », *Science,* 302, pp. 1194-1197. De Gregorio B.T. et Sharp T.G., 2003, « Determining the biogenicity of microfossils in the apex chert, western Australia, using transmission electron microscopy », *Lunar and planetary Science,* 34, pp. 1267-1268. Schopf J.W., 2006, *Fossil evidence of Archaean life,* Philosophical transactions of the Royal Society B, 361, pp. 869-885.

22. Rasmussen B., 2000, « Filamentous microfossils in a 3,235 million year old volcanogenic massive sulphide deposit », *Nature,* 405, pp. 676-679.

23. Shen Y., Buick R. et Canfield D.E., 2001, « Isotopic evidence for microbial sulphate reduction in the early Archaean era », *Nature,* 401, pp. 77-81.

24. Westall F., 2005, « Life on the early Earth : a sedimentary view », *Science,* 308, pp. 366-367.

Westall F. *et al.,* 2006, « Implications of a 3,472-3,333 Gyr-old subaerial microbial mat from the Baberton greenstone belt, South Africa for the UV environmental conditions on the early Earth », *Philosophical transactions of the Royal Society* B, 361, pp. 1857-1875.

25. Furnes H, Banerjee N.R., Muehlenbachs K., Staudigel H. et de Wit M., 2004, « Early life recorded in archean pillow lavas », *Science,* 304, pp. 578-581.

Des fossiles similaires ont été trouvés dans des laves d'Australie datées de 3,35 milliards d'années.

Banerjee N.R., Simonetti A., Furnes H., Muehlenbachs K., Staudigel H., Heaman L. et Van Kranendonk M.J., 2007, « Direct dating of Archean microbial ichnofossils », *Geology,* 35, pp. 487-490.

26. Ueno Y., Yamada K., Yoshida N., Maruyama S. et Isozaki Y., 2006, « Evidence from fluid inclusions for microbial methanogenesis in the early Archaean era », *Nature,* 440, pp. 516-519.

27. Nous pouvons citer notamment des études tendant à prouver une apparition très précoce de cyanobactéries. Kazmierczak J. et Altermann W., 2002, « Neoarchean biomineralisation by benthic cyanobacteria », *Science,* 298, p. 2351. Altermann W. et Kazmierczak J., 2003, « Archean microfossils : A reappraisal of early life on Earth »,

Research in Microbiology, 154, pp. 611-617. Noffke N. *et al.*, 2008, « An actualistic perspective into Archean worlds - (cyano)bacterially induced sedimentary structures in the siliciclastic Nhlazatse Section, 2.9 Ga Pongola Supergroup, South Africa », *Geobiology*, 6, pp. 5-20.

28. Javaux E.J., Marshall C.P. et Bekker A., 2010, « Organic-walled microfossils in 3.2-billion-year-old shallow-marine siliciclastic deposits », *Nature*, 463, pp. 934-938.

Chapitre 3 (pp. 51-83)

1. Crick F.C., 1981, Life itself. Its origin and nature, Simon & Schuster, New York, 192 p.

2. Cano R.J. et Borucki M., 1995, « Revival and identification of bacterial spores in 25 to 40 million years old Dominican amber », *Science,* 268, pp. 1060-1064.

3. Vreeland R.H., Rozenzweig W.D. et Powers D.W., 2000, « Isolation of a 250 million-year-old halotolerant bacterium from a primary salt crystal », *Nature,* 407, pp. 897-900.

Ces expériences de régénération bactérienne font penser à la fiction de Jurassic park où des chercheurs fous ressuscitent des dinosaures à partir de leurs cellules sanguines contenues dans l'abdomen de moustiques qui les ont piqués, il y a plus de 65 millions d'années !

4. Hubert C. et al., 2010, « Thermophilic anaerobes in Arctic marine sediments induced to mineralize complex organic matter at high temperature », *Environmental microbiology,* 12, pp. 1089-1104.

5. Sykes B., 1997, « Really ancient DNA. lights turning red on amber », *Nature,* 386, pp. 764-765.

Gutiérrez G. et Marín A., 1998, « The most ancient DNA recovered from an amber-preserved specimen may not be as ancient as it seems », *Molecular Biology and Evolution,* 15, pp. 926-929.

Graur D. et Pupko T., 2001, « The Permian bacterium that isn't », *Molecular Biology and Evolution,* 18, pp. 1143-1146.

Hazen R.M. et Roedder E., 2001, « How old are the bacteria from the Permian age ? », *Nature,* 411, p. 155.

6. Powers D.W., Vreeland R.H. et Rosenzweig W.D., 2001, « How old are the bacteria from the Permian age ? », *Nature,* 411, p. 155.

Vreeland R.H. et Rosenzweig W.D., 2002, « The question of uniqueness of ancient bacteria », Journal of Industrial Microbiology and Biotechnology, 28, pp. 32-41.

Maughan H., Birky C.W. J.-R., Nicholson W.L., Rosenzweig W.D. et Vreeland R.H., 2002, « The paradox of the "ancient" bacterium which contains "modern" protein-coding genes », *Molecular Biology and Evolution*, 19, pp. 1637-1639.

7. Cette bactérie fut découverte en 1956 par Arthur W. Anderson à la station d'expérimentation agricole de Corvalis (Oregon, États-Unis). Il fut intrigué par la persistance de bactéries sur de la viande stérilisée par une source radioactive. Cette bactérie arrive même à reconstituer un génome fonctionnel à partir de plusieurs centaines de fragments engendrés par une forte exposition à des radiations : Zahradka K. *et al.,* 2006, « Reassembly of shattered chromosomes in Deinococcus radiodurans », *Nature,* 443, pp. 569-573.

8. Venter C.J., 2002, *Whole-genome shotgun sequencing, in : The genomic revolution. Unveiling the unity of life,* M. Yudell et R. DeSalle (eds), Joseph Henry Press, Washington, pp. 48-63.

Une équipe de chercheurs indiens et du Pays de Galles (Cardiff) ont détecté des « touristes stratosphériques » : ce sont des bactéries vivantes prélevées à 41 km d'altitude !

Harris M.J. *et al.,* 2002, « The detection of living cells in stratospheric samples », *Proceedings of the SPIE's 46 th annual meeting,* 4495, pp. 192-198.

9. Wolfe-Simon F. et al., 2010, « A Bacterium That Can Grow by Using Arsenic Instead of phosphorus », Phosphorus » », *Science,* 1197258.

10. Bucker H. et al., 1974, « Viability of Bacillus subtilis spores exposed to space

environment in the M-191 experiment system aboard Apollo 16», Life Science Space Research, 12, pp., 209-213. Horneck G., H. Bücker H. et Reitz G., 1994, « Long-term survival of bacterial spores in space», *Advances in Space Research,* 14, pp. 41-45.

11. Olsson-Francis K., De la Torre R. et Cockell C.S., 2010, « Isolation of novel extreme-tolerant cyanobacteria from a rock-dwelling microbial community by using exposure to low Earth orbit», *Applied and Environmental Microbiology,* 76, pp. 2115-2121. Cette première publication fait état de la survie de cyanobactéries pendant 10 jours dans l'espace. Ces auteurs ont annoncé en 2010 la réussite d'une autre expérience portant sur 553 jours d'exposition dans l'espace (publication en cours de soumission d'après Charles. S. Cockell).

12. Sancho L.G. et al., 2007, « Lichens survive in space : results from the 2005 LICHENS experiment», *Astrobiology,* 7, pp. 443-454. Jönsson K.I. *et al.,* 2008, « Tardigrades survive exposure to space in low Earth orbit», *Current Biology,* 18(17), R729-R731.

13. Weiss B.P., Kirschvink J.L., Baudenbacher F.J., Vali H., Peters N.T., Macdonald F.A. et Wikswo J.P., 2000, « A low temperature transfer of ALH84001 from Mars to Earth», *Science,* 290, pp. 791-795.

14. Roten C.-A., Gallusser H.A., Borruat G.D., Udry S.D. et Karamata D., 1998, « Impact resistance of bacteria entrapped in small meteorites», *Bulletin de la société Vaudoise des Sciences Naturelles,* 86, pp. 1-17.

15. Stöffler D. *et al.,* 2007, « Experimental evidence for the potential impact ejection of viable microorganisms from Mars and Mars-like planets», Icarus, 186, pp. 585-588.

16. Schmitt-Kopplin P., et al., 2010, « High molecular diversity of extraterrestrial organic matter in Murchison meteorite revealed 40 years after its fall», P*roceedings of the National Academy of Sciences, USA,* 107, pp. 2763-2768.

17. Meierhenrich U.J. *et al.,* 2004, « Identification of diamino acids in the Murchison meteorite», Proceedings of the National Academy of Sciences, USA, 101, pp. 9182-9186.

Muñoz Caro, G.M. et al., 2002, « Aminoacids from ultraviolet irradiation of interstellar ice analogues», *Nature,* 416, pp. 403-406.

Bernstein M.P. et al., 2002, « Racemic amino acids from the ultraviolet photolysis of interstellar ice analogues», *Nature,* 416, pp. 401-403.

18. Meierhenrich U.J. et al., 2005, « Asymmetric vacuum UV photolysis of the amino acid leucine in the solid state», *Angewandte Chemie International Edition,* 44, pp. 5630-5634.

19. Cooper G., et al., 2001, « Carbonaceous meteorites as a source of sugar-related organic compounds for the early Earth», *Nature,* 414, pp. 879 – 883. Martins Z. *et al.,* 2008, « Extraterrestrial nucleobases in the Murchinson meteorite», *Earth and Planetary Science Letters,* 270, pp. 130-136; Macelluls P. de *et al.,* 2011, «Non-racemic amino acid production by ultraviolet irradiation of achiral interstellar ice analogs with circulary polarized light», *The Astrophysical Journal Letteres,* 727, L27.

20. J'ai fait la connaissance, par le hasard des rencontres professionnelles, du professeur Daniel Simberloff, célèbre écologue spécialisé dans les problèmes de préservation de la biodiversité dans le monde. Simberloff me fit l'honneur de traduire lui-même en anglais mon précédent livre sur l'histoire de l'algue *Caulerpa taxifolia* qui s'étend en Méditerranée depuis 1984 (*Le roman noir de l'algue tueuse,* Belin, 1197). Or, pendant de nombreuses années, le bureau de Friedmann faisait face à celui de Simberloff. Friedmann a pu ainsi mieux suivre mes recherches et problèmes conséquents à la découverte de cette algue.

21. Les proportions des couples uranium 238/plomb 206 et rubidium 87/strontium 87 sont les plus utilisées pour dater roches et météorites de plus de 3 milliards d'années. Plus il y a d'atomes stables (plomb et strontium), plus la roche est ancienne.

22. Le carbone est composé de 98,89 % de l'isotope stable C_{12}, 1,11 % de l'isotope relativement stable C_{13} et d'une proportion infime (un peu plus de 1 pour 1 000 milliards) de l'isotope instable (radioactif) C_{14}. C'est ce dernier qui est utilisé pour les datations

« récentes » comme les charbons des grottes habitées par les Cro-Magnons, mais au bout de quelques dizaines de milliers d'années cet isotope rare n'est plus mesurable.

23. Une autre météorite (appelée Canyon Diablo) trouvée dans le Meteor Crater (cratère Barringer) dans l'Arizona (États-Unis), a été datée de 4,54 milliards d'années. La plus ancienne trace témoin des premiers continents de notre planète est datée de 4,4 milliards d'années, il s'agit d'un minuscule grain de zircon trouvé en Australie. D'autres traces, mieux établies (nombreux échantillons) datent de 3,9 milliards d'années (roches du Groënland et du nord-ouest du Canada). La plus vieille météorite connue aujourd'hui est datée de 4,6 milliards d'années (Murchinson). Une autre, datée de 4,56 milliards d'années, s'est brisée en plusieurs morceaux d'un poids total d'environ deux tonnes en tombant en 1969 à Allende au Mexique. C'est une roche contenant du carbone et des cristaux inter-stellaires provenant d'une autre étoile. Elle a été débitée en lamelles vendues sur Internet plus de 200 euros pièce !

24. McKay D.S. *et al.,* 1996, « Search for past life on Mars : Possible relic biogenic activity in martian meteorite ALH84001 », *Science,* 27, pp. 924-930.

25. Une journaliste scientifique, Kathy Sawyer, a publié un ouvrage décrivant en détail la découverte du météorite par Robbie Score et l'histoire de l'implication de l'équipe menée par David McKay dans les études effectuées sur la météorite.

Sawyer K., 2006, *The rock from Mars. A detective strory on two planets,* Random House, New York, 394 p.

Le communiqué de presse fut diffusé par la NASA le 7 août 1996 par Donald L. Savage (NASA headquarters, Washington, DC), James Hartsfield (Johnson Space Center, Houston, Texas) et David Salisbury (Stanford University, Palo Alto, California) avec pour titre : « Meteorite yields evidence of primitive life on early Mars ».

26. Steele A. *et al.,* 2000, « Investigations into an unknown organism on the martian meteorite Allan Hills 84001 », *Meteoritics and Planetary Science Conference,* 35, pp. 273-241.

27. Thomas-Keprta K.L. *et al.,* 1998, « Bacterial mineralisation patterns in basaltic aquifers : implications for possible life in martian meteorite ALH84001 », *Geology,* 26, pp. 1031-1035.

28. Bradley J.P., Harvey R.P. et McSween H.Y.Jr., 1997, « No nanofossils in martian meteorite », *Nature,* 390, pp. 454-455. McKay D.S. *et al.,* 1997, « No nanofossils in martian meteorite : reply », *Nature,* 390, pp. 455-456.

29. Zolotov M.Y. et Shock E.L., 2000, « An abiotic origin for hydrocarbons in the Allan Hills 84001 martian meteorite through cooling of magmatic and impact-generated gases », *Meteoritics and Planetary Science,* 35, pp. 629-638. McSween H.Y.Jr. et Harvey R.P., 1998, « An evaporation model for formation of carbonates in the ALH84001 martian meteorite », *International Geology Review,* 40, pp. 774-783.

30. Thomas-Keprta K.L. et al., 1999, « On the origins of magnetite in martian meteorite ALH84001 », *Lunar Planetery Science,* 30, abstract 1856.

Thomas-Keprta K.L. *et al.,* 2000, « Elongated prismatic magnetite crystals in ALH84001 carbonate globules : potential martian magnetofossils », *Geochimica Cosmochimica Acta,* 64, pp. 4049-4081

31. Les chaînes de magnétites ou magnétosomes ont été découvertes dans les bactéries depuis 1975.

Blakemore R., 1975, « Magnetotactic bacteria », *Science,* 190, pp. 377-379.

Depuis plusieurs dizaines de publications décrivent ces inclusions.

Stephen J. Gould consacra un chapitre d'un de ses nombreux livres pour expliquer les propriétés étonnantes des bactéries équipées de ces petits aimants. Il ne savait pas alors que des chaînes de magnétites allaient être trouvées en grand nombre dans des météorites.

Gould S.J., 1982, *Le pouce du Panda. Les grandes énigmes de l'évolution,* Grasset et Fasquelle, Paris, 318 p. (voir le chapitre 30 : « L'attraction naturelle : bactéries, oiseaux et abeilles »).

Voir aussi les deux synthèses suivantes sur les chaînes de magnétites :
Schüler D. et Frankel R.B., 1999, « Bacterial magnetosomes : microbiology, biomineralization and biotechnological applications », *Applied Microbiology,* 52, pp. 464-473.
Spring S. et Schleifer K.H., 1995, « Diversity of magnetotactic bacteria », *Systematic and Applied Microbiology,* 18, pp. 147-153.
32. Thomas-Keprta K.L. *et al.*, 2001, « Truncated hexa-octahedral magnetite crystals in ALH84001 : presumptive biosignatures », *Proceedings of the National Academy of Sciences, USA,* 98, pp. 2164-2169.
Cette découverte fut contestée neuf mois plus tard créant une vive controverse sur la cristallisation des magnétites (par des processus organiques ou inorganiques) :
Buseck P.R. et al., 2001, « Magnetite morphology and life on Mars », *Proceedings of the National Academy of Science, USA,* 98, pp. 13490-13495.
Thomas-Keprta K.L. et al., 2002, « Multiple origins of magnetite crystals in ALH 84001 carbonates », *Lunar and Planetary Science Conference,* 33, abstract 1911.
Thomas-Keprta, K.L. *et al.,* 2002, « Magnetofossils from ancient Mars : a robust biosignature in the martian meteorite ALH84001 », *Applied and Environmental microbiology,* 68, pp. 3663-3672.
33. Taylor A.P. et Barry J.-C., 2003, « Magnetosomal matrix : ultrafine structure may template biomineralization of magnetosomes », *Journal of Microscopy,* 213, pp. 180-197.
Schüler D., 2006, « Magnetoreception and magnetosomes in bacteria », D. Schüler (ed.), *Microbiology Monographs,* vol. 3, Springer-Verlag, Heidelberg, 319 p.
D'autres auteurs ont décrit les couches organiques claires aux électrons qui entourent les magnétites dans les bactéries, dont l'épaisseur correspond bien à l'espacement des magnétites décrites par Friedmann et ses collègues.
Kobayashi A. *et al.,* 2006, « Experimental observation of magnetosome chain collapse in magnetotactic bacteria : sedimentological, paleomagnetic, and evolutionary implications », *Earth and Planetary Sciences Letters,* 245, pp. 538-550.
34. Kirschvink J.L. et Vali H., 1999, « Criteria for the identification of bacterial magnetofossils on Earth or Mars », *Lunar Planetary Science Conference,* 30 : abstract 1681.
Thomas-Keprta K.L. *et al.,* 2000, « Elongated prismatic magnetite crystals in ALH84001 carbonate globules : potential martian magnetofossils », *Geochimica, Cosmochimica Acta,* 64, pp. 4049-4081.
35. Friedmann E.I., Wierzchos J. et Ascaso C., 1998, « Chains of magnetite crystals in the meteorite ALH84001 », *in : Workshop on the issue of martian Meteorites* (Lunar Planetary Institute, Houston, Texas), Contribution 956, pp. 14-16.
36. Friedmann E.I., Wierzchos J., Ascaso C. et Winklhofer M., 2001, « Chains of magnetite crystals in the meteorite ALH84001 : evidence of biological origin », *Proceedings of the National Academy of Sciences, USA,* 98, pp. 2176- 2181.
37. Spring S., Amann R., Ludwig W., Schleifer K., van Gemerden H. et Petersen N., 1993, « Dominanting role of an unusual magnetotactic bacterium in the microaerobic zone of a freshwater sediment », *Applied and Environmental Microbiology,* 59, pp. 2397-2403.
38. Tan W.C. et Van Landingham S.L., 1967, « Electron microscopy of biological-like structures in the Orgueil carboneaceous meteorite », *Geophysical Journal of the Royal Astronomical Society,* 12, p. 237.
39. Hoover R.B., Rosanov A.Y., Zhmur S.I. et Gorlenko V.M., 1998, « Further evidence of microfossils in carbonaceaous chondrites. Instruments, Method and Missions for Astrobiology », *Proceeding of the Society of Photo-optical Instrumentation Engineers (SPIE),* 3441, pp. 203-216.
40. Vainshtein M, Suzina N. et Sorokin V., 1997, « A new type of magnet-sensitive inclusions in cells of photosynthetic purple bacteria », *Systematic and Applied Microbiology,* 20, pp. 182-186.

41. En 1961, les scientifiques américains d'origine hongroise Georges Claus et Bartholomew S. Nagy (1927-1995) suivis par le prix Nobel Harold C. Urey (1893-1981) publièrent une découverte sensationnelle : il crurent avoir observé dans la météorite Orgueil des fossiles de cellules. Pour eux la météorite venait de la lune, ancienne partie de la Terre. La Lune aurait ainsi « renvoyé » un caillou avec les plus anciens fossiles terrestres connus. L'affaire fit alors l'objet de débats passionnés. Par la suite une jeune micropaléontologiste française (Martine Rossignol aujourd'hui professeur à Paris) a travaillé avec Friedmann sur un fragment de la météorite pour conclure qu'il n'y avait aucune trace de fossiles. Quant aux chaînes de magnétites de bactéries observées par l'équipe de Vainshtein (référence précédente), elles proviendraient d'une contamination terrestre.

Nagy B.S., Meinschein W.G. et Hennessy D.J., 1961, « Mass spectroscopic analysis of the Orgueil meteorite : evidence for biogenic hydrocarbons », *Annals of the New York Academy of Science,* 93, pp. 25-35.

Claus G. et Nagy B., 1961, « A microbiological examination of some carbonaceous chondrites », *Nature,* 192, pp. 594-596.

Urey H.C., 1962, « Origin of life-like forms in carbonaceous chondrites », *Nature,* 193, pp. 1119-1123.

Urey H.C., 1966, « Biological Material in Meteorites : a review », *Science,* 151, p. 157.

Rossignol-Strick M. et Barghoorn E.S., 1971, « Extraterrestrial abiogenic organization of organic matter : The hollow spheres of the Orgueil meteorite », *Space Life Sciences,* 3, pp. 89-107.

42. Ces données portent sur quatre météorites martiennes :

– la météorite Nakhla trouvée en Égypte et qui aurait été formée sur Mars il y a entre 1,3 et 0,7 million d'années,

– la météorite Murchinson, tombée en Australie en 1969,

– la météorite Efremovka tombé en 1962 dans le Kasakhstan,

– la météorite Shergotty tombée en Inde en 1865, formée sur Mars il y a entre 360 et 165 millions d'années.

Hoover R.B. Rozanov A.Y., Zhmur S.I. et Gorlenko V.M., 1998, « Further evidence of microfossils in carbonaceous Chondrites. Instruments, Method and Missions for Astrobiology », *Proceeding of the Society of Photo-optical Instrumentation Engineers (SPIE) conference on Instruments, methods and missions for astrobiology,* San Diego, California, 3441, pp. 03-216.

Gibson Jr. E.K. et al., 2001, « Life on Mars : evaluation of the evidence within martian meteorites ALH84001, Nakhla and Shergotty », *Precambrian Research,* 106, pp. 15-34.

43. Une autre météorite martienne, tombée à Tatahouine en Tunisie en 1931, a fait l'objet d'études contradictoires. Des fragments furent prélevés et conservés à Paris immédiatement après son atterrissage. D'autres furent prélevés récemment. Sur ces derniers uniquement, les chercheurs ont mis en évidence des traces de contamination d'organismes terrestres similaires à celles décelées sur les autres météorites martiennes (il s'agit des globules carbonatés assimilés à des nanobactéries).

Barrat J.A., Gillet Ph., Lécuyer C., Sheppard S.M.F. et Lesourd M., 1998, « Formation of carbonates in the Tatahouine meteorite », *Science,* 280, pp. 412-414.

Barrat J.A., Gillet Ph., Lesourd M., Blichert-Toft J. et Pupeau G.R., 1999, « The Tatahouine diogenite : Mineralogical and chemical effects of sixty-three years of terrestrial residence », *Meteorite and Planetary Science,* 34, pp. 91-97.

44. En 2004, une équipe confirma la présence de chaînes de magnétites dans ALH84001 (10 % des 10 millions de magnétites analysés sont alignées en chaînes isolées) :

Weiss, B.P., Sam Kim S., Kirschvink J.L., Kopp R.E., Sankaran M., Kobayashi A. et Komeili A., 2004, « Magnetic tests for magnetosome chains in martian meteorite ALH84001 », *Proceedings of the National Academy of Sciences, U.S.A.,* 101, pp. 8281-8284.

45. Depuis la publication, en janvier 2001, des deux articles sur les magnétites d'ALH840001 par les équipes de Friedmann *et al.* (voir références n° 35 et 36) et de Thomas-Keprta – McKay *et al.* (voir référence n° 32), plusieurs études ont été lancées pour les confirmer ou les infirmer. Seule l'origine organique de toutes les magnétites d'ALH84001 avait été contestée (voir référence n° 32). En septembre 2003, un article de consensus, signé par des membres des deux équipes (dont Friedmann et McKay) fut publié dans une revue spécialisée (Astrobiology). La conclusion de cet article de synthèse confirme la possible existence de cristaux de magnétites d'origine minérale dans ALH84001, n'excluant pas l'origine biotique pour d'autres cristaux, mais, pour ce qui concerne l'alignement des cristaux (formant les colliers de magnétites observés par Friedmann) et l'espace régulier entre les cristaux formant ces colliers, aucune explication autre que celle d'une formation biologique n'a été formulée. L'article énumère aussi une liste de recommandation pour améliorer le diagnostic.

McKay C.P., Friedmann I., Frankel R.B. et Bazylinski D.A., 2003, « Magnetotactic bacteria on Earth and on Mars », *Astrobiology,* 3, pp. 263-270.

Un autre article paru en même temps, dans la même revue (Astrobiology), est signé par Allan H. Treiman, contradicteur acharné de toutes les thèses relatives à l'origine biologique d'éléments contenus dans ALH84001. Il conteste surtout l'article de Thomas-Keprta - MacKay et al. qui avaient démontré que tous les cristaux de magnétites d'ALH840001 étaient d'origine biogène (voir référence n° 32). Dans ce long article, il évoque rapidement l'alignement des magnétites observé par Friedmann. À ce sujet, il reconnaît qu'aucun mécanisme minéral ne peut expliquer la régularité et la forme sinueuse des colliers de magnétites photographiés par Friedmann. Ainsi tous les arguments formulés par l'équipe de Friedmann en janvier 2001 restent toujours recevables. Les colliers de magnétites d'ALH84001 sont toujours très vraisemblablement des « squelettes » de bactéries exogènes !

Treiman A.H., 2003, « Submicron magnetite grains and carbon compounds in martian meteorite ALH84001 : inorganic, abiotic formation by shock and thermal metamorphism », Astrobiology, 3, pp. 369-392.

46. Les données récentes concernant à la fois l'abondance ancienne de l'eau sur Mars et la présence actuelle sur cette planète d'eau sous forme de glace sont désormais nombreuses : nous citons quelques exemples de publications à ce sujet :

Bibring J.P. *et al.,* 2004, « Perennial water ice identified in the south polar cap of Mars », *Nature,* 428, pp. 627-630.

Haskin L.A. *et al.,* 2005, « Water alteration of rocks and soils on Mars at the Spirit rover site in Gusev crater », *Nature,* 436, pp. 66-69.

Bullock M.A., 2005, « Mars : the flow and ebb of water », *Nature,* 438, pp. 1087-1088.

McCollom T.M. et Hynek B.M., 2005, « A volcanic environment for bedrock diagenesis at Meridiani Planum on Mars », *Nature,* 438, pp. 1129-1131.

Forget F., Haberle R.M., Montmessin F., Levrard B. et Head J.W., 2006, « Formation of glaciers on Mars by atmospheric precipitation at high obliquity », *Science,* 311, pp. 368-371.

Voir la synthèse des connaissances sur la planète rouge :

Forget F., Costard F. et Lognonné P., 2006, *La planète Mars. Histoire d'un autre monde,* Belin-Pour la science, Paris, 144 p.

Chapitre 4 (pp. 85-101)

1. Autopoïese vient du grec *Auto* – soi-même – et *poïèsis* – production, création, c'est un néologisme créé en 1972 à l'Université de Santiago de Chili.

2. C'est une équipe de chercheurs finlandais qui a découvert les nanobactéries :

Kajander E.O. et Çiftçioglu N., 1998, « Nanobacteria : an alternative mechanism for pathogenic intra- and extracellular calcification and stone formation », *Proceedings of the National Academy of Sciences,* USA, 95, pp. 8274-8279.

Kajander E.O., Björklund N. et Çiftçioglu N., 1999, « Suggestions from observations on nanobacteria isolated from blood », *in : Size limits of very small microorganisms*, The National Academy Press. Proceedings of a Workshop, Washington, pp. 50-55.

3. Cisar J.O., Xu D.-Q., Thompson J., Swaim W., Hu L. et Kopecko D.J., 2000, « An alternative interpretation of nanobacteria-induced biomineralization », *Proceedings of the National Academy of Sciences*, USA, 97, pp. 11511-11515.

4. Raoult D. *et al.*, 2008, « Nanobacteria are mineralo fetuin complexes », *PLoS Pathogens, 4(2) e41.*

Martel J. et Young J. D-E., 2008, « Purported nanobacteria in human blood as calcium carbonate nanoparticles », *Proceedings of the National Academy of Sciences, USA,* 105, pp. 5549-5554.

5. Des images de ces formes étonnantes pour des virus sont dans le livre de Patrick Forterre. Forterre P., 2007, *Microbes de l'enfer*, Belin-Pour la Science, Paris, 251 p.

6. L'importance de la taille des *Mimivirus* (0, 4 µm) et de leur génome ont été précisés en 2004.

La Scola B. *et al.*, 2003, « A giant virus in amoebae », *Science*, 299, p. 2033. Raoult D. *et al.*, 2004, « The 1.2-Megabase genome sequence of mimivirus », *Science*, 306, pp. 1344-1350.

7. La Scola B. et *al.*, 2008, « The virophage as a unique parasite of the giant mimivirus », *Nature*, 455, pp. 100-104. En 2011, deux nouveaux virus tueurs de virus ont été découverts. Le Mavirus attaque ainsi le virus géant (CroV) qui infecte une espèce de zooplancton très répandue dans les océans : le *Cafeteria roenbergensis*. Fischer M. G. et Suttle C.A., 2011. A virophage at the origin of large DNA transposons, *Science,* 332, pp.231-234. L'autre virophage (Organic Lake Virophage ou OLV) a été découvert dans des lacs salés riches en matières organiques de l'Antartique, il infecte des virus à ADN parasitant des algues. Yau S. *et al.,* 2011. Virophage control of antarctic algal host – virus dynamics. *Proceedings of the National Academy of Sciences,* USA, 108, pp.6163-6168.

8. Peter Ward a intégré les virus dans un arbre phylogénétique de la vie. Ward P., 2005, *Life as we do not know it. The NASA search for (and synthesis of) alien life,* Viking Penguin, Londres, 292 p.

9. Patrick Forterre a imaginé une origine bactérienne à partir d'unions entre des virus à ADN et des protocellules à ARN. Forterre P., 2006, « Three RNA cells for ribosomal lineages and three DNA viruses to replicate their genomes : a hypothesis for the origin of cellular domain », *Proceedings of the National Academy of Sciences,* USA, 103, pp. 3669- 3674.

10. Boyer M. *et al.,* 2009, « Giant *Marseillevirus* highlights the role of amoebae as a melting pot in emergence of chimeric microorganisms », *Proceedings of the National Academy of Sciences* (USA), 106, pp. 21848-21853.

11. Claverie J.M., 2006, « Viruses take center stage in cellular evolution », Genome Biology, 7 : 110. Raoult D. et Forterre P., 2008, « Redefining viruses : lessons from Mimivirus », *National Review of Microbiology,* 6, pp. 315 – 319. Une synthèse de toutes les opinions concernant le statut des virus dans l'évolution a été publié par Patrick Forterre. Forterre P., 2010, « Giant viruses : conflicts in revisting the virus concept », *Intervirology,* 53, pp. 362-378.

12. Steering group for the workshop on size limits of very small microorganisms. Space Studies Board. Commission on Physical Sciences, Mathematics, and Applications. National Research Council, 1999, *Size limits of very small microorganisms,* Washington, D.C. : National Academy Press, 148 p.

13. Depuis les conclusions théoriques du congrès sur les plus petites formes des vivants, les plus petits micro-organismes ont été découvertes. Certains de ces microbes, des bactéries appelées « Archeal Richmond Mine Acidophilic Nanoorganisms » (ARMAN),

du phylum des archées, ont un diamètre de 200 nanomètres (0,2 micron) et un volume de 0,006 micromètre cubique.

Baker B. J *et al.,* 2006, « Lineages of acidophilic Archaea revealed by community genomic analysis », *Science,* 314, pp. 1933-1935.

Les plus petits microbes du phylum des eubactéries ont été trouvés piégés dans des glaces âgées de 120 000 ans. Ils ont un volume compris entre 0,011 et 0,07 micromètre cubique et passent à travers des filtres de 0,2 micron.

Miteva V.I., Sheridan P.P. et Brenchley J.E., 2004, « Phylogenetic and physiological diversity of microorganisms isolated from a deep Greenland ice core », *Applied and Environmental Microbiology,* 70, pp. 202-213.

Miteva V.I. et Brenchley J.E., 2005, « Detection and isolation of ultrasmall microorganisms from a 120,000-year-old Greenland glacier ice core », *Applied and Environmental Microbiology,* 71, pp. 7806-7818.

14. Gil R., Silva F.J., Peretó J. et A. Moya A., 2004, « Determination of the core of a minimal bacterial gene set », *Microbiology and Molecular Biology Reviews,* 68, pp. 518-537.

15. Ces bactéries comme *Hodgkinia cicadicola* sont des symbiontes de plantes (des cycas). McCutcheon J.P., Bradon R., McDonald B.R. et Moran N.A., 2009, « Origin of an alternative genetic code in the extremely small and GC – rich genome of a bacterial symbiont », *PLoS genetics,* 5(7): e1000565.

16. Gibson D.G. *et al.,* 2010, « Creation of a bacterial cell controlled by a chemically synthesized genome », *Science,* 329, pp.52-56.

17. Le terme de "*LUCA*" (dernier ancêtre commun universel) a été proposé lors d'un colloque tenu à Tourtour près de Nice en 1996.

Lazcano, A. et Forterre P., 1999, « The molecular search for the last common ancestor », *Molecular Evolution,* 49, pp. 411-412. Voir aussi : Forterre P. 2007, *Microbes de l'enfer,* Belin-Pour la Science, coll. Regards, Paris, 251 p.

18. Carl Woese a souligné le fait que la notion d'ancêtre universel ne doit pas être considérée comme une entité discrète (unique). C'est selon lui une communauté de cellules qui survivent et évoluent en tant qu'unité biologique : l'ancêtre commun a une histoire physique mais pas d'histoire généalogique.

Woese C.R., 1998, « The universal ancestor », *Proceedings of the National Academy of Sciences,* USA, 95, pp. 6854-6859.

19. Enfin le terme de « *Cenancestor* », suggéré par Walter Fitch et Kim Upper en 1987 concerne un ensemble ancestral (bactéries) commun à tous les organismes actuels (du grec *kainos* = récent et *koinos* = commun). Fitch W.M. et Upper K., 1987, « The phylogeny of tRNA sequences provides evidence for ambiguity reduction in the origin of the genetic code », *Cold spring Harbor Symposia of Quantitative Biology,* 52, pp. 759-767

20. Le terme de « *progenote* » a été proposé par Carl Woese et George Fox en 1977 pour nommer les formes pré-bactériennes les plus primitives. Woese C.R. et Fox G.E., 1977, « The concept of cellular evolution », *Journal of Molecular Evolution,* 10, pp. 1-6.

21. Le biochimiste russe Alexandre I. Oparine (1884-1980), fut le pionnier des alchimistes de la vie. Il a initié une nouvelle science : la chimie prébiotique. Son travail initial, publié en 1924, fut retouché à plusieurs reprises dans diverses éditions.

Oparine A.I., 1965. *L'origine de la vie sur la Terre.* Masson, Paris, 515 p.

22. Miller S.L., 1953, « A production of amino acids under possible primitive Earth conditions », *Science,* 117, pp. 528-529.

23. Meierhenrich U.J. *et al.,* 2004, « Identification of diamino acids in the Murchison meteorite », *Proceedings of the National Academy of Sciences,* USA, 101, pp. 9182-9186. Muñoz Caro, G.M. *et al.,* 2002, « Aminoacids from ultraviolet irradiation of interstellar ice analogues », *Nature,* 416, pp. 403-406. Bernstein M.P. *et al.,* 2002, « Racemic amino acids from the ultraviolet photolysis of interstellar ice analogues », *Nature,* 416, pp. 401-403.

Meierhenrich U.J. *et al.*, 2005, « Asymmetric vacuum UV photolysis of the amino acid leucine in the solid state », *Angewandte Chemie International Edition*, 44, pp. 5630-5634.

24. Shapiro R., 2006, « Small molecule interactions were central to the origin of life », *The quarterly review of biology*, 81, pp. 105-126.

Shapiro R., 2007, « Les premiers pas de la vie », *Pour la Science*, 359, pp. 42-48.

25. En 2008, des chercheurs ont réussi à créer artificiellement un chromosome entier en copiant la séquence connue des nucléotides d'un chromosome de mycoplasme. Cette prouesse biotechnologique ne permet pas de mettre en évidence un quelconque processus minéral ayant conduit à créer le premier gène autoreproductible.

26. C'est l'éthologue Richard Dawkins, professeur à Oxford (Grande-Bretagne) qui développa en 1976 une théorie de la génération moléculaire spontanée à partir d'une amorce auto reproductrice, qu'il appelle le replicateur. Il décrit par le menu détail les phases hypothétiques de son élaboration. Sa théorie est imaginaire, elle n'est fondée sur aucune preuve.

Dawkins R., 1996, *Le gène égoïste*, Odile Jacob, coll. Opus, Paris, 459 p.

Cette idée a été reprise par d'autres auteurs dont les prix Nobel Walter Gilbert, à l'origine du concept du « monde à ARN » et Christian de Duve, qui a publié une synthèse des avancées techniques et théoriques sur ce thème.

Gilbert W., 1986, « The RNA world », *Nature*, 319, p. 618.

Duve C. de, 2005, *Singularités. Jalons sur les chemins de la vie*, Odile Jacob, Paris, 296 p.

27. Plusieurs équipes de chercheurs ont obtenu quelques résultats dans la sélection des bonnes formes de molécules pour construire l'ARN en utilisant comme support des minéraux (notamment des argiles comme la montmorillonite). Un biologiste allemand, Günter Wächtershäuser, est à l'origine de ces tentatives.

Wächershäuser G., 1988, « Before enzymes and templates : theory of surface metabolism », *Microbiological Reviews*, 52, pp. 452-484.

Wächtershäuser G., 1990, « Evolution of the first metabolic cycles », *Proceedings of the National Academy of Sciences*, USA, 87, pp. 200-204.

Hazen R.M., Filley T.R. et Goodfriend G.A., 2001, « Selective adsorption of L- and D-amino acids on calcite : implications for biochemical homochirality », *Proceedings of the National Academy of Sciences*, USA, 98, pp. 5487-5490.

Ertem G. et Ferris J.P., 1996, « Synthesis of RNA oligomers on heterogeneous templates », *Nature*, 379, pp. 238-240.

Ferris J.P., Hill Jr. A.R., Liu R. et Orgel L.E., 1996, « Synthesis of long prebiotic oligomers on mineral surfaces », *Nature*, 381, pp. 59-61.

Ertem G. et Ferris J.P., 1998, « Formation of RNA oligomers on Montmorillonite : site of catalysis », *Origin of life and evolution of the biosphere*, 28, pp. 485-499.

28. C'est d'abord Alexander G. Cairns-Smith qui a imaginé l'hypothèse de la formation de l'ADN dans un moule d'argile. D'après lui, c'est l'organisation cristalloïde de la kaolinite qui a pu servir de gabarit à l'amorce d'ADN. Cairns-Smith n'élimine pas pour autant l'hypothèse de la panspermie : de l'inoculation de la Terre par des bactéries venant d'ailleurs, l'ADN se serait ainsi formé la première fois ailleurs.

Cairns-Smith A.G., 1982, *Genetic takeover and the mineral origins of life*, Cambridge University Press, Cambridge, 477 p.

Cairns-Smith A.G. et Hartman H., 1986, *Clay Minerals and the origin of life*, Cambridge University Press, Cambridge, 171 p.

Cairns-Smith A.G., 1990, *L'énigme de la vie. Une enquête scientifique*, Odile Jacob, Paris, 204 p.

C'est ensuite Leslie E. Orgel, (1927-2007), qui proposa des hypothèses de synthèse de la vie à partir de molécules plus simples que l'ADN (l'ARN), polymérisées directement dans des interstices rocheux. Ces molécules auraient catalysé la formation des précurseurs de la vie.

Joyce G.F. et Orgel L.E., 1993, « Prospects for understanding the origin of the RNA Word », *in: The RNA world*, R.F. Gesteland et J.F. Atkins (eds.), Cold Spring Harbor Laboratory Press, Cold Spring Harbor, pp. 1-25.

Liu R. et Orgel L.E., 1998, « Polymerization on the rocks: amino acids and arginine », *Origins of Life and Evolution of the Biosphere*, 28, pp. 245-257.

Ce même L.E. Orgel s'est associé au prix Nobel Francis Crick pour imaginer l'arrivée de la vie sur Terre dans un vaisseau spatial qui se serait écrasé sur notre planète, il y a 3,9 milliards d'années.

29. Genèse, 2 : 7: « Alors l'Éternel Dieu forma l'homme de la poussière de terre, et souffla dans ses narines une respiration de vie. »

30. L'expression « soupe originelle » (*primordial soup*) a été proposée en 1929 par le généticien britannique John B.S. Haldane (1892-1964).

31. Dès 1922, le biochimiste soviétique Alexandre I. Oparine réussi à créer de petites structures sphériques appelées *coacervats* à partir d'une émulsion contenant des protéines et de la gomme arabique. Ces sphérules en suspension mesurent quelques microns de diamètre. Depuis, en l'absence de vie, plusieurs équipes synthétisent des vésicules analogues aux membranes des cellules.

Nous devons au biochimiste belge, prix Nobel, Christian de Duve des percées significatives dans les connaissances de l'organisation structurelle et fonctionnelle de la cellule vivante. Dans un ouvrage très documenté, il évoque toutes les hypothèses relatives à la formation des parois et des premiers gènes, tout en reconnaissant qu'elles mènent toutes à des impasses. Aucune n'a été expliquée à ce jour. Il se réfère à un hasard extraordinaire pour aboutir, selon lui brusquement, à l'émergence d'une molécule capable de se répliquer et de piloter la formation d'autres molécules.

Duve C. de, 1996, *Poussière de vie. Une histoire du vivant,* Fayard, Paris, 590 p.

32. Il faut citer notamment l'équipe de Jack Szostak ayant réussi à associer un zeste d'ARN et des vésicules autoreproductibles formant des « protocellules ». Cette synthèse est catalysée par une sorte d'argile: la montmorillonite.

Szostak J.W., Bartel D.P. et Luisi P.L., 2001, « Synthesizing life », *Nature,* 409, pp. 387-390.

Hanczyc M.M., Fujikawa S.M. et Szostak J.W., 2003, « Experimental models of primitive cellular compartments: encapsulation, growth and division », *Science,* 302, pp. 618-622.

33. Trois livres de vulgarisation ont été publiés par le prix Nobel de médecine Christian De Duve dans lesquels sont largement exposées toutes les recherches relatives aux mécanismes possibles ayant conduit à la vie.

Duve C. de, 1995, *Poussière de vie. Une histoire du vivant,* Fayard, Paris, 590 p.

Duve C. de, 2002, *À l'écoute du vivant,* Odile Jacob, Paris, 402 p.

Duve C. de, 2005, *Singularités. Jalons sur les chemins de la vie,* Odile Jacob, Paris, 296 p.

Chapitre 5 (pp. 103-125)

1. La nature des premières molécules du vivant datées de 3,8 milliards d'années et de certains fossiles de bactéries datés de près de 3,5 milliards d'années ont été vivement contestés depuis 2002. Voir le chapitre 2 et les références des publications initiales et des contestations et réponses (notes n° 5 à 7).

2. Par commodité, j'ai donné le nom de chimio-bactérie pour souligner leur mode de fonctionnement. Une partie de ces bactéries fait partie des archées. Depuis leur découverte dans les années 1970, le nombre d'espèces d'archées identifiées ne cesse d'augmenter et leurs propriétés stupéfiantes sont de mieux en mieux décrites.

3. Ce sont essentiellement les archéobactéries (archées) qui sont thermo-résistantes. Les autres bactéries (les eubactéries à quelques exceptions près comme les genres *Aquifex* et

Thermotoga) et tous les eucaryotes ne supportent pas une exposition prolongée supérieure à 60 °C. L'histoire des recherches et celle des principaux chercheurs ayant découvert les bactéries thermorésistantes ont été décrites dans un livre passionnant par Patrick Forterre. Forterre P. 2007, *Microbes de l'enfer*, Belin-Pour la Science, coll. Regards, 252 p.

4. Ces archées hyperthermophiles ont été trouvées en grand nombre dans des forages effectués en mer au large de Seattle et Vancouver, dans une zone d'activité magmatique élevée. Le record de résistance à de hautes températures est de 113 °C pour une souche de *Pyrolobus fumarii* se développant dans une source thermale italienne (découverte par Karl O. Setter). Un autre record est détenu par la souche d'archée « 121 » se développant à 121 °C (elle résiste 2 h à 130 °C) provenant de cheminées sous marines du Pacifique (détroit de San Juan de Fuca, Amérique du Nord). Ce dernier record publié par Derek Lovley et Kazem Kashefi de l'université de Massachusetts (États-Unis) est débattu. Stetter K.O., 1999, «Smallest cell sizes within hyperthermophilic Archea ("Archaebacteria")», *in*: *Space Studies Board. Commission on Physical Sciences, Mathematics, and Applications. Size limits of very small microorganisms,* The National Academy Press. Proceedings of a Workshop, Washington, DC, 68-73. Kashefi K. et Lovley D.R., 2003, «Extending the upper temperature limit for life», *Science*, 301, p. 934. Un autre record bien plus stupéfiant a porté sur des bactéries prélevées à 340 °C puis maintenues en culture à 250 °C sous une pression de 265 atmosphères. Ce record a été contesté. Il reste qu'une revue de renom (*Nature*), faisant vérifier ce qu'elle publie par des arbitres professionnels, a laissé publier cette observation. C'est bien la preuve que les archéobactéries (archées) sont tellement surprenantes qu'il est admissible de leur attribuer des propriétés invraisemblables ! Baross J.A. et Deming J.W., 1983, «Growth of 'black smoker' bacteria at temperatures of at least 250 °C», *Nature,* 303, pp. 423-426. Trent J.D., Chastain R.A. et Yayanos A.A., 1984, «Possible artefactual basis for apparent bacterial growth at 250 °C ?», *Nature,* 307, pp. 737-740. Baross J.A. et Deming, J.W., 1984, «Reply to Trent *et al.*», *Nature,* 307, p. 740.

5. Ces archéobactéries sont qualifiées de psychrophiles. C'est en 1998 qu'une équipe de chercheurs a décrit des oasis de vie bactérienne sous la glace dans une des régions les plus froides du monde (l'Antartique). Priscu J.-C. *et al.,* 1998, «Perenial Antartic lake ice : an oasis for life in a polar desert», *Science,* 280, pp. 2095-2098.

6. Ces archéobactéries sont qualifiées d'acidophiles.

7. Ces archéobactéries sont qualifiées d'hyper halines.

8. Ces archéobactéries sont qualifiées de méthanogènes.

9. C'est le microbiologiste américain Carl R. Woese qui découvrit en 1970 leur particularité. Appelées extrêmophiles, il put constater que la plupart d'entre elles avaient des caractéristiques très différentes des autres bactéries. Elles furent baptisées *archéobactéries* ou *archées.* Ces chimio-bactéries de l'extrême ont des parois insensibles à la chaleur ; des ribosomes, de l'ADN et un code génétique différents de toutes les autres bactéries appelées eubactéries. Woese C.R., 1987, «Bacterial Evolution», *Microbiological Reviews,* 51, pp. 221-271.

10. Stevens T.O. et McKinkley J.-P., 1995, «Litoautotrophic microbial ecosystem in deep basalt aquifers», *Science,* 270, pp. 450-454.

11. Gold T., 1992, «The deep, hot biosphere», *Proceedings of the National Academy of Science,* États-Unis, 89, pp. 6045-6049.

12. Gold T., 1999, *The deep hot Biosphere. The myth of fossil fuels,* Springer-Verlag, Copernicus Books, New York, 243 p.

13. Encrenaz T., 2004, *À la recherche de l'eau dans l'Univers,* Belin-Pour la Science, 176 p.

14. Cela correspond à la période de l'Archéen (éon).

15. Ce que nous nommons «bactéries végétales» comprend aujourd'hui l'ensemble des bactéries photosynthétiques qui font partie des eubactéries. On trouve dans ce groupe les bactéries pourpres dont la chlorophylle archaïque (bactériochlorophylle) est située

dans des vésicules, les chlorobactéries (quelques rares espèces pour ces deux groupes) et les cyanobactéries. Ce dernier groupe, à l'origine de l'oxygène sur Terre, est composé aujourd'hui de près de 2000 formes différentes ayant reçu par le passé un nom de genre et d'espèce, mais seulement 150 ont été distinguées selon les séquences de l'ARN 16S. Chez ces cyanobactéries, la chlorophylle est située sur des membranes internes (les thylakoides). La couleur verte de la chlorophylle est masquée par d'autres pigments, les phycobiliproteines, donnant des couleurs vert bleu (bleu cyan) ou pourpre à ces espèces. Ce sont les cyanobactéries qui ont laissé sur Terre les plus anciennes formes ou formations fossiles (voir chap. 2) et sont à l'origine de l'oxygène sur Terre (voir chap. 2 et 8). Elles ont ainsi permis l'émergence des premières cellules animales et végétales (organismes eucaryotes ne pouvant vivre qu'en présence d'oxygène). Elles sont également à l'origine de tous les végétaux chlorophylliens : les chloroplastes contenant la chlorophylle des végétaux ne sont rien d'autre que d'anciennes cyanobactéries apprivoisées (symbiotiques) (voir chap. 6). Enfin les formes pluricellulaires de ces bactéries végétales, présentant des cellules différenciées, sont apparues avant 2,85 milliards d'années, époque des premières cellules eucaryotes unicellulaires (voir chap. 6). Cette organisation en civilisation de cellules unies aux fonctions différentes pourrait être à la base de la 3e genèse du vivant : l'apparition, deux milliards d'années plus tard, des formes pluricellulaires et différenciées chez divers groupes indépendants de végétaux, de champignons et d'animaux (voir chap. 9).

16. J'ai nommé « bactéries champignons » l'ensemble des bactéries (eubactéries), qui se nourrissent de matière organique. Ces hétérotrophes sont des décomposeurs primaires, parasites ou symbiontes.

17. Actinomycètes : bactéries filamenteuses ressemblant aux hyphes des champignons.

18. La plus grande bactérie connue est un symbionte d'un poisson chirugien : *Epulopiscium fishelsoni,* elle mesure jusqu'à 0,6 x 0,08 mm. Angert E. R., Clements K. D. et Pace N. R., 1993, « The largest bacterium », *Nature,* 362, pp. 239-241.)

19. Les plus petites bactéries connues, appelées « Archeal Richmond Mine Acidophilic Nanoorganisms » (ARMAN), du phylum des archées, ont un diamètre de 200 nanomètres (0,2 micron) et un volume de 0,006 micromètre cubique. Baker B. J *et al.,* 2006, « Lineages of acidophilic Archaea revealed by community genomic analysis », *Science,* 314, pp. 1933-1935.

20. La nomenclature bactérienne moderne a pris naissance le 1er janvier 1980 lorsque les listes approuvées de noms de bactéries furent publiées dans la revue *International Journal of Systematic Bacteriology.* Un comité international de systématique des procaryotes (ICSP) juge sur la validité des nouveaux taxons (*International Committee on Systematics of Procaryotes*) en appliquant le code international de la nomenclature des procaryotes. Le grand ménage effectué dans le royaume des bactéries a fait passer le nombre de taxons de 29000 à 6250 (en 2004). Mais depuis, il est incrémenté au rythme de 300 à 500 par an. Un site Internet permet de suivre l'évolution dynamique de la biodiversité validée des bactéries (intitulé LBSN – List of Bacterial names with Standing in nomenclature), il est régulièrement mis à jour par Jean-Paul Euzéby (http//www.bacterio.cict.fr). Des manuels, régulièrement réédités donnent aux spécialistes les dernières subtilités de la taxonomie des bactéries, voir les ouvrages suivants : Garrity G.M. (ed.), 2001-2004, *Bergey's Manual of Systematic Bacteriology,* 2e edition (5 volumes), Spinger-Verlag, New York. Holt J.G. (ed.), 2002, *Bergey's Manual of Déterminative Bacteriology.* 9e edition, Spinger-Verlag, New York.

21. Quatre mille génomes très différents sont présents dans un échantillon d'un gramme de sol. Torsvik V., Goksoyr J. et Daae F.L., 1990, « High diversity in DNA of soil bacteria », *Applied and Environnemental Microbiology,* 56, pp. 782-787.

22. Whitman W.B., Coleman D.C. et Wiebe W.J., 1998, « Prokaryotes : the unseen majority », *Proceedings of the National Academy of Sciences,* États-Unis, 95, pp. 6578-6583. McInerney J.O., Mullarkey M., Wernecke M.E. et Powell R., 2002, « Bacteria and Archaea : molecular techniques reveal astonishing diversity », *Biodiversity,* 3(2), pp. 3-10.

23. Les plus communes sont des *Rivularia* (cyanobactéries).
24. Les plus communes sont des *Lyngbya* (autres cyanobactéries).
25. Plusieurs espèces d'*Oscillatoria* (autres cyanobactéries) sont douées de contractions synchrones donnant une mobilité au filament cellulaire.
26. Schopf, J.W., 2002, « When did life begin ? », *in : Life's origin. The beginnings of biological evolution,* Ed. J.W. Schopf, University of California Press, Berkeley, pp. 158-179.
27. Virus, plasmides ou ponts cytoplasmiques (des pilli) entre deux bactéries sont les vecteurs de transferts de gènes.
28. L'émergence de souches résistantes est si rapide que la transmission d'un caractère acquis a même été évoquée. L'hypothèse est la suivante : au cours de la courte existence d'une bactérie, celle-ci « apprendrait » à se défendre. La « leçon » modifierait son matériel génétique. Elles transmettraient ainsi à leurs descendants un avantage acquis : c'est le mécanisme de l'évolution imaginée par Lamarck. Ces caractères semblant acquis chez les bactéries sous l'effet d'une forte sélection du milieu sont vraisemblablement dues à des mutations rapides suivies de transferts des gènes modifiés. Le nombre très élevé d'individus et le temps de reproduction très court peuvent renforcer l'impression de l'acquisition de nouveaux caractères en quelques heures ou jours.
29. Woese C.R., 1981, « Les archaeobacteries », *Pour la Science,* 46, pp. 56-69.
30. Une filiation originale de ces groupes avec les eucaryotes a été présentée par le microbiologiste américain Carl. R. Woese qui a été le premier à distinguer les archéobactéries des eubactéries : Woese C.R., 1993, « There must be a prokaryote somewhere : microbiology's search for itself », *Microbiological Reviews,* 58, pp. 1-9.
31. Stephen J. Gould a défendu cette opinion de façon remarquable. Gould S.J., 1997, *L'éventail du vivant. Le mythe du progrès,* Seuil, coll. Science ouverte, Paris, 304 p. (voir le chapitre 14 : « Le triomphe des bactéries ou l'illusion de la mouche du coche »).
32. Hammond P.M., 1995, « Described and estimated species numbers : an objective assessment of current knowledge », *in* : *Microbial diversity and ecosystem function,* D. Allsopp, D.L. Hawksworth et R.R. Colwell (eds), CAB International, (Commonwealth Agricultural Bureaux), Wallingford, Royaume-Uni, pp. 29-71.
33. Whitman W., Coleman D. et Wiebe W., 1998, « Prokaryotes : the unseen majority », *Proceedings of the National Academy of Sciences,* États-Unis, 95, pp.6578-6583.
34. Vreeland R.H., Rozenzweig W.D. et Powers D.W., 2000, « Isolation of a 250 million-year-old halotolerant bacterium from a primary salt crystal », *Nature,* 407, pp. 897-900. Cette observation a été contestée et débattue (voir références 3 à 6 du chapitre 3).

Chapitre 6 (pp. 127-168)
1. En fait, il ne s'agit que d'une référence au concept très vulgarisé des règnes du vivant car si les champignons ont été considérés jusqu'à la fin du XXe siècle comme des végétaux, la génétique démontre maintenant que les champignons sont plus proches des animaux que des végétaux !
2. Par exemple, les ascidies (des urochordés ou tuniciers), qui, à l'âge adulte, vivent fixés dans l'eau.
3. Meinesz A., 1997, *Le Roman noir de l'algue "tueuse".* Caulerpa taxifolia *contre la Méditerranée,* Belin, Paris, 320 p.
4. En Australie, 24 millions hectares d'*Opuntia* ont été en grande partie détruits par le petit papillon *Cactoblastis cactorum,* agent de lutte biologique très efficace.
5. Un ouvrage collectif et plusieurs publications évoquent cette lutte biologique dangereuse. Center T.G., Frank J.H. et Dray F.A. J.-R., 1997., « Biological control », *in : Strangers in paradise. Impact and management of nonindigenous species in Florida, D.* Simberloff, D. C. Schmitz et T. C. Brown (eds), Island Press, Washington D.C., pp. 245-263. Simberloff D. et Stiling P., 1996, « How risky is biological control ? », *Ecology,* 77, pp. 1965-1974.

Simberloff D. et Stiling P., 1996, « Risks of species introduced for bioloical control », *Biological conservation*, 78, pp. 185-192. Stiling P., 2002, « Non-target effects of the biological control agent *Cactoblastis cactorum* in the US and beyond », *Biological Invasions*, 4, pp. 273-281.

6. Thibaut T., Meinesz A., Amade P., Charrier S., De Angelis K., Ierardi S., Mangialajo L., Melnick J. et Vidal V., 2001, « *Elysia subornata* (Mollusca) a potential control agent of the alga *Caulerpa taxifolia* (Chlorophyta) in the Mediterranean Sea », *Journal of the Marine Biolological Association,* Royaume-Uni, 81, pp. 497-504.

7. Stoecker D.K., Michaels A.E. et Davis L.H., 1987, « Large proportion of marine planktonic ciliates found to contain functional chloroplasts », *Nature,* 326, pp. 790-792.

8. À la place de *symbiose*, les parasitologues préfèrent le terme de *mutualisme*. Un livre très bien documenté du parasitologue français Claude Combes, fait la synthèse des approches sémantiques relatives à tous les types d'associations du vivant. Combes C., 2001, *Parasitism : the ecology and evolution of intimate interactions,* The University of Chicago Press, Chicago, 552 p. Combes C., 2001, *Les associations du vivant. L'art d'être parasite,* Flammarion, Coll. Nouvelle bibliothèque scientifique, Paris, 328 p.

9. Parmi les eucaryotes, seuls des parasites (animaux et végétaux) peuvent vivre en milieu sans oxygène (en anaérobie).

10. Il faut citer en particulier l'hypothèse d'un ancêtre commun aux bactéries (eubactéries et archéobactéries) et aux eucaryotes. Celui-ci représente la première ébauche cellulaire. Cet organisme hypothétique, appelé *LUCA* (Last Universal Common Ancestor), aurait évolué graduellement dans trois directions (archéobactéries, eubactéries et eucaryotes). Voir références n° 19 et 20 du chapitre 4.

11. Parmi les pionniers de la théorie de l'endosymbiose, on trouve plusieurs botanistes russes (C. Merezhkovsky, I.E. Wallin, A. S. Famintsyn et B. M. Kozo-Polyansky). L'histoire de leur approche du sujet a été décrite : Khakhina, L.N. 1979, *Concepts of symbiogenesis* (en russe), Leningrad : Akademie Nauk, URSS (Soviet Academy of Sciences). Traduction anglaise : Khakhina, L.N. 1992, *Concepts of symbiogenesis : a historical and critical study of the research of Russian botanists,* L. Margulis and M. McMenamim (eds), Yale University Press, New Haven, Connecticut, 177 p. Tous ces auteurs ont imaginé le processus d'endosymbiose avec très peu d'éléments. Schimper A.F.W., 1883, « Üeber die entwicklung der chlorophyll-körner und farb-körner », *Botanische Zeitung,* 41, pp. 105-114. Merezhkovsky C., 1905, « Über die Natur und den Ursprung der Chromatophoren im Pflanzenreiche », *Biologisches Centralblatt,* 25, pp. 593-604. Merezhkovsky C., 1910, « Theorie der zwei plasmaarten als grundlage der symbiogenesis, einer neuen lehre von der entstehung der organismen », *Biologisches Centralblatt,* 30, pp. 278-303 ; 321-347 ; 353-367. Wallin I.E., 1927, *Symbionticism and the origin of species,* Williams and Wilkins, Baltimore.

12. Appelée aussi SET (*Serial Endosymbiosis Theory*).

13. Lynn Margulis a publié près de dix ouvrages dont les derniers avec son fils aîné Dorian Sagan. Dans un de ses livres, elle témoigne toute l'adversité qu'elle a rencontrée pour publier sa théorie (manuscrits et publications souvent rejetés et critiqués) : Margulis L. 1998, *Symbiotic planet. A new look at evolution,* Basic Books, Science writers, New York, 147 p. La première publication de Lynn Margulis sur ce sujet date de 1967 (publiée sous le nom de son époux : L. Sagan). Sagan L., 1967, « On the origin of mitosing cells », *Journal of Theoretical Biology,* 14, pp. 255-274. Son premier livre (1970) expose les grandes lignes de la théorie : Margulis L. 1970, *Origin of eukaryotic cells : evidence and research implications for a theory of the origin and evolution of microbial, plant, and animal cells on the Precambrian Earth,* Yale Univ. Press, New Haven and London, 349 p. Sa première publication de vulgarisation date de 1971 : Margulis L., 1971, « Symbiosis and evolution », *Scientific American,* 225, pp. 48-57. Parmi les autres ouvrages majeurs : Margulis L., 1981, *Symbiosis in cell evolution : life and its environment on the early Earth,* W.H. Freeman and Co., San Francisco, 419 p. Margulis L., 1993, *Symbiosis in cell evolution ; microbial communities in*

the Archean and Proterozoic eons, W.H. Freeman and Co, New York, 452 p. Margulis L. et Sagan D., 2002, *Acquiring genomes. A theory of the origin of species. Perseus,* New York, 240 p.

14. Durant les années 1999 à 2008 on a considéré la date de 2,7 milliards d'années comme une période où les eucaryotes étaient déjà apparus (présence d'hydrocarbures caractéristiques de la biosynthèse des eucaryotes dans des schistes d'Australie). Mais en 2008 cette donnée à été contestée : ces traces chimiques seraient des contaminations plus récentes. Brocks J.J., Logan G.A., Buick R. et Summons R.E., 1999. «Archean molecular fossils and the early rise of eukaryotes», *Science*, 285, pp. 1033-1036.

Rasmussen B., et al., 2008, « Reassessing the first appearance of eucaryotes and cyanobacteria », *Nature*, 455, pp. 1101-1104.

Mais une autre étude fondée sur des biomarqueurs donne -2,6 mlilliards d'années pour l'apparition des cyanobactéries et des eucaryotes. Waldbauer J.R. *et al.*, 2009, « Late Archean molecular fossils from the Transvaal Supergroup record the antiquity of microbial diversity and aerobiosis », *Precambrian Research*, 169, pp. 28-47.

15. Les mycoplasmes, eubactéries parasites actuelles, représentent un bel exemple de bactérie dépourvue de paroi rigide.

16. C'est le cytosquelette, il est commun à tous les eucaryotes. C'est un réseau de fibres intracellulaires constitué de trois grandes familles de protéines filamenteuses. Ils sont épais (filaments de tubuline ou microtubule), fins (composés d'actine ou micro-filaments) ou présentent une structure intermédiaire.

17. Ce sont surtout les myxomycètes ou mycétozoaires qui présentent ce comportement.

18. C'est la phagocytose.

19. La mitochondrie des eucaryotes dérive sans doute des protéobactéries alpha, dont certains représentants actuels (*Rickettsia prowazekii,* agent du typhus) sont des parasites intracellulaires (ils entrent dans les cellules hôtes parasitées par phagocytose).

20. Martin W. et Müller M., 1998, «The hydrogen hypothesis for the first eukaryote», *Nature,* 392, pp. 37-41.

21. Dans l'hypothèse défendue par Martin et Müller (référence précédente) les bactéries ingérées sont devenues des hydrogénosomes (organites avec une double membrane dégageant de l'hydrogène) avant de se transformer en mitochondries.

22. Protistes animaux (protozoaires).

23. Les mitochondries sont absentes de certains parasites unicellulaires eucaryotes qui vivent à l'abri de l'oxygène. Mais dans le patrimoine génétique de ces cellules diversifiées, parasites de pluricellulaires apparues qu'il y a moins de 600 millions d'années, la trace de la coaptation de la bactérie-mitochondrie reste inscrite dans les gènes.

24. Chez les glaucophytes, phylum d'algues unicellulaires, le plaste est encore entouré d'une paroi de type bactérien.

25. Cela s'observe chez les cryptophytes. Chez les représentants de ce phylum d'algues unicellulaires, le noyau «dominé» et atrophié est appelé nucléomorphe.

26. Les gènes opérationnels des eucaryotes proviennent des eubactéries et les gènes informationnels des archées. Lake J.A., 2007, «The bizarre absence of gene classes in Eucaryotes is key to understanding thier evolution and complex links with prokaryotes», *Nature,* 446, p. 983.

27. Ce sont des bactériophages, des plasmides conjugatifs.

28. C'est la mitose ou division équationnelle.

29. C'est la méiose ou division réductionnelle ou réduction chromatique. Ainsi, dans un cycle complet de la vie d'un animal ou d'un végétal il y a, à un moment, un «mariage» de chromosomes similaires (ou fécondation conduisant au doublement du nombre de chromosomes), il se poursuit par la phase diploïde du cycle. À un autre moment s'effectue un «divorce» (conduisant par méiose à la production des cellules sexuées ayant un seul jeu de chromosomes), suivi de la phase haploïde du cycle.

30. C'est la gamie, qui signifie mariage (ce terme est utilisé comme suffixe dans monogamie, bigamie ou polygamie).

31. Maynard Smith J. et Szathmary E., 1999, *The origin of life. From the birth of life to the origin of language,* Oxford University Press, Oxford, New York, 180 p.

32. La théorie de l'apparition de la reproduction sexuée par des protistes cannibales a été exposée par Lynn Margulis et Dorion Sagan en 1986. Margulis L. et Sagan D., 1986, *Origins of sex : three billion years of genetic recombination,* Yale University Press, New Haven C.T., London, 259 p.

33. La fusion des noyaux est appelée caryogamie.

34. La grande majorité des champignons comestibles fait partie des basidiomycètes.

35. Le phénomène de fusion cellulaire sans fusion des noyaux s'appelle périttogamie ou somatogamie.

36. Les mycéliums secondaires sont formés de cellules appelées dicaryons (cellules dicaryotiques), elles contiennent deux noyaux.

37. Les échanges de segments de chromatides homologues interviennent lors de la prophase de la première division de la méiose. C'est le prix Nobel Thomas H. Morgan (1866-1945) qui, en 1910, a créé le concept de *crossing-over*, pour décrire les recombinaisons de chromatides.

38. Par exemple les espèces de diatomées (straménopiles), vivant dans le plancton des océans et des lacs, se reproduisent essentiellement par simple division cellulaire (mitose). Il en est de même chez les représentants des phylums des glaucophytes, des cryptophytes et des haptophytes où la sexualité est, hormis quelques très rares cas, inconnue.

39. L'acquisition des flagelles a fait l'objet d'une théorie différente de celles exposées précédemment. Publiée en 2000, elle stipule que l'origine des eucaryotes proviendrait d'une association symbiotique entre une archéobactérie (similaire au *Thermoplasma*) associée à des eubactéries (similaires à des *Spirochaetes*) se nourrissant de globules de sulfure. L'ensemble chimérique aurait formé un prototype amiboïde d'eucaryote sans mitochondrie mais avec deux flagelles et un noyau. C'est cette amibe archaïque qui serait à l'origine des autres endosymbioses (intégrant la mitochondrie et le plaste). Margulis L., Dolan M.F. et Guerrero R., 2000, « The chimeric eukaryote : origin of the nucleus from the karyomastigont in amitochondriate protests », *in* : *Variation and evolution in plants and microorganisms. Toward a new synthesis 50 years after Stebbins,* F.J. Ayala, W.M. Fitch et M.T. Clegg (eds), National Academy Press, Washington, DC, 21-34.

40. Les spirochètes, minuscules eubactéries de forme hélicoïdale, présentent une mobilité grâce à leur cytosquelette. Parmi les spirochètes, une espèce est particulièrement connue, il s'agit du *Treponema pallidum* : c'est l'agent de la syphilis.

41. Les phylums dont les représentants n'ont pas la moindre trace de flagelle sont les algues rouges (ou rhodophytes) et l'ensemble des champignons septomycètes (ascomycètes et basidiomycètes) classés dans le phylum des eumycètes.

42. Deux exemples de chimères inclassables, datées de 2,1 milliards d'années, sont représentées par la cellule parasol (le *Kakabekia umbellata)* ou la cellule avec satellites (*Eosphaera*) composée d'une cellule entourée de petite cellules. Des photographies de ces formes étranges figurent dans un ouvrage de J. William Schopf (voir chap. 8 : Fig. 22 B et 23 A pp. XI-XX). Schopf W.J., 1999, *Cradle of life. The discovery of Earth earliest fossils,* Princeton University Press, Princeton, 367 p.

43. Le paléontologue américain David M. Raup a présenté dans un livre des calculs de survie des divers niveaux hiérarchiques de la biodiversité (phylums, embranchements, classes, ordres, familles, espèces…) face à un cataclysme. Pour lui, la vie a traversé les épisodes apocalyptiques comme si elle traversait un champ de tir (« a field of bullets »). Il évalue les chances de survie des divers niveaux de la biodiversité selon la densité du tir (comparé aux cinq épisodes cataclysmiques qui ont bouleversé la vie depuis l'émergence rapide des animaux au Cambrien). À l'époque de l'émergence des eucaryotes, et durant

les deux milliards d'années d'évolution qui ont suivi, les niveaux hiérarchiques devaient être réduits. De nombreuses associations endosymbiotiques différentes, ayant chacune une potentialité de créer un phylum distinct, vivaient dans un milieu relativement homogène essentiellement par subflotaison. Nous pouvons raisonnablement penser que les cataclysmes précambriens ont eu un impact bien plus déterminant sur la sélection aveugle des phylums (et plans d'organisation naissants) que les impacts des cinq derniers cataclysmes (ou chaque phylum avait déjà comme représentants de multiples formes adaptées à de multiples milieux, ce qui a favorisé la survie des principaux niveaux hiérarchiques ou plans d'organisation). Raup D.M., 1993, *De l'extinction des espèces. Sur les causes de la disparition des dinosaures et de quelques milliards d'autres*, Gallimard, Col. NRF Essais, Paris, 240 p.

44. Le plus souvent, ces algues brunes décoratives (des phéophycées, straménopiles) appartiennent aux genres *Fucus* et *Ascophyllum*).

45. Les phylums des dinophytes et des euglenophytes correspondent à ces cas. Leurs représentants sont soit autotrophes, soit hétérotrophes.

46. En fait, il s'agit dans ce cas d'un vol de plastes : d'une *kleptoplastie*! Les limaces ont réussi par coévolution à détourner à leur bénéfice les plastes, anciennes cyanobactéries « esclaves » des végétaux verts depuis leur genèse (les premiers eucaryotes ont été formés par endosymbiose il y a 2,85 milliards d'années : voir note 13 chap. 8). Bien « dressées » ou asservies par les végétaux verts, puis volés par les limaces, ces dernières sont arrivées à les faire fonctionner dans leur corps sans toute fois les pérenniser (les dupliquer).

47. La coévolution (néologisme créé par les biologistes) est une succession de pressions sélectives réciproques entre deux organismes vivant l'un en dépendance de l'autre. Au cours de l'évolution, ces derniers acquièrent sans cesse de nouvelles armes de défense ou d'attaque pour ne pas être distancés l'un par l'autre dans le temps.

Chapitre 7 (pp. 169-201)

1. Seuls trois tableaux de Vermeer sont signés et datés.

2. Les instruments suivants ont été représentés : guitare, cistre, luth, trompette, basse de viole ou viole de gambe (sortes de contrebasses), virginal (sorte d'épinette) et clavecin.

3. Cinq cartes différentes lui ont servi de modèle.

4. Ce tableau a été réalisé en 1668.

5. Cette toile, réalisée en 1668-1669, est exposée au *Stadelsches Kunstinstitut* de Francfort.

6. J'ai visité le vieux Delft. La maison de Van Leeuwenhoek n'existe plus (actuellement à sa place on trouve un magasin d'habits) et celle de Vermeer a été scindée en deux (actuellement, pour une moitié, une boutique d'antiquaire). J'ai ainsi pu constater que les deux maisons étaient distantes de 250 pas seulement et que le village de Delft était en 1650 si petit qu'on pouvait en faire le tour en une demie heure. Sachant que le peintre et le savant autodidacte avaient le même age et ont passé toute leur vie à Delft, j'ai compris que ces deux hommes intellectuels devaient être très proches et que Vermeer a du s'intéresser aux travaux de Van Leeuwenhoek. Robert Klitzman a imaginé les circonstances de la commande de l'astronome et du géographe à Vermeer dans une lettre fictive que Van Leeuwenhoek aurait pu écrire à la Royal Society de Londres. D'après Klitzman, Vermeer aurait pu apprendre à Van Leeuwenhoek la technique du dessin nécessaire pour décrire ses observations au microscope. Les dessins de Van Leeuwenhoek illustrent près de 300 lettres réellement envoyées à la Royal Society de Londres. Klitzman R., 2006, « Antoni Van Leeuwenhoek, FRS on Vermeer : a figment of the imagination », *The FASEB Journal*, 20, pp. 591-594.

7. Trois livres récents sont dédiés à la vie et à l'œuvre de Van Leeuwenhoek et un recueil de l'ensemble de ses lettres a également été publié. Ford B.J., 1991, *The Leeuwenhoek legacy. Biopress (Bristol) et Farrand Press*, London, 185 p. (cet auteur relate plus particulièrement sa

découverte de préparations pour microscope dans les lettres de Van Leeuwenhoek gardées dans les archives de la Royal Society de Londres). Boutibonnes P., 1994, *Van Leeuwenhoek, l'excellence du regard,* Belin, coll. Un savant, une époque, Paris, 336 p. (livre très bien documenté sur les recherches de Van Leeuwenhoek et le contexte de son existence). Yount L., 1996, *Antoni Van Leeuwenhoek: first to see microscopic life (Great Minds of Science),* Enslow Publishers, Inc., Berkeley Heights, 128 p.

8. Monade signifie unité simple, indécomposable. Ce terme a été d'abord utilisé par Platon pour les idées. Gottfried Leibniz (1645-1716) fut le premier à définir une monade comme une substance simple dans son ouvrage *Monadologie* (1714).

9. On attribue à Theodor Schwann (1810-1882), physiologiste allemand, considéré comme l'un des fondateurs de l'histologie moderne, le constat que tous les animaux sont constitués de cellules et au botaniste allemand Matthias Schleiden (1804-1881) que toutes les plantes sont formées de cellules.

10. Le paléontologue Stephen J. Gould a consacré un chapitre entier à l'explication du terme «évolution» et à l'historique de son utilisation. Gould S.J., 1979, *Darwin et les grandes énigmes de la vie. Réflexions sur l'histoire naturelle,* Pygmalion, Gérard Watelet, coll. nouveaux horizons, Paris, 320 p. (voir le chap. 3: «L'odyssée du terme "évolution"»).

11. Une analyse pertinente de la «guerre des idées» ayant secoué les milieux de l'intelligentsia américaine relative aux théories de l'évolution et de leurs implications philosophiques et sociales, a été proposée par un philosophe spécialisé dans l'analyse des penchants subjectifs des principaux théoriciens de l'évolution. Ruse M., 1999, *Mystery of Mysteries. Is evolution a social construction?* Havard University Press, Cambridge, 296 p.

12. Les paliers conceptuels ayant amélioré la théorie initiale de Darwin ont été désignés par *néodarwinisme* et *théorie synthétique de l'évolution* ou *synthèse moderne.* Ils correspondent à l'intégration progressive des disciplines biologiques dans le cadre évolutionnaire (caryologie, génétique formelle et moléculaire, génomique...). Quatre auteurs sont à l'origine des concepts de la théorie synthétique de l'évolution: Theodosius Dobzhansky (1900-1975), Ernst Mayr (1904-2005), George Gaylord Simpson (1902-1984) et George Ledyard Stebbins (1906-2000). Ils publièrent leurs concepts entre 1937 et 1950 dans des livres magistraux chez le même éditeur. Dobzhansky T., 1937, *Genetics and the origin of species,* Colombia University press, New-York, 364 p. Mayr E., 1942, *Systematics and the origin of species. A viewpoint of a zoologist,* Colombia University press, New-York, 334 p. Simpson G.G., 1944, *Tempo and mode in evolution,* Colombia University press, New-York, 237 p. Stebbins G.L., 1950, *Variation and evolution in plants,* Colombia University press, New-York, 643 p.

13. Le philosophe Jean Gayon a publié un petit article pertinent sur ces termes trop souvent employés à tort et à travers dans la littérature de l'évolution. Gayon J., 2001, «Hasard et évolution», *in: L'évolution,* H. Le Guyader (ed.), Belin-Pour La Science, Paris, pp. 12-14. Le paléontologue Stephen J. Gould a également disserté sur leur signification trop souvent ambiguë et contre intuitive. Gould S.J., 1996, *Comme les huit doigts de la main. Réflexions sur l'histoire naturelle,* Seuil, coll. points, Paris, 593 p. (voir le chap. 28: «Jeu de hasard et mauvaise vision»).

14. Hasard vient de l'arabe *az-zahr* qui signifie jeu de dés.

15. Pour décrire le hasard, le prix Nobel Jacques Monod utilise la définition de *coïncidence absolue.* Monod J., 1970, *Le hasard et la nécessité. Essai sur la philosophie naturelle de la biologie moderne,* Seuil, Paris, 197 p. (voir p. 128).

16. L'aléa, événement imprévisible, dérive du latin *alea,* le jeu de dés (*aleatorius* et *aleator* se réfère au joueur de dés).

17. «Contingent» vient du latin *contingens*; *contingere* signifiant arriver par hasard. Le principe de contingence, utilisé pour décrire la succession de hasards et d'aléas qui jalonne l'évolution des organismes vivants, a été mentionné la première fois par les prix

Nobel Jacques Monod et François Jacob dans leurs ouvrages respectifs parus tous deux en 1970. Jacob F., 1970, *La logique du vivant,* Gallimard, Paris, 354 p. Monod J., 1970, *Le hasard et la nécessité. Essai sur la philosophie naturelle de la biologie moderne,* Seuil, Paris, 197 p. En 1989, le paléontologue Stephen J. Gould érigea la contingence d'événements comme étant la principale caractéristique globale de l'évolution. Gould S.J., 1991, *La vie est belle. Les surprises de l'évolution,* Seuil, Paris, 390 p.

18. Les auteurs s'amusent à décrire de telles cascades imaginaires. Ainsi Stephen J. Gould illustre ses propos par une cascade commençant par le dégel d'un estuaire se terminant par la rencontre d'un ours et d'un phoque. Gould S.J., 1996, *Comme les huit doigts de la main. Réflexions sur l'histoire naturelle,* Seuil, coll. points, Paris, 593 p. (voir le chap. 28 : « Jeu de hasard et mauvaise vision »). André Langaney a imaginé une autre historiette de cascades d'événements invraisemblables en partant de la mort de « Madame Durand ». Langaney A., 1999, *La philosophie... biologique, Belin,* Paris, 156 p. (voir p. 98).

19. Aujourd'hui encore, il faut être ébloui par la simplicité de la présentation de la découverte de la structure de l'ADN : elle fut exposée sur une seule page, illustrée d'une figure rustique ! Watson J.D. et Crick F.H.C., 1953, « Molecular structure of Nucleic Acids. A structure for Desoxyribose Nucleic Acid », *Nature,* 4356, p. 737.

20. Le terme de *réductionnisme* apparaît dans les ouvrages de biologie à la fin des années 1960. Koestler A. et Smithies J.-R., 1969, *Beyond reductionism : new perspectives in the life sciences* (ouvrage collectif), Hutchinson, London. En France le terme de « réductionniste » fut utilisé la première fois par les prix Nobel François Jacob et Jacques Monod. Jacob F., 1970, *La logique du vivant,* Gallimard, Paris, 354 p. Monod J., 1970, *Le hasard et la nécessité. Essai sur la philosophie naturelle de la biologie moderne,* Seuil, Paris, 197 p. Il fut défendu par la suite par le président de l'Académie des sciences de Paris, François Gros. Gros F., 1986, *Les secrets du gène,* Odile Jacob-Seuil, coll. Points, Paris, 568 p.

21. René Descartes, contemporain de Vermeer et de Van Leeuwenhoek, s'engagea dans l'armée des princes de Nassau pour combattre l'envahisseur espagnol dans les terres des Provinces Unies des Pays-Bas. Il écrivit ses plus beaux textes pendant sa longue retraite en Hollande où il a trouvé la quiétude loin des persécutions. Le *Discours sur la Méthode* fut publié initialement à Leiden, bourgade hollandaise située à moins de vingt kilomètres de Delft. Descartes R. 1637, *Discours de la méthode. Pour bien conduire sa raison et chercher la vérité dans les sciences,* Imprimerie Ian Maire, Leiden. Réédition : 1937. Hachette, coll. classiques illustrés Vaubourdolles, Paris, 97 p.

22. C'est un botaniste néerlandais, Hugo de Vries (1848-1935), qui a le premier découvert les mutations rapides sur des plantes. Il publie entre 1901 et 1903 un ouvrage sur ce sujet, *La théorie de la mutation.* Vries H. de., 1901-1903, *Die mutationstheorie,* Veit & Co., Leipzig ; 2 volumes, 1 : 648 p ; 2 : 753 p. Vries H. de, 1909-1910, « The mutation theory : experiments and observations on the origin of species in the vegetable kingdom », *Open Court Publishing Company,* Chicago, 2 vols. (traduction française : 1909, Alcan Paris, 548 p.) Il fut suivi par Thomas Morgan (1866-1945) qui travailla sur des moucherons (des drosophiles). Pour ses travaux, ayant largement contribué à la théorie chromosomique de l'hérédité, Morgan reçut le prix Nobel de physiologie et de médecine en 1933. Morgan T.H., 1910, « Sex limited inheritance in *Drosophila* », *Science,* 32, pp. 120-122. Morgan T.H., 1911, « The origin of nine wing mutations in *Drosophila* », *Science,* 33, pp. 496-499. Morgan T.H., 1911, « The origin of five mutations in eye color in *Drosophila* and their mode of inheritance », *Science,* 33, pp. 534-537.

23. Monod J., 1970, *Le hasard et la nécessité. Essai sur la philosophie naturelle de la biologie moderne,* Seuil, Paris, 197 p.

24. Les micromutations provoquent des changements infraspécifiques.

25. Les macromutations provoquent des changements d'ordre spécifique (« saut » provoquant la possible transformation d'une espèce en une autre).

26. C'est la *théorie neutraliste* de l'évolution moléculaire initiée par le français Gustave Malécot (1911-1998) et développée par le japonais Motoo Kimura. Kimura M., 1968, « Evolutionary rate at the molecular level », *Nature,* 217, pp. 624-626. Kimura M., 1990, *Théorie neutraliste de l'évolution,* Flammarion, Nouvelle bibliothèque scientifique, Paris, 472 p. Kimura M., 1991, « The neutral theory of molecular evolution : a review of recent evidence », *Japanese Journal of Genetics,* 66, pp. 367-386. Kimura M., 1998, « La théorie neutraliste de l'évolution moléculaire (article *post mortem*) », *in : L'évolution,* H. Le Guyader (ed.), Belin-Pour la Science, Paris, pp. 150-159.

27. Le moine tchèque Gregor Mendel (1822-1884) est le découvreur des lois de l'hérédité. Mais ses études publiées en 1866 furent "découvertes" qu'au début du XXe siècle par Carl Correns (1864-1933), Erich von Tschermak (1871-1962) et Hugo de Vries (1848-1935). Le Guyader H. et Génermont J., 2001, « L'évolution : une histoire des idées », *in : L'évolution,* H. Le Guyader (ed.), Belin-Pour la Science, Paris, pp. 150-159.

28. C'est un biologiste allemand, Auguste Weismann (1834-1914), qui a le premier expliqué les lois de l'hérédité par des enjambements de chromosomes et échanges de portions, juste avant la formation des spermatozoïdes et ovules.

29. En 1908 et 1909, un mathématicien anglais, Harold Hardy (1877-1947), et un médecin allemand, Wilhelm Weinberg (1862-1937), ont formulé indépendamment une loi dite d'équilibre, selon laquelle les fréquences alléliques (les allèles sont des gènes homologues assurant la même fonction mais de façon différente) restent stables de génération en génération dans une population diploïde idéale et ne dépendant que des fréquences de la génération initiale. Hardy G.H., 1908, « Mendelian proportions in a mixed population », *Science,* 28, pp. 49-50. Weinberg W., 1908, « Über den nachweis der vererbung beim menschen », *Jahreshelfe des Vereins für Vaterländische Naturkunde in Württemburg,* 64, pp. 368-382. Weinberg W., 1909, *Über vererbungsgesetze beim menschen. Zeitschrift für Induktive Abstammungs und Vererbungslehre,* 1 : pp. 377-393 et 2 : pp. 440-460.

30. C'est en lisant *Essai sur le principe de population* de Malthus (1766-1834) que Darwin a découvert ce principe essentiel. Malthus T.-R., 1798, *An essay on the principle of population, as it affects the future improvement of society with remarks on the speculations of M. Godwin, M. Condorcet, and other writers,* London : Johnson. Edition française : 1963, *Essai sur le principe de population. Démographie et survivance,* Seghers, Bibliothèque Médiations, Paris, 228 p.

31. C'est l'influence fondamentale du taux différentiel de reproduction dans l'évolution qui est un des apports fondamentaux de Darwin.

32. En 1917, un biologiste anglais D'Arcy Wentworth Thomson (1860-1948), publia un livre remarquable qui fit comprendre aux biologistes l'importance des contraintes physiques et chimiques dans le choix des formes (pour lui déductibles des mathématiques et de la géométrie) émergeant par évolution. Thomson D.W., 1994, *Forme et croissance,* Seuil et du CNRS, coll. Sources du savoir (édition abrégée), Paris, 334 p.

33. Dawkins R. 1989, *L'horloger aveugle,* Robert Laffont, Paris, 381 p.

34. Stephen J. Gould a aussi relevé les termes de *compositeur,* utilisé par Theodosius Dobzhansky ; *poète,* utilisé par George Gaylord Simpson ; *sculpteur,* utilisé par Ernst Mayr et même *Shakespeare,* utilisé par Julian Huxley (1887-1975). Gould S.J., 1997, *Darwin et les grandes énigmes de la vie. Réflexions sur l'histoire naturelle,* Seuil, Paris, 308 p. (voir le chap. 4, *Une oraison funèbre prématurée).*

35. C'est surtout sur le déterminisme aveugle (ou inconscient) du mécanisme de la sélection naturelle cumulative que Dawkins étaye sa démonstration de l'horloger aveugle (et non sur le hasard absolu de situation, des conditions où apparaît une modification induite par de nouvelles informations génétiques). Dawkins R., 1989, *L'horloger aveugle,* Robert Laffont, Paris, 381 p.

36. Stephen J. Gould découvrit que l'ouvrage envoyé par Karl Marx à Darwin n'avait pas été lu en entier car de nombreuses pages sont encore soudées entre elles (le livre

n'avait pas été massicoté par l'imprimeur). Gould S.J., 1979, *Darwin et les grandes énigmes de la vie. Réflexions sur l'histoire naturelle,* Pygmalion, Gérard Watelet, coll. nouveaux horizons, Paris, 320 p. (voir le chap. 1, « Le Silence de Darwin »). Dans ce livre, S.J. Gould avait rapporté une légende selon laquelle Marx souhaitait dédier son livre à Darwin qui refusa poliment. Vingt-cinq ans plus tard, S.J. Gould revient sur cette histoire en expliquant qu'une confusion de destinataire de lettres avait fait croire à tort tout cela à un biographe de Marx. Gould S.J., 2002, *I have landed. The end of a beginning in natural Science,* Harmony books, New York, 418 p. (voir le chap. 6 : « The Darwinian gentleman at Marx's funeral : resolving evolution's oddest coupling »).

37. Pierre Teilhard de Chardin est l'auteur d'une dizaine de livres à ce sujet dont : Teilhard de Chardin P., 1955, *Le phénomène humain,* Seuil, Paris, 348 p. Teilhard de Chardin P., 1956, *L'apparition de l'Homme,* Seuil, Paris, 375 p. Teilhard de Chardin P., 1965, *La place de l'Homme dans la nature. Le groupe zoologique humain,* Seuil, Paris, 173 p.

38. C'est Henri Bergson qui développa la notion de continuité du vivant et de progrès dans l'évolution. « *La vie apparaît comme un courant qui va d'un germe à un germe par l'intermédiaire d'un organisme développé. Tout se passe comme si l'organisme lui-même n'était qu'une excroissance, un bourgeon que fait saillir le germe ancien travaillant à se continuer en un germe nouveau. L'essentiel est la continuité de progrès qui se poursuit indéfiniment, progrès invisible sur lequel chaque organisme visible chevauche pendant le court intervalle de temps qu'il lui est donné de vivre.* » Bergson H., 1907, *L'évolution créatrice,* Librairies Félix Alcan et Guillaumin réunies, Paris, 403 p.

39. Stephen J. Gould a analysé longuement le changement de la considération pontificale envers les principes scientifiques de l'évolution. Gould S.J., 2000, *Et Dieu dit "Que Darwin soit!". Science et religion, enfin la paix ?* Seuil, Paris, 201 p. Avec l'arrivée du Pape Benedict XVI et le développement de la croyance de l'« Intelligent Design » on assiste à de nouvelles oppositions d'idées concernant la genèse de la vie. Ces idéologies spirituelles sont évoquées dans le chapitre 9.

40. Il a fallu près de deux siècles à l'église catholique pour admettre définitivement la théorie de Copernic : la Terre tourne autour du Soleil ! Parue le jour de sa mort en 1543 dans le livre *De revolutionibus orbitum coelestium libri,* elle était destinée au pape Paul III (1468-1549). Ce dernier, très ouvert à la science, l'accepta. Mais, par la suite, le doute l'emporta. L'obscurantisme revint avec le supplice de Giordano Bruno en 1600 (qui soutenait que la Terre bouge et que le monde est infini) et l'abjuration de Galilée en 1633 obtenue par le pape Urbain VIII (1568-1644). Plus d'un siècle plus tard (en 1741) le pape Benoît XIV (1675-1758) reconnu l'héliocentrisme.

41. Pierre Teilhard de Chardin appela cette évolution l'orthogenèse dont la destinée est nommée le point Oméga.

42. Les mormons appliquent ainsi à leur façon un texte de la Bible : comme l'a en effet enseigné le Seigneur, aussi bien les morts que les vivants doivent être baptisés, s'ils veulent entrer dans le royaume de Dieu (voir Jean 3 : 1-5 et Corinthiens 15:29).

43. Allah dit : « Hâtez vous vers le pardon de votre Seigneur et vers un jardin, large comme les cieux et la Terre, préparé pour ceux qui craignent Allah. » (verset 133/9).

44. Jacques Monod (1910-1976) parle de téléonomie, de vie téléonomique (téléo vient du grec *teleo* ou *teleos* "fin, but" et de *teleios* "complet, achevé". Cela suggère que les organismes ont un but, une finalité. Monod J., 1970, *Le hasard et la nécessité,* Seuil, Paris, 197 p.

45. Jacob F., 1970, *La logique du vivant,* Gallimard, Paris, 354 p.

46. Dawkins R., 1996, *Le gène égoïste,* Odile Jacob. coll. Opus, Paris, 459 p.

47. Ridley M., 1996, *Evolution* (2nd ed.), Blackwell, Oxford, 784 p.

48. Crick F. et Orgel L., 1980, « Selfish DNA : the ultimate parasite », *Nature,* 284, pp. 604-607.

49. Dawkins R., 2001, «La loi des gènes. Pourquoi la vie ? Parce qu'elle assure la survie des gènes», *in : L'évolution.* H. Le Guyader (ed.), Belin-Pour la Science, Paris, pp. 18-24.

50. Gould S.J., 2002, *The structure of evolutionary theory,* Belknap press of Harvard University press, Cambridge Massachusetts and London, 1432 p. Traduction française : Gould. S. J., 2006, *Structure de la théorie de l'évolution,* Gallimard, Paris, 2033 p.

51. L'analyse des citations des principales œuvres de Gould par les scientifiques professionnels montre que ses œuvres de vulgarisation ont été peu citées et que ses ouvrages scientifiques sont loin d'avoir été autant cités que ceux d'Edward O. Wilson, célèbre auteur d'ouvrages magistraux en biologie concernant la biodiversité et le comportement animal (la sociobiologie). Ruse M., 1999, *Mystery of Mysteries. Is evolution a social construction ?* Harvard University Press, Cambridge, 296 p (voir le chap. 7 Stephen Jay Gould, «Speaking out for Paleontology»). En fait, la volonté de vulgariser la science de l'évolution semble avoir été une obsession chez Stephen J. Gould. Il justifie sa façon personnelle d'écrire ses essais dans le prologue de trois de ses ouvrages : *Les pierres truquées de Marrakech, Les quatre Antilopes de l'apocalypse* et *La foire aux dinosaures.* Dans ce dernier livre, il vante la tradition française qui, depuis Montaigne, a institué l'essai. Il regrette et déplore profondément qu'en Amérique les livres de vulgarisation scientifique sont dépréciés et qualifiés tour à tour *d'adultération,* de *simplification,* de *déformation en vue du sensationnel,* de *recherche du spectaculaire* ou *de course au succès commercial.*

52. Frederick C. Crews a écrit deux recensions brillantes sur une douzaine d'ouvrages parus au passage du XXIe siècle, où ce que représente Darwin est discuté de façon contradictoire. Parmi les auteurs qui ont contribué à enrichir le débat, il faut citer trois américains : un philosophe agnostique (Michael Ruse), un théologien (John F. Haught) et un biologiste darwinien et croyant (Kenneth R. Miller). Ils ont présenté récemment divers arguments robustes pour prouver que le darwinisme était compatible avec le christianisme. Crews F.C., 2001, «Saving Us from Darwin», *The New York review of books,* 48, 15 (I) and 16 (II). Ruse M., 2001, *Can a Darwinian be a Christian ? The relationship between science and religion,* Cambridge University Press, Cambridge, 242 p. Haught J.F., 2000, *God after Darwin. A theology of evolution,* Westview Press, Boulder, Colorado, 221 p. Miller K.R., 1999, *Finding Darwin's God : a scientist's search for common ground between God and evolution,* Cliff Street Books/ HarperCollins, New York, 288 p.

53. Dawkins R., 2006, *The God desilusion,* Houghton Mifflin Co, Boston, 406 p. Tradution française : 2008, *Pour en finir avec Dieu,* Robert Laffont, Paris, 432 p.

54. NOMA est l'acronyme de *N*on *O*verlaping *MA*gisteria. Gould S.J., 2000, *Et Dieu dit "Que Darwin soit!". Science et religion, enfin la paix ?* Seuil, Paris, 201 p. Stephen J. Gould a commencé par développer cette idée dans un autre livre paru en 1998. Dans le chapitre 14 de ce livre (intitulé «Des magistères qui ne se recouvrent pas»), il évoque le NOMA (traduit en français par NORMA pour «NOn – Recouvrement des MAgistères). Gould S.J., 2001, *Les sept coquillages de Léonard,* Seuil, coll. Science ouverte, Paris, 446 p.

55. L'auteur est le pape Jean-Paul II ! *L'église et L'évolution.* Message du pape Jean-Paul II à l'Académie pontificale des sciences réunis en assemblée plénière. Le Vatican, 22 octobre 1998.

56. Einstein fut dubitatif à propos des contingences de la vie, il ne pouvait pas admettre que Dieu pouvait jouer aux dés. Il croyait à la seule valeur des lois dans un univers «où quelque chose existe objectivement». Einstein A., Born M. et Born H., 1972, *Correspondances 1916-1955,* Seuil, Paris, 255 p. (voir la lettre d'Einstein du 7 septembre 1944 et la réponse de la femme du physicien Max Born du 9 octobre 1944, pp. 164-165).

Chapitre 8 (pp. 203-233)

1. C'est la classification phylogénétique. Elle est fondée par l'application d'une méthode (la cladistique) qui considère la globalité des indices de parenté (y compris au

niveau moléculaire, comme les comparaisons d'ADN) pour créer des arbres du vivant, produits de l'évolution. La phylogénie tente de répondre à la question « qui est proche de qui ». Lecointre G. et Le Guyader H., 2006 (3e édition), *Classification phylogénétique du vivant,* Belin, Paris, 544 p.

2. Brooks D.R. et McLennan D.A., 1991, *Phylogeny, ecology, and behavior,* University of Chicago Press, Chicago, 434 p. Harvey P.H. et Pagel M.D., 1991, *The Comparative method in evolutionary biology,* Oxford University Press, Oxford et New York, 239 p.

3. C'est l'ère du proterozoïque. Elle a été subdivisée en 17 intervalles stratigraphiques par un des meilleurs spécialistes du Précambrien : Andrew H. Knoll. Knoll A.H., 1995, « Proterozoic and early Cambrian protists : evidence for accelerating evolutionary tempo », *In : Tempo and mode in evolution. Genetics and paleontology 50 years after Simpson,* Eds. W.M. Fitch et F.J. Ayala, National Academy Press, Washington, pp. 63-83. Un historique détaillé de la découverte des espèces précambriennes a été dressé par J. William Schopf. Schopf J.W., 2000, « Solution to Darwin's dilemma : discovery of the missing Precambrian record of life », *In : Variation and evolution in plants and microorganisms. Toward a new synthesis 50 years after Stebbins,* Eds. F.J. Ayala, W. M. Fitch et M.T. Clegg, National Academy Press, Washington, pp. 6-20.

4. Antoni van Leeuwenhoek a un rôle dans cette description réaliste de la vie de l'artiste. Chevalier T., 2000, *La jeune fille à la perle,* Quai Voltaire, La Table ronde, Paris, 313 p. De son côté Robert Klitzman a imaginé une autre version sur l'identité de la jeune fille à la perle. Klitzman R., 2006, « Antoni Van Leeuwenhoek, FRS on Vermeer : a figment of the imagination », *The FASEB Journal,* 20, pp. 591-594.

5. Dans un de ses premiers ouvrages, Stephen J. Gould rappelle bien l'état d'esprit qui régnait chez les scientifiques à l'époque où les plus anciens fossiles connus remontaient tous qu'au Cambrien. Gould S.J., 1997, *Darwin et les grandes énigmes de la vie. Réflexions sur l'histoire naturelle,* Seuil, Paris, 308 p. (voir les chap. 14 et 15 : « Un héros unicellulaire que personne n'a immortalisé » et « L'explosion du cambrien est-elle un trucage sigmoïde ? »).

6. C'est en 1965 qu'Elso S. Barghoorn et Stanley A. Tyler publièrent leur découverte de fossiles âgés de plus de 2 milliards d'années. Barghoorn E.S. et Tyler S.A., 1965, « Microorganisms from the Gunflint chert », *Science,* 147, pp. 563-577. La saga de la découverte des fossiles les plus anciens a été décrite par J. William Schopf et Andrew H. Knoll. Schopf J.W., 1999, *Cradle of life. The discovery of earth's earliest fossils,* Princeton University Press, Princeton, New Jersey, 367 p. Knoll A.H., 2003, *Life on a young planet. The first three billion years of evolution on Earth,* Princeton University Press, Princeton, New Jersey, 277 p.

7. Un débat de grande ampleur sur ce sujet fut déclenché par des publications contradictoires proposant des datations allant du simple au double (voir le débat sur la datation des premiers animaux pluricellulaires et les divergences plus anciennes : notes n° 10, 40 et 41). Pour la datation des végétaux d'apparition bien plus récente que le Cambrien, les mêmes erreurs furent reproduites : Sanderson M.J. et Doyle J.A., 2001, « Sources of error and confidence intervals in estimating the age of angiosperms from rbcL and 18s rDNA data », *American Journal of Botany,* 88, pp. 1499-1516.

8. Orlando L., 2005, *L'anti-Jurassic Park. Faire parler l'ADN fossile,* coll. « Regards », Belin-Pour la Science, Paris, 272 p.

9. Il faut signaler ici les exceptionnelles découvertes de feuilles de *Magnolia* et d'autres végétaux conservées dans de la vase à l'abri de l'oxygène depuis 20 millions d'années (près de Clarkia, ville de l'Idaho aux États-Unis) qui ont permis d'extraire et d'analyser une partie du gène le plus commun des végétaux (contenu dans les chloroplastes). Stephen J. Gould insiste sur le fait que même si les données recueillies son ténues, elles donnent des preuves sur la durée de l'évolution acquise par une autre méthode que l'analyse anatomique des fossiles. Dans son pays, où de nombreux créationnistes considèrent comme dogmatiques les théories de l'évolution, toute preuve qui confirme les prédictions

théoriques de l'évolution a une grande valeur ! Gould S.J., 2000, *Les quatre antilopes de l'apocalypse. Réflexions sur l'histoire naturelle*, Seuil, coll. Science ouverte, Paris, 599 p. (voir le chap. 31 : « Les magnolias de Moscou »). L'âge de l'ADN des *Magnolia* de Clarkia a été contesté, mais des publications récentes confirment l'extraordinaire préservation de l'ADN de cette plante du Miocène. Golenberg E.M. *et al.*, 1990, « Chloroplast DNA sequence from a Miocene *Magnolia* species », Nature, 344, pp. 656-658. Pääbo S. et Wilson C., 1991, « Miocene DNA sequence – a dream come true ? », *Current Biology*, 1, pp. 45-46. Kim S., Soltis D.E., Soltis P.S. et Suh Y., 2004, « DNA sequences from Miocene fossils : an *ndhF* sequence of *Magnolia latahensis* (Magnioliaceae) and an *rbcL* sequence of *Persea pseudocarolinensis* (Lauraceae) », *American Journal of Botany*, 91, pp. 615-620.

10. Certains auteurs vont jusqu'à assimiler nombre d'estimations de datation moléculaire de l'évolution à l'examen des entrailles de poulet ! Pour ces auteurs ce sont des illusions de précision (voir aussi notes n° 40 et 41). Graur D. et Martin W., 2004. « Reading the entrails of chickens : molecular timescales of evolution and the illusion of precision », *Trends in genetics*, 2, pp. 80-86.

11. La datation de l'oxydation des minéraux est un élément permettant d'estimer d'une part la présence d'une masse importante de bactéries végétales nécessaire pour accumuler l'oxygène dans l'eau et dans l'atmosphère, et d'autre part l'époque où le taux d'oxygène fut suffisant pour permettre l'émergence de la faune et de la flore unicellulaires et pluricellulaires (l'augmentation très sensible des dépôts de minéraux oxydés date de 2,5 milliards d'années ce qui laisse supposer une conséquence d'une répartition planétaire de nombreuses bactéries végétales à cette époque : voir note n° 3 chap. 2). Autres références : Runnegar B., 1991, « Precambrian oxygen levels estimated from the biochemistry and physiology of early eukaryotes », *Palaeogeography, Palaeoclimatology, Palaeoecology*, 71, pp. 97-111. Shen Y., Buick R. et Canfield D.E., 2001, « Isotopic evidence for microbial sulphate reduction in the early Archean era », *Nature*, 410, pp. 77-81.

12. Pour les spécialistes, deux termes, ayant le même préfixe « proto » (du grec *protos*, premier, rudimentaire, primitif) désignent cet état simple : *protiste* (ou *Protoctista*) désigne l'ensemble des animaux et végétaux composés d'une seule cellule et *protozoaire* désigne les cellules animales (hétérotrophes) indépendantes, monocellulaires.

13. Ces cellules représentent vraisemblablement des vestiges d'algues planctoniques unicellulaires. Ces eucaryotes unicellulaires sont des acritarches dont les formes les plus fréquentes, ont surtout été datées à partir d'il y a 1,85 milliard d'années. Ces acritarches sont vraisemblablement des cystes (cellules de repos résistantes), ancêtres des dinophytes (phylum d'algues unicellulaires molles actuellement bien représenté dans les océans et eaux douces). Goodman D.K., 1987, « Dinoflagellate cysts in ancient and modern sediments », *In : The biology of Dinoflagellates*, Ed. F.J.R. Taylor. Blackwell Scientific Publications, Oxford, pp. 649-722.

Zhang Z., 1986, « Clastic facies microfossils from the Chuanlinggou formation (1800 Ma) near Jixian, North », *Journal of Micropaleontology*, 5, pp. 9-16.

Knoll A. H., 1995, « Proteozoic and early Cambrian protists : Evidence for accelerating evolutionary tempo », *In : Tempo and mode in evolution. Genetics and paleontology 50 years after Simpson*, Eds. W.M. Fitch et F.J. Ayala, National Academy Press, Washington DC, pp. 63-83.

Huntley J.W., Xiao S. et Kowalewski M., 2006, « 1,3 billion years of acritarch history : an empirical morphospace approach », *Precambrian research*, 144, pp. 52-68.

14. Des formes similaires sont encore présentes aujourd'hui dans des habitats extrêmes : les sols des régions arctiques riches en méthane et ammonium (genre *Kakabekia, Ontario, Canada)* (voir Schopf 1999, ref. n° 6).

15. La photo C (p. 191) concerne une forme angulaire d'un diamètre situé entre 0,02 à 0,03 mm correspondant à des eucaryotes (genre *Octoedryxium* d'Ukraine daté de 600 millions d'années (voir Schopf 1999, ref. n° 6).

16. Les photos D et E représentent de larges cellules (0,17 mm de diamètre) avec des parois lisses (D : genre *Kildinella* de Sibérie daté de 950 millions d'années ; E : *Leiosphaeridia* de Bashkira, 580 millions d'années) (voir Schopf 1999, ref. n° 5).

17. Les photos F et G concernent des formes avec des parois hérissées d'irrégularités ou d'expansions, elles sont communes chez les acritarches (F : *Shuiyousphaeridium macroreticulatum* de Chine, 0,15 mm de diamètre, daté de 1 milliard d'années ; G : *Meghystrichosphaeridium reticulatum* de Chine, daté entre 635 et 550 millions d'années).

18. Les plus anciens fossiles d'eucaryotes datent de 2,5 milliards d'années et ont été décrits par Wen-Long Zang en 2007. Ils ont été étonnamment conservés dans des roches d'Australie du sud (photo A, p. 191).

Zang W-L., 2007, « Deposition and deformation of late Archaean sediments and preservation of microfossils in the Harris Greenstone domain, Gawler craton, South Australia », *Precambrian research*, 156, pp. 107-124.

19. Javaux E.J., Marshall C.P. et Bekker A., 2010, « Organic-walled microfossils in 3.2-billion-year-old shallow-marine siliciclastic deposits », *Nature*, 463, pp. 934-938.

20. Il s'agit du genre *Eosphaera*, découvert dans l'Ontario (Canada). Barghoorn E.S. et Tyler S.T., 1965, « Microorganisms from the Gunflint chert », *Science*, 147, pp. 563-577.

21. Ces fossiles ont fait la une de la prestigieuse revue scientifique *Nature*. El Albani A. *et al.*, 2010, « Large colonial organisms with coordinated growth in oxygenated environments 2.1 Gyr ago », *Nature*, 466, pp. 100-104.

22. Les organismes mobiles qui ont laissé ces empreintes sont peut-être pluricellulaires. Bengtson S., Rasmussen B. et Krapež B., 2007, « The Paleoproterozoic megascopic Stirling biota ». *Paleobiology*, 33, pp. 351-381. Mais des amibes géantes laissant des traces similaires sur le fond vaseux ont été décrites récemment. Mikhail V. M. *et al., 2008,* « Giant Deap Sea Protist produces bilaterian-like traces », *Current Biology*, 18, pp. 1849-1854.

23. Ces organismes fossiles carbonatés ont été nommés *Grypania spiralis*.

Han T.M. et Runnegar B., 1992, « Megascopic eukaryotic algae from the 2.1-billion-year-old Negaunee iron-formation, Michigan », *Science*, 257, pp. 232-235.

L'âge de ces compressions trouvées dans le Michigan (États-Unis) a été ramené à 1874 ± 9 millions d'années.

Schneider *et al.*, 2002, « Age of volcanic rocks and syndepositional iron formations, Marquette Range Supergroup : implications for the tectonic setting of Paleoproterozoic iron formations of the Lake Superior region », *Canadian Journal of Earth Sciences*, 29, pp. 999-1012.

Joakim Samuelsson et Nicolas J. Butterfield distinguent les *Grypania* les plus anciens des formes similaires « en spaghetti » trouvées au Canada et datées de 1,6-1,2 milliard d'années. D'après ces auteurs, les *Grypania* du Michighan pourraient être des bactéries coloniales agrégées en filaments.

Samuelsson J. et Butterfield N., 2001, « Neoproterozoic fosils from the Francklin Mountains, northwestern Canada : stratigraphic and palaeobiological implications », *Precambrian Research*, 107, pp. 235-251.

24. Le premier fossile d'une espèce d'eucaryote pluricellulaire bien identifiable s'apparente aux actuelles bangiophycées. Le genre *Bangia*, encore présent de nos jours, regroupe des algues rouges formées de simples files de cellules.

Butterfield N.J., Knoll A.H. et Swett K., 1990, « A bangiophyte red alga from the Proterozoic of artic Canada », *Science*, 250, pp. 104-107.

Butterfield N.J., 2000, *Bangiomorpha pubescens* n. gen., n. sp. : implications for the evolution of sex, multicellularity and the Mesoproterozoic / Neoproterozoic radiation of Eucaryotes », *Paleobiology*, 26, pp. 386-404.

25. La première compression de ce type (en forme de galette) fut trouvée dans l'Arizona et décrite en 1899 par Charles Doolittle Walcott et nommée *Chuaria circularis*. Elle fut

d'abord décrite comme étant une espèce animale (un brachiopode). En 1928, cette espèce fut rattachée aux acritarches par David White. Mais d'autres compressions carbonatées de taille centimétrique trouvées en Chine (Zhu *et al.* 1995, 2000) datées d'à partir de 1,8 milliard d'années ayant la forme d'un cylindre (le genre *Tawuia*) ou de feuilles de 5 à 10 mm de longueur (le genre *Longfengshania*) ont été trouvées par milliers en Chine avec des formes ressemblant à *Chuaria* laissant à divers auteurs de multiples interprétation pour ces trois formes. En 2007, des chercheurs (Lamb D.M. *et al.*,) ont apporté des preuves que les compressions carbonées provenant de Chine (les plus anciennes) ne sont que des lentilles de dépôts sédimentaires.

Walcott C.D., 1899, « Pre-cambrian fossiliferous formations », *Geological Society of America Bulletin,* 19, pp. 199-244.

White D., 1928, « Study of the fossil floras in the Grand Cayon », *Carnegie Inst. Washington Yearbook,* 27, pp. 389-390.

Zhu S. et Chen H., 1995, « Megascopic multicellular organisms from the 1 700-Million-year-old Tuanshanzi formation in the Jixian area, North China », *Science,* 270, pp. 620-622.

Zhu S. *et al.*, 2000, « Discovery of carbonaceous compressions and their multicellular tissues from the Changzhougou formation (1800 Ma) in the Yanshan range, North China », *Chinese Science Bulletin,* 45, pp. 841-846.

Lamb D.M., Awramik S.M. et S. Zhu S., 2007, « Paleoproterozoic compression-like structures from the Changzhougou formation, China : Eukaryotes or clasts ? », *Precambrian research,* 154, pp. 236-247.

26. Ces espèces font partie des xanthophycées (straménopiles) et sont proches du genre actuel *Vaucheria.* Butterfield N.J., 2004, « A vaucheriacean alga from the middle Neoproterozoic of Spitsbergen : implications for the evolution of Proterozoic eukaryotes and the Cambrian explosion », *Paleobiology,* 30, pp. 231-252.

27. Nicolas J. Butterfield a également décrit ce que l'on peut considérer comme étant le plus ancien champignon septomycète (Fig. 21 B p. X). Butterfield N.J., 2005, « Probable Proterozoic fungi », *Paleobiology,* 31, pp. 165-182.

28. La fusion de ces filaments est un phénomène bien connu chez les champignons actuels (eumycètes, septomycètes) (genre *Tappania,* de Victoria Island (Canada), Butterfield 2005, ref. n° 25.

29. La capsule en forme de vase (Fig. 22 H, p. XI) a été formée par une cellule animale unicellulaire (un genre d'amibe), c'est un *Bonniea dacruchares* de l'Arizona, États-Unis. Porter S.M., Meisterfeld R. et Knoll A.H., 2003, « Vase-shaped microfossils from the Neoproterozoic Chuar group, Grand Canyon : a classification guided by modern testate amoebae », *Journal of Paleontology,* 77, pp. 409-429.

Ces capsules sont les premières traces laissées par des cellules hétérotrophes (au comportement animal). Bloeser B., 1985, « *Melanocyrillium,* a new genus of structurally complex late Proterozoic microfossils from the Kwagunt formation (Chuar group), Grand Canyon, Arizona », *Journal of Paleontology,* 59, pp. 741-765. Porter S.M., Meisterfeld R. et Knoll A.H., 2003, « Vase-shaped microfossils from the Neoproterozoic Chuar group, Grand Canyon : a classification guided by modern testate amoebae », *Journal of Paleontology,* 77, pp. 409-429.

30. Les premières traces d'animaux visibles à l'œil nu, datées de près d'un milliard d'années, ont été contestées. Seilacher A., Bose P.K. et Pflüger F., 1998, « Triploblastic animals more than 1 billion years ago : trace fossil evidence from India », *Science,* 282, pp. 80-83. Rai V. et Gautam R., 1999, « Evaluating evidence of ancient animals », *Science,* 284, p. 1235a. Seilacher A., Bose P.K. et Pflüger F., 1999, « Evaluating evidence of ancient animals », *Science,* 284, p. 1235a.

31. On distingue divers ensembles faunistiques qui ont été dénommés par le lieu de leur première découverte. La faune d'Ediacara (datée de 565-543 millions d'années),

la faune des « SSF », acronyme de « Small Shelly Fossils », signifiant petits fossiles de coquilles (datées de 543-530 millions d'années), les faunes Tommotienne et Atdabétienne (datées de 530-521 millions d'années), la faune de Chengjiang (datée de 530 millions d'années) et la faune de Burgess (datée de 515 millions d'années). Mais c'est dans des roches datées de 590 à 570 millions d'années que les premiers fossiles d'animaux ont été découverts (en Chine à Douschanto) : il s'agit d'éponges ou d'énigmatiques boules de cellules ressemblant à des stades embryonnaires.

32. L'ère primaire est aussi dénommée Paléozoïque. Cambrien vient de *Cambria*, nom que les Romains avaient donné au pays de Galles (Grande-Bretagne). Dans cette région, un géologue anglais (Adam Sedgwick, 1785-1873), découvrit, en 1835, des sédiments que l'on croyait alors être les plus anciens.

33. Voir la référence n°14 du chapitre 6.

34. C'est dans un de ses premiers livres que Stephen J. Gould distingue ces deux possibilités. Gould S.J., 1979, *Darwin et les grandes énigmes de la vie. Réflexions sur l'histoire naturelle,* Pygmalion, Gérard Watelet, collection nouveaux horizons, Paris, 320 p. (chap. 14 : « Un héros unicellulaire que personne n'a immortalisé »).

35. Les empreintes noirâtres laissées par le carbone des organismes mous, piégés entre deux couches de vase, sont peu fréquentes mais ont laissé des vestiges très anciens comme ceux des plus vieux fossiles (1,874 milliards d'années) de végétaux visibles à l'œil nu (*Grypania spiralis*) ou comme la faune extraordinaire de Burgess (515 millions d'années).

36. Un grand nombre de publications scientifiques concernent des recherches sur la datation de l'apparition de l'oxygène sur Terre et son augmentation entre 3,8 et 0,57 milliards d'années. L'oxygène étant un gaz qui a une action sur de nombreux minéraux, les géologues ont cherché à dater les premières traces d'oxydation. Les formations de fer rubané (les BIF ou Banded Iron Formation) sont essentiellement datées de - 2,5 à -2,2 milliards d'années. Ces oxydes de fer se sont déposés en milieu marin par précipitation dans une eau contenant de l'oxygène. Ainsi, à l'époque ou les premières formations de fer rubané se sont formées, l'oxygène était déjà présent dans le milieu marin. La découverte des couches rouges de sels ferriques dans d'autres roches s'expliquent par une précipitation dans des eaux continentales, donc en présence d'oxygène atmosphérique ; elles sont datées à partir d'il y a 2,5 à 2,3 milliards d'années. Bien d'autres arguments paléontologiques et géologiques ont permis d'établir qu'il y a 2,5 milliards d'années le taux d'oxygène dissous dans l'eau avoisinait 0,5 % de la quantité actuelle. Ce taux a augmenté lentement pour atteindre entre 7 % et 10 % du taux actuel il y a 570 millions d'années. C'était vraiment trop peu pour permettre l'explosion d'une vie macroscopique précoce !

37. Dans son premier recueil de nouvelles, Stephen J. Gould consacre un chapitre aux rapports de taille et de forme. Gould S.J., 1997, *Darwin et les grandes énigmes de la vie. Réflexions sur l'histoire naturelle,* Seuil, Paris, 308 p. (voir chap. 21 : « La taille et la forme »).

38. Le cytopharynx des unicellulaires ciliés, sorte d'entonnoir au fond duquel la proie est dirigée puis englobée, est probablement le fruit d'une longue évolution et serait ainsi apparue tardivement.

39. Stephen J. Gould a développé l'idée que l'explosion du Cambrien n'est qu'une fausse apparence de soudaineté dans l'élaboration du vivant visible à l'œil nu. Comme pour beaucoup de phénomènes explosifs en biologie, il y aurait eu une phase de croissance lente et discrète laissant très peu de vestiges. Gould S.J., 1997, *Darwin et les grandes énigmes de la vie. Réflexions sur l'histoire naturelle,* Seuil, Paris, 308 p. (voir le chap. 15 : « L'explosion du cambrien est-elle un trucage sigmoïde ? »).

40. La publication faisant état d'une divergence des premières lignées animales pluricellulaires datant d'il y a plus de 1 milliard d'années est la suivante : Wray G.A., Levinton J.S. et Shapiro L.H., 1996, « Molecular evidence for deep precambrian divergences among metazoan phyla », *Science,* 274, pp. 568-573.

41. La publication qui récuse la précédente (estimant les premières divergences à 670 millions d'années) est la suivante : Ayala F.J., Rzhetsky A. et Ayala F.J., 1998, « Origin of the metazoan phyla : molecular clocks confirm paleontological estimates », *Proceedings of the National Academy of Sciences,* États-Unis, 95, pp. 606-611. Cette affaire a soulevé un débat sur la valeur des interprétations génétiques et les manières de limiter les erreurs trop nombreuses. Parmi les publications sur les biais de la technique de l'horloge moléculaire, nous pouvons citer les suivantes (voir aussi note n° 10) : Rodríguez-Trelles F., Tarrío R. et Ayala F.J., 2002, « A methodological bias toward overestimation of molecular evolutionary time scales », *Proceedings of the National Academy of Sciences,* États-Unis, 99, pp. 8112-8115. Sanderson M.J., 2002, « Estimating absolute rates of molecular evolution and divergence times : a penalized likelihood approach », *Molecular and Biological Evolution,* 19, pp. 101-102.

42. Les premières traces de végétaux terrestres ont été datées de 473-471 millions d'années, découvertes en Argentine, ce sont des spores de certaines « mousses » (Rubistein et al., 2010). Des analyses moléculaires (Taylor, 1995 et Nickrent *et al.*, 2003) montrent qu'effectivement les hépatiques (marchantiophytes) et une autre classe de « mousses », les anthocerotophytes (anthocérotes) sont les ancêtres de toutes les plantes terrestres.

Rubistein C.V. *et al.*, 2010, « Early middle ordovician evidencefor land plants in Argentina (eastern Gondwana)», *New Phytologist,* 188, pp. 365-369.

43. Les coraux tropicaux, le corail rouge, les coraux mous, les gorgones, les anémones de mer et les méduses, sont les représentants les plus connus du grand groupe des cnidaires (nommés par le passé cœlentérés).

44. Avant l'apparition de *Rodinia* la situation des continents est encore peu connue. Une rare preuve d'existence continentale est représentée par l'impact d'une météorite tombée il y a 3,08 milliards d'années et qui s'observe aujourd'hui en Afrique du Sud. Cela a laissé des traces d'un cratère de plus de 300 km de diamètre suggérant un impact sur une terre émergée. Moser E., Flowers R.M. et Hart R.J., 2001, « Birth of the Kaapvaal tectosphere 3.08 billion years ago », *Science,* 91, pp. 465-468.

45. C'est à Alfred Wegener (1880-1930) que l'on attribue la principale contribution de la théorie de la dérive des continents. La compréhension de cette dérive est attribuée à un membre de ma famille, le géophysicien néerlandais Felix Andries Vening Meinesz (1887-1966), qui a largement contribué à l'étude des forces de convection du magma à la base du modèle de la tectonique des plaques, « moteur » de la dérive des continents.

46. C'est le géologue américain John L. Kirschvink qui formula le premier l'hypothèse d'une Terre transformée en boule-de-neige à la suite d'une sévère période de glaciation. Depuis, quatre épisodes de glaciation de ce type ont été identifiées pendant l'époque datant d'il y a entre 750 et 600 millions d'années et une il y a 2,4 milliards d'années. Kirschvink J.L., 1992, « Late Proterozoic low-latitude global glaciation : the snowball Earth », *In : The Proterozoic biosphere*, Eds. J.W. Schopf et C. Klein. Cambridge University Press, New York, pp. 51-52. Kirschvink J.L. *et al.,* 2000, « Paleoproterozoic snowball Earth : extreme climatic and geochemical global change and its biological consequences », *Proceedings of the National Academy of Sciences,* États-Unis, 97, pp. 1400-1405. Hoffman P.F. *et al.,* 1998, « A Neoproterozoic snowball Earth », *Science*, 281, pp. 1342-1346.

47. Parmi les algues unicellulaires actuelles un groupe est dominant : il s'agit des diatomées ou bacillariophytes (faisant partie des straménopiles). Le nombre d'espèces de diatomées actuelles avoisine les 20 000, mais des spécialistes estiment que leur réelle diversité (à découvrir) doit atteindre plus de 100 000 espèces, chiffre retenu pour notre estimation de la biodiversité des protistes chlorophylliens. Round F.E. et Crawford R.M., 1990, « Phylum Bacillariophyta », *In : Handbook of Protoctista*, Eds. L. Margulis, J.O. Corliss, M. Melkonian et D.J. Chapman, Jones and Barlett, Boston, pp. 574-596. Les autres représentants d'espèces végétales planctoniques (environ 10 000 espèces)

font essentiellement partie de 5 lignées évolutives : les haptophytes ou coccolithes, les cryptophytes, les euglenophytes, les dinophytes et les chlorobiontes.

48. La biodiversité des algues pluricellulaires est mieux établie. Elle est représentée essentiellement par trois lignées : les algues vertes qui font partie des végétaux verts (les chlorobiontes), les algues rouges ou rhodophytes et les algues brunes ou phéophytes (faisant partie des straménopiles). Deux ouvrages récents de synthèse donnent la description de la diversité des algues unicellulaires et pluricellulaires de toutes les lignées : Hoek C. van den, Mann D.G. et Jahns H.M., 1995, *Algae. An introduction to phycology,* Cambridge University press, Cambridge, 623 p. Reviers B. de, 2003, *Biologie et phylogénie des algues,* Belin, Paris, T. 2, 254 p.

49. Les algues macroscopiques flottantes (pélagiques) sont peu nombreuses. Les Sargasses du golfe du Mexique (« la mer » des Sargasses) sont les plus connues ; pour flotter ces algues brunes (pheophycées, straménopiles), sont dotées d'aérocystes, sorte de ballonnets contenant un gaz).

50. Stephen J. Gould a aussi utilisé cette citation de Pline l'ancien, naturaliste romain mort en 79 av. J.-C. devant Pompei. Gould S.J., 1982, *Le pouce du Panda. Les grandes énigmes de l'évolution,* Grasset et Fasquelle, Paris, 318 p. (voir le prologue).

51. Darwin C., 1859, *The origin of species.* Édition française : 1992, *L'origine des espèces au moyen de la sélection naturelle ou la préservation des races favorisées dans la lutte pour la vie,* Flammarion, Paris, 604 p. (voir le chap. 9 : « Insuffisance des archives géologiques »).

52. Deux paléontologues J. William Schopf et Andrew H. Knoll ont largement contribué à la découverte des vestiges de la flore et de la faune vivant bien avant l'explosion de la vie du Cambrien. Schopf J.W., 2000, « Solution to Darwin's dilemma : discovery of the missing Precambrian record of life », *Proceedings of the National Academy of Sciences,* États-Unis, 97, pp. 6947-6957. Knoll A.H., 2003, *Life on a young planet. The first three billion years of evolution on Earth,* Princeton University Press, Princeton, New Jersey, 277p.

53. Cette métaphore du fondateur de la géologie moderne, Sir Charles Lyell (1797-1875), a été reprise par Darwin. Darwin C., 1859, *The origin of species.* Édition française : 1992, *L'origine des espèces au moyen de la sélection naturelle ou la préservation des races favorisées dans la lutte pour la vie,* Flammarion, Paris, 604 p. (voir le dernier paragraphe du chap. 9 : « Insuffisance des archives géologiques »).

Chapitre 9 (pp. 235-274)

1. L'algue la plus grande au monde est le *Macrocystis pyrifera (*algue brune faisant partie des phéophycées, straménopiles).

2. Des représentants des micro algues diatomées (appelées aussi bacillariophycées, elles font partie des straménopiles), des cryptophytes ou des haptophytes (parmi lesquelles des coccolithes) se rencontrent souvent fixées ou enfouies dans la vase à l'état unicellulaire. De même, de nombreux protozoaires unicellulaires rampent ou sont fixés sur les fonds marins (comme certains foraminifères, rhizopodes et ciliés).

3. Nous pouvons citer les exemples des guirlandes de cellules, accrochées les unes aux autres de façon plus ou moins forte, de certaines diatomées du genre *Chaetoceros (straménopiles)* ou des genres *Scenedesmus* ou *Zygnema (chlorobiontes).*

4. Un représentant des haptophytes : *Corymbellus aureus* peut être unicellulaire ou constitué d'une colonie de cellules tout en restant entre deux eaux. Avec le statut de vie en colonie, il peut se rencontrer sous diverses forme : petite sphère creuse formée d'une couche de cellules flagellées, sphère pleine formée de cellules non flagellées ou colonie macroscopique sans forme déterminée composée de dizaines de milliers de cellules englobées dans un mucilage. Hoek C. van den, Mann D.G. et Jahns H.M., 1995, *Algae. An introduction to phycology.* Cambridge University press, Cambridge, 623 p. (voir p. 229). L'algue verte (chlorobiontes) *Palmophyllum crassum* est représentée par une colonie de

cellules fixée sur le fond. C'est une croûte d'un beau vert qui tapisse les tombants rocheux de Méditerranée. Chaque croûte est composée de milliers de cellules accolées sans ordre prédéterminé. De même, l'algue rouge (rhodophycées) *Porphyridium purpureum* a la forme d'une croûte composée d'un grand nombre de cellules réunies dans un mucilage.

5. C'est Antoni van Leeuwenhoek qui a découvert cela ! C'est lui qui observa le premier les boules vertes composées de 500 à 60 000 cellules réunies dans un gel de l'algue *Volvox* (chlorobiontes). Il fut émerveillé par cette structure mobile et changeante. Un autre organisme fascinant illustre un état intermédiaire : le *Dictyostelium discoideum*. Classé dans les champignons rampants ou champignons-animaux (les mycétozoaires), il s'observe soit dans un état unicellulaire d'amibes soit sous forme d'agrégats de cellules. Les colonies composées d'un grand nombre de cellules (près de 100 000) prennent la forme d'un limaçon qui rampe. Le professeur américain, John T. Bonner, se passionna pour l'origine de la pluricellularité (il est l'auteur de 18 livres qui développent cette thématique). Il mit en valeur l'originalité du *Dictyostelium discoideum*, précurseur de la vie communautaire. Bonner J.T., 1998, « A way of following individual cells in the migrating slugs of *Dictyostelium discoideum* », *Proceedings of the National Academy of Sciences*, États-Unis, 95, pp. 9355-9359. Bonner J.T., 2000, *First signals : the evolution of multicellular development*, Princeton University Press, Princeton, 146 p. Cox E.C. et Bonner J.T., 2001, « The advantages of togetherness », *Science*, 292, pp. 448-449.

6. Si on analyse ces stratégies d'emboîtages cellulaires, on constate qu'elles sont similaires aux comportements observés actuellement dans de nombreux groupes végétaux et animaux. Ainsi le terme de *neutralisme* convient si aucun échange ne s'observe entre deux cellules voisines et si elles ne vivent pas l'une aux dépens de l'autre. Le terme de *commensalisme* convient si une cellule joue le rôle de porteur indifférent et si l'autre a une nette préférence pour ce support qui lui permet de mieux se nourrir (ce terme est surtout utilisé chez les animaux, si le porteur indifférent est un végétal on utilise le terme d'*épiphyte*). Le terme *d'adelphoparasite* convient si une cellule se développe grâce à des substances provenant d'une cellule fille sans contre partie. Ce terme est utilisé pour désigner un parasite dont l'hôte est représenté par la même espèce avec un lien de parenté (comme pour le carposporophyte qui se développe sur le gamétophyte femelle des algues rouges). L'état *d'organisme pluricellulaire* correspond au cas d'une association symbiotique est scellée entre deux cellules filles. Les deux cellules filles établissent des échanges profitables et indispensables aux deux. C'est en fait une sorte de symbiose entre générations de cellules filles (les parasitologues préfèrent utiliser le terme de *mutualisme*). C'est un pacte social qui est inscrit dans les gènes. Toute vie totalement indépendante est dès lors exclue dans le cycle de vie de ces espèces. C'est l'initiale des civilisations de cellules.

7. Un grand nombre d'espèces du phylum des algues vertes (chlorobiontes), représentant des ordres fort différents, ne sont formées que d'une simple file non ramifiée de cellules. Différentes stratégies mènent à cet état pluricellulaire archaïque. La formation d'une paroi perpendiculaire à l'axe principal de la cellule mère est la plus courante des stratégies (*Ulothrix, Uronema, Klebsormidium*). Chez le genre *Cylindrocapsa*, le filament se forme par une succession de divisions cellulaires. Mais après chaque division, les deux cellules filles restent à l'intérieur de la paroi élastique de la cellule initiale (les deux cellules sont ainsi accolées en file indienne à l'intérieur de la paroi initiale). Un filament bâti selon le principe des poupées russes se constitue ainsi.

8. Cet état unicellulaire mais plurinucléé est appelé selon le groupe concerné syncytium, cœnocytique, ou siphonné.

9. Un millier d'espèces de champignons filamenteux comme les phycomycètes (parmi eux le mildiou) et les zygomycètes sont aussi cœnocytiques. Les champignons-amibes (les myxomycètes ou mycétozoaires) sont représentés par un millier d'espèces, chaque amibe à l'état mature peut contenir plusieurs noyaux (plasmode).

10. Il s'agit de certains ciliés (infusoires) et des stades de développement des microsporidies, unicellulaires parasites. Certains de ces unicellulaires plurinucléés peuvent atteindre 3 millimètres.

11. L'ordre des Cladophorales (algues vertes, chlorobiontes) et de très nombreuses algues rouges (rhodophytes) possèdent des segments plurinucléés. Cette caractéristique s'observe aussi chez certaines cellules animales comme celles qui constituent nos muscles.

12. Le genre *Grypania* a laissé des traces dans des roches datées de 1,87 milliard d'années. De très nombreux fossiles de ce genre énigmatique ont été trouvés dans divers sites, incrustés dans des roches datées à diverses époques du milliard d'années suivant. Han T.M. et Runnegar B., 1992, « Megascopic eukaryotic algae from the 2.1 billion-year-old Negaunee iron-formation, Michigan », *Science,* 257, pp. 232-235.

L'âge de ces compressions a été ramené à 1874 ± 9 millions d'années. Schneider *et al.*, 2002, « Age of volcanic rocks and syndepositional iron formations, Marquette Range Supergroup : implications for the tectonic setting of Paleoproterozoic iron formations of the Lake Superior region », *Canadian Journal of Earth Sciences*, 29, pp. 999-1012.

L'ordre des Dasycladales (algues vertes siphonnées) serait apparu au précambrien (nombreuses traces de divers représentants de cet ordre des Ulvophyceae, plus ou moins confirmées, sont datées d'il y a 1,2 à 0,6 milliard d'années). Une autre algue du genre *Vaucheria* fait partie des toutes premières algues de taille visible à l'œil nu figée dans des roches (datées d'il y a 750 millions d'années). Le genre *Vaucheria* (straménopiles, Xanthophyceae) se rencontre encore de nos jours. Son appareil végétatif est constitué de filaments fins comme des cheveux composés d'une seule cellule plurinucléée. Butterfield N., 2002, « A *Vaucheria*-like fossil from the Neoproterozoic of Spitsbergen », *Proceedings of the Denver annual meeting of the Geological Society of America,* 75, p. 3. Butterfield N.J., 2004, « A vaucheriacean alga from the middle Neoproterozoic of Spitsbergen : implications for the evolution of Proterozoic eukaryotes and the Cambrian explosion », *Paleobiology*, 30, pp. 231-252.

13. La théorie syncytiale de l'évolution des métazoaires fut proposée d'abord par Jovan Hadzi en 1953. Stephen J. Gould relate aussi la même hypothèse défendue par Earl D. Hanson en 1958. Pour Hanson, les plus simples des platyhelminthes actuelles (nommés parfois plathelminthes), les vers acoelomates sans cavité interne, se seraient formées par segmentation de ciliés plurinucléés. Gould S.J., 1982, *Le Pouce du Panda. Les grandes énigmes de l'évolution,* Grasset et Fasquelle, Paris, 318 p. (voir le chap. 24 : « Pourrions-nous tenir dans une cellule d'éponge ? »). Hadzi J., 1953, « An attempt to reconstruct the system of animal classification », *Systematic Zoology,* 2, pp. 145-154. Hadzi J., 1963, *The evolution of the Metazoa,* Macmillan, New York, 499 p. Hanson E.D., 1958, « On the origin of the Eumetazoa », *Systematic Zoology*, 7, pp. 16-47. Hanson E.D., 1977, *The origin and early evolution of animals*, Wesleyan University Press, Middletown, Connecticut, 670 p. Le scénario de la division cellulaire retardée est actuellement commun dans certaines algues vertes comme le genre *Dictyosphaeria* (Fig. 29 A, p. 251) et chez d'autres Siphonocladales (algues vertes, chlorobiontes). Chez *Dictyosphaeria*, une cellule géante (vésicule) contenant de nombreux noyaux est à l'origine d'une boule pluricellulaire visible à l'œil nu grâce à des segmentations multiples de l'espace situé à l'intérieur (Fig. 29 A, p. 251). Enomoto S., Hori T. et Okuda K., 1982, « Culture studies of *Dictyosphaeria* (algues vertes, chlorobiontes, Siphonocladales). II. Morphological analysis of segregative cell division in *Dictyosphaeria cavernosa* », *Japanese Journal of Phycology,* 30, pp. 103-112.

14. Des généticiens ont démontré que les vers plats acoelomates ne sont pas des platyhelminthes, mais des représentants les plus simples des métazoaires Bilateralia. Carranza S., Baguñà J. et Riutort M., 1997, *« Are the Platyhelminthes a monophyletic primitive group ? An assessment using 18s rDNA sequences », Molecular Biology and Evolution,* 14, pp. 485-497. Ruiz-Trillo I. *et al.*, 1999, « Acoel flatworms : earliest extant bilaterian metazoans, not members of platyhelminthes », *Science,* 283, pp. 1919-1923.

15. C'est parmi les algues vertes (chlorobiontes) de l'ordre des Caulerpales que l'on trouve des représentants cœnocytiques composés d'un stolon rampant (pouvant atteindre 3 m de longueur), de frondes très ressemblantes aux feuilles des spermaphytes (par exemple comme celles d'un if – pinophytes) ou d'un olivier – magnoliophyte) et de bouquets de rhizoïdes ayant un rôle similaire aux racines.

16. Butterfield N.J.*et al.*, 1990, « A bangiophyte red alga from the Proterozoic of artic Canada », *Science*, 250, pp. 104-107. Butterfield N.J., 2000, « *Bangiomorpha pubescens* n. gen., n. sp. : implications for the evolution of sex, multicellularity and the Mesoproterozoic/ Neoproterozoic radiation of Eucaryotes », *Paleobiology*, 26, pp. 386-404.

17. Toutes les cellules identiques de l'algue verte filamenteuse non ramifiée *Ulothrix* (algues vertes, chlorobiontes) peuvent se diviser.

18. Toutes les cellules de nombreuses algues vertes de la classe des Zygnematophyceae (chlorobiontes), formées d'un filament de cellules non ramifié, peuvent se transformer en spores (genres *Mougeotia, Spyrogyra* et *Zygnema*).

19. Une croissance uniquement apicale s'observe chez les algues rouges filamenteuses parfois ramifiées comme le *Rhodochaete parvula* (rhodophytes). Chez les algues brunes nous pouvons citer le cas des *Ectocarpus* (pheophycées, straménopiles) dont seules les cellules de l'extrémité de certains filaments peuvent se segmenter alors que d'autres filaments présentent une zone intercalaire précise où les cellules sont destinées à se diviser en deux (c'est un méristème).

20. C'est bien entendu aux travaux d'Edward O. Wilson auxquels ce clin d'œil hétérodoxe fait référence. En effet, en matière de comportement animal (la sociobiologie), E. O. Wilson est de très loin le plus connu des auteurs pour ses travaux méticuleux et pertinents (surtout sur les fourmis). Il est l'auteur de plusieurs œuvres magistrales dont : Wilson E.O., 1975, *Sociobiology : the new synthesis*, Harvard University Press, Cambridge, 697 p. Holldobler B. and Wilson E.O., 1994, *Journey to the Ants*, Harvard University Press, Cambridge, 752 p.

21. Le biologiste belge Christian de Duve, a souligné le bénéfice du collectivisme cellulaire. Duve C. de, 1996, *Poussière de vie. Une histoire du vivant*, Fayard, Paris, 590 p. (voir le chap. 18 : « Les avantages du collectivisme cellulaire »).

22. Parmi les animaux les plus archaïques qui existent encore de nos jours, on trouve aussi des formes aplaties : des vers acoelomates sans cavité interne (mais rattachés par des analyses génétique aux Bilateralia) et des croûtes minuscules formées de deux couches de cellules séparées par un interstice représentées par l'étrange *Trichoplax adhaerens* (unique représentant des placozoaires).

23. Ces fossiles n'ont été trouvés que dans une seule région (au sud ouest de la Chine). Xiao S., Zhang Y. et Knoll A.H., 1998, « Three-dimensional preservation of algae and animal embryos in a Neoproterozoic phosphorite », *Nature*, 391, pp. 553-558. Bengtson S., 1998, « Animal embryos in deep time », *Nature*, 391, pp. 529-530. Li C.-W., Chen J.-Y. et Hua T.-E., 1998, « Precambrian sponges with cellular structures », *Science*, 279, pp. 879-882. Chen J.-Y. *et al.*, 2000, « Precambrian animal diversity : putative phosphatized embryos from the Doushantuo Formation of China », *Proceedings of the National Academy of Sciences*, États-Unis, 97, pp. 4457-4462. Xiao S. et Knoll A.H., 2000, « Phosphatized animal embryos from the Neoproterozoic Doushantuo formation at Weng'an, Guizhou, South China », *Journal of Paleontology*, 74, pp.767-788. Xiao, S. 2002, « Mitotic topologies and mechanics of Neoproterozoic algae and animal embryos », *Paleobiology*, 28, pp. 244-250.

24. Des colonies cellulaires planctoniques ayant la forme d'une boule creuse dont la paroi est composée d'une couche de cellules flagellées s'observent notamment chez *Synura (Chrysophyceae, straménopiles), Corymbellus aureus* (haptophytes) *et Chaetosphaeridium* (Klebsormidiophyceae, algues vertes chlorobiontes).

25. Stephen J. Gould présente deux figures où les dessins de Haekel sont comparés aux images des premiers fossiles d'animaux pluricellulaires. Gould S.J., 2002, *Les pierres truquées de Marrakech. Avant dernières réflexions sur l'histoire naturelle,* Seuil, coll. Science ouverte, Paris, 423 p. (voir le chap. 21 : « A propos d'embryons et d'ancêtres »).

26. La phylogenèse (du grec *phulon,* « race » et genèse), correspond au mode de formation des espèces, à l'histoire évolutive des espèces, des lignées et des groupes d'organismes. L'ontogenèse (du grec *onto,* « être, étant » et genèse) correspond au développement de l'individu, depuis la fécondation de l'œuf jusqu'à l'état adulte (on dit aussi ontogénie).

27. Le stade morula, désigne la forme issue des toutes premières segmentations où les cellules sont encore toutes jointives.

28. Le stade blastula, est une boule creuse formée d'une seule couche de cellules, sa cavité est appelée le blastocoele.

29. Le filament pluricellulaire primitif des bryophytes est appelé protonema.

30. Stephen J. Gould a consacré son premier livre au thème controversé des rapports entre l'ontogenèse et la phylogenèse. Gould S.J., 1977, *Ontogeny and phylogeny,* Harvard University Press, Cambridge, 439 p.

31. La ressemblance des choanoflagellés avec les cellules nourricières des éponges (les choanocytes) a été établie il y a un plus d'un siècle. Il existe aujourd'hui environ 150 espèces de ces protistes. Il est aussi remarquable de constater que les formes des colonies d'algues unicellulaires de phylums différents, ressemblent beaucoup aux colonies des choanoflagellés. Nous pouvons citer les cas de *Synura* (chrysophycées, straménopiles), *Corymbellus* (haptophytes) et *Chaetosphaeridium* (klebsormidiophycées, algues vertes : chlorobiontes) dont les flagelles se trouvent au fond d'une collerette.

32. Des études, portant sur des protéines ou des gènes, établissent qu'il y a de forts liens de filiation entre les choanoflagellés et les éponges. King N. et Carroll S.B., 2001, « A receptor tyrosine kinase from choanoflagellates : molecular insights into early animal evolution », *Proceedings of the National Academy of Sciences,* États-Unis, 98, pp. 15032-15037. Snell E.A., Furlong R.F. et Holland P.W., 2001, « Hsp 70 sequences indicate that choanoflagellates are closely related to animals », *Current Biology,* 11, pp. 967-970.

33. Le choix des formes est certainement orienté par de multiples contraintes physiques (gravité, tensions), ou chimiques (y compris pour la forme -l'enroulement – des protéines). C'est le biologiste anglais D'Arcy Wentworth Thompson (1860-1948), qui est à l'origine d'une école de théoriciens donnant à ces contraintes un rôle très important dans l'élaboration du vivant (jusqu'à minorer le rôle de la sélection naturelle et des mutations hasardeuses). Thomson D.W. 1994. *Forme et croissance,* Seuil et du CNRS, coll. Sources du Savoir, Paris, 336 p. (réédition abrégée).

34. C'est John Maynard Smith (1920-2004) qui présente le développement des espèces pluricellulaires comme modulaire. D'après lui, c'est ce mode qui permet une évolution continue et graduelle. L'évolution modifie les dernières étapes du développement des modules en laissant inchangé leur arrangement initial. Maynard Smith J., 2001, *La construction du vivant. Gènes, embryons et évolution,* Cassini, coll. Le sel et le fer, Paris, 52 p.

35. Les toutes premières cellules d'un embryon sont encore indifférenciées. Appelées *totipotentes* (elles gardent toutes les potentialités d'évolution), elles font actuellement l'objet de nombreuses études appliquées (des clonages de ces cellules pourraient servir de greffon pour reconstituer n'importe quel tissus cellulaire).

36. King M.-C. et Wilson A.C., 1975, « Evolution at two levels in humans and chimpanzees », *Science,* 1988, pp. 107-116. The chimpanzee sequency and analysis consortium. 2005, « Initial sequence of the chimpanzee genome and comparison with the human genome », *Nature,* 437, pp. 69-87. Li W.H. et Saunders M.A., 2005, « The chimpanzee and us », *Nature,* 437, pp. 50-51.

37. C'est un consortium de plus de 200 auteurs qui a publié le premier séquençage du génome de la souris. Mouse genome sequencing consortium and mouse genome analysis

group, 2000, « Initial sequencing and comparative analysis of the mouth genome », *Nature,* 420, pp. 520-562.

38. Le principe de l'évolution inéluctable vers le plus complexe, comme étant une simple logique de direction ouverte pour l'évolution et pas une tendance active, a été développé par Stephen J. Gould. Gould S.J., 1997, *L'éventail du vivant. Le mythe du progrès,* Seuil, coll. Science ouverte, Paris, 304 p. (voir le chap. 14 : « Le triomphe des bactéries »).

39. Nous avons énuméré au début du chap. 4, l'absence de connaissances établies relatives à l'existence d'organismes vivants plus simples que les bactéries (hormis les virus).

40. « L'union fait la force » est la devise nationale des Belges où les habitants sont divisés par leurs cultures linguistiques (française et flamande). L'union a toujours représenté une force pour les civilisations à travers l'histoire. Ce terme est présent dans le nom de nations ou dans leur emblème (les États-Unis, le Royaume Uni et son drapeau : l'Union Jack, l'Union européenne…).

41. Lecointre G. et Le Guyader H., 2006 (3e édition), *Classification phylogénétique du vivant,* Belin, Paris, 544 p.

42. Les six lignées de végétaux chlorophylliens présentant des espèces pluricellulaires sont les végétaux verts (dont font partie les algues vertes ulvophytes de la lignée des chlorobiontes comprenant tous les végétaux verts), les algues rouges (rhodophycées ou rhodobiontes), les algues brunes (essentiellement les phéophycées faisant partie des straménopiles), et trois lignées où les pluricellulaires sont minoritaires. Ces trois lignées sont les haptophytes (essentiellement unicellulaires mais certains représentants comme le *Pleurochrysis,* présentent des stades pluricellulaires), les cryptophytes (algues unicellulaires sauf pour le pluricellulaire *Bjornbergiella*) et les dinophytes (algues essentiellement unicellulaires avec quelques exceptions présentant des stades pluricellulaires comme chez le *Dinoclonium*).

43. Les principales classes de champignons (dont les ascomycètes et les basidiomycètes regroupés sous le terme de septomycètes ou champignons cloisonnés) font partie d'une seule lignée : les eumycètes. Ils sont essentiellement pluricellulaires. Toutes les classes d'animaux pluricellulaires constituent la lignée des métazoaires.

44. L'élaboration des formes (la morphogenèse) est un sujet très discuté en biologie. Le paléontologiste allemand Adolf Seilacher a défini trois groupes de facteurs pouvant orienter la construction des organismes : l'acquis génétique (c'est le capital historique de l'espèce), les contraintes structurales (l'ensemble des forces physiques et chimiques qui orientent les formes vers des architectures logiques) et l'adaptation dans l'environnement. Les débats sont focalisés sur la prééminence d'un axe par rapport aux deux autres. Seilacher les place à équidistance : c'est désormais la théorie du triangle de Seilacher. Seilacher A., 1970. « Arbeitskonzept zur construktions-morphologie », Lethaia, 3, pp. 393-396.

45. Gould S.J., 1982, *Le pouce du Panda. Les grandes énigmes de l'évolution,* Grasset et Fasquelle, Paris, 318 p. (voir le chap. 3 : « Un double bien troublant »).

46. L'importance des contraintes qui structurent les organismes a été initialement développée en 1917 par by D'Arcy Wentworth Thompson (1860-1948). Thompson D.W., 1994, *Formation et croissance* (version abrégée), Seuil et du CNRS, Paris, 334 p. Le thème des convergences comme étant un résultat tangible de l'importance des contraintes structurelles limitant le champ des innovations hasardeuses a été développé par Simon Conway Morris dans deux ouvrages : Conway Morris S., 1998, *The crucible of creation. The Burgess shale and the rise of animals,* Oxford University press, Oxford, 242 p. Conway Morris S., 2003, *Life's solution. Inevitable humans in a lonely universe,* Cambridge University press, Cambridge, 464 p.

47. Duve C. de, 2005, *Singularités. Jalons sur les chemins de la vie,* Odile Jacob, Paris, 296 p.

48. Spinoza a écrit *L'éthique* à partir de 1662, mais cette œuvre ne sera publiée qu'après sa mort en 1677. Ces citations sont extraites du 1er chapitre (« Sur Dieu », appendice 1).

49. Stephen J. Gould cite les travaux du paléontologue belge Louis Dolto. Selon lui, un calcul élémentaire des probabilités garantit de fait, l'impossibilité pour la convergence de ne jamais rien reproduire qui s'approche de la ressemblance parfaite. Gould S.J., 1982, *Le Pouce du Panda. Les grandes énigmes de l'évolution*, Grasset et Fasquelle, Paris, 318 p. (voir le chap. 3 : « Un double bien troublant »).

50. Les différentes cyanobactéries pluricellulaires sont classées selon leur degré de complexification. On distingue ainsi les Oscillatoriales (filaments de cellules indifférenciées avec fausses ramifications), les Nostocales (filaments non ramifiés avec une différenciation cellulaire : les akinètes et les hétérocystes) et les Stigonematales (filaments parfois ramifiés et même multisériés avec une différenciation cellulaire : les akinètes et les hétérocystes).

Les cyanobactéries avec akinètes les plus anciennes ont été préservées dans des roches datées de 2,1 milliards d'années en Afrique de l'ouest. Des données géochimiques suggèrent que le pourcentage d'oxygène permettant la fixation de l'azote a été atteint il y a 2,32 milliards d'années, permettant ainsi l'apparition des hétérocystes.

51. Des interprétations phylogénétiques suggèrent que le clade des cyanobactéries marqué par la différenciation cellulaire a divergé il y a 2,45 à 2,1 milliards d'années. Tomitani A., Knoll A.H., Cavanaugh C.M. et Ohno T., 2006, « The evolutionary diversification of Cyanobacteria. Molecular –phylogenetic and paleontological perspectives », *Proceedings of the National Academy of Sciences,* USA, 103, pp. 5442-5447.

52. Un des principaux théoriciens de l'évolution des bactéries, W. Ford Doolittle, a présenté un diagramme faisant état d'un grand mélange entre les lignées de bactéries originelles. Avant les premières endosymbioses, il y avait de nombreux échanges de gènes entre les archéobactéries et les eubactéries. Doolittle W.F., 1999, « Phylogenetic classification and the universal tree », *Science,* 284, pp. 2124-2128.

Christopher Wills et Jeffrey Bada, dans leur présentation de l'origine de la vie, analysent en détail les hypothèses qui permettent d'expliquer les genèses et liaisons entre les lignées d'archées, d'eubactéries et d'eucaryotes. Le « genetic pastiche », résultat d'événements symbiotiques ou d'échange massif de gènes dans le passé distant entre eubactéries et archées, est ainsi souligné.

La découverte récente de virus géants et l'analyse de leur génome confirment une tendance universelle à l'échelle des plus petits organismes : l'échange et l'union des gènes pour constituer des patchworks mis à l'épreuve de la sélection naturelle.

Boyer M. *et al.*, 2009, « Giant *Marseillevirus* highlights the role of amoebae as a melting pot in emergence of chimeric microorganisms », *Proceedings of the National Academy of Sciences* (USA), 106, pp. 21848-21853.

Wills C. et Bada J., 2000. *The spark of life. Darwin and the primeval soup,* Perseus publishing, Cambridge, USA, 291 p.

53. C'est John Maynard Smith qui a évoqué le développement modulaire et programmé des espèces. Pour expliquer ce point de vue, il évoque notamment la série des gènes Hox qui s'activent l'un après l'autre au cours du développement de la souris mais aussi de la mouche. Ce système de programmation structurant existerait chez tous les animaux. Maynard Smith J., 2001, *La construction du vivant. Gènes, embryons et évolution.* Cassini, coll. Le sel et le fer, Paris, 52 p. Par ailleurs, il a été remarqué que l'absence d'une protéine dans les amibes coloniales du *Dictyostelium* (voir note n° 5) empêche la formation d'une tige très structurée dans les colonies de cette espèce. Le gène correspondant à cette protéine structurante a été identifié. Ennis H.L., Dao D.N., Pukatzki S.U. et Kessin R.H., 2000, « *Dictyostelium* amoebae lacking an F-box protein form spores rather than stalk in chimeras with wild type », *Proceedings of the National Academy of Sciences,* États-Unis, 97, pp. 3292-3297.

54. Pour décrire les deux approches « *matérialistes* » de l'évolution du vivant John Maynard Smith distingue le point de vue « *réductionniste* » pour décrire des processus d'information, de régulation et de contrôle du développement programmé génétiquement,

par opposition au point de vue «*globaliste*» ou «*holiste*» (*systémique*) correspondant à l'approche dynamique d'auto-organisation mécanique du vivant (essentiellement orienté par des lois chimiques ou physiques incontournables). Maynard Smith J., 2001, *La construction du vivant. Gènes, embryons et évolution.* Cassini, coll. Le sel et le fer, Paris, 52 p.

55. Une spirale composée de formes végétales et animales symbolisant la biodiversité est l'emblème des parcs nationaux français.

Chapitre 10 (pp. 275-303)

1. *Candide ou l'optimisme* est un conte philosophique publié en 1759. Son auteur, François-Marie Arouet, *alias* Voltaire, avait alors 64 ans. Voltaire, 1759. Candide, ou l'optimisme. Traduit de l'allemand de Mr le Docteur Ralph. Cramer, Genève. Réédition : 1991. Hachette livre, coll. Classiques Hachette, Paris, 224 p.

2. Voltaire a relancé le vieux débat philosophique des disciples d'Aristote (partisan des causes prédestinées) et de Lucrèce (favorable à l'adaptation progressive au départ indéterminée). C'est pour critiquer le philosophe allemand Gottfried Wilhelm Leibnitz (1646-1716), qui venait de développer des arguments en faveur des causes prédestinées, que Voltaire a écrit Candide.

3. Depuis, la caricature du docteur Pangloss a été utilisée par des biologistes pour dénoncer le *finalisme*, théorie qui tend à justifier une finalité dans la nature attribuée à Aristote, Liebnitz et Arthur Shopenhauer (1788-1860). Elle stipule que Dieu a créé tous les êtres selon ses fins, tout est donc prévu, prédestiné : le nez a ainsi été créé pour porter des lunettes. Par extension, toutes les descriptions relatives à des évolutions liées à une adaptation constatée sont qualifiées de panglossiennes : elle ne tiennent pas compte des multiples réorientations de la sélection naturelle qui crée sans cesse des adaptations secondaires opportunistes en fonctions de multiples contraintes.

4. «*Tout va très bien Madame la Marquise*» est une chanson française célèbre écrite en 1936 par Paul Misraki, membre de l'orchestre de Ray Ventura.

5. Philosophie créée à Athènes par Zénon de Citium (336-264 av. J.-C.). Le Stoïcien ne cherche pas à lutter contre le destin, il lui fait toujours bon accueil. Le romain Sénèque (43-65 ap. J.-C.) fut un des plus connus des disciples du stoïcisme. Cohérent avec son comportement philosophique, il se suicida sur l'ordre de l'empereur. Comme le Docteur Pangloss, Sénèque était précepteur (de l'empereur Néron).

6. Le terme de dinosaure fut proposé la première fois en 1842 par le paléontologue anglais Richard Owen (1804-1892). Il signifie «lézard terriblement grand» et désigne les premiers groupes de reptiles fossiles découverts (les *Mégalosaurus* et *Iguanodon*).

7. C'est dans les années 50 que l'hypothèse de la dénaturation du sperme dans des testicules internes, trop exposés à la chaleur du métabolisme des monstres, fut émise. Les mammifères auraient survécu à ce désavantage car leurs testicules sont en dehors de leur corps. Bien entendu cette hypothèse est farfelue.

8. L'hypothèse de la météorite fut surtout soutenue au début par deux scientifiques de la même famille : le père, physicien et prix Nobel Luiz W. Alvarez (1911-1988) et le fils, géologue Walter Alvarez. Alvarez L.W., Alvarez W., Asaro F. et Michel H.V., 1980, «Extraterrestrial cause for the Cretaceous-Tertiary extinction : experimental results and theoritical interpretation», *Science,* 208, pp. 1095-1108. Alvarez W., 1998, *La fin tragique des dinosaures*, Hachette, coll. Pluriel, Paris, 226 p. Leur thèse fut au début violemment controversée. Les polémiques et débats entre les scientifiques ont été résumées et analysées dans un ouvrage collectif : W. Glen (ed.), 1994, *The mass-extinction debates : how science works in a crisis*, Stanford University Press, Stanford, 370 p.

9. C'est en 1946 que Georges Remi *alias* Hergé, prononciation phonétique des initiales de son nom et prénom (1907-1983), publie la bande dessinée *L'étoile mystérieuse* où une

météorite s'écrase en mer sans faire de dégâts mais libérant des organismes géants. Hergé, 1946, *Les aventures de Tintin et Milou, L'étoile mystérieuse,* Casterman S.A., Tournai, 62 p.

10. Un géologue de Virginia Tech (États-Unis), Dewey McLean, fut le premier à établir un lien entre les basaltes du Deccan et l'extinction de masse du Crétacé-Tertiaire. Mais c'est surtout le géologue français Vincent E. Courtillot qui proposa cette cause alternative. Il a écrit un livre sur sa bataille scientifique qu'il a dû mener pour mieux faire considérer le rôle des éruptions volcaniques dans les extinctions de masse. McLean D.M., 1982, « Deccan volcanism and the Cretaceous-Tertiary transition scenario : a unifying causal mechanism », *Syllogeus,* 39, pp. 143-144. Courtillot V.E., 1986, « What caused the mass extinction ? A volcanic eruption », *Scientific American,* 263, pp. 85-92. Courtillot V.E., 1995, *Vie en catastrophes,* Fayard, Paris, 278 p.

11. Le Deccan est une province de l'Inde occidentale ; « traps » signifie marche d'escalier dans plusieurs langues nordiques (dont le néerlandais et le suédois). Les traps du Deccan sont des empilements de coulées de laves basaltiques donnant l'aspect d'une mille-feuille aux montagnes. La couche de laves atteint 2 000 m de hauteur et s'étend sur près de 500 000 km^2. C'est Gilbert Féraud, un de mes collègues de l'université de Nice-Sophia Antipolis, qui a proposé une datation précise de ces formations en utilisant les isotopes de l'Argon ; d'après lui, les titanesques vomissures successives de laves du Deccan sont datées d'il y a 63 à 67 millions d'années.

12. Le baron Jean L.N.F. Cuvier (1769-1832), dit « Georges », fut le premier à soutenir une théorie selon laquelle des catastrophes – des révolutions du globe - détruisent périodiquement le monde vivant : *« Les espèces d'autrefois étaient aussi constantes que les nôtres, ou du moins parce que la catastrophe qui les a détruites ne leur a pas laissé le temps de se livrer à leurs variations ? ». « Des êtres vivants sans nombre ont été victimes de ces catastrophes ; les uns habitants de la terre sèche se sont vus engloutis par des déluges ; les autres, qui peuplaient le sein des eaux, ont été mis à sec avec le fond des mers subitement relevé ; leurs races mêmes ont fini pour jamais, et ne laissent dans le monde que quelques débris à peine reconnaissables pour le naturaliste. »* Cuvier G., 1815, *Discours sur les révolutions de la surface du globe, et sur les changements qu'elles ont produits dans le règne animal,* Paris, 3e édition (1825).

13. Les trois publications suivantes relatent les données étayant plusieurs périodes sévères de glaciations très anciennes. Kirschvink J.L., 1992, « Late Proterozoic low-latitude global glaciation : the snowball Earth », *In : J.* W. Schopf et C. Klein (eds.), *The Proterozoic biosphere,* Cambridge University Press, New York, pp. 51-52. Kirschvink J.L., Gaidos E.J., Bertani L.E., Beukes N.J., Gutzmer J., Maepa L.N. et Steinberger R.E., 2000, » Paleoproterozoic snowball Earth : extreme climatic and geochemical global change and its biological consequences », *Proceedings of the National Academy of Sciences,* États-Unis, 97, pp. 1400-1405. Hoffman P.F., Kaufman A.J., Halverson G.P. et Schrag D.P., 1998, « A Neoproterozoic snowball Earth », *Science,* 281, pp. 1342-1346.

14. Ces fossiles ont été trouvés la première fois en 1947 dans les montagnes d'Ediacara (Ediacara Hills) situées 650 km au nord d'Adélaïde en Australie du sud. Ces vestiges sont les témoins d'une faune marine ayant vécu il y a 565 à 543 millions d'années. Depuis, de nombreuses formes similaires d'animaux mous fossilisés, datés de la même époque, ont été exhumées dans tous les continents.

15. Les pennatulacées sont des coraux mous. J'ai pu observer des représentants actuels de ces animaux filtreurs devant Nice au-delà de 50 m de profondeur. Ils ressemblent à une plume plantée dans le sol marin par un appendice en forme de gros radis.

16. La faune Tommotienne (découverte d'abord près de Tommot en Sibérie) marque une étape importante dans l'évolution des animaux. Contrairement aux vestiges des organismes animaux de la période d'Ediacara, ils présentent des parties calcifiées (ce sont elles qui ont été bien préservées et découvertes). Les fossiles de ces animaux, sont datés d'il y a 530 millions d'années, et ont été trouvés dans de nombreux sites de part le monde. Mais leurs traces sont absentes dans les roches datées de quelques

millions d'années plus tard. Nul ne sait ce que contenait ou étayait les minuscules lames, aiguilles, ou coupes de calcaire de cette faune mystérieuse.

17. Hou X.-G. *et al.*, 2004, *The Cambrian fossils of Chengjiang, China : the flowering of early animal life,* Blackwell, Oxford, 233 p.

18. Les fossiles du Burgess sont souvent représentés par des empreintes noires (des restes de matière organique carbonatée). Les parties molles des animaux ont ainsi laissé des traces, ce qui permet de bien reconstituer leur aspect général.

19. Charles Dolittle Walcott (1850-1927).

20. Le *Pikaia gracilens* fut d'abord décrit (en 1911) par Walcott comme étant un simple ver annélide en forme de ruban épais de 5 cm de long. A la fin des années 1980, Simon Conway Morris réexamina tous les spécimens fossiles de *Pikaia* et conclut qu'il s'agissait sans aucun doute d'un représentant des Chordés, c'est-à-dire des animaux ayant une chaîne nerveuse dorsale (une corde dorsale). C'est donc le plus ancien représentant de la lignée des vertébrés (embranchement dont nous faisons partie). Depuis, d'autres chordés fossiles archaïques similaires au *Pikaia* ont été trouvés en Chine dans des roches datées d'il y a plus de 500 millions d'années. Chen J.-Y. *et al.* 1995, « A possible early Cambrian chordate », *Nature,* 377, pp. 720-722. Shu D.-G. *et al.*, 1996, « A *Pikaia*-like chordate from the lower Cambrian of China », *Nature,* 384, pp. 157-158.

21. C'est dans les années 70 et 80 que Harry Whittington et Simon Conway Morris publièrent plusieurs dizaines d'articles donnant une autre classification aux espèces fossilisées de Burgess que celle établie par Walcott.

22. Même Stephen J. Gould fut, à ses dépends, pris au piège par les incertitudes relatives aux formes ancestrales du vivant. Dans son ouvrage *La vie est belle*, paru en 1990, il s'étend beaucoup sur l'extraordinaire diversité de la faune fossile trouvée dans les schistes de Burgess. Parmi les animaux hors normes cités, *Hallucigenia* avait une bonne place dans sa démonstration. Il ne correspondait à aucun plan d'organisation connu à tel point qu'il évoqua l'hypothèse qu'il pouvait représenter un morceau d'un autre animal. Trois années plus tard, dans un autre ouvrage paru en 1993 « *Comme les huit doigts de la main* », Stephen J. Gould relata comment il apprit qu'il suffisait de retourner *Hallucigenia* (toutes les interprétations passées avaient conduit à imaginer l'animal à l'envers) et rapprocher cette forme à une série de fossiles et d'espèces vivantes d'onychophores, groupe situé entre les vers et les arthropodes. Gould S.J., 1991, *La vie est belle. Les surprises de l'évolution,* Seuil, Paris, 390 p. Gould S.J., 1996, *Comme les huit doigts de la main. Réflexions sur l'histoire naturelle,* Seuil, coll. Points, Paris, 593 p. Cette erreur fut aussi largement discutée par Simon Conway Morris, le principal chercheur ayant étudié la faune de Burgess. Dans un ouvrage essentiellement consacré à ses recherches sur la faune de Burgess, il souligne une autre erreur d'interprétation concernant *Anomalocaris* qui fut à l'origine interprété comme deux animaux fossiles. Indépendamment de ces erreurs d'interprétation, Simon Conway Morris a exposé un avis différent de celui de Stephen J. Gould sur l'originalité de certaines formes animales fossilisées à Burgess (lignées éteintes pour Gould, formes transitoires pour Conway Morris). Conway Morris, S. 1998, *The crucible of creation : the Burgess Shale and the rise of animals,* Oxford University Press, Oxford, 242 p.

23. Le genre *Opabinia* est, parmi les espèces fossilisées de Burgess, le plus étrange. Longtemps considéré comme étant un arthropode archaïque, les chercheurs se sont résignés à reconnaître qu'il ne correspond à aucune lignée animale connue.

24. Gould S.J., 1989, *Wonderful Life. The Burgess Shale and the Nature of History,* W.W. Norton & Co., New York, 347 p. Voir aussi, du même auteur, dans « Comme les huit doigts de la main » une recherche historique sur Walter D. Walcott. Gould S.J., 1996, *Comme les huit doigts de la main,* Seuil, Paris, 593 p. (voir chap. 15 : « En contact avec Walcott »).

25. Olsen P.E. *et al.*, 2002, « Ascent of Dinosaurs Linked to an Iridium Anomaly at the Triassic-Jurassic Boundary », *Science,* 296, pp. 1305 – 1307.

26. David M. Raup, paléontologue américain, est celui qui a le mieux insisté sur l'importance des extinctions qu'il oppose à la spéciation. D'après lui, ignorer les extinctions de masse c'est faire de la démographie sans tenir compte de la mortalité. Raup D.M., 1995, « The role of extinction in evolution », *In :* W.M. Fitch and F.J. Ayala (eds), *Tempo and mode in evolution. Genetics and paleontology 50 years after Simpson*, National Academy of Sciences, National Academy Press, Washington, pp. 109-124. Raup D.M. 1993, *De l'extinction des espèces. Sur les causes de la disparition des dinosaures et de quelques milliards d'autres*, Gallimard, Col. NRF Essais, Paris, pp 240.

27. Dans la Bible, l'histoire de Noé est mentionnée dans *Genèse*, chap. 5 à 9. Dans la Torah la même histoire est relatée dans *Genèse* 6 :9 et 11:32. Dans le Coran, l'histoire de Noé (Nuh) est mentionnée dans le verset 28 de la Sourate 71.

28. Une équipe de géologues américains menée par William B.F. Ryan et William C. Pitman a publié en 1997 leur interprétation du déluge en apportant des données scientifiques étayant leur hypothèse. L'histoire du déluge ferait référence à une réelle inondation titanesque due au brusque déversement des eaux de Méditerranée dans la Mer Noire (qui était alors qu'un lac d'eaux douces en contre bas de la Méditerranée). Ryan W.B.F. *et al.*, 1997, « An abrupt drowning of the Black Sea shelf », *Marine Geology*, 138, pp. 119-126. Ryan W.B.F. et Pitman W.C. 1999, *Noah's flood : the new scientific discoveries about the event that changed history*, Simon and Schuster, New York, 320 p.

29. William Ryan et ses collègues ont estimé qu'il a fallu deux années pour remplir la Mer Noire tandis que d'autres calculs plus récents font état de 10 années : Myers P., Wielki C., Golstein S.B. et Rohling E.J., 2003, « Hydraulic calculations of postglacial connections between the Mediterranean and the Black Sea », *Marine Geology*, 201 : 253-267.

30. Différentes études ont permis d'élaborer une hypothèse inverse à celle avancée par William Ryan et ses collègues (note 28) : c'est l'eau de la Mer Noire qui s'est déversée brutalement dans la Mer Méditerranée via la Mer de Marmara. Il reste ainsi des incertitudes sur les circonstances et la date des inondations cataclysmiques réelles qui ont touché cette région du temps de Noé. Aksu A.E., Hiscott R.N., et Yaflar D., 1999, « Oscillating Quaternary water levels of the Marmara Sea and vigorous outflow into the Aegean Sea from the Marmara Sea-Black Sea drainage corridor », *Marine Geology*, 153, pp. 275-302. Kerey E. *et al.*, 2004, Black Sea-Marmara Sea quaternary connections : new data from the Bosphorus, Istanbul, Turkey », *Paleogeography, Paleoclimatology, Paleoecology*, 204, pp. 277-295.

31. L'hypothèse des hellénistes stipulant que la mer Noire s'est déversée en Méditerranée à travers le Bosphore a été critiquée par le paléontologiste français Georges Cuvier en ces termes : « *On a aussi voulu attribuer cette diminution supposée de la mer Noire et de la mer d'Azof à la rupture du Bosphore qui serait arrivée à l'époque prétendue du déluge de Deucalion.../ Si la Mer Noire eût été aussi haute qu'on le suppose, elle aurait trouvé plusieurs écoulements par des cols et des plaines moins élevées que les bords actuels du Bosphore.../ Que fût-elle tombée un jour subitement en cascade par ce nouveau passage, la petite quantité d'eau qui aurait pu s'écouler à la fois par une ouverture si étroite.../ se serait répandue sur l'immense étendue de la Méditerranée sans y occasionner une marée de quelques toises* ». Cuvier, G. 1815, *Discours sur les révolutions de la surface du globe, et sur les changemens qu'elles ont produits dans le règne animal*, 3e édition. Dufour et d'Ocagne, Paris, 408 p.

32. Il a été établi par des historiens que le légendaire souvenir de Noé a été transmis par les Mésopotamiens aux Hébreux. La légende biblique date d'il y a 2900 ans, elle a été inspirée de l'Épopée de Gilgamesh, elle même version tardive du Poème du Super sage (Atraharsîs en Akkadien), datée de 3700 ans (d'après une tablette cunéiforme de Nippur).

33. Voltaire, 1769, *Dictionnaire philosophique* (5e édition), Réédition 1964. Garnier-Flammarion, Paris, 380 p. (voir l'article sur l'inondation).

34. Gould S.J., 1997, *Darwin et les grandes énigmes de la vie. Réflexions sur l'histoire naturelle*, Seuil, Paris, 308 p. (voir chap. 17 : « La sale petite planète du révérend Thomas »).

35. Stephen J. Gould développa les étonnantes théories catastrophistes de Whiston dans le livre suivant : Gould S.J., 1993, *La foire aux dinosaures. Réflexions sur l'histoire naturelle,* Seuil, coll. Point Sciences, Paris, 662 p. (voir chap. 25 : « Le parrain de la catastrophe »).

36. Les doctrines religieuses judéo-chrétiennes et musulmanes considèrent que les explications concernant l'origine de la vie, rapportées par des premiers prophètes, sont des bases pour la connaissance. S'il est généralement admis par les théologiens que le savoir doit être développé, il doit toujours être transposé au socle des écrits saints. D'où l'image persistante d'un Dieu moral, créateur, transcendant. Pour Spinoza, il convient de séparer les deux démarches : il ne faut pas confondre le commandement avec quelque chose à comprendre ; l'obéissance avec la connaissance elle-même.

37. Dans la genèse de la Bible, il est rapporté que Dieu a créé l'homme à son image, à sa ressemblance, ayant les capacités de dominer la vie sur Terre (Genèse 26). Mais lorsque Adam et Eve mangèrent la pomme, le fruit interdit de l'arbre de la connaissance du bien et du mal, l'Eternel leur reprocha d'avoir acquis ainsi une mauvaise connaissance ; de ce fait ils devinrent mortels.

38. Dans un plaidoyer pour associer les connaissances scientifiques sur l'évolution à la foi religieuse, le généticien américain Robert Pollack trouve une similarité entre les révélations religieuses et les grandes illuminations des scientifiques ; elles sont irrationnelles, imprévisibles et rares, elles émergent de l'inconnu (dont Dieu fait partie). Pollack R., 2000, *The faith of biology and the biology of faith,* The Colombia University Press, New York, 125 p. De même le biologiste américain Kenneth R. Miller a exposé sa façon de voir l'esprit divin dans l'évolution (il clame sa foi au Dieu de Darwin). Miller K.R., 1999, *Finding Darwin's God : a scientist's search for common ground between God and evolution,* Cliff Street Books/HarperCollins publishers, New York, 338 p.

39. Leakey L. et Lewin R., 1997, *La sixième extinction. Evolution et catastrophes,* Flammarion, coll. Champs, Paris, 352 p.

40. Ma lecture du livre du biologiste darwinien et croyant Kenneth R. Miller et deux textes du pape Jean-Paul II : la lettre encyclique « *Fides et ratio* » (foi et raison) (envoyée en 1996, aux évêques de son église) et *L'église et l'évolution* (message du pape Jean-Paul II adressé le 22 octobre 1996 à l'Académie pontificale des sciences réunie en assemblée plénière) m'ont inspiré ce paragraphe. Miller K.R., 1999, *Finding Darwin's God : a scientist's search for common ground between God and evolution,* Cliff Street Books/HarperCollins publishers, New York, 338 p.

41. Les déclarations du révérend George Coyne et du pape Benoît XVI ont été rapportées par l'Agence Associated Press dans une dépêche du 18 novembre 2005.

42. Le paléontologue Simon Conway Morris a présenté des données illustrant l'importance des convergences dans l'évolution. De son point de vue, ces convergences multiples tendent à démontrer qu'il y a plus de déterminisme que de chance dans l'évolution. Selon lui, l'évolution de la vie est inévitablement encadrée par des contraintes intelligentes. Conway Morris, S. 2003, *Life's solution. Inevitable Humans in a lonely universe,* Cambridge University Press, Cambridge, 464 p.

Chapitre 11 (pp. 305-343)

1. Un tel cadran horaire a été figuré dans un livre de J. William Schopf. Schopf J.W., 1999, *Cradle of life. The discovery of Earth's earliest fossils,* Princeton University Press, Princeton and Oxford, 368 p. (voir p. 13). Une autre comparaison similaire est également utilisée, elle réduit le temps des évolutions à une année calendaire. À cette échelle, le premier janvier correspond à 4,5 milliards d'années et un jour représente 12,3 millions d'années… Ainsi les bactéries apparaissent fin mars, les algues au mois de juillet, les pluricellulaires au mois de novembre, fin novembre les vertébrés, à la mi-décembre

les mammifères, puis le 27 décembre les primates et enfin le 31 décembre vers 17 h les ancêtres de l'Homme et vers 21 h l'Homme.

2. Lynn Margulis et son fils Dorion Sagan ont imaginé une ficelle de l'évolution sous forme d'un trait figuré en bas de page qui continue sur plusieurs pages avec des barres légendées représentant les jalons les plus connus de l'histoire naturelle. Margulis L. et Sagan D., 1995, *What is life,* Simon & Schuster, New York. Réédition en 2000 University of California Press, Berkeley and Los Angeles, 288 p. (voir chap. 3 : « Once upon a planet »).

3. Les perceptions à travers les âges et les cultures du temps cyclique et du temps sagittal ont été analysées avec brio par Stephen J. Gould. Gould S.J., 1990, *Aux racines du temps*, Grasset et Fasquelle, Paris 346 p.

4. Pierre Teilhard de Chardin décrivait ces évolutions comme étant des *orthogenèses* parallèles.

5. Seilacher A., 1970, « Arbeitskonsept zur konstruktionsmorphologie », *Lethaia,* 3, pp. 393-396.

6. Stephen J. Gould discute longuement sur l'importance relative des trois pôles du triangle de Seilacher qu'il appelle le triangle aptatif. Gould. S. J., 2006, *Structure de la théorie de l'évolution*, Gallimard, Paris, 2033 p. (voir le chap. 10 : « La combinaison de la contrainte de l'adaptation (de la structure et de la fonction dans l'ontogenèse et la phylogenèse) : les contraintes historiques et l'histoire évolutive du développement »).

7. Il s'agit des contraintes révélées par D'Arcy W. Thompson, (1860-1948) en 1917. Thomson D.W., 1994, *Forme et croissance,* Seuil et CNRS, coll. Sources du savoir (édition abrégée), Paris, 334 p.

8. Gould S.J. et Lewontin R.C., 1979, « The spandrels of San Marco and the Panglossian paradigm : a critique of the adaptationists programme », *Proceedings of the Royal Society of London,* B, 205, pp. 581-598. Gould a été très fier de cet apport majeur dans la compréhension de l'évolution. Il le discute longuement dans son dernier et volumineux ouvrage *Structure de la théorie de l'évolution* paru dans sa version anglaise en 2002. Gould. S. J., 2006, *Structure de la théorie de l'évolution*, Gallimard, Paris, 2033 p. (voir le chap. 11 : « La combinaison de la contrainte de l'adaptation (de la structure et de la fonction dans l'ontogenèse et la phylogenèse) : les contraintes structurales et l'importance fondamentale de l'exaptation dans la macroévolution »).

9. Un « spandrel » est un élément architectural incontournable : c'est l'espace qui est situé au dessus d'une ouverture. Un pendentif est un « spandrel » situé entre deux arches contiguës.

10. Ce détail sémantique a poussé Gould à répondre à ses détracteurs, à commenter la publication originale et à proposer le mot « spandrel » comme le prototype désignant toute structure aux formes prédictibles mais apparaissant de façon secondaire dans une autre suite d'évolution. Gould S.J., 1997, « The exaptive excellence of spandrels as term and prototype », *Proceedings of the National Academy of Sciences,* États-Unis, 94, pp. 10750-10755.

11. Stephen J. Gould a été étonné de la virulence des débats, preuve pour lui que l'exemple des « spandrels » était utile pour faire progresser les idées. Gould S.J., 1997, « The exaptive excellence of spandrels as term and prototype », *Proceedings of the National Academy of Sciences,* États-Unis, 94, pp. 10750-10755.

12. - Après avoir visité la basilique, je n'ai pas compris pourquoi Stephen J. Gould, cet érudit, ce pointilliste du vocabulaire, nomme la basilique « cathédrale » (une basilique est un sanctuaire, celle de Venise abrite la dépouille de l'évangéliste Marc). De même j'ai constaté que ce qu'il dénomme « narthex » dans un de ses derniers livres (ou vestibule dans les églises romanes) est décrit sur place (à Venise) comme étant l'« atrium » (le passage entre la place et l'église). Gould S.J., 2002, *I have landed. The end of a beginning in natural history,* Harmony Books New York, 418 p. (voir le chap. 20 : The nartex of San Marco and the pangenetic paradigm).

13. Gould s'est associé à une de ses collègues (Elisabeth Vrba) pour proposer ce néologisme adapté aux changements de fonction au cours de l'évolution : il distingue parmi les « aptations » (de *aptus,* « usage »), les *adaptations* (de *ad,* « pour » et *aptus,* « usage », qui concerne les évolutions sélectionnées pour améliorer un usage), des *exaptations* (qui seraient des changement évolutifs cooptés… issus de *cooptations,* ils n'étaient ainsi pas prévus pour l'usage acquis, l'usage est alors une conséquence). Gould S.J. et Vrba E.S., 1982, « Exaptation, a missing term in the science of form », *Paleobiology,* 8, pp. 4-15.

14. C'est l'*extinction* naturelle des espèces.

15. C'est l'*anagenèse.*

16. C'est la *cladogenèse.* Nous devons au paléontologue Georges Gaylord Simpson la première analyse fine des divers modes de la spéciation dans le temps. Simpson G.G., 1944, *Tempo and mode in evolution,* Colombia University Press, New-York, 237 p.

17. Sepkoski J.J., 1997, « Biodiversity, past, present and future », *Journal of Paleontology,* 71, pp. 533-539.

18. Le paléontologue et zoologiste George G. Simpson a distingué trois tempo d'évolution selon le temps de persistance des formes fossiles : les *trachytéliques* (trachytelic) pour les espèces changeant rapidement (ne persistant qu'un million d'années en moyenne) ; les *horotéliques* (horotelic) pour les espèces qui persistent telles quelles 10 millions d'années en moyenne ; les *bradytéliques* (bradytelic) pour les espèces de grande longévité (100 millions d'années en moyenne; dans ce groupe on place les « fossiles vivants » comme le fameux coelacanthe, ou poisson à pattes). Simpson G.G., 1944, *Tempo and mode in evolution,* Columbia University Press, New York. 238 p.

19. La longévité exceptionnelle des formes de cyanobactéries n'était pas connue lorsque George G. Simpson a distingué ses trois catégories d'espèces en fonction de leur taux d'évolution (voir note précédente). Ainsi le paléontologue J. William Schopf a proposé un nouveau terme adapté à ces organismes semblant éternels (mêmes formes depuis 3,5 milliards d'années) : les *hypobradylétiques* (hypobradyletic). Schopf J.W., 1999, *Cradle of life. The discovery of earth's earliest fossils,* Princeton University Press, Princeton, 368 p.

20. J'ai souvent été surpris par l'aura de certaines métaphores ou citations littéraires utilisées (et répétées) par les scientifiques pour décrire une caractéristique du vivant. Dans ce chapitre nous avons évoqué la métaphore des espaces triangulaires de la basilique de Saint-Marc de Venise. Dans ce chapitre et celui qui précède, nous avons évoqué celle du précepteur de Candide : le docteur Pangloss. C'est une caricature du destin programmé utilisée pour dénoncer les théories finalistes en biologie telle que celle stipulant que les organes ont évolué pour une fin (l'œil aurait ainsi été prévu pour voir, le nez pour porter des lunettes). Une autre métaphore, parmi les plus utilisées, est celle d'Alice et de la reine rouge. Ce sont des personnages du livre de Charles Lutwidge Dogson (1832-1898) alias Lewis Carroll « De l'autre côté du miroir ». La reine rouge, tenant la petite fille Alice par la main, ne cesse de se déplacer à toute vitesse et dans tous les sens pour pouvoir rester à la même place. Alice est ainsi entraînée dans une course effrénée et s'aperçoit avec étonnement que rien ne bouge autour d'elle. Dans le pays où se trouve Alice, il ne faut pas s'arrêter de courir. C'est le paléontologue Leigh van Valen qui a utilisé cette image pour illustrer le résultat de ses recherches sur le temps de survie de diverses lignées d'animaux fossiles : il a découvert qu'ils se succèdent avec des rythmes réguliers. Chaque espèce semble ainsi contrainte de se transformer pour s'adapter à la concurrence et aux changements climatiques. Pour ne pas être marginalisées et disparaître, comme Alice, les espèces sont entraînées dans la course folle (celle de l'évolution). Valen L. van, 1973, « A new evolutionary law », *Evolutionary Theory,* 1, pp. 1-30. Carroll L., 1975, *De l'autre côté du miroir. La chasse au snark,* Flammarion, Paris, 230 p.

21. C'est la théorie des *monstres prometteurs* formulée par Richard B. Goldschmidt (1878-1958). Goldschmidt R.B., 1940, *The material basis of evolution,* Yale University Press, New-Haven, 248 p.

22. C'est la théorie des *équilibres ponctués* proposée par Niles Eldredge et Stephen J. Gould. Eldredge N. et Gould S.J., 1972, « Punctuated equilibria : an alternative to phyletic gradualism », *In :* Schopf T.J.M. (ed.), *Models in paleobiology*, Freeman, Cooper & Co., San Francisco, pp. 82-115.

23. La théorie des équilibres ponctués n'est pas applicable à toutes les espèces. Elle a été vivement débattue par les biologistes évolutionnistes. Avant sa mort, Stephen J. Gould a longuement défendu sa théorie dans son ouvrage de synthèse sur l'évolution. Gould. S. J., 2006, *Structure de la théorie de l'évolution*, Gallimard, Paris, 2033 p.

24. Leakey L. et Lewin R., 1997, *La sixième extinction. Evolution et catastrophes,* Flammarion, coll. Champs, Paris 352 p.

25. Je dois à Teilhard de Chardin cette belle expression. Teilhard de Chardin P., 1955, *Le phénomène humain,* Seuil, Paris, 348 p.

26. En 1989, le professeur Robert T. Paine a été lauréat du prix de l'institut *EC*ologique *I*nternational (ECI). C'est la plus prestigieuse des rares distinctions attribuées aux écologistes. Leur thématique n'existait pas lorsque l'inventeur de la dynamite, Alfred Nobel (1833, décédé en 1896 à San Remo, ville italienne située à 30 km de Nice), laissa en héritage une fondation destinée à distribuer des distinctions honorifiques à des représentants de diverses disciplines. Le prix de l'ECI s'accompagne de la publication d'un ouvrage dans une série intitulée *Excellence in Ecology* résumant les recherches du récipiendaire.

Paine R.T., 1994, « Marine rocky shores and community ecology : an experimentalist's perspective », *Excellence in Ecology*, 4, 152 p.

27. Un livre richement illustré de photographies de la flore et la faune sous-marine de Tatoosh Island a été publié par Anne Wertheim Rosenfeld et Robert T. Paine. Wertheim Rosenfeld A. et Paine R.T., 2002, *The intertidal wilderness,* University of California Press, Berkeley et Los Angeles, 174 p.

28. Le modèle hydraulique de la mer intérieure du Japon (Seto Inland Sea) se trouve 20 km au nord d'Hiroshima, à Kure (Chugoku National Industrial Research Institute). La maquette a été construite en 1973 à une échelle horizontale de 1/2000e et à une échelle verticale de 1/159e. Le bassin contient 5 000 m^3 d'eau et couvre 7 000 m^2. Trois groupes de pompes simulent les mouvements des eaux dues à la marée.

29. Le National Trust a été créé en 1895 pour limiter l'impact de l'industrialisation et de l'urbanisation du littoral de Grande-Bretagne. Actuellement près de 1 120 kilomètres de côtes sont acquis et protégés par cette fondation.

30. Le Conservatoire du littoral, est un établissement public français créé en 1975. En 2003, 860 km de littoral des côtes françaises ont été acquis et sont ainsi protégés.

31. La Bible, Genèse, 9, pp. 8-17.

32. L'astrolabe est l'un des plus anciens instruments de navigation ; son apparition date de 170 av. J.-C. Il servait à déterminer l'heure et à mesurer la latitude. Il est conçu pour mesurer un angle précis entre le Soleil ou l'étoile du berger et l'horizon. À l'aide de tables astronomiques, le navigateur pouvait déterminer l'heure et la latitude du lieu où il se trouvait. L'astrolabe et l'arbalestrille sont les ancêtres des sextants et cercles hydrographiques.

33. L'arbalestrille ou *bâton de Jacob* fut inventée au moyen âge par Lévi ben Gerson (1288-1344). C'est une croix composée de deux éléments mobiles : la flèche et le traversier. Elle permet de mesurer la hauteur des astres au-dessus de l'horizon en faisant coulisser le traversier sur la flèche. Cet instrument, permit à Vasco de Gama et aux navigateurs portugais de faire le point en mer.

Épilogue (pp. 345-355)

1. Une reconstitution très réaliste de la visite de la reine d'Angleterre dans le laboratoire de Van Leeuwenhoek a été réalisée en 1939 par l'illustrateur français Pierre Brissaud (1885-1964) pour les laboratoires pharmaceutiques Abbott. Van Leeuwenhoek est debout un microscope dans chaque main, donnant des explications à la reine Marie II d'Angleterre qui, de profil, examine quelque chose avec un autre microscope. Une reproduction en noir et blanc de cette aquarelle a été figurée dans le livre de Lisa Yount sur Van Leeuwenhoek. Yount L., 1996, *Antoni Van Leeuwenhoek : first to see microscopic life (Great Minds of Science),* Enslow Publishers, Inc., Berkeley Heights, 128 p.

2. Lamarck J. de, 1800, *Discours d'ouverture du cours de l'An VIII.* Ce texte d'un discours fut republié en 1801 dans un exposé plus complet : Lamarck J.-B. de, 1801, *Système des animaux sans vertèbres, ou tableau général des classes, ordres et des genres de ces animaux, présentant leurs caractères essentiels et leur distribution d'après les considérations de leurs rapports naturels et de leurs organisation et suivant l'arrangement établi dans les galeries du Muséum d'histoire naturelle parmi leurs dépouilles conservées ; précédé du discours d'ouverture de l'an VIII de la République, le 21 floréal. Paris :* l'auteur et Déterville.

3. Ces citations sont extraites de la dernière page de l'ouvrage majeur de Charles Darwin édité la première fois en 1859. Darwin C., 1992, *De l'origine des espèces au moyen de la sélection naturelle ou la préservation des races favorisées dans la lutte pour la vie,* Flammarion, Paris, 604 p.

4. Gould S.J., 1997, *L'éventail du vivant. Le mythe du progrès,* Seuil, coll. Science ouverte, Paris, 304 p.

5. Dernière phrase du dernier chapitre (le mode de la bactérie) du livre de Stephen Jay Gould où il démystifie le progrès dans l'évolution. Gould S.J., 1997, *L'éventail du vivant. Le mythe du progrès,* Seuil, coll. Science ouverte, Paris, 304 p.

6. La commission environnement du Conseil Économique et Social de la région Provence-Alpes Côte d'Azur (devenue depuis la Commission développement durable, enviromment, énergie et climat du Conseil Économique, Social et Environnemental).

7. Cet aphorisme est initialement dû à Charles de Valois-Bourgogne dit « Le Téméraire » (1433-1477) qui a eu la majeure partie des provinces des Pays-Bas sous sa tutelle. Un siècle plus tard, Guillaume d'Orange-Nassau (1533-1584) a repris la formule, il fut à la tête de la révolte contre les espagnols et a conduit les provinces unies des Pays-Bas vers l'indépendance.

Index*

* Les chiffres romains renvoient aux pages des cahiers couleur, les chiffres arabes au texte courant.

G

H

I-J-K

L

Crédits et sources photographiques

Couverture : © CNRS Photothèque / Abderrazak El Albani, Arnaud Mazurier.
Cahiers couleur – p. I : à g. photo BPK, Berlin, Distr. RMN © Jörg P. Anders, à dr. photo Julian Hockings – p. II : document élaboré avec le concours du ministère français de la Culture et de la Communication, Direction régionale des affaires culturelles de Rhône-Alpes, service régional de l'archéologie, Lyon, photos Jean Clottes – p. III : photo Patrick Cabrol © Centre de préhistoire du Pech-Merle, Cabrerets, Lot – p. IV : A, photo Hans J. Hofmann, McGill Univ., Montréal, Canada ; B, photo Abigail Allwood, Nasa Jet Propulsion Laboratory, Californie/ Australian Centre for Astrobiology, Macquarie Univ., Sydney, Australie – p. V : A © Tourism Western Australia ; B, photo Diane S. & Mark M. Littler, Smithsonian Institute, Washington DC, États-Unis – p. VI : A, photos Andrew H. Knoll, Earth and Planetary Sciences, Univ. Harvard, Cambridge, Massachusetts, États-Unis ; B, photo Maud M. Walsh, Louisiana State Univ., Baton Rouge, Louisiana, États-Unis ; C, photo Emmanuelle Javaux, département de géologie, Université de Liège (Belgique) ; D, photo Neil R. Banerjee, Univ. of Western Ontario, Canada ; E, photo Birger Rasmussen, Univ. of Western Australia, Crawley, Australie ; F, photos J. William Schopf, Univ. of California, Los Angeles, États-Unis – p. VII : photos Nasa JSC transmises par David S. McKay, Nasa Johnson Space Center, Houston Texas, États-Unis – p. VIII : A et C, photos Nasa transmises par Kathe Thomas-Keprta, Nasa Ames Research Center, Moffett Field, Californie, États-Unis ; B, photo E. Imre Friedmann, Nasa Ames Research Center, Moffett Field, Californie, États-Unis – p. IX : photo RMN © René-Gabriel Ojéda – p. X : images Photoservice © Rijksmuseum Amsterdam, Pays-Bas – p. XI : A, photo Wenlong Zang, 3DOil Limited, Melbourne, Victoria, Australie ; B à E, photos J. William Schopf, Univ. of California, Los Angeles, États-Unis ; F à G, photos Shuhai Xiao, Virginia Polytechnic Institute and State Univ., Blacksburg, Virginie, États-Unis ; H, photo Susannah Porter, Univ. of California, Santa Barbara, États-Unis – p. XII : A, photo J. William Schopf, Univ. of California, Los Angeles, États-Unis ; B et C, photos Nicolas J. Butterfield, Univ. of Cambridge, Grande-Bretagne ; D, photo Bruce Runnegar, Univ. of California, Los Angeles, États-Unis ; E et F : A. Photo Abderrazak El Albani, CNRS, UMR6269 Hydrogéologie, argiles, sols et altérations, Université de Poitiers –p. XIII : photos Shuhai Xiao, Virginia Polytechnic Institute and State Univ., Blacksburg, Virginie, États-Unis – p. XIV haut : A à C, photos Pamela J. W. Gore, Georgia Perimeter College, Science Dept., Clarkston, Géorgie, États-Unis ; D, photo Dr Shin-Ichi Kawakami, Faculty of Education, Gifu Univ., Japon – p. XIV bas : photo Li Guo Xiang et Jean Vannier, Univ. Lyon I, France – p. XV : © Blauel-Gnamm/Artothek – p. XVI : photo National Library of Medecine, Rockville Pike Bethesda, Maryland, États-Unis, avec l'autorisation d'Abbott Laboratories.
Texte courant – p. 73 : A, photo David L. Balkwill, Florida State Univ., College of Medicine, Tallahassee, Floride, États-Unis ; B, photo Hojatollah Vali, McGill Univ., Montréal, Canada ; C, photos Dirk Schüler, Ludwig Maximilians-Univ., Munich, Allemagne – p. 115 : dessins de l'abbé Pierre Frémy extraits de « Les cyanophycées des côtes d'Europe », P. Frémy, 1933, Mémoires de la Société des sciences naturelles et mathématiques de Cherbourg – p. 131 : photo Alexandre Meinesz – p. 140, 141, 143, 149, 155, 157, 159, 161 : dessins Alexandre Meinesz avec le concours graphique de Marjorie Meinesz – p. 215 : A. photo Abderrazak El Albani, CNRS, UMR6269 Hydrogéologie, argiles, sols et altérations, Université de Poitiers ; B et C, photos Nicolas J. Butterfield, Univ. of Cambridge, Grande-Bretagne – p. 217 : photos Stefan Bengtson, Department of Palaeozoology, Swedish Museum of Natural History, Stockholm, Suède – p. 229 et 245 : photos Alexandre Meinesz – p. 289 : photos et dessins avec l'autorisation de Smithsonian Institution ; A, C et D, dessins Mary Parrish ; B, dessin Larry Isham – p. 293, 295, 310, 311 et 313 : dessins Alexandre Meinesz avec le concours graphique de Marjorie Meinesz – p. 329 : photo Alexandre Meinesz – p. 337 : photo Hideki Ueshima, Hiroshima institute of Technology, Japon.

IMPRIM'VERT®

Imprimé en France par Europe Media Duplication à Lassay-les-Châteaux
N° d'édition : 005911-01 - N° d'imprimeur : 25403
Dépôt légal : août 2011